中国动物园协会主持翻译

WILEY

[英] 维基 · A. 梅尔菲（Vicky A. Melfi） [美] 妮科尔 · R. 多雷（Nicole R. Dorey） [英] 萨曼莎 · J. 沃德（Samantha J.Ward） 编

崔媛媛 主译

张恩权 李晓阳 审译

动物园动物的学习与训练

Zoo Animal Learning and Training

中国城市出版社

译　者（以姓氏笔画为序）

王　惠　朱　磊　刘　霞　刘媛媛　杨　青
吴海丽　张轶卓　陈足金　施雨洁　崔媛媛
楼　毅　雷　钧　鲍梦蝶

总校对（以姓氏笔画为序）

李晓阳　张恩权　崔媛媛

译序

以保证积极的动物福利为核心的动物行为训练在现代动物园等野生动物饲养机构中发挥着重要且独特的作用。这种以正强化训练为主导的行为训练，是我们的工作人员与野生动物之间一种有效的沟通途径，构建了人与动物之间的信任关系。多年来，中国动物园协会一直致力于促进行为训练在国内动物园行业中的推广与应用，举办了多期理论与实操相结合的行为训练专题培训班。在象、川金丝猴等重点物种的专题培训中，行为训练是不可或缺的一项内容。2020年初，我们惊喜地看到《动物园动物的学习与训练》（英文版）一书的出版发行，这是目前我们能够看到的、将动物园和水族馆动物训练作为主要内容的最新著作。这本由全球多名学者和动物园专家共同撰写的专业性书籍，将动物学习与训练的理论知识、科学实例以及实践经验完整结合，使动物训练的科学性和艺术性融为一体。不论是刚涉足动物训练，想要从基础理论学习入手、了解学习益处及训练意义的训练新手，还是已具有一定训练实操经验，想要解答一些心中疑虑、继续突破自我提升技能的进阶训练员；不论是想要成功建立训练团队的动物园管理者，还是想要在训练团队中积极发挥自我能力的实际训练者；也不论是想要针对性了解某一类动物的训练要点的饲养人员，还是期待经由动物更好传递保护信息的教育人员，又或是为野化放归项目等保护工作努力的专业人员，以及对动物园动物的学习与训练感兴趣的所有人，相信大家都能在阅读这本书的时候产生内心的共鸣。

中国动物园协会从2020年即开始组织国内多家动物园的专业人员共同翻译这本著作。本书的翻译出版历时两年的时间，感谢所有翻译人员在繁忙的工作之余精心完成了全书的翻译和校对。本书在忠实原文的前提下，用尽可能通俗易懂的专业语言将书籍内容呈现给读者。但由于翻译时间短，业务能力和翻译水平有限，错误和不妥之处在所难免，恳请广大读者批评指正。在此，还要感谢中国城市出版社用心将这样一本排版精良的中译本呈现给大家。

中国动物园协会

动物园动物的学习与训练

Zoo Animal Learning and Training

作者

维基·A. 梅尔菲（Vicky A. Melfi）
哈特伯瑞大学，
哈特伯瑞，
格洛斯特郡，
英国

妮科尔·R. 多雷（Nicole R. Dorey）
心理学系
佛罗里达大学，
佛罗里达州，盖恩斯维尔，
美国

萨曼莎·J. 沃德（Samantha J. Ward）
动物、农村及环境科学学院
诺丁汉特伦特大学
布拉肯赫斯特校区
绍斯维尔
英国

该书于2020年首次出版

这本书致力于弥合动物园专业人员与学术界之间的鸿沟，因为大家都有着提升动物福利的共同目标。

我们很幸运得以研究动物的学习原理，并能在动物园动物的训练程序中实际应用这些知识。在动物训练中，创造性和科学性并重，基于对此观点的了解和尊重，我们希望本书能够促进更多的合作并支持基于证据的实践。

目录

目标提升专栏

我们觉得在上述内容之外再提供一个专栏，去考虑一些动物行为训练中更高的目标，可能会对大家有所帮助。其中包括克里斯汀 · 安德森 · 汉森的“群体训练”，以及加里 · 普里斯特提出的“将训练纳入动物园管理计划中”这个对未来充满积极愿景的总结篇章。

章节作者简介

克里斯汀·安德森·汉森（Kirstin Anderson-Hansen）目前是南丹麦大学的博士后，并与汉诺威兽医大学合作，在那里训练灰海豹和水鸟类，目前正在训练的是鸬鹚和普通海鸦，以研究水下噪声对海洋生物的影响。25 年前，她在加利福尼亚大学圣克鲁兹分校开始了自己的职业生涯，担任研究助理和训练员，并与鲸豚类动物一起工作。后来，她随几只海豚一起来到了芝加哥的谢德水族馆（Shedd Aquarium），在那里工作并训练太平洋短吻海豚、白鲸、港海豹、海獭和企鹅。1998 年，她作为训练员受聘于丹麦的海洋哺乳动物研究机构“菲约德 & 巴埃特”（Fjord & Baelt），负责训练海湾鼠海豚和港海豹，以开展研究和面向公众进行展示。从 2003 到 2013 年，她成为欧登塞动物园（Odense Zoo）的训练协调员和动物主管，在那里，她有机会将自己的训练经验拓展到各类动物中，包括狮、虎、长颈鹿、貘、鸟类和海牛。现在，克里斯汀担任丹麦动物园与水族馆协会（Danish Association for Zoos and Aquariums，简称 DAZA）训练委员会的联合主席，也是欧洲动物园与水族馆协会（European Association of Zoos and Aquariums，简称 EAZA）动物训练工作组的专家顾问，同时，她也是 DAZA 和 EAZA 中动物训练及管理课程的讲师。

克里斯蒂亚诺·斯凯蒂尼·德·阿泽维多（Cristiano Schetini de Azevedo）是一位巴西生物学家，兴趣方向为动物园动物、动物行为和动物保护。该作者一直在研究丰容对动物园动物，尤其是对鸟类的行为和福利的影响。同时，他也正在探索圈养出生动物的反捕行为的训练方法，目的是增加重引入的成功率。最后，动物的个性也是他正在研究的内容，以提升丰容的有效性并实现物种保护这一目标。

凯西·贝克（Kathy Baker）在惠特利野生动物保护信托基金会（Whitley Wildlife Conservation Trust）工作，她的主要职责是管理纽基动物园（Newquay Zoo）内的基于动物园动物开展的研究和高等教育交付项目。负责协调和监管从职业高等教育预科学位到理学硕士学位的学生项目。她的研究重点涵盖与行为和福利领域相关的广泛主题。特别是，对动物性格进行跨物种比较，将性格评估作为圈养动物的一项管理工具，以及开展多机构研究用于圈养动物管理实践工作。凯西还是“丰容模型”公司（The Shape of Enrichment，Inc.）英国—爱尔兰分区委员会成员，致力于进一步推动英国和爱尔兰区域的丰容工作，她还是英国灵长类学会（Primate Society of Great Britain）的成员。

戈登·B. 鲍尔（Gordon B. Bauer）是新佛罗里达学院的心理学名誉教授，并担任该校“佩格·斯克里普斯·布泽利”（Peg Scripps Buzzelli）校区心理学主席，直至退休。他拥有巴克内尔大学的硕士学位和夏威夷大学的博士学位，师从克瓦洛流域海洋哺乳动物实验室（Kewalo Basin Marine Mammal Laboratory）研究员路易斯·M. 赫尔曼（Louis M.Herman）。他是美国心理学会（American Psychological Association）第六分部和心理科学协会（Association for Psychological Science）的成员。他研究过多个物种的感官、认知和行为，包括海牛、宽吻海豚、座头鲸、海龟、蜜蜂以及人类。近年来，专注于探索海牛的各种感官，包括视觉、听觉和触觉。他还研究了鲸豚类和海龟的磁感能力、海豚和海龟的听力、海豚的模仿和同步行为、座头鲸的行为及蜜蜂的记忆。

萨布里纳·布兰多（Sabrina Brando）是动物福利咨询公司“动物理念”（Animal Concepts）和“24/7 动物福利”（24/7Animal Welfare）的董事。萨布里纳接受过（人类）心理医生的培训，拥有动物研究理学硕士学位，目前正在完成人类和非人类动物福利的博士学位。萨布里纳的研究兴趣是福利、行为、有效影响、倡导和故事讲述。她曾在全球动物福利和倡导会议上作为特邀嘉宾和专题主讲者，并且担任多个动物行为和福利期刊的审稿人。萨布里纳对动物和自然世界充满热情，并致力于促进积极的动物福利、正向的人与动物的互动和良好关系，借此达到极佳的动物照管和保护，并努力实现有效的行为改变以及挑战现存问题。萨布里纳将故事和讲述作为沟通、分享、鼓励和产生影响力的方式。

丘卢姆·布朗（Culum Brown）是麦考瑞大学的副教授，一直以来致力于鱼类的行为生态学研究，并取得了重要成就。他的研究领域为鱼类的行为，最突出的贡献是加深了我们对鱼类认知和行为的理解。丘卢姆是鱼类智力和福利领域的知名斗士。

戈登·M. 布格哈特（Gordon M. Burghardt）是田纳西大学心理学、生态与演化生物学系的毕业生及杰出教授。他在芝加哥大学获得了生物心理学博士学位，研究重点是对一些物种的行为发展进行比较研究，包括水龟、熊、蜥蜴、魟、蜘蛛、鳄鱼，其中重点是针对蛇类的研究。他开展了有关蛇类的多个研究项目，涉及感知觉、觅食、捕食猎物，反捕行为、社交、（同窝）多父本、性二型、体色和花纹变化、丰容、学习、遗传学、物种保护、人道对待以及繁殖方式。至今担任过多本期刊的编辑或编辑委员会成员，包括：《行为学》（*Ethology*）[1]，《两栖爬行动物》（*Herpetologica*），《两栖爬行动物专论》（*Herpetological Monographs*），《比较心理学杂志》（*Journal of Comparative Psychology*），《动物学习与行为》（*Animal Learning and Behaviour*），《动物园生物学》（*Zoo Biology*），《社会与动物》（*Society and Animals*），《应用动物福利科学杂志》（*Journal of Applied Animal Welfare Science*）和《演化心理学》（*Evolutionary Psychology*）。他是动物行为学会（Animal Behaviour Society）的前任主席，也是美国心理学会第六分部（神经科学和比较心理学）的前任主席。共负责或参与编写了7本书，其中包括《认知的动物：关于动物认知的实证和理论观点》（*The Cognitive Animal*：*Empirical and Theoretical Perspectives on Animal Cognition*，麻省理工学院出版社，2002）和《APA比较心理学手册》（*APA Handbook of Comparative Psychology*，美国心理学会出版，2017），并撰写了《动物玩耍的起源：测试界限》（*The Genesis of Animal Play*：*Testing the Limits*，麻省理工学院出版社，2005）。除了爬行动物研究外，他目前的研究还涉及动物的玩耍行为以及灵长类动物和其他动物对蛇的反应。

雅姬·查普尔（Jackie Chappell）的研究兴趣集中于演化过程中环境对智力的塑造，动物（包括人类）理解其物理环境的方式，以及这种理解方式在个体发育过程中如何变化。例如，动物如何将其身处的物理环境和在探索过程中发现的对象的特质属性与它们现有的知识整合起来？她目前所负责的认知适应研究小组，主要针对大猿开展研究（与萨布里纳·布兰多博士合作），此外她的兴趣还包括鸟类和人类的认知，能够探索环境并能从环境中学习的行为灵活型互动机器人设计。

费伊·克拉克（Fay Clark）是布里斯托动物园（Bristol Zoo Gardens）的动物福利学家，专业领域为评估和提升传统动物园、野生动物园、救护中心及水族馆中圈养动物的福利状态。费伊在获得剑桥大学的研究型硕士学位后，于皇家兽医学院和动物学研究所（伦敦动物学会Zoological Society of London/剑桥大学）获得了博士学位。在2013年加入布里斯托动物学会（Bristol Zoological Society）之前，费伊在伦敦动物学会工作并开展了六年的研究，探索大猩猩的福利，以及如何通过提供认知挑战来促进宽吻海豚和黑猩猩的福利水平。费伊对如何使用技术和先进的统计方法来促进动物园研究的有效性特别感兴趣。费伊现在的项目主要是针对布里斯托动物园内（基于园内动物开展的）动物健康和福利的研究，包括关于灵长类动物的认知和丰容以及动物福利评估这两部分的纵向研究。

辛西娅·费尔南德斯·西普雷斯特（Cynthia Fernandes Cipreste）是巴西贝洛哈里

1　文中期刊名及书名多为直译，供参考。——译者注

桑塔动物园（Belo Horizonte Zoo）动物福利部门的一名生物学家，负责丰容和动物行为的条件作用活动（行为训练）。她对动物行为、动物学习以及动物福利适用的法律和伦理内容抱有浓厚的兴趣。

妮科尔·R. 多雷（Nicole R. Dorey）是佛罗里达大学的高级讲师，教授心理学和动物行为学课程。除教学外，妮科尔还是该大学本科生动物研究实验室的建立者。该实验室发表了多篇通过同行评审的研究论文，涉及多个物种，并获得了教师 / 指导奖。多雷博士是一位获得认证资质的应用动物行为学家（Certified Applied Animal Behaviourist，简称 CAAB），曾担任多家专业组织的董事会成员，负责多家动物园内动物研究及训练的咨询工作，并曾受邀担任多个全国性和国际性会议的演讲者，以及国内外培训班的讲师。妮科尔拥有佛罗里达大学动物学和心理学的学士学位，北德克萨斯大学行为分析专业的硕士学位并辅修了生物学，以及在埃克塞特大学（英国）获得了动物行为学的博士学位。

理查德·吉布森（Richard Gibson）在世界各地的众多动物园中获得了丰富的两栖爬行动物工作经验。首先，在英国的泽西动物园，他完成了数项全世界最早成功的育种项目，并且负责了多个野外研究和保护方案的规划及实施。然后，他去往毛里求斯，开始担任毛里求斯野生动植物基金会（Mauritian Wildlife Foundation）的动物区经理。2003 年，他成为伦敦动物学会的两栖爬行类主管。对两栖爬行动物的设施和饲养进行了很大的改进，并监管了英国第一例科莫多巨蜥的繁殖，并随后发现并发表了该物种的孤雌生殖模式。2005 至 2011 年间，在其前往切斯特动物园（Chester Zoo）担任低等脊椎动物和无脊椎动物主管时，理查德投入了大量时间来帮助创立和发展了两栖动物方舟（Amphibian Ark，简称 AARK）行动。现在，理查德是奥克兰动物园（Auckland Zoo）的变温动物和鸟类主管，负责由 18 名全职员工组成的部门，致力于照管以本土物种为核心的移地保护物种，并持续繁殖扩大种群，以利于就地保护项目。

海蒂·赫尔穆特（Heidi Hellmuth）自 1987 年从辛辛那提大学毕业以来，从事动物护理和训练领域的工作已有 30 多年。最早作为一名海洋动物训练师，她先后在神秘水族馆（Mystic Aquarium）、佛罗里达海洋世界（Sea World of Florida）和布鲁克菲尔德动物园（Brookfield Zoo）等机构工作。然后在亚特兰大动物园（Zoo Atlanta）担任食肉动物和大型有蹄类动物饲养员。海蒂还曾负责管理公众教育的项目动物，并负责过一个野生动物教育项目，积累了作为项目主管和动物主管的工作经验。她曾担任史密森尼国家动物园（Smithsonian's National Zoo）的丰容和训练主管长达 6 年之久，目前是圣路易斯动物园（Saint Louis Zoo）的灵长类动物主管。在其从业生涯中，海蒂曾与很多物种以及不同类别的动物共同工作。她一直活跃在动物训练、丰容及动物福利领域，并且是动物行为管理联盟（Animal

Behaviour Management Alliance）的创办人和前任主席。海蒂发表了许多文章，并在很多会议上进行演讲，也包括在多个动物训练、丰容和福利有关的培训中进行指导，并在特怀克罗斯动物园（Twycross Zoo）主办的第一届国际动物训练会议上受邀做主讲嘉宾。

贝齐·赫雷尔柯（Betsy Herrelko）是史密森尼国家动物园（Smithsonian's National Zoological Park，简称 NZP）动物福利及研究类的主管助理。在“动物行为福利实验室”（Welfare Laboratory of Animal Behaviour，简称 WelfareLAB）中，她专注于研究、实践及推广，并注重研究的合规性。作为一名行为学家，贝齐的研究兴趣集中在推进动物福利科学上，重点是动物管理以及动物的思维方式。她在 NZP 任职之初，是戴维·博内特认知研究组成员，主要研究动物园圈养猿类的认知（认知偏差，一种评估情绪影响的方法）以及机构内多个物种的饲养管理及福利内容。

杰夫·霍西（Geoff Hosey）一直在波尔顿大学担任生物学主讲师，直至 2005 年退休，现在是该大学的名誉教授。他主要在行为生物学、动物福利和灵长类动物学方面从事研究和指导学生，现在仍致力于动物园动物福利的研究，尤其是有关动物园中人与动物关系的研究。他是英国及爱尔兰动物园与水族馆协会（British and Irish Association of Zoos and Aquaria，简称 BIAZA）研究委员会的成员，也是《动物园动物：行为、管理及福利》（*Zoo Animals*：*Behaviour*，*Management and Welfare*，牛津大学出版社，2013 年第二版）一书的作者之一。

萨拉·L. 雅各布森（Sarah L. Jacobson）是纽约市立大学研究生中心认知和比较心理学方向的博士生。她于 2013 年获得科罗拉多学院神经科学的学士学位。她的研究兴趣为包括大象在内的社会动物的行为和认知，以及如何将这些知识应用于保护和野生动物管理。

尼尔·乔丹（Neil Jordan）是新南威尔士大学（悉尼）生态系统科学中心的讲师，也是澳大利亚塔龙加自然保护学会（Taronga Conservation Society Australia）的保护生物学家。他目前的研究重点是将行为生态学应用于动物保护中的管理问题，尤其是利用动物发出的信号来解决人与野生动物之间的冲突，包括在博茨瓦纳人与大型食肉动物之间的冲突，以及澳大利亚人与野生动物之间的冲突。

吉姆·麦凯（Jim Mackie）在 2012 年被任命为伦敦动物学会（简称 ZSL）首位动物训练和行为主管，此前他已论证了训练习得的行为在改善动物园动物的饲养和福利方面的价值。吉姆对动物行为的兴趣始于 25 年前，他训练自己的猛禽进行教育示范。这使得他有机会加入 ZSL 的动物展示部门，并在那里工作了 10 年，开发动物园的游客教育项目。吉姆热衷于操作性学习和行为丰容领域的信息共享，也因此在伦敦动物园（London Zoo）和惠普斯奈德动物园（Whipsnade Zoo）成立了 ZSL 行为管理委员会，以及后来在英国及爱尔兰动物园与水族馆协会（BIAZA）的动物行为及训练工作组担任主席。

钦·U. 马尔（Khyne U. Mar）是一名兽医和保护生物学家，在学术界、研究领域和行政管理职位上拥有 30 多年的从业经历。曾获得多项研究基金支持，也是多项研究助学金和奖学金的获得者。接受过大象管理、大象繁殖、保护医学和生物学方面的专业培训。作为一名兽医顾问，在东南亚国家积累了丰富的工作经验。

史蒂夫·马丁（Steve Martin）是邂逅自然公司（Natural Encounters，Inc.）的总裁，该公司由 50 多位专业的动物训练人员组成，在全球的动物机构内教授动物训练方法以及制定公众教育中项目动物的训练计划。他每年有超过 200 天的时间都在旅途中度过，前往世界各地的动物机构中担任动物行为和游客体验顾问。史蒂夫每年都会举办几次动物训练班，并且是北美动物园与水族馆协会（Association of Zoos and Aquariums，简称 AZA）动物训练学校的讲师，瑞肯大象培训班的讲师，世界鹦鹉信托基金会的董事以及 AZA 动物福利委员会的成员。他还担任非营利性公司“邂逅自然保护基金”（Natural Encounters Conservation Fund，Inc.）的主席，该公司已经筹集了超过 130 万美元的资金，用于多个就地保护项目。作为加州秃鹫种群恢复小组的核心团队成员，史蒂夫帮助指导将圈养的加州秃鹫重新放归野外。

林赛·R. 梅赫卡姆（Lindsay R. Mehrkam）是一位应用动物行为学家、动物福利科学家，并且是博士级 BCBA 认证行为分析师（证书编号：1-15-17919，2015 年 2 月认证）。她的主要研究兴趣集中在人与动物互动、丰容和训练这三者在提升社会关系中动物和人的福利方面所带来的助益。作为人与动物福利合作组织（Human & Animal Welfare Collaboratory，简称 HAWC）的负责人以及“六旗实地体验项目”的教职代表，她在应用动物行为、学习和福利方面的教学和研究项目曾在动物收容所、动物园、水族馆、动物救护中心等机构获得过资助，总结成出版物、论文等，也促成了多次培训班、实习以及服务学习工作机会。梅赫卡姆博士的研究成果已在同行评审的科学期刊上广泛发表，并在国内及国际会议上进行专题报告。她获得过多家流行媒体、资助方以及学术和行业奖项的认可，包括专业训犬师协会（Association for Professional Dog Trainers）、马迪基金会和动物行为管理联盟（Animal Behaviour Management Alliance）。除教学和研究外，梅赫卡姆博士还担任国际行为分析协会（Association for Behaviour Analysis International，简称 ABAI）应用动物行为特别兴趣小组副主席，以及大橡树狼救护中心（Big Oak Wolf

Sanctuary）的顾问委员会成员。

维基·A. 梅尔菲（Vicky A. Melfi）是英国格洛斯特郡的哈特伯瑞大学的教授。她在动物园专业领域已工作了近 30 年，专注于动物福利和保护工作，曾在英国、爱尔兰和澳大利亚多地任职。她还在埃克塞特大学、普利茅斯大学和悉尼大学担任过各种学术职务。维基大力倡导行业与学术界的合作，旨在收集可以支持循证实践的数据，并增进我们对动物和人类的行为以及人与动物互动的了解，这两者都可以为动物福利及保护工作带来巨大的助益。

埃里克·米勒-克莱因（Erik Miller-Klein）是"A3 声学"（A3 Acoustics）的创始合伙人，其本人是注册声学工程师，并获得了美国噪声控制工程委员会的专业认证。科学和音乐背景使他对噪声问题有着更全面的理解，并且对了解噪声和振动的根本影响怀有极大的好奇心。他的工作重点是设计一类允许声学呈现其复杂本质的环境，同时将各种解决方案融入其中，以此诠释声音在我们交流、放松和解读我们的世界时所扮演的角色。

乔舒亚·M. 普洛特尼科（Joshua M. Plotnik）是一名比较心理学家和保护行为研究人员，自 2005 年以来一直研究象的认知。最近，乔舒亚一直在泰国工作，以了解如何将有关动物思维的研究结果直接应用于减少人类 / 野生动物冲突。他是纽约市立大学亨特学院心理学系的教职员工和动物行为与保护项目成员，同时也是该校研究生中心的认知和比较心理学研究生项目的教职人员。还是美国非营利性慈善机构"想象国际"组织（Think Elephants International）的创始人和执行董事，该组织致力于将大象作为一条通路，以弥合研究、教育与保护之间的距离。普洛特尼科博士曾获得过剑桥大学牛顿国际研究基金，并获得了埃默里大学（硕士及博士）和康奈尔大学（本科）的学位。

加里·普里斯特（Gary Priest）"我在南加州的一个牧场上长大，一生中身边都围绕着动物。自从记事起，我就开始对动物和人的学习方式着迷。"在过去的 40 多年中，加里·普里斯特的职业生涯就是在世界各地与各种类型的动物一起工作，并培训各行业的人们了解和使用操作性条件作用来提升动物的护理和福利。普里斯特已经担任圣地亚哥动物园全球保育组织（San Diego Zoo Global）的高级经理超过 35 年，现任圣地亚哥动物园全球保育学院（San Diego Zoo Global Academy）www.sdzglobalacademy.org 动物护理训练的负责人。加里拥有西伊利诺伊大学自然科学的学士学位和美国国立大学（圣地亚哥）的管理学硕士学位。加里耐心的妻子从他们 14 岁第一次相遇起，就着手巧妙地对他进行着塑行。

肯·拉米雷兹（Ken Ramirez）是"凯伦·布莱尔响片训练"（Karen Pryor Clicker

Training）的执行副总裁兼首席训练官，他负责监督训练教育计划的构思、开发和实施。此前，肯在芝加哥谢德水族馆（Shedd Aquarium）担任动物护理和训练执行副总裁。拉米雷兹是一位从事动物护理和训练工作40多年的兽医，同时也是一位生物学家和行为学家，曾与世界各地许多动物组织和犬类项目合作。他成功主持了两季电视系列节目《与动物对话》（*Talk to the Animals*）。拉米雷斯还于1999年撰写了《动物训练：通过正强化实现成功的动物管理》（*Animal Training*：*Successful Animal Management through Positive Reinforcement*）以及2017年的《更好在一起：现代训犬师的智慧》（*Better Together*：*The Collected Wisdom of Modern Dog Trainers*）。他在西伊利诺伊大学教授了20年的动物训练研究生课程。他目前每年在“响片博览”（ClickerExpo）任教，并在凯伦·布莱尔国家训练中心（大牧场，Karen Pryor National Training Center，the Ranch）提供实践课程和研讨会，并通过凯伦·布莱尔学院（Karen Pryor Academy）教授在线课程。

马蒂·塞维尼奇－麦克菲（Marty Sevenich-MacPhee）是一位从事动物行为和饲养管理的专业人士，她在职业生涯中致力于动物的训练、丰容和福利。自1984年从伊利诺伊大学获得学士学位以来，马蒂一直担任芝加哥布鲁克菲尔德动物园和迪士尼世界（Walt Disney World）的领导职务，负责其中行为管理项目的规划。除了为提升动物饲养作出贡献外，作为一名积极的专业顾问，马蒂还专门从事动物训练员的教育培训工作，并且是多本动物饲养类出版物的作者。马蒂还曾担任国际海洋动物训练员协会（International Marine Animal Trainers' Association，简称IMATA）、国际鸟类训练员及教育工作者协会（International Association of Avian Trainers and Educators，简称IAATE）以及AZA的常务理事和/或委员会成员。她曾担任AZA多个动物训练和丰容课程的讲师，这些课程包括：管理动物丰容和训练计划，鳄鱼生物学和饲养管理，以及动物训练在动物园和水族馆中的应用。

安德鲁·史密斯（Andrew Smith）的主要专业领域是行为生态学和灵长类动物的色觉。他的工作主要是探索动物如何与彼此及周围环境互动，所研究的动物类别从土豚一直到金鱼。其大部分工作涉及灵长类动物以及感知能力和资源分配的生态影响。他综合应用圈养和野外的研究，分析了三色视觉的演化和优势。

萨拉·斯普纳（Sarah Spooner）在过去的十年中一直在动物园从事教育工作。她目前是英国火烈鸟岛主题公园动物园（Flamingo Land）的教育和研究经理，致力于实施动物园保护教育策略并提供最新信息。她目前正在研究与项目动物近距离互动以及持握项目动物对游客态度和知识的影响。她在约克大学的博士研究“评估动物园教育的有效性”，讨论了动物展示、动物园的标识牌以及教育剧场作为向动物园游客传递动物知识和保护信息的教育形式所发挥的作用。她拥有约克大学和剑桥大学的研究生学位，以及剑桥大学的本科学位。曾在正规教育部门担任小学教师，以及曾担任演化生物学、生态学和统计学的大学讲师。她也曾在博物馆和动物园中开展非正式类教育，涉及不同年龄和能力的受众。此外，她还具有作为动物园饲养员和动物训练员的经验，主要与鹦鹉和猛禽一起工作。

蒂姆·沙利文（Tim Sullivan）在过去的38年中一直受聘于布鲁克菲尔德动物园内的芝加哥动物学会（Chicago Zoological Society）。他在海洋哺乳动物部担任了16年的饲养员，负责动物园内海豚、海象、海狮和海豹的训练及照管。1997年，蒂姆按照要求在厚皮动物部（Pachyderm）开展大象保护性接触行为管理项目。1998年，被任命为动物园的行为管理主管，这也是他的现任职务。蒂姆的主要职责是管理动物园的动物训练和丰容项目。负责动物园内的大型动物以及其他各类动物（从土豚到斑马）的行为管理，并负责100多名照顾它们的动物饲养员的专业技能提升。蒂姆也在其他动物机构中从事动物训练和丰容方面的咨询工作，并负责组织各类行为训练的国际培训班。蒂姆目前是AZA年度动物训练应用课程的讲师团队成员。他活跃于各个国际训练组织，并曾担任国际海洋动物训练员协会和动物行为管理联盟（Animal Behaviour Management Alliance）（他参与创立的一个组织）的董事会成员。

格雷格·A. 维奇诺（Greg A. Vicino）是圣地亚哥动物园全球保育组织中应用动物福利方向的主管。维奇诺先生曾在加利福尼亚大学戴维斯分校主攻生物人类学，重点研究非人灵长类动物的饲养、行为、福利和社会化。维奇诺先生专注于综合管理策略，即各个机构中的所有动物都能从每种专业领域中受益。通过重点关注行为的频次和多样性，他和他的团队致力于开发各种综合管理策略，利用行为的适应相关性，使得相应行为对被管理的种群具有意义。该策略意在适用于所有圈养和野生物种，他在中东和东非将这些概念应用于就地保护计划和恢复/重引入地点，并积累了大量的经验。格雷格一直在为终结物种灭绝这一研究使命而努力，并坚定地支持应该给予所有动物繁衍兴旺的机会。

萨曼莎·J. 沃德（Samantha J. Ward）是诺丁汉特伦特大学动物科学的高级讲师。此前，曾是多种有蹄类、灵长类和有袋类动物的饲养员，同时也是动物园保护和研究管理人员，负责动物信息记录（ZIMS）、动物运输和谱系管理。萨曼莎共取得了动物行为的理学硕士学位和动物行为与福利的博士学位。研究重点是动物园动物的福利，以及人与动物之间的互动、相互关系及动物园动物饲养和管理技术对圈养动物福利的影响和改善。萨曼莎是BIAZA研究委员会的成员，也是英国环境、食品和农村事务部（Department for

Environment，Food and Rural Affairs，简称 DEFRA）中动物园执行委员会的福利专家。

杰拉德（格里）怀特豪斯－特德 [Gerard （Gerry）Whitehouse-Tedd] 在多家动物园、私人和政府的动物饲养机构以及主题公园工作，拥有超过 35 年的国际工作经验。他是一位专业的动物管理者、训练员和动物园主管，专长为外来物种和本土物种的饲养、训练和管理。包括圈养繁殖计划、医疗护理、康复、公众展示、讲解活动中的动物饲养管理，以及与动物园动物相关的游客体验、近距离接触和园外教育项目。格里在过去的 20 年中担任过动物园高级主管，自 2012 年以来一直担任阿拉伯联合酋长国卡尔巴猛禽中心（Kalba Bird of Prey Centre）的运营经理。

凯瑟琳·怀特豪斯－特德（Katherine Whitehouse-Tedd）是诺丁汉特伦特大学的高级讲师，研究方向为人与野生动物的冲突、动物园保护教育和食肉动物的饲养管理。凯瑟琳负责教授动物园生物学和保护学的本科及研究生课程，并督导英国本地和国外的一系列学生研究项目。其研究兴趣目前主要集中在利用家畜护卫犬作为促进人与食肉动物共处以及秃鹰保护中的“缓解工具”，以及在动物园中应用项目动物（ambassador animals）来激发游客的保护行为。凯瑟琳拥有新西兰梅西大学的营养学博士学位（研究动物园大型猫科动物饮食中的生物活性成分），之前曾在英国、南非和阿拉伯联合酋长国担任动物园的保护项目经理、研究学者和教育项目协调员。

乔纳森·韦布（Jonathan Webb）是一名保护生物学副教授，具有应用研究背景，其研究重点是探索有助于恢复受威胁动物种群和减少入侵物种影响的各种举措。他最近的研究集中在应用行为技术来减少海蟾蜍对澳洲袋鼬的影响。乔纳森已经发表了 120 多篇科学研究论文，目前在悉尼科技大学教授野生动物生态学。他认为科学研究人员应该将研究成果更广泛地传递给公众，他对澳洲袋鼬的研究曾在 BBC 纪录片《大卫·爱登堡的方舟》（*Attenborough's Ark*）等媒体节目中被详细报道。乔纳森是一位痴迷于野生动物的摄影师，他与妻子和两个孩子现住在新南威尔士州中部海岸的一片野生动物友好生活区内。

希瑟·威廉姆斯（Heather Williams）从 14 岁就开始水肺潜水，并从 16 岁时开始在斯卡伯勒海洋生物中心（Scarborough Sealife Centre）的一个水族馆工作。自愿参与了领航鲸的照片个体识别工作（特内里费岛环境项目）和鲸类分布研究（“鲸豚组织”，Organisation Cetacea）。她在普利茅斯大学学习海洋科学和海洋生物学，在此期间，她在英国国家海洋水族馆（National Marine Aquarium，简称 NMA）担任志愿者，并在那里重点研究海马（特别是管海马 *Hippocampus kuda*），完成了她的荣誉学位项目。大学毕业后，获得了 NMA 动物饲养部的一份工作。之后，她搬到大开曼岛，在一个相对新开发的旅游地——水手长海滩（Boatswain's Beach）工作。这是她最初对训练自己所照顾的动物产生兴趣的地方。在搬到爱尔兰布雷的国家海洋生物中心（National Sealife Center）几年后，开始对那里的一些动物开展简单的训练。她很幸运能够在蒙特利湾水族馆（Monterey Bay Aquarium）进行一个月的志愿服务，在那里看到了鼓励一条生活在大展区、仅有一只眼睛的翻车鱼（*Mola mola*）进食中训练所发挥的重要作用。这一经历也使其 2010 年重返 NMA 后，通过自己的经验和知识开始推行一项训练计划，现在该水族馆中已有大量出于各种目的而接受训练的动物。她也很幸运地成为 BIAZA 动物行为及训练工作组的创始委员会成员，并担任水族馆联络员。

罗伯特·约翰·扬（Robert John Young）是英国一位讲授野生动植物保护学的教授，他将自己研究时间划分为圈养动物研究（主要是动物园动物的福利）以及在巴西等国的野外自然保护工作两部分。他是《圈养动物丰容》（*Environmental enrichment for captive animals*）一书的作者。

序言

我很高兴受邀为这本非常重要的书撰写前言，当我通读各章后，这种喜悦变成了真诚的感谢，感谢全体作者和编辑为我们所提供的丰富知识。我一次又一次地在读书笔记中标注“清晰地说明”“非常好的应用实例”和“充分利用了相应的现实情境”。更令人印象深刻的是，这些经验和实例来自全世界各地。这不仅证明了训练正在被广泛应用，也展示出训练方法的相同和不同之处。以我的能力并不足以推荐这本书，希望读者能允许我用几段文字来详细说明为什么……

许多年前，在我职业生涯的开始，我被聘为应用动物行为与训练这一全新的理学学士（荣誉学位）专业的课程主管。这个学位是同类型学位中的首创，反映出大家不仅想要理解动物为什么以各种方式表达它们的行为，也对我们如何利用这些知识来塑造和训练不同的行为产生了越来越多的兴趣。尽管该专业课程主要侧重于伴侣动物的训练，但也具有前瞻性思考，涵盖了有关野生动物的专业课程；如果当时有这本书的话，会给到我本人和课程导师们多大的帮助呀！

主管这一专业课程不仅让我对动物行为深深着迷（以及享受有机会将这份痴迷传递给其他人的乐趣），并且还为我开辟了关于动物训练的全新世界。通过与其他导师和学生的互动，让我很快了解到有关动物学习的理论知识以及如何最好地将其实际应用于训练中，仍都处在一个早期探索阶段。我也强烈地意识到自己缺乏训练能力；坦率地说，尽管我很好地掌握了理论知识，但我却在实践技能方面苦苦挣扎，无法迅速观察到行为上的细微差别，并调整我的强化时机（timing）做出有效应对，为动物提供一个好的学习环境。现在，读完这本书，我获得了新的希望和灵感，如果再试一次，我将能够做得更好。

本书的作者们提供了涉及不同物种和各类情境的大量应用实例。他们能够将复杂的主题以易于理解的方式写出来。这本书也让我们正确地认识到，随着动物训练领域的发展，所使用的术语和技术也在不断扩展。但这有可能轻则造成混淆，重则彼此矛盾。反过来，这将导致技术运用不当和福利受损，更别提要将上述内容翻译成各种不同语言时的复杂性。这为我推荐本书提供了又一个理由。除了所用术语的一致性和对它们的明确解释（正强化、负强化和惩罚之间的区别就是其中一个例子），还有一个很棒的术语表，我相信读者们会一次又一次地使用它。

逐章阅读本书会非常有帮助，因为它们互为基础，并为动物的学习与训练开辟了一个新的相关性。不过，我还可以看到，各个章节都有自己的特点专长，或是向读者介绍一个新的话题，作为已知主题的增补，或是可以作为一个方便的参考指南，可以回过头来查找未知信息或寻找问题的解决方案。关于学习和训练，有很多知识要知道，但要把一切都记在脑子里是很困难的。将这本书作为手边的参考，可以让训练人员在训练这项重要的任务中获得成功，即关注其所面对的动物在行为上的细微变化，并调整训练的各个方面以应对这些变化。

我希望让读者自己探索发现每一章的内容，但又忍不住想利用这个机会分享一些特别引起我注意的内容。在我自己都数不清的多年教学中，一直在各个“动物行为概论”课程中以巴甫洛夫（Pavlov）为例，很高兴这本书让我想起了与特威特迈耶（Twitmyer）相关的经典条件作用，让学生在听到敲钟声时出现膝跳反射。第 2 章和第 3 章让我想起了动物在除经典条件作用和操作性条件作用之外，所有用于学习和获得信息的有趣而复杂的方式。作者们还清楚地让我们意识到，与研究野生动物相比，研究动物园和水族馆中的动物可以收获哪些助益，同时也给出了为什么我们不应该总是将两者直接进行比较的原因。在更个人的层面上，还有一些引发我自己思考的研究，分享了幼年环境和个体经历如何影响成年动物个体的行为。第 4 章让读者思考与训练有关的道德因素，这非常棒，因为我们可以训练一些行为并不一定意味着我们应该这样做。第 5 章提供了一些很有趣的实例，说明了人类照管下的动物从胚胎阶段到随后的所有生命阶段和生活经历中所能获得的各种学习机会。

随着职业生涯的发展，我进入了欧洲动物园与水族馆协会（EAZA），并受聘于 EAZA 学院培训专员（EAZA Academy Training Officer）这一新确立的职位；遗憾的是，我的职责不是训练野生动物，而是训练更具挑战性的“动物园和水族馆工作人员”！先不开玩笑了，不过很明显的是，整个行业强烈希望开发动物训练课程。时至今日，该课程一直是我们最受欢迎的课程之一，并且已扩展到针对不同应用方面的其他课程内容中。在训练我们所照管的动物时，人是其中必不可少的组成部分，因此我对第 7、第 8、第 9 和第 13 章特别感兴趣，这些章节都涉及学习和训练互动中与人有关的不同方面。人是否会对动机、信任和控制感产生正反两方面的影响（第 7 章）；如何使员工参与到训练计划中，让他们将其视为一种机遇而不是工作负担（第 8 章）；人与动物的互动（第 9 章）；以及确保人员和动物安全的方法（第 13 章）。第 10 章介绍了动物“行为展示”的不同方式，使我清楚地了解了通常被归入这一标题下的各种工作情境和细微差别。这些书中给到的信息，也让我迫切地想回过头来查看我们的《EAZA 公众展示动物应用指南》（*EAZA Guidelines for the Use of Animals in Public Demonstrations*）。

第 11 章的作者们对“思考训练对动物福利的影响是一个史诗级的挑战”进行了最佳

阐述，但同时，他们也表明自己要面对的不仅仅是这一项挑战。这一章节对我们使用的术语也提出了一些很好的意见，同时对我们而言也是一个重要的提醒，应该回归到始终从动物个体的角度来思考其福利水平，而不是我们如何看待它们的福利状态。福利与训练之间的挑战将在第 12 章中进一步讨论。我们需要思考以下情境的道德问题：在将动物放归野外时，我们可能会利用动物学习和训练的知识在短期内主动损害其福利，以为其换取长期的福利。随着野生动物所面对的威胁在不断增加，在为了增加放归后的生存率而做出决定时，我们将越发需要确保自己有能力理解和平衡与此有关的道德和福利问题。

自从我开始负责行为和训练课程以来，我们已经走了很长的一段路。我们已经走了多远，未来还有多少东西需要了解，特别是面对一些动物类群和具体情况时，这本书对此都进行了一个全面的综述。因此，我全心全意地在这里分享作者和编辑们在本书中想表达的愿景，希望能激励更多循证类研究和出版物来帮助我们扩展知识。我也鼓励所有对动物学习、训练和福利感兴趣的人们，从学生到动物园行业的专业人员，再到学者们，都来读一下这本书。从这里可以学到很多东西并从中得到启发。

欧洲动物园与水族馆协会执行董事，米范威·格里菲斯（Myfanwy Griffith）
（EAZA）
2019 年 3 月

前言

《动物园动物的学习与训练》的灵感来自满足一个需求：在研究动物学习理论的人们和使用这些原理在动物园实施训练计划的人们之间建立起桥梁，弥合彼此之间的鸿沟。在编写这本书的时候，我们希望，并且也已经成功地将专家学者和动物园专业人员聚集在了一起，以便读者朋友们可以从他们所分享的知识中获益。这种让大家集合起来的方式也将动物训练的艺术性和科学性融为一体。因此，我们很荣幸为你呈现这样一本由该领域多名专家共同撰写的书籍，涵盖全球范围的学术和专业知识以及实践经验。

本书利用清晰、易于阅读和简明的方式介绍了有关动物学习的基础理论，以及动物园和水族馆应用这些理论开展动物训练的实例。我们希望将行话解释清楚，以及明确不同学科之间以及不同专业背景下使用的术语的差别，以消除在动物园开展训练和理解训练结果时的障碍。

我们邀请从事动物园动物学习与训练的学者和专家撰写本书内容，从动物学习理论的原理（第1–4章）到该理论的应用（第5–9章），再到实际开展动物园动物训练计划时的各种思考（第10–13章）。鉴于这一主题所涵盖的内容以及将理论转变为实践的意义，我们很快意识到，增加专栏内容也是一件很棒的事情。第一组专栏是思考动物沟通交流的方式，因为沟通是成功开展训练的关键。之后的一组专栏，重点关注不同动物类别的具体知识信息，阐述某一类动物现在已知的认知能力，以及在动物园训练这些动物时可能需要考虑到的注意事项；因此，我们将这一组专栏划分为两部分，分别集合了学术和行业领域的观点。其中大象是一个例外，因为我们有三个与之相关的专栏，与其他类群的动物一样，我们详细介绍了有关大象认知能力的现有知识，但是我们包括了两个与其圈养管理相关的专栏，其中一个与动物园有关，另一个与工作象营地中的训练和管理有关。然后，我们的最终一组专栏是有关于训练的“其他”方面，涉及一些在本书主章节中未详述的内容。在这一部分，我们考虑到需同时训练多只动物；这通常是针对群养动物和/或训练人员不足时必须考虑的实际问题。最后，还包括了一个专栏，简述动物园动物训练的概况、这项艺术（训练）的起源和所能实现的目标；一小篇简短的介绍、概述和对未来的看法。

我们在全书（甚至在书名中）都在提及动物园，但这并非不包括水族馆，而是将动物园这个词作为一类以照顾和保护圈养物种为目标运营的行业简称，无论其是一家动物园，还是水族馆或救护中心。为了提升动物学习理论的可及性，书中还包含有一个方便的术语表，可为书籍翻译工作提供一份粗略指南。这种对术语及其定义的必不可少的整理，因其科学基础广受认可，我们期望它能为一些即使是经验丰富的训练员也较难理解的内容提供更加清晰的信息。我们的内容都不是信口开河，而是基于科学和实践经验，希望以此揭开动物园动物训练的神秘面纱，并使所有读者清楚地了解如何有效地训练动物，并理解开展这些训练可能会对大家所照管的动物的生活带来怎样的影响。

维基 · A. 梅尔菲，妮科尔 · R. 多雷与萨曼莎 · J. 沃德

致谢

作为编辑，我们非常感谢本书的作者们分享和阐述了他们的知识，以加深大家对动物园动物训练的理解和改进。我们还要感谢那些匿名的出版建议审阅者，以及杰夫·霍西和露西·比尔曼－布朗（Lucy Bearman–Brown）审阅了本书的一些材料，感谢他们付出的时间和专业知识。

本书能问世不仅仅是基于作者们的才华和热情，还要感谢克里斯汀·安德森·汉森，戈登·M. 布格哈特，萨布里纳·布兰多，伊丽莎白·S. 赫雷尔柯（Elisabeth S.Herrelko），凯瑟琳娜·赫尔曼（Katherina Herrmann），吉姆·麦凯，史蒂夫·马丁，乔舒亚·普洛特尼科，叶伦·史蒂文斯（Jereon Stevens），希瑟·威廉姆斯和雷·威尔特希尔（Ray Wiltshire）所提供的照片。

我们感谢米范威·格里菲斯（EAZA 首席执行官）抽出宝贵的时间为我们撰写序言来支持这本书的出版；作为一个与动物学习理论和训练相关并对此充满热情的人，米范威一直在支持该方面的科学研究和行业实践。

我们还要感谢 Wiley 出版社的员工，特别是支持该项出版建议的戴维·麦克达德（David McDade）以及本书出版前最后一年的出版团队成员安德鲁·哈里森（Andrew Harrison），在此期间还有阿西拉·梅诺（Athira Menon）在理顺编辑需求和出版要求。我们也感谢出版团队将这个项目最终变成了一本书籍。

维基·梅尔菲本人非常感谢爱德华·皮克斯吉尔（Edward Pickersgill）和伊莎贝尔·MP（Isabel MP）的支持。妮科尔·多雷（Nicole Dorey）要感谢迈克尔（Michael）支持她的“车库乐队”，以及赞德（Xander）和阿里亚（Aria）的所有拥抱、亲吻和爱的怀抱，以及数次躲在她的桌子下面。萨曼莎·沃德非常感谢在参加“这些令人振奋的项目”期间，乔纳森·哈顿（Jonathan Hatton）和康妮（Connie）一直在她身边并支持着她。

A篇　揭开动物园动物训练的神秘面纱

在本书的开篇，我们希望对掌握动物学习理论所需的原理提供一份概述。对有兴趣建立、管理和实施动物训练计划的人来说，了解动物园动物的学习原理至关重要。我们始终致力于以清晰有趣的文字概述该领域的科学知识。动物学习理论常常被过分地描绘成一个复杂而困难的主题。尽管学习理论较为复杂，并存在诸多争议，但仍有一些规则和原理很易理解，这些规则和原理也清楚地表明了不同的训练计划中，哪些是可以实现的目标和哪些是不能实现的目标。这一部分也思考了学习是如何使参与学习过程的动物受益的。最后，还将探讨常用的基本训练方法及其科学依据。

1 学习理论

妮科尔 · R. 多雷

翻译：刘霞　　校对：雷钧，杨青

1.1 引言

在深入研究学习理论之前，我们必须首先对学习进行定义。科学家将学习定义为由经验导致的生物体行为或思想的改变。这是所有普通心理学教科书中的标准定义。作为一名学生，我无数次地听过这个定义，相信读者也是如此。有时，当我们一遍又一遍地听到同样的东西时，往往就不再关注它了。但我认为我们应该保持关注。我们不仅应该关注该定义，还应该开始对它进行剖析，而不仅仅是从字面去理解。例如，我们可以问：学习为什么是*改变*行为而不是*获取知识*？“由经验导致的”是什么意思？本节就将带领你洞悉这些重要问题的答案。

让我们看第一个问题，为什么我们会使用“行为的改变”一词？人们可能会将学习视为对知识的*获取*，而不是行为上的*改变*。查恩斯（Chance）（1988）认为，“*改变*”一词比“*获取*”更合适，因为“学习并不总是意味着获得某些东西，但总会涉及某种改变”（第 24 页）。此外，我们用*行为*一词代替*知识*，因为行为是可以观察的。我们无法看到别人知道什么，心理学家也明白知识不足以改变行为。例如，当一个人停止某个问题行为（如咬指甲）时，这并不是获得行为，而是改变了行为。此外，他们可能知道这些行为不好，但是知道这件事本身并不会改变可观察到的行为。

学习也必须是“由经验导致的”。行为改变有时（但并非总是）是经验的结果。例如，假设斑马 A 和斑马 B 都经过训练，能够根据指令触碰飞盘。斑马 A 习得目标行为后，当训练人员说“目标”时，他 / 她会用鼻子触碰飞盘。现在，同样习得这一行为的斑马 B 病了，拒绝用鼻子触碰目标。尽管斑马 B 在接到指令“目标”时行为发生了改变，但这一改变并不是学习的结果。也就是说，斑马 A 和斑马 B 都从经验中学到了目标行为，只是斑马 B 因生病而改变了行为。

该定义中的经验又是指什么呢？“经验”是指发生在动物周围环境中的事件（Chance 1988）。因此，动物周围环境的变化会导致动物学习的发生。以一头动物园里的大象为例，到了晚上，当大象听到钥匙碰撞的声音时，可能会开始朝过夜笼舍（夜间喂食的空间）走去。在过去，钥匙碰撞声意味着进餐时间到来，因此动物从经验中得知，听到钥匙碰撞的声音表示马上就会有食物。

在对学习一词有了更好的了解后，让我们继续对动物学习理论进行概述。在本章的其余部分，你将读到历史上对学习一词的讨论以及关于学习类型的阐述，这对于继续深入了解本书将具有重要意义。

1.2 个体学习

爱德华 · 桑代克（Edward Thorndike）的著作很好地阐述了个体学习的理论。尽管在他之前有科学家提到动物行为（例如达尔文，罗曼尼斯和摩根），但桑代克是第一个从实证角度研究动物行为的科学家。在桑代克之前，科学家们都是在自然环境中观察动物的行为。他们从不同的人（宠物主人、业余自然爱好者、军官等）那里收集轶事记录，并将其汇编为假设或理论的佐证。

这种方法不仅以人为中心，而且是拟人化的。*人类中心主义*（*anthropocentrism*）是指将人类视为地球上最中心或最重要的物种。以人类为中心的人可能会认为人类具有比其他动物优越的独特能力。例如，一些科学家，如罗曼尼斯（Romanes），使用动物模型来证明动物可以以人的方式思考和解决问题。他没有研究动物本身的行为，而是尝试对动物的行为进行建模以符合人类的标准。他有一些被传为趣闻轶事的“实验”，例如将蚂蚁困住，观察它们的同伴是否会帮助解救它们。他这样写道：“然后我用一块黏土盖住一只蚂蚁，只留下了它的触角末端。它的同伴很快发现了它，并立即开始工作，它们咬掉黏土块，很快将同伴解救了。”（Romanes 1888，第 48 页）

拟人化（*anthropomorphism*）是指将人类特征（例如语言或情感）赋予其他动物。拟人化通常用于维持以人类为中心的偏见。例如，苏斯博士（Dr Seuss）的《戴帽子的猫》中，有一只猫可以直立行走，说一口流利的英语，并且和人一样穿着衣服。许多迪士尼电影也运用了拟人化的角色，例如《海底总动员》《不可思议的狐狸先生》《小鹿斑比》。所有这些电影都赋予动物人类的特征。动物专业人士知道，虽然在相似的情形下，动物的某个行为与人类行为相似，却可能有不同的解读。其原因之一是专业人士解读行为时会采用简约原则。科学家为观察到的行为寻找最简约或最简单的解释，即在两个同样好的解释之间，选择较简单的那个。例如，当你回到家里，发现客厅里到处都散落着你花了大价钱购买的枕芯。家里调皮可爱的狗很无聊，于是找到了一种娱乐自己的方法。你看着它双眼下垂，夹着尾巴，耷拉着耳朵，缓慢后退，可能不由自主地认为：“它看上去很内疚，可能知道自己犯了错误。”但是，最简约的解释是它实际上是在对你的肢体语言作出反应（你的语气、盯着狗的眼睛、反常地来回走动、不像平时那样向狗打招呼，等等）。确实，实验表明这种肢体语言解释更合理（Horowitz 2003）。1898 年，桑代克率先将实验方法引入动物行为研究领域。那就是将猫放进箱子里！

桑代克当时是一位非常特立独行的科学家。他没有实验室，于是把实验对象（鸡、猫、狗、鱼和猴子）都留在自己的家中，“直到房东提出抗议”（Thorndike 1936，第 264 页）。他还觉得以前的科学家对动物的智力过于关注，尽管他选定了一个老套的论文题目（动物智力），但他的目标其实是研究动物的蠢笨（Walker 1983）。桑代克用来研究动物蠢笨程度的装置称为迷笼（puzzle box）。迷笼就像一个带有木板条隔栅的小木箱，箱子里有某种装置（即一串绳索，按正确的顺序拉动就会移除锁销并打开木箱）。将一个实验对象放进迷笼，实验就算开始了。桑代克将一只饥饿的猫放进迷笼中，外面放一块食物，迷笼中的猫可以透过板条格栅看见这块食物。他发现，猫并不明白开门的绳索顺序。当然，如果这就是故事的结尾，那么本章可以在此处结束了。实际上，猫确实出了笼子，并且可能会一次又一次地出去。他将猫的成功逃逸归功于试错学习，并指出这些猫并没有利用洞察力、推断或任何其他“智力”的迹象（Walker 1983）。经过这些实验，桑代克提出了*效果律*。效果律指出，如果在刺激之后发生的行为获得了奖励，则该刺激在将来更有可能引起该行为。据效果律的支持者所说，我们做出的大多数行为都是由行为与其后果之间的联系所致。我们在后面讨论心理学家 B.F. 斯金纳（B.F.Skinner）的操作性条件作用时还将对效果律进行详细的讨论。

1.3 经典条件作用

桑代克在动物行为研究的方法论和理论方面产生了很大的影响，直到今天仍然在影响着学习理论中相关的关键概念。然而，在 20 世纪初，在动物学习理论领域的科学家们当中产生了一位新的领袖。他的名字叫伊万 · 巴甫洛夫（Ivan Pavlov）。

巴甫洛夫的实验进一步加深了桑代克提出的怀疑，即动物是否具有（较高的）认知能力。这种不确定性是由动物的反应方式造成的。巴甫洛夫设计的实验包括了无意识的行为。例如，在一个经典的实验中，巴甫洛夫通过摇铃的声音使狗分泌唾液。那只狗不需要思考是否分泌唾液，因为分泌唾液的行为是对摇铃声音的自动反应。不为人知的是，巴甫洛夫其实是一位著名的研究消化过程的科学家。1904 年，他通过提高外科手术技术在消化生理研究方面取得了重大进展，并因此获得了诺贝尔奖。鲜为人知的是，尽管他因发现经典条件作用而闻名，但这个头衔也许应该归功于一位名叫埃德温 · 特威特迈耶（Edwin Twitmyer）的人。

特威特迈耶的博士论文研究了大学生的膝跳反射，在实验中，他在敲击髌腱前半秒时响铃。反复进行此操作后，他发现仅是响铃的声音就能引起被试者的膝跳反射。1904 年，特威特迈耶在美国心理学会的会议上提出了自己的发现，但没有引起人们的兴趣。从这时开始，历史出现了争议。一些历史学家指出，巴甫洛夫看到了这个演讲，并且，在他返回后，发现他的狗在没有看到食物、只看到实验室的工作服时就已经开始分泌唾液，正是这促使他改变了实验室的研究重点。其他人则认为，特威特迈耶和巴甫洛夫是在彼此独立地从事这个问题的研究。不管真实的故事是什么，我们都知道巴甫洛夫被认为是经典条件作用的发现者。

众所周知，巴甫洛夫发现的这一关联性被称为*经典条件作用*（或*巴甫洛夫条件作用*）。还应该指出的是，在研究过程中，巴甫洛夫创造了“*强化*”一词，用以描述无条件刺激和条件刺激之间的关联性被加强的过程。在经典条件作用下，动物学会对先前的中性刺激做出反应，因为这个中性刺激已经与能引起自发反应的另一种刺激配对。再看一下我前面提到的现实世界的一个例子，这个例子可能你也目睹过。大多数动物园和水族馆的饲养员都会把钥匙挂在皮带环上，因此当他们走路时，钥匙会发出独特的声音。初见动物园工作的动物（例如刚断奶、正和成年个体们一起进食的动物）可能不会注意到钥匙碰撞发出的叮当声。因此，钥匙的声音是一种*中性刺激*：一种不会引起反应，因此没有意义的刺激。食物是*无条件刺激*。它不需要任何条件作用就可以引起反应（在这个例子中就是分泌唾液）。动物分泌唾液是*无条件反应*，因为如果你向动物提供食物，它就会自动分泌唾液（无需训练）。在将钥匙碰撞的声音与喂食进行多次配对之后，曾经的中性刺激（钥匙的声音）现在成为了条件刺激，并引起条件反应（听到钥匙的声音就会分泌唾液）。

再看一个例子，这次让我们尝试辨别中性刺激、无条件刺激、无条件反应、条件反应和条件刺激。

一般来说，猴子是非常值得观察的动物，因为它们非常活跃。它们总是卷入某种战斗，有时还会使用武器。有一次，我受一个行为研究项目委托去观察一群卷尾猴，该项目没有涉及条件作用。我注意到有 2 只个体在打斗。一只叫乔治（George）的猴子捡起一根树枝，用来击打德克兰（Declan）的头。起初，德克兰对迎面而来的树枝没有反应。但是，在乔治用树枝打了他几次之后，德克兰开始因为疼痛而退缩，甚至在风吹动树上的枝条时也会畏缩。

你认为自己能将上述案例中出现的几个因素正确标记吗？答案如下：

树枝一开始是*中性刺激*，因为它在形成条件作用之前对德克兰没有意义。树枝通常也只是在树干上摇晃的无害的物体。被树枝击打是*无条件刺激*。被打后感到疼痛则是*无条件反应*，因为动物不需要任何条件作用就会对疼痛做出反应。当树枝与疼痛配对后（条件作用），曾经的中性刺激变为条件刺激并引起条件反应（仅看到树枝就会让卷尾猴感到疼痛）。

这个过程也发生在人类中。让我们再看一个经典的研究。

1913 年，一位来自美国南卡罗来纳州热爱动物的农场男孩，在对心理学进行了大约十年的研究后，提出了他的思想。他的结论是，心理学应该是对行为的研究，而不是对意识或精神过程的研究。这个农场男孩名叫约翰·华生（John Watson），他的论文《行为主义者眼中的心理学》（*Psychology as the Behaviourist Views it*）概述了他的思想并创造了“行为主义”一词。华生在约翰霍普金斯大学（John's Hopkins University）从事研究工作十余年，他最受关注的一项研究是小阿尔伯特（Little Albert）实验。在这项研究中，华生和他的助手罗莎莉·雷纳（Rosalie Rayner）向一个 9 个月大的健康婴儿“小阿尔伯特”分别展示了一只大鼠、一只兔子、一只狗和一只猴子。因为阿尔伯特以前从来没有接触过这些动物，所以他没有哭。为了表明恐惧是可以被创造出来的，华生将这些动物与一声巨响（用锤子敲击铁棒）配对。例如，当阿尔伯特触摸大鼠时，他们就会制造巨响。经过多次配对，即使没有巨响，他也会哭泣并躲避大鼠。

实验结束后，华生写道：“给我一打健康的婴儿，以及一个由我支配的环境来养育他们。我可以保证，随机挑选任何一个婴儿，无论这个婴儿的天赋、兴趣、喜好、能力以及先祖的职业和种族如何，我都可以把他训练成为我期望的任何一种人物——医生、律师、艺术家、商人，甚至是乞丐或强盗。”（Watson 1924，第 104 页）紧接着他写道：“我承认，这听起来有些离谱，不过那些与我观点相左的人也在做着同样的事，几千年来一直如此[1]。”（Watson 1924，第 104 页）华生认为，像弗洛伊德（Freud）这样的内省型心理学家对行为做出的假设是站不住脚的。华生和雷纳（1920）甚至打趣心理分析学派：“当他们（弗洛伊德主义者）来分析（小）阿尔伯特对一件（白色）海豹皮大衣的恐惧时——假定他（小阿尔伯特）在当时的年龄接受分析——（弗洛伊德主义者）可能会取笑他口述中的一段梦境，按照他们分析这段梦境会显示出阿尔伯特在三岁时曾试图玩弄母亲的阴毛，并为此而受到了严厉的责骂。”（该文第 14 页）显然，华生相信，一个人身处的环境和他一生中的遭遇能更好地解释他的行为，而不是通过无意识的思想来解释。

几乎每个学期，我的学生都会问我小阿尔伯特现在何处，他是否仍然害怕白鼠。终于，在 2010 年，我可以回答这几个问题。贝克（Beck）等（2009）搜索了病历和历史文献，并与面部识别专家经过七年合作，终于找到了与小阿尔伯特匹配的婴儿和母亲。像拼图一样的信息碎片将他们引向一位名叫道格拉斯·梅里特（Douglas Merritte）（不是叫阿尔伯特）的男孩。可悲的是，我们永远不会知道小道格拉斯是否仍然害怕大鼠，因为他六岁时死于脑积水[2]。

---

1 这里指社会环境和教育都是在后天塑造不同的人，与华生所做的事情一样，他的反对者们只是不明白而已。——译者注

2 “小阿尔伯特实验”涉及对儿童造成心理伤害，且之后未移除恐惧源，被认为违反学术道德。——译者注

如今，在训练动物园里的动物时，人们经常会讨论经典条件作用，而且通常都会用到响片。如果你是动物训练员，那么你可能会疑惑，为什么我在本部分内容中不讨论响片？对于那些非动物训练员出身的读者，我们有必要解释一下，响片是一种手持设备，当按压时，会发出咔哒声。动物训练人员认为响片声和类似工具（如哨声）是条件强化物，因为这些声音会与食物进行配对。但是，这一观点最近也受到质疑（有关该主题的讨论，请参见 Dorey & Cox 2018），需要进行更多研究才能继续论证这一观点。

1.4 操作性条件作用

华生、巴甫洛夫和桑代克为之后的动物行为研究定下了基调。他们对下一位我们即将提到的科学家产生了重大影响，那就是 B.F. 斯金纳。

斯金纳是哈佛大学的研究生，学习心理学和生理学专业。这两个专业都以为是对方在督导斯金纳，而事实并非如此。在没有监督的情况下，斯金纳就可以自由地做任何他想做的事情！他所做的第一件事就是制作新的设备。斯金纳发现桑代克的实验装置设计存在缺陷，因为研究人员每次试验后都必须将猫放回迷笼中。为了解决这一缺陷，斯金纳发明了*斯金纳箱*（或称之为*操作箱*[1]）。操作箱中装有一根压杆或按钮，动物可以通过按下压杆或按钮来获取食物。食物通过一个称为*进料斗*的分发器传送，并且有灯可以提示实验开始。操作箱的数据通过电子设备收集，并进行*累积记录*。记录系统通过水平线上出现的上移标记来记录动物做出每个反应的时刻。这些记录使斯金纳得以收集有关偶发事件的影响和实验对象反应率的数据。有了这一新的实验设备，斯金纳证明，实验对象的反应率取决于压杆*之后*，动物能得到什么，而不是压杆*之前*发生的情况。这与华生和巴甫洛夫之前的研究都不同。

为了进一步将他的发现与巴甫洛夫的经典条件作用区分开来，斯金纳创造了术语*操作性条件作用*（也称为工具性条件作用）。斯金纳使用“操作性条件作用”来指代生物体是如何对环境起作用的。换句话说，根据斯金纳的说法，动物的行为会引发环境中的事件。例如，如果转动钥匙，那么汽车将启动；如果拉扯狗的尾巴，那么狗会咬人；如果接触目标棒，就可以获得食物；如果拽紧牵引绳，那只狗就会被勒住；如果触摸了电网，动物会被电击。与经典条件作用不同，操作性条件作用包含了动物只有进行某个特定行为后才会出现的结果，该结果使这个行为更有可能在将来发生。

1.4.1 强化与惩罚

尽管巴甫洛夫最初创造了“*强化*”一词来描述无条件刺激和条件刺激之间的关联，但是斯金纳在 20 世纪 30 年代发现，如果对目标行为给予奖励，那么该行为再次发生的概率就会增加。这是一个非常重要的发现，尽管看起来很简单，但事实并非如此。例如，单单给你的狗某种奖励，并没有应用强化的概念。为了让你知道自己是否正在使用强化，你必须了解在给予奖励后某行为将出现什

---

1 后面提及的操作性条件作用箱也指斯金纳箱。——译者注

么变化。如果不知道后面发生了什么，那你就不清楚奖励是否在强化目标行为。因此，强化就是增加行为的发生。鉴于我最喜欢的大学教授汉克·彭尼帕克（Hank Pennypacker）博士，我还想指出，当我们谈论强化时，应声明正在强化的是目标*行为*，而不是在强化研究*对象*。彭尼帕克博士总是会说："加固一个物体需要钢筋和混凝土。"你永远不会忘记那个画面。

与强化相反的是惩罚。在早期效果律的定义中，桑代克提到受到惩罚的行为会消退。在人类语言学习的实验中，他发现如果操作实验的人说"正确"，则受试者的回应率就会增加。但是，如果操作实验的人说"错了"，则效果与他什么也没说相似。桑代克将这些结果作为证据，反驳惩罚是能让行为消退的有效流程（Catania 1998）。因此，他复制了效果律的后半部分，即保留了强化，但去掉了惩罚部分（Catania 1998）。

现在，我们知道惩罚会降低行为发生的概率。因此，就像强化一样，你需要在之后了解 / 查看行为以定义惩罚。例如，如果我扇了抓我的人一巴掌，是在惩罚他们吗？有可能，但也有可能我是在强化这种行为，就像电影《五十度灰》一样[1]。只有当那一巴掌降低了他人抓你的可能性，我们才能称其为惩罚。总之，强化会增加某个行为在未来发生的可能性，而惩罚会减少某个行为在未来发生的可能性。

斯金纳（1953）确定了操作性条件作用的四个基本手段。表 1.1 有助于理解操作性条件作用的不同类型。你会注意到正和负两个词。这两个词并不意味着"好"和"坏"。而应该将它们视为数学术语。"正"是指*增加*刺激，而"负"是指*移除*刺激。

操作性条件作用的四个基本类型概述 **表 1.1**

	对行为的影响	
结果	增加未来行为发生的可能性	降低未来行为发生的可能性
增加刺激（+）	正强化	正惩罚
移除刺激（-）	负强化	负惩罚

在*正强化*中，一个行为之后添加一个刺激，从而增加了该行为再次发生的可能性。例如，当大象用脚触碰了目标棒（操作行为）时，有人给了它一块西瓜。那么，当目标棒再次出现时，大象用脚去触碰的行为会出现得更频繁（增加了反应的强度），这就是正强化。

*负强化*是指一个反应导致了一个事件的移除，从而使该反应再次出现的几率增加。这个事件通常是动物试图避免或逃避的东西，例如电网的电击[2]。例如，你想让一匹马向左转时，会对左边缰绳施加压力。马为了缓解嚼子的压力，就会向左转，左转行为可能会增加。习惯于被人骑的马会明白缰绳轻微的提示，以免产生任何压力。负强化会使很多人感到困惑，所以让我们再举一个例子。头痛的人可能服用阿司匹林。如果头痛消失，则下次发生头痛时，这个人可能会再次服用阿司匹林。

---

1 该电影中的男主角喜欢性虐，因此可能对于他来说，被扇耳光是一种享受。——译者注

2 虽然原文如此，但我个人持不同意见，我认为电击是对"接触电网"这一行为的惩罚，而不是对"远离电网"这一行为的强化，因为被电击后迅速远离属于无条件反应，是非习得行为。（张恩权）——译者注

反应（服用阿司匹林）导致了事件（头痛）的消除，反应发生的几率增加（服用阿司匹林的可能性增加）。

在*正惩罚*中，增加了刺激，但是行为发生的几率随时间而降低。例如，当某人给狗戴上电击项圈以阻止它吠叫时，就是增加刺激（电击），以希望减少行为（吠叫）。如果狗将来确实会减少吠叫，则这个例子就是正惩罚。

最后一个基本类型是*负惩罚*。在此过程中，移除一个刺激会降低目标行为发生的可能性。例如，在训练过程中，如果动物做出了不正确的行为，你可以走开或背对动物，移除对动物的关注（即罚时出局，timeout）。如果该不正确行为的发生率降低了，那么前面的做法就是负惩罚。

要判断实际操作中使用了这四个基础类别中的哪一个，你必须知道要分析的*行为是什么*。例如，家长和孩子在逛杂货店，当他们经过糖果货架时，孩子抓起一袋糖果。家长注意到这一行为，要求孩子将糖果放回架子上。孩子马上开始在店里发脾气，大喊着想要糖果。家长对孩子的行为感到尴尬，于是把糖果还给了孩子。如果将来孩子想要东西时发脾气的概率增加，则这个例子适用于哪种？如果你说正强化，那么你对了。但是，如果我们分析的是父母的行为呢？他们为了让孩子少发脾气而给孩子糖果的行为是什么过程？这个问题较难回答，但是你已经了解这样的问题需要从哪些角度去考虑了。父母不喜欢孩子发脾气以及因此造成的尴尬局面。这个令人厌恶的情况发生在父母允许孩子吃糖果之前。当父母给孩子糖果后，孩子停止了发脾气，令人厌恶的情况消失了。因此，父母的行为受到了负强化。

1.4.2 强化程式

无可争议的是，斯金纳对行为科学最有影响的贡献是他在 1957 年与同事查尔斯·费尔斯特（Charles Ferster）发表的关于强化程式的文章。但是，这个观点并不是通过正式的经验方法或推理质疑而提出的，而是由于参与研究的人手不足，有时候因为实验人员不得不休息而偶然发现的。在解释强化程式理论的起源时，斯金纳写道：

八只大鼠每天吃一百颗饲料，可以轻松地跟上饲料产量。在一个宜人的星期六下午，我查看了我的颗粒饲料供应情况，根据某些基本运算定理推论出，除非我周日下午和晚上的时间都在饲料制造机上度过，否则这些饲料将在周一早上的十点半就消耗光……这促使我实施了第二原则——非正规科学方法，并开始问自己：为什么（大鼠）每一次按压操控杆都必须得到强化呢？（Skinner 1956，第 226 页）

斯金纳的数据显示以不同间隔提供颗粒饲料时，出现了有趣的动物行为模式，并决定“当遇到有趣的东西时，放下其他一切去研究它”（Skinner 1956，第 363 页）。强化程式的理论就是在那一天诞生的。

那么，什么是强化程式呢？

通常，强化程式可以是连续强化，也可以是间歇强化。在*连续*强化程式中，每个目标行为出现之后都会得到强化物。自然环境中的一个例子就是婴儿学习从母亲的乳头中喝到乳汁。婴儿每次吮吸乳头都会获得乳汁，这就增加了婴儿将来吮吸乳头这种行为发生的可能性。

但是，自然界中的事件通常是*间歇*发生的：行为不会每次都被强化。自然界中间歇程式的典型例子是蜜蜂的觅食行为。一只蜜蜂会飞到不同的花朵去寻找花蜜。但是，如果它们总是去相同的花朵，可能不会每次都找到花蜜，因为花朵需要时间来蓄满花蜜。这一现象在动物园和水族馆中也可以看到。比如，有时将食物放到丰容设施里，有时却不放，那么每当丰容设施被放入笼舍时，动物都可能会去查看，但只有在其中装有食物的情况下，动物才会摆弄这些丰容设施。

连续和间歇强化可以分为四种程式：固定比率，可变比率，固定间隔和可变间隔（表 1.2）。

强化程式可以在两个方面有所不同。首先，强化程式会基于经过几次行为反应或是经过多长时间后进行强化而有所不同。在*比率*程式中，强化取决于做出行为反应的次数。比率程式设置为在特定数量的反应后给予强化。*间隔*程式设置为在经过一定时间后对出现的反应给予强化。在*固定*比率程式中，获得强化所需的反应次数始终相同。反应次数可以是 1 或 1000，但是给予强化所需的次数是固定的。在*可*变比率程式中，强化所需的反应次数会围绕一个平均数进行变化。

让我们来看一些例子。饲养员训练大象触碰目标棒时，以可变比率为 5（写作 VR 5）提供食物。这意味着，平均每做出 5 个目标行为反应，大象就会得到食物。因此，大象可能会在第一次、第六次、第二次、第八次、第五次和第八次行为反应时分别得到一块红薯。如果我们要以固定比率 5（写为 FR 5）训练同一头大象和同一行为，那么我们将会在大象每做出 5 次行为反应后给它一块红薯：即所需的反应*次数固定*为 5。

强化程式 **表 1.2**

强化程式	定义	示例
固定间隔	以可预见的时间间隔进行强化。	将动物放到外场：饲养员每天早晨 10 点打开过夜笼舍的门，动物想要出去所以会不断查看外放门，但只有到 10 点以后，这个行为才会获得强化。
可变间隔	每间隔一段时间，行为反应会被强化，间隔时长会有所变化，但都围绕一个平均时长变动。	饲喂动物：每天饲喂动物的时间可能会有所不同，但平均而言，饲养员每 4 个小时会喂一次食。因此，只有经过平均 4 个小时的时间，动物查看饲料槽的行为反应才会得到强化。
固定比率	强化只会在固定数量的行为反应之后发生。	多次重复：你希望训练的动物多次重复同一个行为。因此，你可以在每 2 次正确行为反应后进行强化。
可变比率	强化会围绕一个平均行为反应次数之后发生。	实验室研究：斯金纳箱中的操作杆在平均被拉动 20 次后会给出颗粒饲料。大鼠可能会在 2 次拉动后得到饲料，也可能在 15 次拉动后得到饲料，但是平均而言，需要拉动 20 次左右才能得到。

1.4.3 行为消退

行为消退是在另一个偶然事件中发现的。在斯金纳的一项饱足感实验中，一只大鼠按下了杆子，但是食物分发器被卡住了。当时斯金纳不在实验室，因此不能及时调好食物分发器。当他回来时，他发现（记录器上出现了）一条有趣的曲线。斯金纳在他的书中写道："和巴甫洛夫的唾液反射实验中的行为消退相比，这个变化更加有序，我非常激动。那是一个星期五下午，实验室里没有别的人，所以我也没法立即分享这一发现。整个周末，我都格外小心地过马路，以避免一切不必要的风险，以免这项发现因我的死亡而丢失。"（Skinner 1979，第 95 页）

*消退*是指对之前被强化过的反应不再给予强化。消退是一种训练过程，在这个过程中，你不再对过去一直强化的正确行为反应进行任何强化。作为一种行为过程，消退是一种由于停止强化所导致的行为反应几率的下降。

斯金纳发现的那条有趣的曲线很可能是*消失前行为爆发*。当消退过程开始时，行为反应先是急剧增加，随后开始缓慢下降。一个你可能目睹过的例子就是等电梯。如果你按下按钮而门没有打开，就会再按下它。这样连续按了十次（消失前行为爆发）后，你就会感到沮丧。如果电梯门仍然没有打开，你可能会再尝试一两次，然后决定走楼梯。

1.4.4 塑行

斯金纳发现塑行的故事也非常有趣，因此我想在本章中分享这个故事。斯金纳在第二次世界大战中被军方任命训练鸽子来引导导弹（Skinner 1960）。在此期间，斯金纳从明尼苏达大学请了假，并将他的实验室转移到通用磨坊公司提供的面粉厂。斯金纳和他的学生在训练即将成为导弹导航鸽的间隙休息了一下，然后发现一群在面粉厂周围徘徊的野鸽。1943 年的某一天，斯金纳和他的学生们决定教一只鸽子打保龄球（Skinner 1958）。为了实现这一目标行为，鸽子需要用喙击球。斯金纳和学生们准备去强化鸽子第一次击球的行为，然而什么都没有发生。为了加快训练过程，他们决定先简单强化鸽子看向球的行为，然后采取"逐步接近最终的行为"（Skinner 1958，第 94 页）。尽管斯金纳以前曾运用过塑行，但这是他第一次亲手对动物塑行，让其表达目标行为（Peterson 2004）。直到 1951 年，《看客》杂志发表的一篇文章报道了斯金纳训练大麦町犬跳跃，塑行的过程才开始向公众传播。

如今，"塑行"一词已广为人知，任何尝试训练狗的人或参加过入门心理学课程的人都对这一概念不陌生。塑行是指通过训练使得行为越来越接近目标行为。例如，训练一条狗主动进入笼子，粗略的塑行计划可以是这样的：

将笼子放在距离狗 2 英尺（60 厘米）的位置。缩短狗和笼子之间的距离。当狗足够靠近笼子时，让狗用爪子触摸笼子。当狗碰到笼子后，可以要求狗将一只爪子放进笼子，然后逐渐增加狗进入笼子的深度，直到整个身体都进入笼子。最后，当狗在笼子里面时，关闭笼门。

塑行让动物训练员可以通过制定计划实现目标行为。但是，更重要的是，塑行是学习中必不可少的过程，因为行为必须先出现，才能获得做出该行为的奖励，然后才是增加该行为的出现几率。尽管不是所有的行为都可以通过塑行来训练（例如坐姿），但它在动物训练中仍然起着非常重要的作用。塑行为动物训练人员提供了训练新行为的指导和方向。

1.5 小结

在本章中，我们讨论了学习理论，这是动物训练的核心。想要成为一名出色的训练员，你需要了解训练相关的基础知识，这样就可以在实验室和操作性条件作用箱之外使用这些基础知识[1]。学习理论强调外部事件在改变可观察行为中发挥的作用，因此你也应该关注所观察到的行为的前因和后果。除了正确辨识行为发生的前因和后果，我希望在阅读本章之后，你可以进一步了解操作性条件作用和经典条件作用、强化和惩罚、行为消退和塑行的区别，以及不同的强化程式。所有这些概念对你理解本书后续章节的内容有重要帮助。

你可能还会在本章中注意到，我们强调个体学习。这是因为过去研究者们一直关注的是个体，而这一传统被带入了行为科学领域的最新研究中。对于训练动物的人来说，这也是一个重要概念。专业人士知道，一种方法并不一定适合所有人，即使在训练一群动物时，也需要针对个体制订训练计划。希望你在继续阅读本书的其余部分时牢记这一点。

本书的其余部分将不再侧重理论，而将着重于这些理论在圈养和野外环境下的应用，并提供大量实例，以帮助你确切地了解这些学习原理如何与在动物园 / 水族馆工作的人们戚戚相关。我们将在第 4 章中讨论更多有关这些理论的应用。

参考文献

Beck, H.P., Levinson, S., and Irons, G. (2009). Finding little Albert: a journey to John B. Watson's infant laboratory. *American Psychologist* 64 (7): 605-614.

Catania, A.C.(1998). *Learning*, 4e. Upper Saddle River, NJ: Simon & Schuster.

Chance, P. (1988). *Learning and Behavior*, 2e. Belmont, CA: Wadworth Inc.

Dorey, N.R. and Cox, D.J. (2018). Function matters: a review of terminological differences in applied and basic clicker training research. *Peer J* 6: e5621. https:// doi.org/10.7717/peerj.5621.

Horowitz, A.C.(2003). Do humans ape? Or do apes human? Imitation and intention in humans and other animals. *Journal of Comparative Psychology* 117: 325-336.

Peterson, G.B.(2004). A day of great illumination: B. F. Skinner's discovery of shaping *Journal of the Experimental Analysis of Behavior* 82 (3): 317-328.

Romanes, G. (1888). *Animal Intelligence*. New York: N.Y. Appleton.

Skinner, B.F. (1953). *Science and Human Behavior*. New York: Macmillan.

Skinner, B.F. (1956). A case history in scientific method. *American Psychologist* 11 (5): 221.

---

1 实验室和操作性条件作用箱（斯金纳箱）都是限制动物自由的，了解基础知识，人们才可以在非限制动物自由的情况下正确开展训练。——译者注

Skinner, B.F. (1958). Reinforcement today. *American Psychologist* 13 (3): 84-99.

Skinner, B.F. (1960). Pigeons in a pelican. *American Psychologist* 15: 28-37.

Skinner, B.F. (1979). *The Shaping of a Behaviorist*. New York: Knopf.

Thorndike, E.L. (1936). Autobiography. In: *A History of Psychology in Autobiography*, vol. 3 (ed. C. Murchison), 263-270. Worcester, MA: Clark University Press.

Walker, S. (1983). *Animal Thoughts*, International Library of Psychology Series, 437. London: Routledge & Kegan Paul.

Watson, J.B. (1924). *Behaviorism*. New York: W. W. Norton.

Watson, J.B. and Rayner, R. (1920). Conditioned emotional reactions. *Journal of Experimental Psychology* 3: 1-14.

2 野生动物的认知能力

林赛 · R. 梅赫卡姆

翻译：朱磊　　校对：施雨洁，王惠

本章是对野生动物认知能力的一个概述：动物们在野外能够学到什么，以及我们已经通过实验证明了什么？

我们不应就学习对于生活在野外的动物的重要性而感到惊讶。野外生活的动物所处的物理和社会环境高度可变，为此我们可以预期它们能够通过行为灵活应对，因此学习能力上的差异具有了适应性上的显著意义，从而也产生了演化上相应的结果。本章当中，我们将回顾在自然栖息地内所观察到的一系列物种在认知能力上表现出的多样性。

2.1 野外的经典条件作用

正如行为生态学家近年来开始转而将学习视作行为的一种功能，研究动物学习的人也在变得更愿意从演化的角度来考量动物的学习能力。在经典条件作用理论领域这一点显得尤为突出。对由巴甫洛夫这样的科学家所做的经典条件作用的“经典”实验，你应该还有印象（见第 1 章）。尽管不能低估这些受控条件下的实验的重要性，但同样重要的是应该认识到，条件作用不仅仅是一个只在实验室中出现的过程，恰恰相反，很多经典条件作用的例子都发生在野外。

野外条件下，在对捕食者的识别和回避方面，人们广泛地观察到了经典条件作用。当察觉到捕食者时，许多动物都会发出示警叫声，某些物种对于不同类型的捕食者可能会给出对应的不同示警声。例如，绿猴（*Chlorocebus aethiops*）会对不同类型的捕食者（例如飞过头顶的雕或地面的蛇）发出特异性的示警声。这些不同的示警声也会激发群体中的同类做出不同的反应（Seyfarth and Cheney 1986）。人们对其他动物的示警声也进行过研究，例如加州黄鼠（*Spermophilus beecheyi*）会对蛇发出特别的示警声，但面对其他捕食者时则没有此现象（Owings and Leger 1980）。这些叫声的“含义”（即每种示警叫声所关联的捕食者类别），以及与之对应的反应，动物一般都是通过习得或是经由社交过程获得（参见下文的“社会认知”）。斯特里耶克（Stryjek）等（2018）发现当野外生活的褐家鼠在熟悉的领地内或是在距离洞穴及其他隐蔽点不远处觅食的时候，并不回避捕食者的气味或是表现出其他与恐惧相关的行为，例如僵直不动或增加梳理这样的行为。由此显示，尽管环境中存在引发捕食者联想的因素，但相应行为的表现还取决于其他无条件刺激或条件刺激的环境因素。回避捕食者行为的习得看起来是一个经典条件作用的案例，示警者的示警行为是无条件刺激，而与捕食者到来相关的讯息线索和环境状况则是条件刺激，动物根据这些讯息来做出回避反应（Griffin 2004）。这里与经典条件作用的其他例子有些不同。因为，若条件刺激预示着一个有着重要生物学意义的事件（无条件刺激），那么它就应当出现在该事件之前才能发挥最好的作用（即“痕迹条件作用”forward conditioning[1]）。而在学习示警叫声的过程中，条件刺激发生在无条件刺激之后（即“延迟条件作用”backward conditioning[2]，Griffin and Galef 2005）。在通过社会学习习得对捕食者回避这个案例中存在一种可能性，即延迟条件作用对学习产成的影响不及痕迹条件作用在其他案例中的影响大，也许这种可能性能够反映出一个范例，即学习过程受物种生活环境中独特需求的塑造（Griffin 2008）。因此，我们能看到：条件刺激与无条件刺激配对的能力，在野外会最终对动物产生适应上的意义。在这种情况下，通过成功地促进某些行为，将会最终使这只动物或整个物种受益。

与人类之间的冲突是今天野生动物所面临的最大威胁之一。就很多物种来说，导致冲突的行为（如过度啃食草场、毁坏农作物或捕食家畜）通常都是习得行为（Much et al. 2018）。此外，这些行为变得更像是动物已经习惯了人类以及与人类相关联的刺激。通过经典条件作用过程，我们知道非致命性厌恶刺激至少可以暂时性地降低学习潜能[3]。最近，富德（Found）等（2018）研究了厌恶条件作用的频率（具体来说，就是让被标记个体在三个月时间里遭受人为模拟类似捕食者的追捕）对北美马鹿（*Cervus canadensis*）警惕性的影响。在这一条件作用期间内，无论高频次或是低频次驱赶组的北美马鹿都表现出警惕性显著增加。但是，有些动物对于刺激的习惯化取决于其自身行为适应的灵活性，因此，非致命性厌恶刺激这种方法会随着对于马鹿个性的进一步评估得到更多运用。

学习能力并非专属于体型较大的哺乳动物。过去，人们曾认为体型较小，结构“简单”的动物（尤其是无脊椎动物）主要是由基因介导的行为指引的，因为认为这些动物的中枢神经系统太小且太过简单，生活史也太短，所以学习对它们意义不大（Tierney 1986）。这种观点是错误的。以蜜蜂（*Apis mellifera*）为例，不同季节花朵的特征和位置、不同开花区域之间的路线、“摇摆舞”某些方面的含义、同一个蜂巢同伴的特征，以及有关其所处社会和物理环境的许多内容，都需要学习（Menzel and Müller 1996）。它以一个体积仅有 1 立方毫米，只包含 96 万个神经元的大脑来处理这些信息（Menzel and Giurfa 2001），相比之下人类大脑包含有 1 千亿个神经元。例如，我们可以通过经典条件作用来训练蜜蜂对不同的溶液或气味伸出自己的口器吮吸，以蔗糖溶液作为正常的无条件刺激，而条件刺激则是任何与蔗糖溶液配对的其他溶液。上述实验范式除了可以用来研究蜜蜂辨别不同味道和气味的能力之外，也可以用于研究学习的神经机制（Menzel and Giurfa 2001）。

直到最近，对于经典条件作用的研究都是在实验室内进行的，即便到现在也鲜有在野外生活的动物身上研究此类学习形式。然而，动物正是通过这种相当有效的途径来了解其所处环境中不同事件之间联系的。

2.2 野外的操作性条件作用

正如你在第 1 章所学到的，动物还会根据先前曾发生过的事件（即情境前提）和紧随特定行为出现的境况（即行为结果）来学习其所处环境中的各种联系。当这种类型的学习发生时，就被称作

1 指条件刺激出现在无条件刺激之前，也译作正向条件作用、前置条件作用。——译者注
2 指条件刺激出现在无条件刺激之后，也译作反向条件作用、后置条件作用。——译者注
3 即延缓动物对人类及与人类相关刺激的习惯化。——译者注

操作性条件作用。如第 4 章将会讨论到的那样，动物园无疑可以在训练园内动物的过程中熟练运用操作性条件作用。但是，操作性条件作用对于生活在野外的动物有何用处呢?

2.2.1 强化

强化是一个通过刺激变化来增加某种行为在未来出现的可能性的过程。身处自然环境当中，动物的行为会在很多情况下被强化，并且强化物的形式丰富多样。例如，捕猎成功之后获得的食物、长途跋涉抵达一个公用水坑后获得的淡水、与同种个体之间的积极互动、一个可供休息或躲避天敌的庇护所或是与同种个体之间的交配机会。许多这样的例子都是在生物学上与有机体相关的初级强化物，如食物、饮水、庇护所和性。由于这些刺激是生物学意义上的，因此不再需要任何条件作用或学习就能成为一种强化物。相比之下，次级强化物是那些需要条件作用，或是与某种初级强化物配对的刺激，以此来形成对于动物的奖励反馈。诸如寻找到标志着适宜交配的信号或是代表着优质栖息地的特征，这些都是野外一些次级强化物的例子。

强化也能以连续的形式出现，比如，当伴随某种行为之后出现的(通常)是欲求刺激[1](appetitive stimulus)，然后增加了该行为未来出现的可能性，这就被称作正强化。例如，假设在灌木丛中悄悄地潜行，最终使得一头狮子成功地扑倒了一只羚羊，那么在未来捕猎过程中，狮子悄然潜行的可能性会变大。如果一只黑猩猩使用一根长木棍，能够从木桩中引出更多的蚂蚁时（正如我们将在本章稍后部分看到的那样），这只黑猩猩在以后的觅食过程中可能会更巧妙地使用木棍。假如一只白头海雕添加苔藓而使得巢具有更好的保温效果，它在未来的筑巢过程中就更有可能将苔藓加入巢材之中。相反，当一个行为导致某种（通常是带来厌恶感的）刺激被移除，从而增加未来该行为发生的可能性，就被称作负强化。想象下我们正在观察聚集在尸骸边取食的一群狼，由于狼群中某只地位较低的个体也试图上前取食，处在优势地位的公狼发出了咆哮。如果地位较低的个体停止靠近尸骸或是退却，我们认为优势公狼会停止咆哮。因此，对于地位较低的个体而言，退却的行为受到了负强化，因为该行为导致了不良刺激的移除（即优势公狼停止咆哮）。而从优势公狼的角度来看，咆哮也可以作为负强化的一个例子，因为咆哮使得地位较低个体离开了食物。此外，随着狼群中等级的变化，其成员也会终身学习面对不同的个体在不同情况下应该如何随机应变。母性行为为负强化提供了许多绝佳例证，在许多物种中，提供母性照料可能会移除幼崽发出的该物种典型的痛苦、求助叫声。这些例子有助于表明，虽说负强化在动物训练之中可能并非首选，但要记住负强化是重要的，它是一种自然的学习过程，使得动物能够在某些情况下适应所处的自然环境。

尽管我们刚刚已经提供了一些明确案例，来说明在野生动物中可能会发生的正强化和负强化。但是，有时也很难确定到底是正强化还是负强化导致了某一种行为的增加。如果观察到炎热夏日里一头灰熊到河里游泳，我们可能会想这头熊是因为游泳这一行为提供了凉爽或是觅食的机会（因此是正强化），还是由于游泳消除了过热带来的不适感（因此是负强化）？在集群防御的情况下，黄喉蜂虎对蛇展现出来的攻击性，是因为这种行为可以驱赶靠近它们鸟卵、令其厌恶的捕食者（即负

---

1 欲求刺激在正强化中代表有机体会自然地试图接近的无条件刺激。——译者注

强化），还是由于这种行为提供了增进相邻蜂虎之间关系的机会，或让它们能保有更多完整的鸟卵（即正强化）。尽管这些都是经验性的问题，还需要进一步的科学研究来加以区分。不过，探讨究竟是什么过程促成了动物个体的学习，并由此改变了它一生中的各种行为，这无疑是非常有趣的。

除了强化的类型不同之外，动物在野外获得强化物的程式也有很大差异。概括而言，动物可能会*连续性*地或*间歇性*地获得强化物。当动物受到连续强化时，是在每次表现出某种行为时都会得到强化，而受到间歇强化的行为，则不是每一次行为的发生都会得到强化。有趣的是，在不再进行强化的前提下，比起每次都得到强化的行为，那些间歇性得到强化的行为反而更持久。正如人们可能会想到的那样，动物个体在野外更多表现出来的是受到间歇性强化的行为。例如，雄性美洲豹的潜近捕猎行为并非总能成功地捕获猎物，雄孔雀吸引潜在配偶的求偶炫耀也不是总能获取到交配机会，北美盘羊同性之间的争斗也并不是总能使某只个体取得胜利。

2.2.2 惩罚

如同正强化和负强化一样，动物在自然环境中的许多情境下还会经受惩罚。以灵长类的社群为例，从属个体在试图获取优质资源（如食物、与潜在配偶的交配机会）时，往往会被社群中处于优势地位的成员惩罚。另一个例子则是鸟类当中的集群防御，这是一种鸟类针对其他捕食性鸟类的反捕行为。通常认为集群防御行为的作用是在一个社群内集合同种个体驱赶入侵者（Caro 2005）。被一群乌鸦围攻过的一只鹰或雕将不大可能再回到同一地点，因为这很可能导致被大量黑鸟同时攻击的厌恶性结果（即正惩罚），或是在这一过程中丢弃掉了某个可口的食物（即负惩罚）。某个动物没有以藏匿或储存的方式守护某种食物资源时，可能就会承受来自社群内外的其他个体偷走这一食物资源的后果。这将会成为一种负惩罚，在这种负惩罚中，欲求刺激（即可用资源）的消失可能会导致过度攻击或被动行为[1]。

在野生动物当中，负惩罚的科学证据比正惩罚的要少得多。然而，还是可以看到有关负惩罚的一些极端例证，例如哥斯达黎加野外的鬃毛吼猴（*Alouatta palliata*）群体中发生的优势雄性易位后出现的杀婴及幼猴消失现象（Clarke 1983）。该物种的优势雄性独占与处于发情盛期准备受孕的雌性交配的机会。因此，尽管没有像在圈养条件下那么严苛，在许多物种的竞争性和攻击性互动当中都能经常观察到惩罚的发生。有意思的是，跟前述的强化过程相反，当动物的某种行为受到连续惩罚（即每次都有）而非间歇性惩罚时，该个体终止这一行为的效力往往会更高。

2.2.3 刺激控制

动物的行为显然会以适应其所处环境的方式来改变。当一个刺激对生物体的行为产生了可以辨

---

1 攻击和被动防御不一样，攻击往往是主动的，而被动防御往往是侵害个体过于接近被侵害个体，当接近的距离少于临界距离时，无处可逃的被侵害个体就会转入攻击，尽管绝大多数情况下会以被侵害者更惨烈的失败告终。原文含有一个因果关系：即过度攻击必然导致被动防御（被动行为），因为这两种行为往往同时出现。——译者注

识的控制时，就发生了刺激控制。个体所处环境的许多方面或特质都可能处于刺激控制之下，因此在野外有着数不胜数的相关例证。比如，非洲有蹄类动物会倾向于避开其自然环境中存在捕食者相关刺激的区域（Griffin 2004，见图 2.1）。许多有蹄类会避免在植被茂密的区域进食，因为这有利于捕食者躲藏。因此，在这样的地方取食可能会导致不良后果，例如见到一头狮子，或者被捕食者追击、伤害乃至杀死。又比如，对于觅食中的蜂鸟而言，花朵绚烂多彩可能预示着有花蜜，在这里花的颜色就起到了一种辨别性刺激的作用。

图 2.1 像斑马这样的非洲野生食草动物，已被观察到会主动回避与捕食者相关的区域，不在这些区域吃草。图源：维基・梅尔菲。

2.3 认知能力

动物的认知能力往往并非简单的条件作用，而是更高层次或更复杂的学习形式的结果，当然其中可能也涉及了类似条件作用的过程。不过，重要的是要记住，动物所展现出的更高层次的认知能力，经常也与经典条件作用以及操作性条件作用相互影响。在本章节，我将重点讨论一些著名的高阶认知能力，包括工具使用、空间学习、辨识、社会学习和文化传播，并将举例说明如何通过观察和实验证实野生动物的这些能力。

2.3.1 工具使用

工具的使用可被定义为以机械手段改变目标对象的行为，这样的行为在工具使用者与周遭环境之间起到了信息中介的作用（St Amant and Horton 2008）。跟许多认知技能一样，工具使用曾被认为是仅属于人类的能力。然而，如今人们已经认识到灵长类、其他一些哺乳动物、某些鸟类，乃至有些爬行动物都具有使用工具的行为。工具可以被用来完成严格意义上的肢体劳作，或者也能够用来实现某些社交目标。工具使用的行为能经由社群在野外实现传播。此外，一个动物所处环境中的具体特征（如障碍物、自然干扰）可促进它将非生命物体作为工具来使用。

已观察到很多野生动物都可以制作以及使用工具，以适应其环境。使用工具最广为人知也最显而易见的目的，或许就是为了获取那些看起来无法直接得到的食物。类人猿，尤其是黑猩猩（*Pan troglodytes*），可以说是最能熟练和灵活使用工具的野生动物（Biro et al. 2003）。黑猩猩利用树棍或树枝从树干或木桩中钩取蚂蚁或白蚁（Suzuki et al. 1995）。婆罗洲猩猩（*Pongo pygmaeus*）在其自然栖息地内也展现出了灵活的工具使用技能（van Schaik et al. 1996）。西部低地大猩猩（*Gorilla gorilla gorilla*）会利用灌木桩作为桥梁，或是在食物处理过程中将木桩作为固定装置（Breuer et al. 2005）。黑猩猩以及倭黑猩猩使用多种工具，包括枝条（见图 2.2）、草叶和石头，以行使不同的功用（Boesch and Boesch 1990；Inoue-Nakamura and Matsuzawa 1997）。它们会利用大而平的石块作为"砧板"，以小些的石头作为"锤子"来砸开油棕种子（Inoue-Nakamura and Matsuzawa 1997）。类似地，黑帽卷尾猴（*Cebus apella*）也会使用石头砸开坚果（Ottoni and Mannu 2001），而在黑掌蜘蛛猴的自主行为中，也会把树枝当作工具使用[1]（Lindshield and Rodrigues 2009）。

图 2.2　倭黑猩猩尝试用树枝"钩取"封盖篮子当中的食物，它们已被观察到会使用多种类型的工具。图源：叶伦·史蒂文斯。

在野外生活的陆生非灵长类动物当中也有一些使用工具的例子。白兀鹫（*Neophron percnopterus*）使用石块敲开鸵鸟蛋的蛋壳就是一个经典的案例（van Lawick-Goodall and van Lawick-Goodall 1966）。加利福尼亚的海獭（*Enhydra lutris*）仰泳时，将贻贝放到胸前的石板上或者直接放在胸口，再用另一块石头不断敲击，以敲开贝壳取食里面的肉（Hall and Schaller 1964）。通过实验也证明在许多鸦科鸟类中存在着工具使用，例如新喀鸦和渡鸦会将茎叶弯成钩子来获取树干中的幼虫（Bluff et al. 2010）。

1　原文献中观察到蜘蛛猴在用树枝挠前胸、腋下等处。——译者注

尽管在野外研究水生生物的社会行为尤其困难，但也已经有了一些关于海洋哺乳动物和鱼类使用工具的报道，其中野外生活的宽吻海豚类（*Tursiops* spp.）表现尤为突出。它们主要使用海绵作为工具（Krützen et al. 2005），从海底扯下一块海绵之后，会将这块海绵缠在闭合的吻部，然后触探海底基质来搜寻鱼类。南美淡水魟类会利用水流从一个实验装置中获取食物（Kuba et al. 2010）。很明显，在不同类群的许多物种身上，工具的使用都与取食目的高度契合。

除了不同物种在生物学及特征上的差异之外，动物栖息地的某些特征也能有助于工具的使用，例如潜在工具的可获得性，或者在去往有额外资源的地点时需面对的一些阻碍。西部大猩猩已被观察到可以使用树枝作为手杖来试探大象使用过的水潭的水深。非洲草原象（*Loxodonta africana*）也曾被观察到在野外会使用各式工具，它们会用象鼻握着枝条拍打和抓挠身体，可能是为了去除身上的昆虫，或是减轻蚊虫叮咬的瘙痒；会抛掷沙土以示威胁或单纯玩耍；还会用象鼻吸取泥浆喷洒到身上降温（Chevalier-Skolnikoff and Liska 1993）。黑猩猩会利用树叶来帮助收集饮水（Sousa et al. 2009）。博因斯基（Boinski）（1988）还报道过一只白喉卷尾猴使用一根大的树枝作为棍子攻击一条毒蛇。在科研文献和轶事传闻当中，还有着许多野生动物使用各种工具的例子。

2.4 空间学习、方位辨识和迁徙

动物从其所处环境中学习的另一种方式便是如何在环境中移动。截至目前，多数显示动物如何使用地图和地标的实验都是在实验室环境中使用大鼠、草原田鼠（Gaulin and Fitzgerald 1989），以及昆虫，甚至一些具有很大家域的物种来进行的。有趣的是，雄性草原田鼠（家域比雌性的要大上十倍）在空间学习任务上的表现也比雌鼠要好很多。

2.4.1 最优觅食

出于多方面的原因，所有野生动物都需要基于成功辨识方位且具有适应性地在其所处环境中穿梭，其中最为重要的原因可能就是为了找寻食物。但是，仅仅知道食物所处的位置并不够，能够在野外有效地获取食物同样至关重要。最优觅食理论（optimal foraging theory，简称 OFT）是动物行为和学习领域最为著名的概念之一，该理论受到了动物行为学、生态学、演化论、心理学和经济学的综合影响（Dugatkin 2013）。最优觅食理论是一个基于数学的理论，可用于预测特定条件下动物觅食行为的许多状态（Sih and Christensen 2001）。由于动物必须在一系列给定的条件下做出多项觅食决策，最优觅食理论的研究者能够根据食物资源的可获取性及其价值，帮助预测个体在某一特定的取食斑块内将停留多久。

最优觅食理论已经在野外的许多物种当中得到了验证。如我们此前讨论过的觅食过程中获取食物的不可预测性，使得动物必须要在决定吃什么类型的食物时，不仅要考虑食物的大小和热量摄入，还要看获取这种食物的能量消耗。也就是说，动物需要判断单次觅食选择的*收益*。这点对于那些必须付出相当大努力才能成功定位并捕获猎物的捕食者而言更是如此。例如，蓝鲸（*Balaenoptera musculus*）用觅食潜游的深度和距离，弥补需要较长时间在取食斑块之间移动的消耗，从而优化了食物资源的获取，而短距离的浅度潜水则会产生最高的摄食率（Doniol-Valcroze et al. 2011）。宽吻海豚群在野外会采用各式各样的同步行为来捕获猎物，比如在澳大利亚的鲨鱼湾，数只海豚的觅食策略是以尾部同时击打出大的水花来击晕鱼类（Connor et al. 2000）。猎豹（*Acinonyx jubatus*）偏好数量最多、体形中等、又可以在盗食者赶来之前就能吃掉的猎物，它们的形态结构似乎已适应了专门捕猎汤氏瞪羚、格氏羚和黑斑羚这样的物种，而且能够把自身受伤的风险降到最低（Hayward et al. 2006）。对于像有蹄类这样的被捕食者来说，最优觅食还必须包括将被捕食的风险最小化（Kie 1999）。美洲平原野牛（*Bos bison bison*）在适合的取食斑块间移动和觅食的方式主要受到诸如降雪等环境条件的影响（Fortin 2003）。山地大猩猩（*Gorilla beringei beringei*）同样也表现出会根据食物的分布和相对丰度来改变活动范围模式，随着一年中时节变化影响其栖息地内的食物质量，这些模式也会发生变化（Vedder 1984）。具体而言，山地大猩猩会频繁重访可食植物更新率更高的区域。其他物种，包括大山雀（Cowie 1977）、白喉带鹀（Schneider 1984）、小企鹅（Ropert-Coudert et al. 2006）和蓝鳃太阳鱼（Werner and Hall 1974）也验证了最优觅食理论。

2.5 以邻为师：社会认知与学习

在野外，动物会从同种个体那里学习到大量有价值的信息。试想如果个体必须通过试错或是对于环境的直接操控来学习一切，这种情况下，动物只有通过自己成功地完成各种任务，才能学会捕猎、觅食、建造栖所、交流和在栖息地中辨识方位这些生存所必需的技能。虽然有些个体或许可以通过试错来学习上述技能，但是我们猜测许多个体并不能如预期的那样成功或是快速地完成这些挑战（如果有的话）。因此，对于许多物种而言，通过观察其他个体来学习有用的信息或者行为就具有适应上的意义。

需要牢记的是，尽管动物可以通过多种方式（如社群促进、刺激强化和位置强化）来利用源自其他个体的信息，但是将这些情况与正式的社会学习类型（如观察学习、模仿、效法和文化传播）加以区分十分重要（Galef 2012）。

2.5.1 社群促进

社群促进（social facilitation）被认为是一种无意识或者自动的过程，其反应的增强只是源于相邻的其他个体（通常为同种个体，但也并非总是如此）（Zentall and Galef 2013）。当一群角马以集体奔逃回应一头靠近的狮子、鸟类集群觅食，或是一群鱼集群游过珊瑚礁时，你所看到的可能就是社群促进现象。

社群促进通常具有高度的适应意义，但是却不被认为是一种社会学习。首先，动物并不需要从社群促进当中学习到新知。当角马群中的所有个体一见到捕食者就开始奔逃时，它们既没有学习一种新的行为，也不太可能学到任何有关捕食者的新信息。跟许多有蹄类一样，角马具有预先意识到捕食者所代表的遭受攻击、受伤或死亡等信号的能力。尽管身处群体中时，个体的警惕性会稍低，但集群本身就降低了每个个体遭到捕食的概率（被称为*稀释效应*）。野外研究当中有很多野生动物表现出社群促进的例证。比如，同一窝当中的卵可能会同步孵化（Vince 1964），刚孵出的小海龟在进入大海的最初征程中互相跟随（Carr and Hirth 1961），雄性热带蛙类的求偶合唱在形成求偶集群时会大大加强（Brooke et al. 2000）。

2.5.2 刺激强化和位置强化

社群增强（social enhancement）是指由于其他个体的存在或动作，使得与某一物体互动的倾向增加（刺激强化）或者是更偏好接近某个地点（位置强化）（Zentall and Galef 2013，见图 2.3）。奥地利动物行为学家康拉德·洛伦茨曾在自由放养的家鸭身上指出过一个非常著名的早期例证。Lorenz（1935）观察到如果一只家鸭距离另一只碰巧钻过鸭舍围栏上的漏洞逃走的家鸭很近，那么这只家鸭就会有更大的概率也穿过漏洞逃走。在社群增强中，当同物种的其他个体接近某些终极目标时，似乎增加了某个动物对于特定刺激的关注程度。这种行为很容易让人联想到大群雁鸭类在水中觅食或梳理羽毛的情形，尤其是它们都降落在大致同一片区域时就更为明显了。

图 2.3 幼年动物会从父母那里学到很多，正如这只大猩猩幼崽正在通过观察学习什么植物可以或不可以食用一样。图源：萨雷尔·克罗默（Sarel Kromer，公共版权）。
https://commons.wikimedia.org/wiki/File:Gorilla_mother_and_baby_at_Volcans_National_Park.jpg.

2.5.3 观察学习

观察学习是经由观察其他个体行为而产生的一种社会学习方式。因此，我们可以假定学习就发生在观察过程之中。观察创新性的行为，也许可以更快在群体内习得具有适应意义的新行为。这么做的同时，可能也提高了成员个体的生存和繁衍机会（Yeater and Kuczaj 2010）。在野外生活的许多物种里面都报道过观察学习现象，在非人灵长类中尤为常见，许多其他的哺乳动物和鸟类也存在该现象。

观察学习当中最为著名的例子之一，是野鼠和实验鼠可以通过观察其他个体来获取陌生食物的特点和毒性的相关信息（Galef et al. 1984）。无论是野生的还是实验室里的啮齿动物，许多个体都会回避陌生的食物，并依靠社会经验来判断新食物资源的相对安全性。试想一下如果动物需要通过亲自尝试所有的陌生食物来进行判断，那么，在这样的场景之下，它们摄入剧毒食物的风险会非常高，这将产生致命的后果。从其他个体那里也有机会学习到如何最有效地处理食物或如何获取食物。通过观察学习，大山雀能够成功地学会如何啄开奶瓶上的锡纸封盖，以便喝到瓶中的牛奶。

海豚也展现出了应用社会学习的情况。本德（Bender）等（2009）发现雌性大西洋点斑原海豚（*Stenella frontalis*）会利用社会学习来教授幼豚捕食技能。当缺乏捕食经验的幼豚在场的情况下，母豚会用更长时间追逐猎物，并且会在觅食的时候使用更多的身体指向动作，这些行为看来可以给幼豚提供更多的机会来观察母亲的动作。此外，当母豚与注意力集中的幼豚一起觅食时，有时会任由猎物逃脱钻进海底沙子当中，然后再去捕获，甚至会允许幼豚也参与追击。通过改变自己的觅食策略，母豚提高了幼豚对于猎物的兴趣，并且提供了丰富的机会让幼豚通过观察学习过程来磨炼自己的觅食行为。

回避捕食者是野外动物的主要关注点之一，因此我们认为自然选择会偏好于诸如识别捕食者、对不同捕食者做出恰当响应，以及避开捕食者可能出现区域的行为能力。与之对应，我们也能想到捕食者会学习如何辨识猎物、如何应对猎物的反捕行为，以及哪里是捕猎的最佳场所等内容。针对示警叫声已经进行了许多研究，某些动物像绿猴（*C. aethiops*）（Seyfarth and Cheney 1986）和贝氏黄鼠（*Spermophilus beldingi*）（Mateo 1996；Mateo and Holmes 1997）能够针对不同类型的捕食者发出特异性的示警声，其他同种个体听到之后也会做出相应的反应，并且还能向群体中的其他个体学习面对不同示警声做出不同的反捕行为（Griffin 2004；Hollén and Radford 2009）。有些动物还能学习并且回应其他物种的示警声。例如，华丽细尾鹩莺（*Malurus cyaneus*）会学习听起来与自己声音相似的白眉丝刺莺（*Sericornis frontalis*）的示警声，也会学习听起来与自己完全不同的黄翅澳蜜鸟（*Phylidonyris novaehollandiae*）的示警声（Magrath et al. 2009）。当然，捕食者也会学习一些跟猎物有关的知识。比如，细尾獴（*Suricata suricatta*）会给幼崽提供与活的猎物互动的机会，来教会它们处理食物的技能（Thornton and McAuliffe 2006）。当猎物种类可能演化出反捕食策略的时候，捕食者可能也需要学会新的识别技能或是新的行为。有的猎物种类演化出了鲜艳的警告色，用来提醒潜在的捕食者自己难吃、有毒，或者会对捕食者造成其他形式的麻烦。捕食者会学习辨别，并进而回避带有这些警告色的猎物（Lindström et al. 2001；Svádová et al. 2009）。

自然，并非只有捕食者才会从学习如何获取及处理食物之中得利。从野鼠和实验鼠在实验状态下怎样通过观察其他个体来获取有关陌生食物适口性和毒性的信息，人们得到了最早的一些关于社会学习的证据（Galef et al. 1984）。作为机会主义的杂食动物，鼠类可以迅速地学会避开危险的新食物，而不必亲自去尝试。学习哪些食物可以放心食用，以及如何在进食之前对食物进行必要处理，可以通过观察其他个体得来，也可以通过对不同的食物样品实践习得，正如大猩猩中父母教育幼崽那样（Nowell and Fletcher 2008，见图 2.3）。又或者是通过接触已经被其他个体处理过的食物来学习，例如黑帽卷尾猴（*C. apella*）就会翻查被群体中其他成员打开并已将其中的甲虫幼虫吃掉的竹节（Gunst et al. 2008）。

除了寻找食物和避免被捕食之外，繁殖就是野生动物的另一个主要关注点。成功的繁殖包括了找寻及选择合适的配偶、交配，以及提高后代的存活几率。学习在其中发挥作用的一个极好例证来自于对性印记（sexual imprinting）的研究。年幼的动物不仅会学习潜在配偶的特征（例如物种归属），还要学习避免跟谁进行交配（由于遗传上的亲缘关系），由此发展出自己的性偏好。所以，配偶选择和随后的物种分化可能受到习得偏好（learned preferences）的影响（Irwin and Price 2001；Witte and Nöbel 2011）。

2.5.4 模仿、效法和文化传播

尽管有着更为严格的标准，模仿（imitation）和效法（emulation）[1] 也被认为是社会学习的类型。它们都涉及了同一物种个体间的信息共享，有时还会跨越一个物种的若干世代。在野外，这些社会学习类型的证据可能为动物界中存在文化提供了佐证。

2.5.5 界定学习类型的困难

众所周知，无论在野外还是圈养条件下，鲸豚类都有着很强的模仿能力和社会学习能力（Krützen et al. 2005）。为了捕食海豹幼崽，虎鲸（*Orcinus orca*）会有意识地冲上阿根廷沿海有大量海豹繁殖的海滩（Guinet and Bouvier 1995）。当有缺乏经验的幼年虎鲸在场时，成年雌鲸会调整自己的冲滩行为，表明雌鲸在为幼鲸展示各种冲滩技术，为后者提供了观察学习捕捉海豹幼崽技能的机会。吉内（Guinet 1991）认为虎鲸幼崽通过模仿其母亲（或其他亲属）成功的捕猎行为，来培养自己的冲滩捕食技能。海豚也已被证明可以模仿另一只海豚的动作以获得食物奖励，甚至在蒙住双眼的时候它们也能完成这样的动作（Jaakkola et al. 2010）。有人曾认为处于观察者角色的海豚可能是通过演示个体所做动作发出的声响，或者是两只海豚之间可能存在的声学交流（超出人类的听力范围）来实现这一过程。

霍纳和怀滕（Horner and Whiten 2005）研究了来自一个非洲救护中心内野外出生的黑猩猩的效法行为，将其与 3 至 4 岁儿童进行比较，让它们观察一个人类演示者分别从透明迷箱和不透明迷箱中用工具取出奖励的过程。在面对不透明迷箱时，无法辨识演示者的哪些行为与获取奖励相关，哪些无关；而在迷箱透明时，就有可能观察出演示者的行动与最终获取奖励之间的联系。给黑猩猩一个不透明迷箱时，它们重复做出有效和无效的动作，模仿了演示者的整个行为结构。而当给予一个透明迷箱时，它们则会忽略掉那些无效的动作，采取了更有效率、更具竞争力的效法技术。霍纳和怀滕（2005）的研究结果显示当可以观察到演示者获取奖励的必要操作时，黑猩猩偏好使用效法策略，而当演示者的行动无法被观察时（即不透明迷箱）就不是这样了。有意思的是，儿童在两种实验情境下都采用模仿的方式来完成任务，即便在模仿并非最有效策略的情况下也是如此。霍纳和怀滕（2005）认为可能是由于儿童更容易受到文化习俗的影响，从而导致了他们和黑猩猩之间在策略

---

1 模仿偏向动作模仿，效法偏向方法模仿。——译者注

选择上的差异。换句话说就是，对儿童而言，执行演示者的动作往往会得到奖励。

在野生种群当中，可能很难确定一种行为的传播是基于社会学习或是观察学习，在圈养条件下同样如此（见图 2.4）。如果某种行为特征是从同种个体身上经由社会学习获得，并且能够在同一世代内或不同世代之间反复传播，那么这种行为特征就被认为是有着文化差异的。我们此前已讨论过了工具使用，同样也有科学证据表明，在野外工具使用的能力是通过社会学习获得的。这点并不奇怪，正如阿曼达和霍顿（St Amant and Horton 2008）提出的定义当中所讲到的，工具使用也可以用于在使用者与其所处环境、包括环境中其他动物之间传递信息（St Amant and Horton 2008）。考尔和托马塞洛（Call and Tomasello 1994）通过实验展示了猩猩对于工具使用的社会学习。在 16 只猩猩当中，有 8 只观察一名人类演示者用一个耙子似的工具获取仅用前肢够不到的美味食物，另外 8 只则观察这名演示者用同样的工具做出并无实际功能的动作。有趣的是，并没有观察到这两组猩猩之间存在行为上的差异，相反有不少的个体并没有去模仿演示者使用工具的方式，而是依靠各自独特的试错来获取食物。基于前文内容，你可能已经猜测到，上述发现是一个极好例证，显示了特定猩猩个体表现出的不是模仿学习，而是效法学习。尽管如此，这也清楚地表明最起码通过观察社群中另一个成员与工具的接触，至少可以对工具使用有促进作用。

图 2.4　尽管图中的海象看起来像是在模仿它们的饲养员，但如果没有对动物进行更全面的观察，就很难确定这种行为缘何而来。图源：凯瑟琳娜·赫尔曼。

另一个例子是不同类型的工具使用在野外环境下于不同社群内个体之间的传播和实践。同一社群内的个体通常会表现出即便不是完全相同，也会很是相似的工具使用模式。尽管黑猩猩被认为可能是展现社群对工具使用影响最为突出的例子，但在野生的宽吻海豚中也报道过经由文化传播的工具使用，尤其是母亲对其雌性后代在使用海绵上的影响（Krutzen et al. 2005）。如前所述，雌海豚明显表现出更多使用海绵的行为，这与黑猩猩学习工具使用中的性别差异有相似之处。

2.6 在人类所引发的变化中学习

动物个体或许还能够学会如何对其所处自然环境中人为原因导致的变化作出反应。许多物种可能会改变自身的行为以回避人口密集或是有人为干扰的区域。然而，在某些情况下，如果人为改变的自然环境中可以获得丰富的食物资源，有些物种也会相应地改变扩散或觅食的模式。例如，在大开曼群岛的魟鱼城沙洲（Stingray City Sandbar），出于生态旅游原因，近三十年间一直对当地的美洲魟（*Dasyatis americana*）进行投喂。利用个体标记重捕数据和声学遥测技术，科学家能够收集投喂点的美洲魟活动模式数据，并与其他没有开展生态旅游和投喂点的美洲魟加以比较。与对照地点（非旅游地点）相比，受到人类影响的美洲魟的自然活动模式和对栖息地的利用已经有了明显改变。对照地点的美洲魟为夜行性，但投喂点的个体则在白天不断活动，夜间却不怎么活跃，并且这些个体就逗留于生态旅游景点附近，社会行为也表现出不同的分配模式。尽管对于投喂点的美洲魟而言，上述行为改变或许在短期内具有适应上的意义（即以较少的付出就能直接获取食物），但投喂已经明显改变了它们的运动行为和空间分布，并在魟鱼城沙洲形成了超乎寻常的高密度种群，这可能会对个体长远的适合度和生态系统产生更为广泛的影响（Corcoran et al. 2013）。鉴于在许多动物园和水族馆中，魟类的互动展示都很受欢迎，这一方式可以成为相关生态旅游互动项目切实可行的替代方案，并且可避免对本土野生种群及其所处的生态系统带来风险。动物园和水族馆在传递保护信息上也能发挥作用，可以向公众展示人类对生态环境变化造成怎样的影响，以及动物会从正在变化的环境条件中学到什么（见图 2.5）。

图 2.5　经过仔细考虑后提供的丰容物（一只塑料桶），让这头北极熊有了可以玩耍的物品，同时也能提高动物园游客对于“海洋塑料垃圾”这一灾难的认识。图源：维基・梅尔菲。

2.7 野生动物研究的局限性

尽管本章涵盖了大量野生动物学习和认知能力的野外研究实例,但应当意识到跟圈养条件相比,野外研究的难度更大。相较于人工环境下的研究，在某些领域对野生动物的认知依然缺乏了解。野生动物和圈养动物认知能力在研究结果上的这种差异，是由于我们在两类环境下观察记录和开展实验的能力存在明显不同。首先，野生动物就是更难以看到和接近，不容易收集到数据。其次，野外环境通常只能实现较低程度的实验控制。通常需要有严格的实验控制和操纵某些特定变量，并同时保证其他变量不随时间变化的能力，才能够证实上述讨论中提到的与认知能力有关的内容，并为其提供令人信服的证据和可重复的结果。这些往往是发表研究结果以及向更为广泛的科学领域受众传播相关信息的先决条件。在野外开展认知能力研究的第三点困难在于，野外生活的野生动物通常很难实现个体识别。最后，进行野外研究的经费可能会比圈养条件下的昂贵得多，且耗时更长。例如，人员的交通和在野外站点的食宿，购买用于标记和追踪的设备，以监测个体在大范围内的活动及其行为，这些都是研究野生动物时可能会产生的花销。考虑到野外研究可能需要的资金和时间成本，我们可以预期，与在相对人工环境下进行的研究相比，野外研究更易受到资金方面的限制。然而，我们需要牢记研究野外个体的一个重要潜在优势：在野外我们将更有可能观察到作为自然选择累积结果的行为。

2.8 最后的提醒：运用不同的方法去理解学习和行为

许多行为性状都存在遗传上的变异，这就为经由自然选择达成的行为演化提供了素材。但无论基因如何导致了这种变异性，它都是在动物所处的环境，即外部生活环境及身体内环境这一综合环境下完成的。综合来看，所有这些变异意味着虽然亲缘关系相近的动物会有着相似的行为，但也可能存在相当大的个体差异。这种相似又有差异的程度取决于动物处于什么样的环境、是何物种以及个体有过怎样的经历。因此，追问某动物所表现的某种特定行为有多少是由基因决定，多少是由其所在环境造成，这毫无意义。

能够利用经验来调整自身行为，是动物所具有的许多非凡之处当中的一个。这也是我们自身生活里一个显著的特点，以至于大家很容易将学习视为理所当然的存在。我们往往也容易认为动物的多数行为或多或少出于天性，因而并不需要学习。动物行为的研究领域长期以来受到两种不同传统的影响，一方面，比较心理学提倡多数行为主要基于条件作用而习得，这些过程在实验室当中得到了很好的研究。另一方面，行为学（以及最近兴起的行为生态学）则认为多数行为源自天生，是演化过程的结果，这些过程在野外动物的自然生境当中得到了验证。近来，这两类方法开始融合，在野外现已观察到了更多关于动物学习能力以及这些能力如何影响其演化的例证（Dukas 2004; Shettleworth 2001）。

今天的我们知道某些行为序列源自遗传过程。这些行为有时会展现出变异性，会因其发育过程和动物的终身学习过程而发生改变。在孵化场长大的大西洋鲑鱼（*Salmo salar*）10–15 周龄时对于捕食者的气味表现出了比 26–36 周龄时更大的反应，这种对于捕食者气味的识别源自天生。但是大西洋鲑鱼在 16–20 周龄时有着一个对于捕食者气味学习的高峰期，如果在野外的话，这期间野生鲑鱼会进入到不同的栖息地当中。而孵化场长大的鲑鱼不会改换栖息地，因此上述学习捕食者气味的高峰期也不会发生，导致人工饲养的鲑鱼在长成后反捕食反应下降（Hawkins et al. 2008）。松鼠猴（*Saimiri sciureus*）无论生于野外或是实验室内都对蛇表现出了强烈的恐惧。但如果不给实验室出生的松鼠猴饲喂昆虫，它们就不会表现出类似的恐惧，由此提示捕食昆虫的经验使得松鼠猴对蛇的恐惧变得更敏感了（Masataka 1993）。青山雀和煤山雀，无论是捕捉自野外的个体，还是人工饲养的无经验个体都回避且不啄食带有警告色的始红蝽（这种蝽实际对于接受实验的个体来说都是未曾谋面的），由此显示了两种山雀具有先天的识别能力。而对大山雀和凤头山雀进行的类似实验则发现，从野外捕捉的实验个体回避始红蝽，但人工饲养的个体则必须经过学习后才会回避（Exnerová et al. 2007）。欧洲熊蜂（*Bombus terrestris*）对某些颜色的花朵有着天生的偏好，但也能通过接触不同颜色并受到强化而习得新的偏好（Gumbert 2000）。

所有这些，当然会对动物园动物的管理方式产生重要的影响。保存圈养动物及所有与该物种相配的行为，其目的显然不仅是为了防止近亲繁殖或是无意间的遗传选择(即“驯化”)导致的行为丧失，而是要确保它们尽可能多地了解其野外同类会学到的东西。这就包括了从学习物种辨别（例如，确保人工育幼的鸟类不会对其他物种产生错误印记），到获取和处理食物，以及回避捕食者的技能（尤其是如果这些个体将被重引入到野外的话）。从已经被我们驯化的物种身上可以知道，与未驯化的动物相比，家养动物的行为确实已经发生了改变，而这一点能够影响到动物的学习。比如，驯化的豚鼠（*Cavia porcellus*）没有野生豚鼠那样大胆和好斗，但却能更快地学会联想（Brust and Guenther 2014）。孟加拉雀是由白腰文鸟（*Lonchura striata*）驯化而来，驯化的重点虽在于良好的育雏能力，但也同样影响到了它们的鸣唱学习。相比孟加拉雀，白腰文鸟表现出了更加准确的鸣唱学习能力（Takahasi and Okanoya 2010）。孵化场养大的鳟鱼（*Salmo trutta*）在寻找隐蔽的食物方面，显示出了比野生鳟鱼更快的学习能力（Adriaenssens and Johnsson 2011）。长期的人工圈养不仅能影响动物所学习的内容，同时也会影响到它们学习的能力，有时候还会以出人意料的方式产生影响。那些还没有被驯化，但长期处于圈养条件下的动物身上似乎也有类似的情况。比如相较于野外同类，圈养的斑鬣狗（*Crocuta crocuta*）在解决所面临的新问题时会更为成功，并在首次接触新问题时展现出更多的探索行为。这似乎是由于相比于野生同类，圈养动物更少感受到恐惧，而表现出了更多的探索性（Benson-Amram et al. 2013）。动物园中的大猩猩在吃荨麻的时候，表现出与野生大猩猩不同的处理植物的方式，这显示尽管处理棘手食物的技能与生俱来，但精准的技巧需要通过社会同化来获得（Byrne et al. 2011）。我们需要开展更多类似的研究，来帮助了解长期圈养环境是如何影响动物的学习以及学习在促进动物自然行为中发挥的作用。

2.9 小结

本章概述了在野生动物中已记录到的各种认知能力。对于生活在野外不同环境的不同物种个体而言，学习有着高度的适应意义，因而十分重要。动物处在动态的物理和社会环境之中，所以它们的行为也应当顺势而为。学习能力的差异不仅从觅食、繁殖和成功生存的角度使动物终身受益，而且对演化也有影响。行为是自然选择和动物所处的外部环境及其自身内部（生物学）环境的综合产物。在不同物种之间和同一物种不同个体之间，行为都有着巨大的差异，即便亲缘关系相近的动物有着相似的行为，个体之间也存在着很大不同。经典条件作用和操作性条件作用使得野生动物可以通过学习将环境中的事件与其生物学意义联系起来，从而了解具有重要生物学意义的事件之间的因果关系。此外，动物的习得行为还会连续或间歇性地受到强化或惩罚，实际上，惩罚在野外更为常见。野生动物，尤其鸟类和灵长类表现出了一系列令人印象深刻的认知能力：工具使用、空间学习、记忆、辨识、观察及社会学习、模仿和文化传播。多个分类类群中的动物采用各种感官和知觉模式实现在自然环境中的方位辨识（详见“感知方式专栏”）。除此而外，通信及获取讯息的方式被认为是野外同种个体之间社会学习的一个基本形式，能在吸引配偶、定位食物和回避捕食者方面发挥积极的影响。对于生活在野外的动物而言，所有这些类型的学习都具有高度的适应意义。尽管在动物的自然栖息地内开展工作面临着诸多挑战，但进行这样的研究对于我们如何保证动物在圈养条件下高质量的学习有着重要意义。

参考文献

Adriaenssens, B. and Johnsson, J.I. (2011). Learning and context-specific exploration behaviour in hatchery and wild brown trout. *Applied Animal Behaviour Science* 132: 90–99.

Bender, C.E., Herzing, D.L., and Bjorklund, D.F. (2009). Evidence of teaching in atlantic spotted dolphins (*Stenella frontalis*) by mother dolphins foraging in the presence of their calves. *Animal Cognition* 12 (1): 43–53.

Benson-Amram, S., Weidele, M.L., and Holekamp, K.E. (2013). A comparison of innovative problem-solving abilities between wild and captive spotted hyaenas, *Crocuta crocuta*. *Animal Behaviour* 85: 349–356.

Biro, D., Inoue-Nakamura, N., Tonooka, R. et al. (2003). Cultural innovation and transmission of tool use in wild chimpanzees: evidence from field experiments. *Animal Cognition* 6: 213–223.

Bluff, L.A., Troscianko, J., Weir, A.A. et al. (2010). Tool use by wild New Caledonian crows *Corvus moneduloides* at natural foraging sites. *Proceedings of the Royal Society B*: *Biological Sciences* 277: 1377–1385.

Boesch, C. and Boesch, H. (1990). Tool use and tool making in wild Chimpanzees. *Folia Primatologica* 54 (1–2): 86–99.

Boinski, S. (1988). Use of a club by a wild white-faced capuchin (Cebus capucinus) to attack a venomous snake (*Bothrops asper*). *American Journal of Primatology* 14 (2):177–179.

Breuer, T., Ndoundou-Hockemba, M., and Fishlock, V. (2005). First observation of tool use in wild gorillas. *PLoS Biology* 3 (11): e380.

Brooke, P.N., Alford, R.A., and Schwarzkopf, L. (2000). Environmental and social factors influence chorusing behaviour in a tropical frog: examining various temporal and spatial scales. *Behavioral Ecology and Sociobiology* 49 (1): 79–87.

Brust, V. and Guenther, A. (2014). Domestication effects on behavioural traits and learning performance: comparing wild cavies to guinea pigs. *Animal Cognition* 18 (1); 99–109. https://doi.org/10.1007/ s10071-014-0781-9.

Byrne, R.W., Hobaiter, C., and Klailova, M. (2011). Local traditions in gorilla manual skill: evidence for observational learning of behavioral organization. *Animal Cognition* 11: 683–693.

Call, J. and Tomasello, M. (1994). The social learning of tool use by orangutans (*Pongo pygmaeus*). *Human Evolution* 9 (4): 297–313.

Caro, T. (2005). *Antipredator Defenses in Birds and Mammals*. University of Chicago Press.

Carr, A. and Hirth, H. (1961). Social facilitation in green turtle siblings. *Animal Behaviour* 9 (1–2): 68–70.

Chevalier-Skolnikoff, S. and Liska, J.O. (1993). Tool use by wild and captive elephants. *Animal Behaviour* 46 (2): 209–219.

Clarke, M.R. (1983). Brief report: Infant-killing and infant disappearance following male takeovers in a group of free-ranging howling monkeys (*Alouatta palliata*) in Costa Rica. *American Journal of Primatology* 5 (3): 241–247.

Connor, R.C., Heithaus, M.R., Berggren, P., and Miksis, J.L. (2000). 'kerplunking': surface Fluke-Splashes during shallow- water bottom foraging by Bottlenose Dolphins. *Marine Mammal Science* 16 (3): 646–653.

Corcoran, M.J., Wetherbee, B.M., Shivji, M.S. et al. (2013). Supplemental feeding for ecotourism reverses diel activity and alters movement patterns and spatial distribution of the southern stingray, *Dasyatis americana*. *PLoS One* 8 (3): e59235.

Cowie, R.J. (1977). Optimal foraging in great tits (Parus major). *Nature* 268 (5616): 137–139.

Doniol-Valcroze, T., Lesage, V., Giard, J., and Michaud, R. (2011). Optimal foraging theory predicts diving and feeding strategies of the largest marine predator. *Behavioral Ecology* 22 (4): 880–888.

Dugatkin, L.A. (2013). *Principles of Animal Behavior*. Third international student edition. New York, USA: WW Norton.

Dukas, R. (2004). Evolutionary biology of animal cognition. *Annual Review of Ecology, Evolution and Systematics* 35: 347–374.

Exnerová, A., Štys, P., Fučiková, E. et al. (2007). Avoidance of aposematic prey in European tits (Paridae): learned or innate? *Behavioural Ecology* 18: 148–156.

Fortin, D. (2003). Searching behavior and use of sampling information by free-ranging bison (Bos bison). *Behavioral Ecology and Sociobiology* 54 (2): 194–203.

Found, R., Kloppers, E.L., Hurd, T.E., and Clair, C.C.S. (2018). Intermediate frequency of aversive conditioning best restores wariness in habituated elk (*Cervus canadensis*). *PLoS One* 13 (6): e0199216.

Galef, B.G. (2012). *WIREs Cognitive Science* 3: 581–592. https://doi.org/10.1002/wcs.1196.

Galef, B.G., Kennett, D.J., and Wigmore, S.W. (1984). Transfer of information concerning distant foods in rats: a robust phenomenon. *Animal Learning and Behavior* 12: 292–296.

Gaulin, S.J.C. and Fitzgerald, R.W. (1989). Sexual selection for spatial-learning ability. *Animal Behaviour* 37 (2): 322–331.

Griffin, A.S. (2004). Social learning about predators: a review and prospectus. *Animal Learning and Behavior* 32: 131–140.

Griffin, A.S. (2008). Socially acquired predator avoidance: is it just classical conditioning? *Brain Research Bulletin* 76: 264–271.

Griffin, A.S. and Galef, B.G. (2005). Social learning about predators: does timing matter? *Animal Behaviour* 69: 669–678.

Gumbert, A. (2000). Color choices by bumble bees (*Bombus terrestris*): innate preferences and generalization after learning. *Behavioural Ecology and Sociobiology* 48: 36–43.

Guinet, C. (1991). Intentional stranding apprenticeship and social play in killer whales (*Orcinus orca*). *Canadian Journal of Zoology* 69 (11): 2712–2716.

Guinet, C. and Bouvier, J. (1995). Development of intentional stranding hunting techniques in killer whale (*Orcinus orca*) calves at Crozet Archipelago. *Canadian Journal of Zoology* 73 (1): 27–33.

Gunst, N., Boinski, S., and Fragaszy, D.M. (2008). Acquisition of foraging competence in wild brown capuchins (*Cebus apella*), with special reference to conspecifics' foraging artefacts asan indirect social influence. *Behaviour* 145: 145–229.

Hall, K.R.L. and Schaller, G.B. (1964). Tool- using behavior of the California Sea Otter. *Journal of Mammalogy* 45 (2): 287.

Hawkins, L.A., Magurran, A.E., and Armstrong, J.D. (2008). Ontogenetic learning of predator recognition in hatchery-reared Atlantic salmon *Salmo salar*. *Animal Behaviour* 75: 1663–1671.

Hayward, M.W., Hofmeyr, M., O'Brien, J., and Kerley, G.I.H. (2006). Prey preferences of the cheetah (*Acinonyx jubatus*) (Felidae: Carnivora): morphological limitations or the need to capture rapidly consumable prey before kleptoparasites arrive? *Journal of Zoology* 270 (4): 615–627.

Hollén, L.I. and Radford, A.N. (2009). The development of alarm call behaviour in mammals and birds. *Animal Behaviour* 78: 791–800.

Horner, V. and Whiten, A. (2005). Causal knowledge and imitation/emulation switching in chimpanzees (Pan troglodytes) and children (Homo sapiens). *Animal Cognition* 8 (3): 164–181.

Inoue-Nakamura, N. and Matsuzawa, T. (1997). Development of stone tool use by wild chimpanzees (*Pan troglodytes*). *Journal of Comparative Psychology* 111 (2): 159–173.

Irwin, D.E. and Price, T. (2001). Sexual imprinting, learning and speciation. *Heredity* 82: 347–354.

Jaakkola, K., Guarino, E., and Rodriguez, M. (2010). Blindfolded imitation in a Bottlenose Dolphin

(*Tursiops truncatus*). *International Journal of Comparative Psychology* 23 (4). Retrieved from http://escholarship.org/uc/ item/7d90k867.

Kie, J.G. (1999). Optimal foraging and risk of predation: effects on behavior and social structure in Ungulates. *Journal of Mammalogy* 80 (4): 1114.

Krützen, M., Mann, J., Heithaus, M.R. et al. (2005). Cultural transmission of tool use in bottlenose dolphins. *Proceedings of the National Academy of Sciences of the United States of America* 102 (25): 8939–8943.

Kuba, M.J., Byrne, R.A., and Burghardt, G.M. (2010). A new method for studying problem solving and tool use in stingrays (*Potamotrygon castexi*). *Animal Cognition* 13 (3): 507–513.

Lindshield, S.M. and Rodrigues, M.A. (2009). Tool use in wild spider monkeys (*Ateles geoffroyi*). *Primates* 50 (3): 269–272.

Lindström, L., Alatalo, R.V., Lyytinen, A., and Mappes, J. (2001). Predator experience on cryptic prey affects the survival of conspicuous aposematic prey. *Proceedings of the Royal Society of London, Series B: Biological Sciences* 268: 357–361.

Lorenz, K. (1935). Der Kumpan in der Umvelt des Vogels: Der Artgenosse als auslosendes Moment socialer Verhaltensweisen. *Journal für Ornithologie* 83 (137–213): 289–413.

Magrath, R.D., Pitcher, B.J., and Gardner, J.L. (2009). Recognition of other species' aerial alarm calls: speaking the same language or learning another? *Proceedings of the Royal Society of London, Series B: Biological Sciences* 276: 769–774.

Masataka, N. (1993). Effects of experience with live insects on the development of fear of snakes in squirrel monkeys, *Saimiri sciureus*. *Animal Behaviour* 46: 741–746.

Mateo, J.M. (1996). The development of alarm-call response behaviour in free-living juvenile Belding's ground squirrel. *Animal Behaviour* 52: 489–505.

Mateo, J.M. and Holmes, W.G. (1997). Development of alarm-call responses in Belding's ground squirrels: the role of dams. *Animal Behaviour* 54: 509–524.

Menzel, R. and Giurfa, M. (2001). Cognitive architecture of a mini-brain: the honeybee. *Trends in Cognitive Sciences* 5: 62–71.

Menzel, R. and Müller, U. (1996). Learning and memory in honeybees: from behaviour to neural substrates. *Annual Review of Neuroscience* 19: 379–404.

Much, R.M., Breck, S.W., Lance, N.J., and Callahan, P. (2018). An ounce of prevention: Quantifying the effects of non-lethal tools on wolf behavior. *Applied Animal Behaviour Science* 203: 73–80.

Nowell, A.A. and Fletcher, A.W. (2008). The development of feeding behaviour in wild western lowland gorillas (*Gorilla gorilla gorilla*). *Behaviour* 145: 171–193.

Ottoni, E.B. and Mannu, M. (2001). Semifree- ranging Tufted Capuchins (*Cebus apella*) spontaneously use tools to crack open nuts. *International Journal of Primatology* 22 (3): 347–358.

Owings, D.H. and Leger, D.W. (1980). Chatter vocalizations of California ground squirrels: predator-

and social-role specificity. *Zeitschrift für Tierpsychologie* 54 (2): 163–184.

Ropert-Coudert, Y., Kato, A., Wilson, R.P., and Cannell, B. (2006). Foraging strategies and prey encounter rate of free-ranging Little Penguins. *Marine Biology* 149 (2): 139–148. https://doi.org/10.1007/s00227-005-0188-x.

Schneider, K.J. (1984). Dominance, predation, and optimal foraging in White-Throated sparrow flocks. *Ecology* 65 (6): 1820.

Seyfarth, R.M. and Cheney, D.L. (1986). Vocal development in vervet monkeys. *Animal Behaviour* 34: 1640–1658.

Shettleworth, S.J. (2001). Animal cognition and animal behaviour. *Animal Behaviour* 61: 277–286.

Sih, A. and Christensen, B. (2001). Optimal diet theory: when does it work, and when and why does it fail? *Animal Behaviour* 61 (2): 379–390.

Sousa, C., Biro, D., and Matsuzawa, T. (2009). Leaf-tool use for drinking water by wild chimpanzees (*Pan troglodytes*): acquisition patterns and handedness. *Animal Cognition* 12 (1): 115–125.

St Amant, R. and Horton, T.E. (2008). Revisiting the definition of animal tool use. *Animal Behaviour* 75 (4): 1199–1208.

Stryjek, R., Mioduszewska, B., Spaltabaka- Gędek, E., and Juszczak, G.R. (2018). Wild Norway rats do not avoid predator scents when collecting food in a familiar habitat: a field study. *Scientific Reports* 8 (1): 9475.

Suzuki, S., Kuroda, S., and Nishihara, T. (1995). Tool-set for termite-fishing by chimpanzees in the Ndoki Forest, Congo. *Behaviour* 132 (3–4): 219–235.

Svádová, K., Exnerová, A., Štys, P. et al. (2009). Role of different colours of aposematic insects in learning, memory and generalization of naïve bird predators. *Animal Behaviour* 77: 327–336.

Takahasi, M. and Okanoya, K. (2010). Song learning in wild and domesticated strains of white-rumped munia, *Lonchura striata*, compared by cross-fostering procedures: domestication increases song variability by decreasing strain-specific bias. *Ethology* 116: 396–405.

Thornton, A. and McAuliffe, K. (2006). Teaching in wild meerkats. *Science* 313: 227–229.

Tierney, A.J. (1986). The evolution of learned and innate behaviour: contributions from genetics and neurobiology to a theory of behavioral evolution. *Animal Learning and Behavior* 14: 339–348.

Vedder, A.L. (1984). Movement patterns of a group of free-ranging mountain gorillas (*Gorilla gorilla beringei*) and their relation to food availability. *American Journal of Primatology* 7 (2): 73–88.

van Lawick-Goodall, J. and Van Lawick- Goodall, H. (1966). Use of tools by the Egyptian Vulture, Neophron percnopterus. *Nature* 212 (5069): 1468–1469.

van Schaik, C.P., Fox, E.A., and Sitompul, A.F. (1996). Manufacture and use of tools in wild Sumatran orangutans. *Naturwissenschaften* 83 (4): 186–188.

Vince, M.A. (1964). Social facilitation of hatching in the bobwhite quail. *Animal Behaviour* 12 (4): 531–534.

Werner, E.E. and Hall, D.J. (1974). Optimal foraging and the size selection of prey by the Bluegill Sunfish (*Lepomis macrochirus*). *Ecology* 55 (5): 1042.

Witte, K. and Nöbel, S. (2011). Learning and mate choice. In: *Fish Cognition and Behaviour*, 2e (eds. C. Brown, K. Laland and J. Krause), 81–107. Chichester: Wiley Blackwell.

Yeater, D.B. and Kuczaj II, A.S. (2010). Observational learning in wild and Captive Dolphins. *International Journal of Comparative Psychology* 23 (3) Retrieved from http://escholarship.org/uc/item/3qf5v7mj.

Zentall, T.R. and Galef, B.G. (2013). *Social learning: Psychological and Biological Perspectives.* Hillsdale, NJ: Erlbaum.

3 学习的终极益处

凯西 · 贝克，维基 · A. 梅尔菲

翻译：王惠　　校对：刘媛媛，崔媛媛

3.1 引言

动物行为学本科专业的学生在大学学习阶段首先遇到的理论或者概念之一，很可能就是丁伯根（Tinbergen）关于动物行为的“四个问题”。1963 年发表的《行为学研究目的和方法》中提出这个概念，动物行为的四个基本疑问，有时也被理解为四个难题，甚至有时称其为四个令人费解的问题，从这个概念诞生之日起的 50 年间，它的魅力经久不衰，并持续不断地运用于生物学中，并且几乎没有发生改变（Bateson and Laland 2013）。丁伯根提出了四个根本相异的问题，可以用来解释动物的行为，这些问题是：行为如何有助于动物的生存，它有什么用处（生存 / 功能）；行为在动物生命周期中会如何变化，变化是如何发展的（个体发生 / 发育）；行为在物种史上是怎样演化的，演化是如何逐步发生的（演化 / 系统发生）；行为是如何由生理引起的，它的工作原理是怎样的（原因 / 机制）。这四个问题可以大致分为两类：对行为的近因解释和最终解释（Mayr 1961）。最终解释考虑了某一生物性状的适合度，从而决定了它是否被选择保留（*生存值*和*演化*），而近因解释则关注的是性状出现的生理机制（*起因*和*个体发生*）。

本书其他章节在一定程度上讨论了学习的近因解释，重点在行为的个体发生而非行为的原因，即学习是如何在动物的一生中发展的，在相关学习过程和学习方法的讨论中对此进行了探讨（例如第 1 章和第 4 章）。在本章中，我们将重点关注学习的终极解释；学习如何影响个体生存和物种演化。还将重点探讨为什么一些习得行为在某些物种中得以演化而非其他物种？首先，我们将简要回顾一下涉及不同习得行为（如识别捕食者）存活值的现有文献，以及一些研究具有习得成分的行为在多大程度上能决定物种重引入尝试成败的突出案例。然后，我们将探索学习过程本身不太明显的好处，例如增强大脑发育，尽管这可能不会迅速地或明显地造福广义适合度，但无疑会提供潜在的生存或繁殖优势。

3.2 习得行为的存活值

正如丁伯根本人所说的那样，“对（一种行为）存活值的终极检验是生存本身，即能让个体在自然环境中活下去。”（Tinbergen 1963，第 423 页）动物的认知能力会像身体或行为能力一样演化，以应对野生状态下所处生态位需要面临的挑战（Meehan and Mench 2007）。有关动物园种群的一个顾虑是动物将失去其自然生存行为（有时被称为性状或技能，Snyder et al. 1996），或应对挑战的能力（Hill and Broom 2009），因为它们没有受到诸如捕食等自然状况的影响（请参阅第 12 章）。某些生存行为是本能，无论动物是野生的还是被圈养的，我们都能观察到这些行为。例如，在许多营树栖活动的灵长类动物中，婴儿“抓握腹部”的行为是生存必备；幼崽必须紧紧抓住母亲，因为一旦坠落就必死无疑，许多物种在出生后数小时内，便会看到这种本能的抓握行为（见图 3.1）。但是，面对捕食者发生示警叫声这种行为可能需要更长的发展时间，比如对野生青腹绿猴（*Chlorocebus pygerythrus*）来说，在出生后的头四年里才能逐步学会在正确的社交情境中发出示警叫声，并对其他个体的声音做出正确反应（Seyfarth and Cheney 1986）。在动物领域，我们可以专门通过评估重引入工作的成败来评估习得行为的存活值。对于动物园动物，学习适当行为的普遍益处是将有助于重引入尝试，因为这项工作需要动物表现出适当的“生存行为”（Rabin 2003）。因此，我们可以通过关注哪些是看起来有习得成分，即不那么依赖本能，而是在动物一生中持续发展起来的行为，以此为重点，了解习得行为的存活值。从历史上看，本能行为和习得行为（先天与后天）之间的差异一直备受争议。但是一般认为，行为的个体发生是遗传与环境之间复杂的相互作用的结果（Barlow 1991），其中有些行为更多地源自本能，而有些更多依靠学习。

图 3.1 新生的银白长臂猿（*Hylobates moloch*）在图中展示了一个先天行为的例子；新生灵长类动物抓握腹部的行为对其生存至关重要。图源：经切斯特动物园许可转载使用。

为了探索生存行为，我们对近期（自 2005—2018 年以来发表）有关重引入尝试的研究进行了简要回顾。利用“科学引文索引”（Web of Science）数据库的搜索结果进行讨论，搜索词为“重引入 * 行为”（reintroduction*behaviour）和“重引入 * 学习”（reintroduction*learning）。检索回顾中包含的研究有：圈养出生和饲养的个体（来自动物园或其他圈养环境）的重引入；动物转运，因为它们代表动物从一个栖息地转移到另一个栖息地，在原始栖息地培养的学习行为，不一定符合新栖息地生存所需；以及，直接证明重引入工作成功或失败原因的，或是直接得出了强有力结论的研究。图 3.2 列出 116 项符合我们要求的重引入研究中的主要影响因素。我们已经对这些主要因素进行了讨论，连同一个案例研究，以便更好地了解动物园里的学习对于重引入动物长期生存的重要性；并使这些动物在动物园公众教育中能更好地代表野外同类。

3.3 圈养环境下的生存行为“丢失”

3.3.1 反捕行为

“反捕行为可以看作是先天具备和后天习得的连续统一体。一种极端情况是，某些防御行为在初次碰面时就完全表达。而其他大多数反捕行为在某种程度则上取决于经验”（Griffin et al. 2000，p.1320）。考虑到这一点，在我们的研究回顾中，以及在其他有关重引入尝试的综述中（例如，Moseby et al. 2011；Reading et al. 2013）都呈现出：影响重引入计划成败最关键的因素都是反捕行为的表现，这也就不足为奇了（图 3.2）。现已证明：识别与捕食者有关的视觉和其他感官线索，并对此做出适当反应，如逃跑或延长警戒时间等，这些表现都受到圈养时间的影响，并影响着重引入的成败。例如，在某项研究中，圈养领西猯（*Pecari tajacu*）对犬科或猫科动物捕食者模型均无反应，既不逃跑也没做出威吓姿态，因此如果要让它们变得适合重引入，必须进行一段时间的反捕食训练（de Faria et al. 2018）。

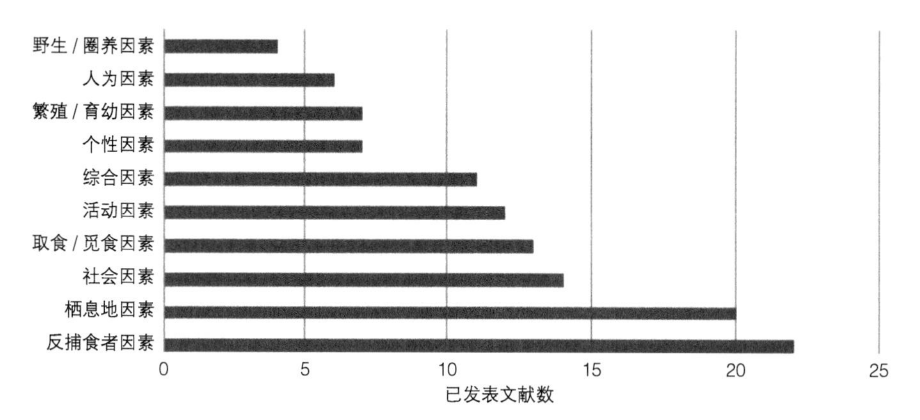

图 3.2　2005 年至 2018 年间，影响重引入尝试成败的因素。资料来源：经作者许可转载。

行为时间分配上看似微乎其微的差异，实则可能掩饰着更大的问题；在这种情况下，灰山鹑（*Perdix perdix*）行为的微小差异都会影响反捕行为。为了评估放归的灰山鹑是否表现出适当的生存行为，2006–2007 年间，兰塔宁（Rantanen）等（2010）在英国格洛斯特郡进行了为期两年的实验。这些研究对象来自一家狩猎养殖场，它们在那里繁殖了 7 代，然后被放归到农场的四个不同点位。每一窝（家庭组）包括 9 到 16 只雏鸟和义亲（人工育雏到 3 周龄，然后再由一对成年义亲抚养）。当鸟长至 4 到 5 月龄时，四个研究点位都会放归 19 或 20 窝鸟。作者使用无线电设备在每窝鸟内随机标记 4 到 5 只，在 2006 年标记 101 只，在 2007 年，标记了 92 只。放归后，观察被标记鸟的行为，并记录死亡率。与野生灰山鹑相比，放归个体的警戒行为较差；统计个体行为时间分配的平均百分比，警戒行为占 3.8% 至 5.4%（2006—2007 年）。一项野外研究的参照结果显示，在英国低地农田的 20 个点位，观察到野鸟 43% 的时间用于警戒。野生灰山鹑的警戒性与群体规模之间呈现强负相关性，但这种相关性在放归个体中没有体现。这些研究表明，圈养繁殖的鸟类对野生环境的行为适应性不高，警戒行为过少，因此存在被捕食的风险（Rantanen et al. 2010）。

可以在放归前，对那些已被认为在圈养环境中“丢失”的反捕行为进行训练，即通过第 12 章中讨论的操作性条件作用进行训练。简而言之，就是将与捕食者相关的刺激（例如视觉线索、嗅觉线索、听觉线索）与厌恶刺激（例如嘈杂的噪音）配对，这种方式已用来训练了多个不同物种，使其成功躲避和 / 或对捕食者做出了恰当反应。让重引入的候选对象经受捕食者的历练，对塑造行为有好处。例如，草原袋鼠（*Bettongia lesueur*），一种小型有袋类动物，当圈养个体生活在定期会暴露于流浪猫的环境中，其放归后的逃逸距离会比未遭遇过猫的个体更远（West et al. 2018）。

这些看似“丢失”的生存行为可通过提供学习机会和训练技术激发出来，也突出了在动物园环境中提供足够学习机会的重要性（请参阅第 5 章）。无论动物园动物是否将用于重引入，学习生存行为以及确保动物发展完整的行为谱，这些都是对动物有好处的（Reading et al. 2013）。

3.3.2 栖息地利用

在回顾研究时发现，能否合理利用栖息地是决定重引入成败的第二大关键因素，本文回顾的 116 项研究中有 20 项研究为此提供证据。通过回顾研究文献，对栖息地利用的评估范围包括建立合适领地的能力（Dunston et al. 2017）以及在整个栖息地扩散的能力（Richardson and Ewen 2016）。错误利用栖息地会对其他一些行为的表达产生相互作用和影响，如反捕食策略。例如，与易地迁移的黑鼠蛇（*Pantherophis obsoletus*）相比，圈养个体在重引入后存活下来的可能性较小。通常认为这种差异源于以下事实：圈养个体的躲藏行为更少，这让它们很容易被捕食者发现。有趣的是，这项研究还发现圈养时间与生存几率之间存在负相关，表明短时间被圈养，可能对该物种表达生存行为的影响较小（DeGregorio et al. 2017）。在探讨硬放归和软放归技术时，可以更清晰地看到与栖息地利用相关的行为对重引入成功的重要性。总的来说，软放归时通常仍会为动物提供食物和 / 或保护其免遭捕食者伤害，让动物逐步适应栖息地的生活，而硬放归时则不会为重引入的动物提供任何缓冲（例如，de Milliano et al. 2016）。

软放归技术可以使动物有更多时间了解周围的新环境，并表现出与之相适应的行为。例如，特别在鸟类研究中，鸟类从放归点早早扩散出去被视作重引入失败的一个原因，因为它们没有时间在放归点配好繁殖对（Wang et al. 2017）。与采用硬放归的个体相比，软放归的朱鹮（*Nipponia nippon*）会继续待在放归点附近，并迅速集群；由此可见，从促进配偶获得的角度来说，软放归个体上发现的这两种行为（驻留和集群）也许能带来社交优势（Wang et al. 2017）。这个案例的有趣之处在于，两组鸟类的存活率基本一致，这就引出一个问题，是不是软放归项目对促进栖息地行为和社会行为十分重要，但不一定能直接有益于放归个体的生存。

3.3.3 社会行为

与社会行为如何对重引入产生负面影响有关的主要议题，似乎总围绕重引入动物对社群同伴做出不恰当反应展开；以不当的求偶行为对同类做出回应会降低繁殖机会，或是攻击优势个体可能引来杀身之祸。在濒危的多斑斯基法鳉（*Skiffia multipunctata*）身上，已证明圈养条件对表达适当社会行为的重要影响（Kelley et al. 2005）。在实验室条件下（室内水族箱）饲养的鱼比起在半自然条件下（室外池塘）的个体，无论是单一物种饲养还是在混养环境中，都表现出更多的求偶行为，并且通常对竞争者更具攻击性。这种行为上的差异可能是由于实验室条件下饲养密度更高，因此雄性遇到雌性的几率更大，从而表现出更多求偶行为。我们可能会认为，表现出较高求偶行为的鱼更有优势。因此在较高密度下饲养的鱼如果被纳入放归项目可能会更成功，因为求偶行为越多、对竞争对手的攻击性越大，可能会获得更多和/或更好的配偶，从而导致更大的广义适合度。然而，那些精心做出求偶炫耀和领地争斗的鱼被猎食者发现的风险也更高。因此，正如作者得出的结论那样，圈养条件会促进动物发展出危险的不当行为，在这种情况下，求偶炫耀与争斗炫耀越少，对重引入越有利（Kelley et al. 2005）。

关于重引入是否成功的终极社会指标是重引入的动物是否能够繁殖。回顾自 2015 年以来北极狐（*Vulpes lagopus*）的重引入项目发现，385 只放归个体（在 7 年时间内）形成 3 个稳定种群，最重要的是，估计圈养个体在野外繁殖的后代数量多达 600 只（Landa et al. 2017）。北极狐的放归点有人工巢穴和食物分发器；这种提供补给的方式所带来的好处，也许可以让北极狐有时间通过软放归的方式了解新环境。

3.3.4 取食与觅食

据称，觅食和取食策略的发展不足，是导致重引入项目成败的另一个关键行为缺陷。反捕行为对重引入成败至关重要，出于同样的原因，动物必须学会如何获取和加工食物资源，这也是必不可少的；没有这些重要的生存行为，就会发生最负面的后果，即死亡。从取食与觅食行为中相对简单的方面就能看出放归个体与野生同类的区别，比如它们一天中的取食时间。例如，放归的灰山鹑（*P. perdix*）会全天取食，而不像野生同类那样将取食时间主要集中在黎明和黄昏（Rantanen et al. 2010）。这可能是由于圈养环境下可以持续获得食物，导致圈养个体全天取食，或者有可能这些鸟类在野外的取食效率较低，因此需要更多时间找寻食物以此获取足够的能量（Rantanen et al. 2010）。

捕获活物的能力通常被报告为食肉类哺乳动物重引入失败的一个原因（Jule et al. 2008），但对于将要重引入的鸟类和爬行动物可能也同样重要。德格雷戈里欧（DeGregorio）等（2013）的研究证明了圈养对黑鼠蛇觅食行为的重要影响。短期圈养（2 周以内）圈养的黑鼠蛇（*Elaphe obsoleta*）可以对猎物做出正确的反应，并且比圈养时间更长（1 到 60 个月）的黑鼠蛇反应更快。在三臂食物选择迷宫中，短期圈养的鼠蛇选择了正确方向（有食物对比无食物），并且比长期圈养个体更快接近猎物。其他变量，比如距离上次进食的时间以及蛇的体况，对取食行为没有影响。猎物线索的类型与蛇的反应之间似乎也存在关系。在化学线索和视觉线索下，以及二者结合时，短期圈养的鼠蛇对猎物的反应速度比预期更快；它们仅凭化学线索就能做出最快的反应。相比之下，对猎物的反应和根据线索接近正确猎物的行为延迟时间方面，长期圈养的鼠蛇均未表现出任何对猎物线索有反应的趋势。作者认为，由于圈养鼠蛇一般按日行性进行管理，因此圈养时间越长，适应不同猎物的能力就越差；而在野外，它们需要将日行性取食策略变回为夜行性，这就产生了问题（DeGregorio et al. 2013）。

与反捕食训练一样，可以通过操作性条件作用来强化恰当的取食/觅食行为。利用条件性味觉厌恶让动物避开潜在的有毒猎物（例如，Cremona et al. 2017）或不想让其取食的食物（例如农作物），以及让捕食者在放归前猎食活物，也大大增加了它们在放归后成功捕猎的机会（例如，Houser et al. 2011）。

3.3.5 影响重引入的其他习得因素

在许多研究中，并没有把某一种特定行为作为重引入尝试成功和 / 或失败的原因，但也指出由于圈养原因，同一物种的野生和圈养个体表现出行为上的综合差异。例如，一项实验测试将北美水蛇（*Nerodia sipedon sipedon*）作为研究对象，把放归后的行为评估和生理变量作为放归成功的指标，对常见重引入策略的可行性进行测试（Roe et al. 2010）。该项研究比较了三组水蛇：研究地点的野蛇、从其原生地转移到研究地点的野蛇，以及人工条件下经过加速生长处理的圈养蛇，这是一种称作“良好开端型放归”的技术，其目的是先最大程度地提高蛇的生长速度，从而提高释放后的生存能力。所有动物被捕获后，都通过外科手术植入无线电发射器，经过 7 到 11 天恢复期，所有蛇被放归到位于美国印第安纳州东北部，由自然保护区管理的 500 公顷的自然保护区中。在蛇的活跃季节（5 月至 9 月），每周定位一次，在冬眠期每两周定位一次，在越冬期，每月定位一次。与其他两个野生种群相比，圈养蛇移动较少，穿越的土地面积较小，并且选择的栖息地也不恰当（对该物种而言不具有代表性）。还很少观察到圈养蛇晒太阳、觅食或游走，而且离开冬眠点的时间比当地组的蛇早了一个月。因此，它们无法增重，在越冬期死亡率很高（Roe et al. 2010）。

总而言之，许多行为已被证实会在圈养种群中“丢失”，因此，这可能对重引入成败有巨大影响。但是，有许多运用学习理论的技术，例如操作性条件作用（请参阅第 12 章）和适合物种的丰容（请参阅第 6 章），在本文其他地方对此进行了更详细的讨论，这些技术可以弥合圈养环境与野生环境在学习方面存在的差距（请参阅第 5 章）。

3.4 学习的间接益处

上文的综述和案例研究表明，习得行为会给个体生存带来直接的益处。在某种程度上，即使对于未经专业培训的观察者来说，这种优势效果似乎也很明显。缺乏生存行为，就无法生存。除了这些显而易见的好处外，学习过程本身也会带来好处。学习的“间接益处”可能是通过改变动物的生理或心理参数而获得的，例如，影响动物情绪状态的正反馈回路（positive feedback loop）[1]；这种间接益处有时也称为次级利益。这并不是说学习的间接益处没有表达习得行为本身那么重要，而是说对于动物生存的直接利益而言，这些益处可能显得没那么直观。

一些作者通过比较研究证明了学习在塑造自然发生现象（例如大脑大小）方面的重要性（例如 Krebs et al. 1996）。实验研究和野外研究均表明，与不会定期储存食物的物种相比，善于储存食物的鸟类具有更好的空间记忆能力。这也与储存食物的鸟类大脑中拥有较大的海马体有关（Krebs et al. 1996）。这些亲缘关系相近物种的“自然”生理差异是由每个物种的学习程度所致，野外研究提供了有趣的系统发生比较，但是实验研究可以为理解学习的间接益处提供进一步的维度。我们再次使用最近的文献（2005 到 2018 年间出版）评估了为圈养动物提供学习机会的间接益处，对此进行

---

1 正反馈过程是一个驱动系统加速发生变化的过程，具有自我强化行为。例如锻炼能够让人感觉良好，然后继续坚持锻炼，于是愈发感觉良好。——译者注

了简要回顾。根据“科学引文索引”数据库搜索生成的结果，其中术语搜索词 / 项目是“丰容 * 益处”（environmental enrichment*benefits）和“条件作用 * 益处”（operant conditioning*benefits）。在圈养环境下提供学习机会，最常见的方法就是进行丰容（见图 3.3）。我们的回顾不仅限于动物园，还包括实验室等其他形式的饲养场所。因此，某些学习机会可以看作是传统的学习形式，例如迷宫任务或操作性条件作用。

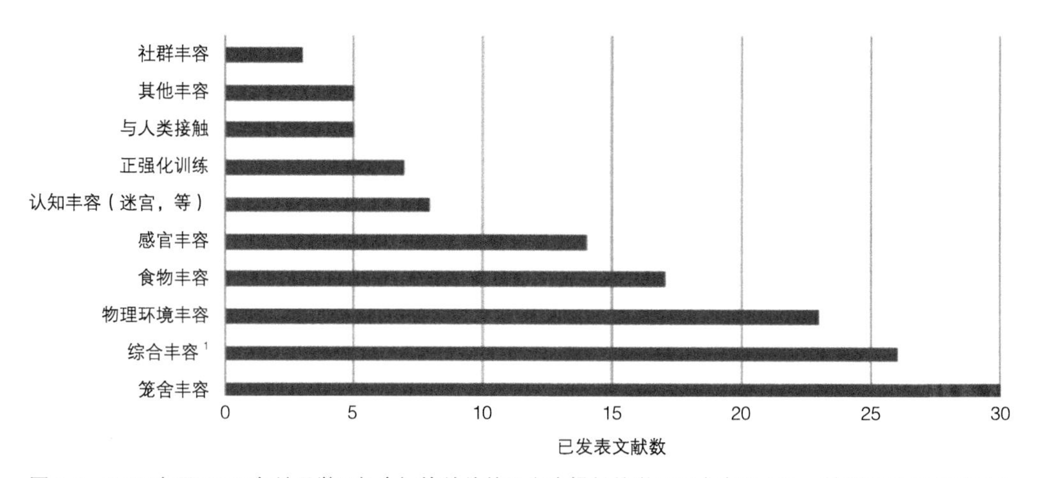

图 3.3　2005 年至 2018 年关于学习机会间接益处的研究中提供的学习机会类型（注：某些文章使用了不止一种类型的丰容 / 学习机会，因此在适用的情况下，被分别记录到相应的学习类型中）。资料来源：经作者许可转载。

大多数实验研究综述都集中于实验动物，因此包括了啮齿动物等常见的实验室物种。在我们的回顾中，这些啮齿动物也是文献记载最多的物种（图 3.4）。那么在实验室中侧重于进行针对生理监测和 / 或脑损伤后恢复的研究就不奇怪了。但是，应该指出的是，本次回顾发现也有许多研究是针对动物园饲养的动物以及其他家养动物的（图 3.4）；例如那些饲养在实验室和动物园的灵长动物。动物园中的研究对动物的损伤性较小，并且侧重于研究学习的益处，例如，为动物提供学习机会后，测试认知表现。我们将针对所有丰容工作的研究（即不单是出于认知目的开展的丰容项目）都纳入回顾讨论中，因为任何丰容项目至少在首次出现时都能提供认知挑战。认知挑战或正强化训练也是提供学习机会的常用方式。与提供学习机会有关的主要益处包括，综合行为益处、增强认知功能，以及生理和 / 或大脑发育和 / 或大脑恢复的综合改善（图 3.5）。根据本次回顾中整理出的案例，我们将重点关注与提供学习机会相关的一些间接益处，并对某些案例研究进行概述。

1　理解为丰容项涵盖多种类型，本身有多个目的，例如用气味标记出在动物不常到达的栖架顶部的食物，综合丰容是指一项丰容中涵盖了如认知、食物和物理环境丰容等多个类型。——译者注

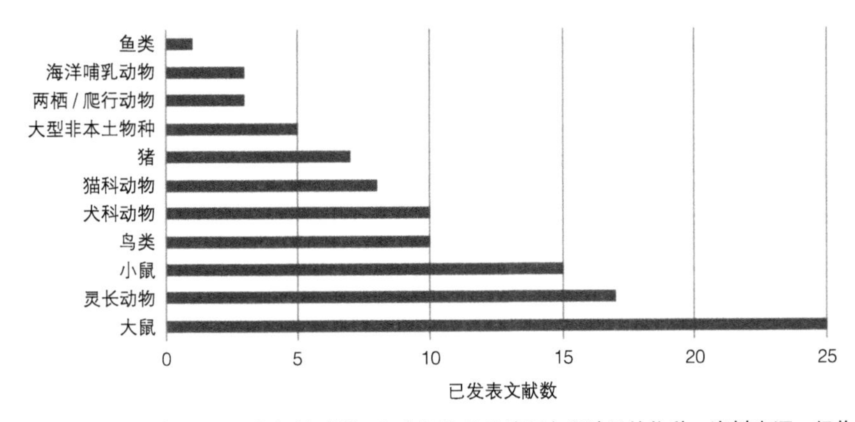

图 3.4 2005 年至 2018 年间针对学习机会间接益处的研究所涉及的物种。资料来源：经作者许可转载。

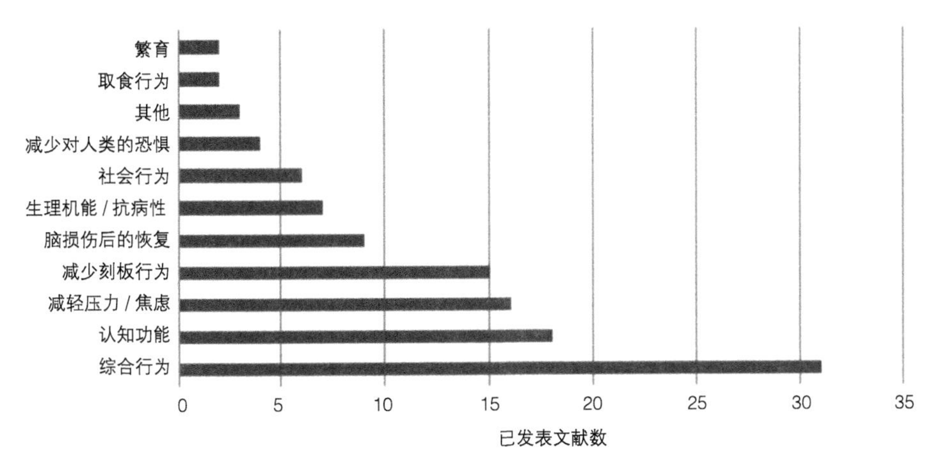

图 3.5 2005 年至 2018 年记录的学习机会的间接益处（注：有些文章记录了不止一项益处，因此在适用的情况下，被分别记录到相应的学习获益中）。资料来源：经作者许可转载。

3.4.1 学习机会带来的广泛行为益处

在本次研究回顾的第一部分中，我们证明了学习生存行为有行为上的好处，但是学习有可能会带来更广泛的益处。作为人类，我们意识到终身学习的重要性，即不仅要学习某项任务，还要给自己提供一系列学习的机会（Duyff 1999）。在整个生命中，人类和动物都必须吸收各种各样的信息。人类的终身学习概念表明，当融入终身学习环境中时，学习将变得更加容易，学习者可以将知识在相关任务中融会贯通，而变得更加有经验，并可以更好地进行归纳总结（Thrun 1996）；我们通过学习进而学会学习。认知技能是“动物从环境中获取、加工、存储信息，并根据环境中的信息采取行动的机制”（Shettleworth 2001）。这些机制可以收集有关这个世界的代表信息，即使没有与知识相关的对象在场，动物也可以利用知识（Meehan and Mench 2007）。由于这种认知功能是行为的“高级控制”，很难将其与行为控制——刺激与反应之间直接关联的这一部分——区分开来（Toates 2004）。对丰容进行评估时，通常依靠衡量行为指标或预设“目标”；计算觅食时间可用于评估喂食器是否成功，是否起到丰容效果。虽然喂食装置与取食行为增加之间的关系可能看似很简单，但觅食行为表达的增加，还涉及认知机制的运用，例如环境感知、记忆和问题解决。

也许，只提供内在奖励的学习机会（即表达行为本身就是奖励）可以最好地说明为圈养动物提供学习机会带来的综合益处，因其与食物丰容等这种直接提供外在奖励的学习机会有所不同。感官丰容为动物提供了学习机会，但不会立刻提供外在奖励，因此可将其视为内在学习机会。例如，与对照组（无气味的）布料相比，黑足猫（*Felis nigripes*）会花费更多时间来研究充满新奇气味（肉豆蔻、猫薄荷或猎物气味）的一块布（Wells and Egli 2004）。这种行为反应可能在我们的意料之中，因为研究新奇气味可以带来外在奖励，例如追随猎物的气味直至找到猎物，但是在猫的行为时间分配中也会观察到其他行为的综合变化。获得带气味布料的猫表现出运动和探索等行为的增加，并且在有气味的情况下，久坐行为也减少了（Wells and Egli 2004）。这些额外的行为变化可能会被看作是丰容对行为的综合影响。最近，针对感知丰容的研究文献有所增加，例如针对音乐（如黑猩猩，Wallace et al. 2017；大猩猩，Brooker 2016；非本土鸣禽，Robbins and Margulis 2016）、有声读物（例如，狗，Brayley and Montrose 2016）、自然声音（例如，非本土鸣禽，Robbins and Margulis 2016）和嗅觉刺激（例如，狐猴，Baker et al. 2018；猫科动物，Damasceno et al. 2017；Vidal et al. 2016；Martínez-Macipe et al. 2015）的研究。这些研究涵盖了许多动物类群，并使用了多种不同方法，作为一般性评论，我们可以说，当积极的行为开始出现，这些类型的丰容便已经在通过提供内在学习的机会改善动物福利了。

我们还可以从塑造动物的性格方面推断出提供学习机会对动物的益处；与那些无丰容环境中长大的同类相比，在丰容环境中长大的动物是否最终会形成不同性格类型？至少在大鼠中有这种情况。布里奇斯（Brydges）等（2011）使用操作性条件作用训练大鼠将一个刺激——粗糙或光滑的砂纸——与高价值奖励（巧克力）或标准奖励（膨化麦片圈）相关联。当给予一种中间度刺激（模糊刺激），即一种粗糙度介于上述两种训练用砂纸之间的砂纸环境时，“乐观的”大鼠选择在曾出现过高价值食物奖励的地方觅食，而“悲观的”大鼠则选择在曾出现过低价值奖励的地点觅食。比较大鼠饲养环境显示，与饲养在常规笼子内的大鼠相比，在丰容条件（物理环境丰容，例如添加各种管子、砂纸垫料）下饲养的大鼠表现出更乐观的反应[1]。

这些案例研究表明考虑“动物全方面”对学习机会的反应的重要性。学习过程本身可能会带来我们根本没有考虑过的好处。例如，当提供益智取食器时，我们可以通过观察动物与取食器的互动时间以及它获取食物的能力来衡量成败，但是动物从环境中获取信息的这个过程，会让动物获得选择与控制权，因此，我们应该考虑其他可以提升动物福利的行为措施（请参阅第 11 章）。

---

1 实验简述——在训练阶段，让饲养在无丰容笼箱中的大鼠学会辨别不同等级的砂纸代表不同价值的奖励物，当大鼠走在某一种砂纸上根据触感就会直接走向某一种奖励物的位置时，即表示它已经学会了通过条件辨识选择做出正确反应。随后，通过研究它们对模糊刺激（中等级别的砂纸）的反应来研究认知偏好（乐观的还是悲观的），这时会随机撤掉奖励物，如果大鼠的反应是无论奖励是否存在它都会到高值奖励（巧克力）所在位置寻找食物，那么它就被定义为乐观的，走向标准奖励（膨化麦片圈）所在位置寻找食物则被定义为悲观的。之后，将大鼠随机分为两组，一组养在有丰容笼箱中，一组养在无丰容笼箱。经过一段时间后再测试它们对模糊刺激的反应，有丰容笼箱中的大鼠表现出更乐观的反应，在无丰容笼中的对照组则一直表现出悲观的反应。实验证明丰容可以诱导以前被养在无丰容笼箱里的大鼠产生乐观的认知偏好，这可能暗示了一种更积极的情感状态。——译者注

3.4.2 学习机会导致认知功能增强

在认知能力方面，“用进废退”这类老生常谈是否有效？如果有效，为什么？这是米尔格拉姆（Milgram）等（2006）对人和动物认知丰容的综述中提出的问题。人类神经研究的主要问题之一，就是认知功能随着年龄的增长而下降。研究表明，积极的身心活动对保持认知能力具有保护效果。大量老年学研究的本质都是回溯性的，常常在生活方式的差异（比如受教育程度、工作复杂性和兴趣爱好）对认知功能的影响方面提供相互矛盾的结论（Milgram et al. 2006）。例如，教育水平看起来对保持记忆力有正向影响，并且对失智症也有预防效果。然而，与人类教育水平相关的益处可能仅与某些认知测试相对应。教育程度主要影响晶体智力（与习得经验和知识有关的结构体）测验的表现，而不是流体智力（推理能力，更多地取决于生理基础而非经验）测验（Kramer et al. 2004）。如果兴趣爱好是认知挑战而不是生理挑战，那么任务操作的复杂性（不考虑年龄限制）似乎可以降低发生认知障碍的风险，并且可以降低罹患阿尔茨海默氏症的风险。

我们不会详细讨论认知活动可以带来间接益处的原理假设，只谈谈这些假设中的一种：认知储备假说。有人提出，认知丰容能够延缓失智症的发作，因为大脑能够利用那些不断学习的人身上尚在活跃的神经结构（Milgram et al. 2006；参见图 3.6）。认知储备假说基于这样的假设，即生命早期的认知丰容会影响晚年的大脑组织，这一假说通过青年和老年患者的核磁共振成像得到了证实（Milgram et al. 2006）。在啮齿动物模型中也有类似发现，其中已经表明认知丰容会导致大脑中的许多结构变化，例如神经元细胞突触和树突分支的数量增加，尤其是在大脑皮层和海马结构中（Würbel 2001）。

图 3.6 丰容环境下的实验室小鼠饲养笼图示。图源：经动物技术研究所 / NC3Rs 许可转载。

通常采用啮齿动物模型，可以从细胞层面更好地理解丰容在驱动神经效应方面的机制，因此，有大量文献探讨了为动物提供身体和认知挑战所产生的作用，以及由此对认知功能和脑生理学带来的影响。例如，赫拉特（Harati）等（2013）对4月龄、13月龄和25月龄这几个年龄段的雌性大鼠进行了一系列行为测试（包括莫里斯水迷宫和十字迷宫测试）。与标准实验室条件下饲养的高龄大鼠相比，在丰容条件下饲养的高龄大鼠在完成任务时表现更好。丰容环境包括将每组按10–12只个体养在两个相邻的铁丝网笼中，笼内放置丰容物，例如隧道和玩具，并且每周更换五次。赫拉特等（2013）的结论是，研究发现丰容可以延迟短期记忆障碍的发作。虽然认为丰容项目可以为动物提供学习机会，但是那些在丰容环境下饲养的大鼠也似乎更加活跃，所以很有可能运动水平有助于，或者说就是造成这种积极影响的原因。以人类为例，中年时期的认知活动与降低罹患阿尔茨海默氏症的风险有关，但社交和体育活动也很重要（Milgram et al. 2006）。

克拉基奥洛（Cracchiolo）等（2007）使用阿尔茨海默氏症转基因小鼠进行了一项实验，探索哪类丰容（社群/物理环境/认知）对阿尔茨海默氏症的发病影响最大。在6周龄时，将小鼠从标准社群笼转移到以下环境之一：（i）单调环境，将动物单独饲养在标准的亚克力©（Plexiglas©）小鼠笼中；（ii）社群笼养，与其他同性别小鼠养在标准笼中；（iii）物理环境丰容，将动物养在社群中，并可以使用跑轮；（iv）全套丰容，社群饲养，可以使用管道、隧道和玩具等（在这一笼养条件下，所有物品要每周更换，并将小鼠每周3次饲养在全新的复杂环境中）。在达到6月龄时，对所有小鼠进行了为期5周的一系列行为测试：Y字迷宫、莫里斯水迷宫、圆形平台任务（1个逃生箱，16个选择/孔）、平台识别、放射臂水迷宫。作者发现，在完成某些任务时，全套丰容环境饲养的小鼠完胜生活在其他环境下的小鼠。这些数据表明，除了社群和/或物理环境丰容外，还需要增强认知活动，以预防由阿尔茨海默氏症引起的认知障碍。在他们对主题的讨论中，克拉基奥洛等（2007）强调，尽管身体锻炼可以防止与衰老相关的“正常的”认知水平下降，或使丰容环境中的啮齿类动物在认知任务中占优势，但这些与预防神经退行性疾病（例如阿尔茨海默氏症）的影响机理并不相同。

提供学习机会还有一个被广泛提及的生理上的益处，即可以促进脑损伤后的恢复。在这些研究中，给动物（传统上是啮齿动物模型）造成某种形式的脑损伤，以模仿自然发生的事故，例如脑部病变（例如，Will et al. 2004）。生活在丰容条件下有脑损伤的动物通常比标准条件下饲养的个体恢复得更好。根据不同的脑损伤类型和提供的丰容类型，丰容带来的好处也非千篇一律；脑损伤后，那些需要经过学习的活动，不管是丰容和/或训练，都比单纯的肢体运动更有助于增强机体表现（Will et al. 2004）。

3.4.3 学习机会可减少压力和/或减少刻板行为

提供丰容的行为目标之一通常是减轻压力水平。当动物被圈养在不能满足其身心需求的条件下时，就会产生刻板和自我导向行为（self-directed behaviours，简称SDBs）[1]（例如，Lutz et al.

---

1 如过度抓挠自己和过度梳理等，是非人灵长类动物焦虑的行为指标。——译者注

2003）。在许多情况下，刻板行为和自我导向行为的减少被当作压力减轻的指标，因此许多丰容项目的目标就是要减少发生这些行为（Swaisgood and Shepherdson 2005）。例如，给 14 只圈养懒熊（*Melursus ursinus*）提供“蜜糖原木”作为一种食物丰容后，结果显示它们表达各种刻板行为的时间显著减少（Anderson et al. 2010）；这个丰容物由钻了孔的原木做成，钻孔内填满蜂蜜，然后用木塞封口。无论是连续（持续五天）还是间歇（每隔一天）进行丰容，都可以看到“蜜糖原木”的效果（Anderson et al. 2010）。

刻板行为也许不是压力水平最可靠的指标。刻板行为一旦形成，就脱离了导致其形成的最初因素，同时很难被减弱，另外，刻板行为反映的是以往的压力水平而不是现在的压力水平（Mason 1991）。为了探讨提供学习机会是否可以减低压力，我们可以直接测量与压力相关的生理指标，例如皮质醇和心率（Fraser 2008）。朗贝因（Langbein）等（2004）通过使用计算机控制的学习设备测试了 12 头年轻（15 到 22 周龄）尼日利亚矮山羊（*Capra hircus*）的视觉辨别力；山羊必须按下与屏幕上的刺激相对应的按钮才能获得饮用水。实验包括四个阶段，塑行阶段（在这个阶段教山羊学会使用装置）和 3 个测试阶段。测试阶段都会在屏幕上同时出现 4 个视觉刺激（包括 3 个不会获得奖励的消极刺激和 1 个可以获得奖励的积极刺激），山羊必须选择正确的积极刺激才能获得奖励。在第一阶段的测试中，3 个消极刺激一模一样，但在第二和第三阶段的测试中则不同。在整个实验阶段，研究人员记录了所有个体的心率，他们的假设是不可预测或无法控制的情况将激活下丘脑 - 垂体 - 肾上腺轴，导致出现行为抑制，同时心率降低或稳定（当应对压力源的能力受到交感神经系统控制时，通常伴随心率增加）。在最初的训练任务中，当山羊搞不懂装置和操作时，它们出现低心率，表明对新的刺激反应感到一定程度的沮丧和 / 或紧张。在第二和第三训练阶段，当熟练掌握装置和训练流程时，则出现了相反的情况。这些数据表明，尽管山羊发现学习任务具有挑战性，但这是它们可以应对的任务。作者建议，一旦动物理解了学习任务并学会识别积极刺激，学习任务就会给山羊带来“推进力”（Langbein et al. 2004）。

另一个有趣的研究主题是压力减少是否会影响学习机会所发挥的作用，从而在诸如迷宫试验等认知测试中表现得更好。例如，在莫里斯水迷宫中，观察到生活在提供新式巢材、隧道、悬吊管道和新奇物品等丰容环境中的大鼠，它们的表现远远超过无丰容环境的同类。未丰容的大鼠需要花更长的时间才能找到隐藏的平台（Harris et al. 2009）。另外，研究还评估了趋触性，即大鼠“拥抱”装置侧面的趋势，并被认为是处于压力或焦虑的迹象[1]；因此，那些压力较小的动物将表现出较低水平的趋触性。观察到丰容环境下大鼠的趋触性明显低于无丰容的同类。作者得出的结论是，有丰容的大鼠在认知测试中表现良好，并不是由于认知能力提高，而是因为它们表现出较少的趋触性，因此能够更轻松地参与认知测试（Harris et al. 2009）。

3.5 小结：学习如何支持动物园里的动物

本章中提供的许多案例都涉及实验室动物研究，这可能会让人们想要知道如何将其应用到动物

1 对大鼠来说，抱紧物体的行为可以避开开阔空间，而开阔空间会让它们受到捕食者的威胁。——译者注

园的动物学习中。也许你想知道学习机会所带来的益处，是否是因为实验室动物饲养环境条件与日常管理的基线水平很低，因此与动物园动物的情况会有所不同。尽管实验室动物的笼舍环境与饲养管理是高度易变的，但动物园亦是如此。此外，在动物园中也发现了许多案例研究清楚地表明了学习的益处；这些研究与发表在实验室动物上的发现相一致。的确，在动物园行业内，对生理功能和大脑发育的研究是有限的，因此，我们对动物园环境（包括提供学习机会）在这些方面如何影响不同物种的理解有限。但是，认为实验室动物研究中使用的动物样本与动物园动物有很大的差异，从而否定学习机会对死亡率、发病率、繁殖、心理健康和生理福利可能带来的好处，这种想法是没有任何道理的。当然，正如观察所示，学习机会对动物园动物带来的行为上的益处，即减少与高压力相关的行为，并进而对大脑发育和功能产生积极的影响，相似的进程同样也会在动物园环境下发生。

最后，也许是最重要的，我们得出了一个特别难以说明的，但同时也是最核心的、我们所有人都希望理解的概念，它会确保我们照顾的动物园动物有良好的生活，这个概念就是它们的情绪，更确切地说，是动物对学习机会的情绪反应。有人说，作为人类，我们可以通过参与对自身能力有挑战、但又始终在技能范围内的学习机会来获得情感优势。当挑战和技能相匹配时（见图 3.7），人就进入了“心流”（flow）状态[1]，这是由奇克森特米哈伊（Csikszentmihalyi 1990）创造的术语，被认为是对人类幸福最大的影响因素之一（Myers and Diener 1995）。当挑战超出技能范围时，人们会感到不知所措和压力重重，但是如果挑战太容易完成，又会觉得缺乏兴趣和枯燥无味。相比之下，通过参与多种多样的活动可以达到的“心流”状态，被称作“全情投入”，人们自称会因为过于沉浸和投入，从而忘记时间流逝。对于不同的人，开启“心流”的活动也会不同，可能是填字游戏、电脑游戏、绘画或演奏乐器。“心流”状态似乎代表积极情绪投入的高度，最初米汉和门奇（Meehan and Mench 2007）探讨了动物是否也能达到这种状态。米汉和门奇（2007）提出，只要选择合适，丰容形式可以让圈养动物体验“心流”状态，丰容必须有难度，让动物能够表达物种特有行为。将“心流”的概念融入认知丰容中，可以提供一个框架，以此探讨提供学习机会（有时称为认知挑战）与动物情感体验的关系，这些融入了“心流”概念的认知丰容项目正在动物园行业中得到应用（Clark and Smith 2013；Clark 2017；Hopper 2017；另请参见第 6 章）。

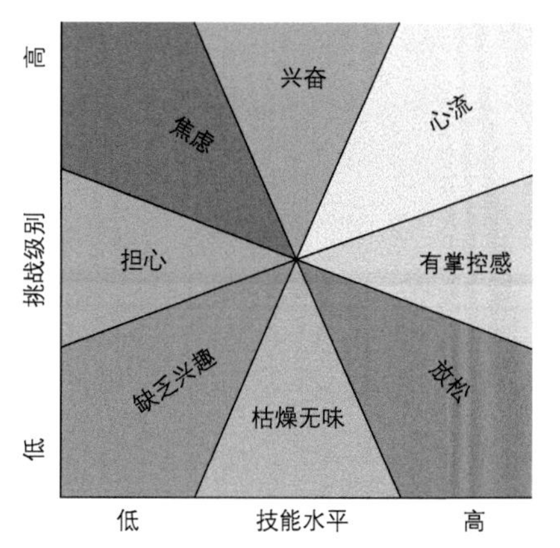

图 3.7 根据“心流”现象，只要所经历的挑战能够同与之相适宜的技能水平匹配，就有可能进入“心流”状态。图源：根据奇克森特米哈伊（1997），经知识共享许可转载。

结合动物对学习机会的情感反应，益智喂食器（一类可能已经极为大量地应用，但对其观察研究尚且不足的物体）的复杂性达到了新的高度。通过对人类自身学习的研究，我们可以从中认识动物的学习反应，当然，利用正确的研究，我们也可以通过研究动物的学习，反过来了解人类自己。

---

1 处于专心致志或处于最佳状态中。这是内在动机的最佳状态，完全沉浸在所做的事情中，在此期间通常会忽略时间。——译者注

参考文献

Anderson, C., Arun, A.S., and Jensen, P. (2010). Habituation to environmental enrichment in captive sloth bears – effect on stereotypies. *Zoo Biology* 29 (6): 705–714.

Baker, B., Taylor, S., and Montrose, V.T. (2018). The effects of olfactory stimulation on the behavior of captive ring-tailed lemurs (*Lemur catta*). *Zoo biology* 37 (1): 16–22.

Barlow, G.W. (1991). Nature-nurture and the debates surrounding ethology and sociobiology. *American Zoologist* 31 (2): 286–296.

Bateson, P. and Laland, K.N. (2013). Tinbergen's four questions: an appreciation and an update. *Trends in Ecology G Evolution* 28: 712–718.

Brayley, C. and Montrose, V.T. (2016). The effects of audiobooks on the behaviour of dogs at a rehoming kennels. *Applied Animal Behaviour Science* 174: 111–115.

Brooker, J.S. (2016). An investigation of the auditory perception of western lowland gorillas in an enrichment study. *Zoo Biology* 35 (5): 398–408.

Brydges, N.M., Leach, M., Nicol, K. et al. (2011). Environmental enrichment induces optimistic cognitive bias in rats. *Animal Behaviour* 81 (1): 169–175.

Clark, F.E. (2017). Cognitive enrichment and welfare: current approaches and future directions. *Animal Behavior and Cognition* 4 (1): 52–71.

Clark, F.E. and Smith, L.J. (2013). Effect of a cognitive challenge device containing food and non-food rewards on chimpanzee well-being. *American Journal of Primatology* 75 (8): 807–816.

Cracchiolo, J.R., Mori, T., Nazian, S.J. et al. (2007). Enhanced cognitive activity – over and above social or physical activity – is required to protect Alzheimer's mice against cognitive impairment, reduce Aβ deposition, and increase synaptic immunoreactivity. *Neurobiology of Learning and Memory* 88 (3): 277–294.

Cremona, T., Crowther, M.S., and Webb, J.K. (2017). High mortality and small population size prevent population recovery of a reintroduced mesopredator. *Animal Conservation* 20 (6): 555–563.

Csikszentmihalyi, M. (1990). *Flow: The Psychology of Optimal Experience*. New York: Harper and Row.

Csikszentmihalyi, M. (1997). *Flow and the Psychology of Discovery and Invention*, 39. New York:Harper Perennial.

de Faria, C.M., de Souza Sá, F., Costa, D.D.L. et al. (2018). Captive-born collared peccary (*Pecari tajacu*, Tayassuidae) fails to discriminate between predator and non- predator models. *Acta Ethologica* 21 (3): 175–184.

de Milliano, J., Di Stefano, J., Courtney, P. et al. (2016). Soft-release versus hard-release for reintroduction of an endangered species: an experimental comparison using eastern barred bandicoots (*Perameles gunnii*). *Wildlife Research* 43 (1): 1–12.

Damasceno, J., Genaro, G., Quirke, T. et al. (2017). The effects of intrinsic enrichment on captive felids. *Zoo Biology* 36 (3): 186–192.

DeGregorio, B., Weatherhead, P., Tuberville, T., and Sperry, J. (2013). Time in captivity affects foraging behavior of ratsnakes: implications for translocation.*Herpetological Conservation and Biology* 8 (3): 581–590.

DeGregorio, B.A., Sperry, J.H., Tuberville, T.D., and Weatherhead, P.J. (2017). Translocating ratsnakes: does enrichment offset negative effects of time in captivity? *Wildlife Research* 44 (5): 438–448.

Dunston, E.J., Abell, J., Doyle, R.E. et al. (2017). Investigating the impacts of captive origin, time and vegetation on the daily activity of African lion prides. *Journal of ethology* 35 (2): 187–195.

Duyff, R.L. (1999). The value of lifelong learning: key element in professional career development. *Journal of the American Dietetic Association* 99 (5): 538–543.

Fraser, D. (2008). *Understanding Animal Welfare: The Science in Its Cultural Context.* Chichester, UK: Wiley.

Griffin, A.S., Blumstein, D.T., and Evans, C.S. (2000). Training captive-bred or translocated animals to avoid predators. *Conservation Biology* 14 (5): 1317–1326.

Harati, H., Barbelivien, A., Herbeaux, K. et al. (2013). Lifelong environmental enrichment in rats: impact on emotional behavior, spatial memory vividness, and cholinergic neurons over the lifespan. *Age* 35 (4): 1027–1043.

Harris, A.P., D'Eath, R.B., and Healy, S.D. (2009). Environmental enrichment enhances spatial cognition in rats by reducing thigmotaxis (wall hugging) during testing. *Animal Behaviour* 77 (6): 1459–1464.

Hill, S.P. and Broom, D.M. (2009). Measuring zoo animal welfare: theory and practice. *Zoo Biology: Published in affiliation with the American Zoo and Aquarium Association* 28 (6): 531–544.

Hopper, L.M. (2017). Cognitive research in zoos. *Current Opinion in Behavioral Sciences* 16: 100–110.

Houser, A., Gusset, M., Bragg, C.J. et al. (2011). Pre-release hunting training and post- release monitoring are key components in the rehabilitation of orphaned large felids. *South African Journal of Wildlife Research* 41 (1): 11–20.

Jule, K.R., Leaver, L.A., and Lea, S.E. (2008). The effects of captive experience on reintroduction survival in carnivores: a review and analysis. *Biological Conservation* 141 (2): 355–363.

Kelley, J.L., Magurran, A.E., and Macías- Garcia, C. (2005). The influence of rearing experience on the behaviour of an endangered Mexican fish, *Skiffia multipunctata*. *Biological Conservation* 122 (2): 223–230.

Kramer, A.F., Bherer, L., Colcombe, S.J. et al. (2004). Environmental influences on cognitive and brain plasticity during aging. *The Journals of Gerontology. Series A, Biological Sciences and Medical Sciences* 59 (9): 940–957.

Krebs, J.R., Clayton, N.S., Healy, S.D. et al. (1996). The ecology of the avian brain: food-storing memory and the hippocampus. *Ibis* 138 (1): 34–46.

Landa, A., Flagstad, Ø., Areskoug, V. et al. (2017). The endangered Arctic fox in Norway – the failure and success of captive breeding and reintroduction. *Polar Research* 36 (sup1): 9.

Langbein, J., Nürnberg, G., and Manteuffel, G. (2004). Visual discrimination learning in dwarf goats and associated changes in heart rate and heart rate variability. *Physiology G Behavior* 82 (4): 601–609.

Lutz, C., Well, A., and Novak, M. (2003). Stereotypic and self-injurious behavior in rhesus macaques: a survey and retrospective analysis of environment and early experience. *American Journal of Primatology* 60 (1): 1–15.

Martínez-Macipe, M., Lafont-Lecuelle, C., Manteca, X. et al. (2015). Evaluation of an innovative approach for sensory enrichment in zoos: semiochemical stimulation for captive lions (*Panthera leo*). *Animal Welfare* 24 (4): 455–461.

Mason, G.J. (1991). Stereotypies: a critical review. *Animal Behaviour* 41 (6): 1015–1037.

Mayr, E. (1961). Cause and effect in biology. *Science* 134 (3489): 1501–1506.

Meehan, C.L. and Mench, J.A. (2007). The challenge of challenge: can problem solving opportunities enhance animal welfare? *Applied Animal Behaviour Science* 102 (3–4): 246–261.

Milgram, N.W., Siwak-Tapp, C.T., Araujo, J., and Head, E. (2006). Neuroprotective effects of cognitive enrichment. *Ageing Research Reviews* 5 (3): 354–369.

Moseby, K.E., Read, J.L., Paton, D.C. et al. (2011). Predation determines the outcome of 10 reintroduction attempts in arid South Australia. *Biological Conservation* 144 (12): 2863–2872.

Myers, D.G. and Diener, E. (1995). Who is happy? *Psychological Science* 6 (1): 10–19.

Rabin, L.A. (2003). Maintaining behavioural diversity in captivity for conservation: natural behaviour management. *Animal Welfare* 12 (1): 85–94.

Rantanen, E.M., Buner, F., Riordan, P. et al. (2010). Vigilance, time budgets and predation risk in reintroduced captive-bred grey partridges *Perdix perdix*. *Applied Animal Behaviour Science* 127 (1–2): 43–50.

Reading, R.P., Miller, B., and Shepherdson, D. (2013). The value of enrichment to reintroduction success. *Zoo Biology* 32 (3): 332–341.

Richardson, K.M. and Ewen, J.G. (2016). Habitat selection in a reintroduced population: social effects differ between natal and post-release dispersal. *Animal Conservation* 19 (5): 413–421.

Robbins, L. and Margulis, S.W. (2016). Music for the birds: effects of auditory enrichment on captive bird species. *Zoo biology* 35 (1): 29–34.

Roe, J.H., Frank, M.R., Gibson, S.E. et al. (2010). No place like home: an experimental comparison of reintroduction strategies using snakes. *Journal of Applied Ecology* 47 (6): 1253–1261.

Seyfarth, R.M. and Cheney, D.L. (1986). Vocal development in vervet monkeys. *Animal Behaviour* 34 (6): 1640–1658.

Shettleworth, S.J. (2001). Animal cognition and animal behaviour. *Animal Behaviour* 61 (2): 277–286.

Snyder, N.F., Derrickson, S.R., Beissinger, S.R. et al. (1996). Limitations of captive breeding in endangered species recovery. *Conservation Biology* 10 (2): 338–348.

Swaisgood, R.R. and Shepherdson, D.J. (2005). Scientific approaches to enrichment and stereotypies in zoo animals: what's been done and where should we go next? *Zoo Biology* 24 (6): 499–518.

Thrun, S. (1996). Is learning the n-th thing any easier than learning the first? In: *Advances in Neural Information Processing Systems* (ed. S. Thrun), 640–646.

Tinbergen, N. (1963). On aims and methods of ethology. *Zeitschrift für Tierpsychologie* 20 (4): 410–433.

Toates, F. (2004). 'In two minds'–consideration of evolutionary precursors permits a more integrative theory. *Trends in Cognitive Sciences* 8 (2): 57.

Vidal, L.S., Guilherme, F.R., Silva, V.F. et al. (2016). The effect of visitor number and spice provisioning in pacing expression by jaguars evaluated through a case study. *Brazilian Journal of Biology* 76 (2): 506–510.

Wallace, E.K., Altschul, D., Körfer, K. et al. (2017). Is music enriching for group-housed captive chimpanzees (*Pan troglodytes*)? *PloS one* 12 (3): e0172672.

Wang, M., Ye, X.P., Li, Y.F. et al. (2017). On the sustainability of a reintroduced Crested Ibis population in Qinling Mountains, Shaanxi, Central China. *Restoration Ecology* 25 (2): 261–268.

Wells, D.L. and Egli, J.M. (2004). The influence of olfactory enrichment on the behaviour of captive black-footed cats, *Felis nigripes*. *Applied Animal Behaviour Science* 85 (1–2): 107–119.

West, R., Letnic, M., Blumstein, D.T., and Moseby, K.E. (2018). Predator exposure improves anti-predator responses in a threatened mammal. *Journal of Applied Ecology* 55 (1): 147–156.

Will, B., Galani, R., Kelche, C., and Rosenzweig, M.R. (2004). Recovery from brain injury in animals: relative efficacy of environmental enrichment, physical exercise or formal training (1990–2002). *Progress in Neurobiology* 72 (3): 167–182.

Würbel, H. (2001). Ideal homes? Housing effects on rodent brain and behaviour. *Trends in Neurosciences* 24 (4): 207–211.

4 选择正确的方法 强化与惩罚

肯 · 拉米雷兹

翻译：施雨洁　　校对：崔媛媛，刘媛媛

4.1 引言

当面临选择用什么方法来训练动物时，专业人员常常会陷入迷茫。动物学习基于的科学原理清楚地说明了：如果在行为A发生后跟随的是惩罚，那惩罚将降低行为A未来发生的频率，反之如果行为A发生后跟随的是强化，那该行为未来发生的频率将会增加（Chance 2009；Kazdin 2001；Pierce and Cheney 2008）。假设我们单独考虑这项事实，似乎想要成功达成训练，应该同等应用强化和惩罚。但是，当下最令人接受的趋势倾向于尽可能地避免使用惩罚，而专注使用强化的方法进行训练（更准确地说是正强化方法）。这样的理念可以在国际海洋动物训练员协会（IMATA 2019）或动物行为管理联盟（ABMA 2019）这些领先的动物训练机构的宗旨里看到。同样，这一理念也是诸如专业驯犬师协会（APDT 2019）和国际动物行为咨询协会（IAABC 2019），以及凯伦 · 布莱尔（动物训练与行为）学院（KPA 2019）这样行业领先的家养动物训练机构宗旨和价值观的一部分。在选择训练方法的时候，你难免会产生这样的疑惑：优先选择强化而不是惩罚，这种趋势是基于认知水平和公共关系，还是有坚实的科学依据？

4.2 行为结果

当使用操作性条件作用训练动物做出一个行为时需要记住，改变行为的关键因素是行为的结果（Thorndike 1898）。对行为结果的理解构成了操作性条件作用的基础，也是我们具备有效训练任何行为的能力基础（Schneider 2012）。例如，当打开串门后，一只动物按要求从外展区移动到内笼舍，做完这个行为后，这只动物得到了一块食物。如果这块食物增加了以后这只动物从外展区移动到内笼舍这一行为的发生频率，那么它就被认为是一个强化物，因为它增加了下次动物配合饲养员要求进入内笼舍这一行为的可能性。相反，惩罚物会降低之前行为在将来发生的频率。举例，一只动物正在尝试翻越到展区外，当它碰到墙顶上的电网然后被（轻微强度）电击后，这只动物更可能退回到笼舍里。这个电击就被认为是一个惩罚物，因为它降低了未来这只动物试图翻越展区这个行为的可能性。

对强化和惩罚的基本解释相对比较直白：就像上述内容，大多数动物园专业训练员理解上述概念并不困难。然而，在面对如何应用各种各样的强化物和惩罚物时，即便是一位经验丰富的训练员都可能感到困惑或不确定。

行为的结果要么是无条件化的，要么是条件化的。无条件强化物包括食物、水、社群互动这类满足生理需求的任何东西，它们常被作为初级强化物。但动物通过学习还能接受其他事物成为强化物，比如响片声、哨声，或“好棒”的夸奖声。如果训练员把这些声音有规律地和食物进行配对，它们会成为条件强化物，也称为次级强化物。当训练员和动物密切合作时，还有很多其他事物会被条件化，而成为条件强化物。动物通过学习，可能喜欢上人的抓挠瘙痒，或者得到玩某个玩具的机会，这两者都是能增加行为发生频率的条件强化物。同样，惩罚物也可以是无条件化的或条件化的。无条件惩罚物可以是令动物能感到厌恶的任何事物，能降低一个行为的发生频率。同样，在一只动物的世界里，有很多事物在一开始时并不是它所厌恶的，但后来通过学习，它变得不喜欢这些事物，比如树枝断裂的声音代表着可能有捕食者或某个厌恶的人在靠近，所有类似的声音都可能会被该动物当作条件惩罚物。在训练行为时，初级强化物和初级惩罚物普遍被认为更有效，因为使用之前不需要经过额外的学习过程来让它们变得对动物有效（Chance 2009；Kazdin 2001；Pierce and Cheney 2008）。不过，如果能恰当地使用条件强化物和条件惩罚物，它们也能在训练行为时发挥作用（Chance 2009；Ramirez 2010；Pryor and Ramirez 2014；见图 4.1）。

图 4.1　以动物园的一个动物训练项目为例，熊会在饲养员触碰其身体部位时得到强化；这种行为训练便于实现包括健康检查在内的各种照顾和护理目标。图源：史蒂夫・马丁。

4.3　选择，选择，选择

使用科学文献（见第 1 章）中所列出的任何方法，都可以成功训练出大多数行为。也正因为有那么多可选的方法，新手饲养员反而对如何开展训练感到无从下手。我们来看一个典型的动物园里需要训练的行为：串笼，即训练动物配合指令从笼舍的一个位点移动到另外一个位点。学会配合串笼会带来各种好处，比如需要动物从旧笼舍转移到新笼舍。而完成这个行为既可以通过关注期望行为（发出指令后，动物通过串门），也可以通过解决非期望行为（待在旧笼舍或一动不动）达成。

如果关注的是获得期望行为，科学原理告诉我们必须使用强化。我们既可以使用正强化，也可以使用负强化。若使用正强化，我们可以训练动物在被呼唤时向饲养员靠近，动物到达期望位置就给予食物。如果这个行为先是在一个笼舍中进行训练，之后饲养员可以改变不同位置（即人站在串门的另一侧，或是另一个笼舍内）再发出指令（呼唤动物）让其靠近。合理地运用正强化，动物就能学会在被呼唤时移动到新的笼舍中。

有时，动物对经过串门或到一个从没去过的地方会感到紧张，这种情况就可能有必要使用到负强化。如果训练员和食物强化物对它们来说都不能够克服紧张，而当下动物园又亟须转移动物，训练员可能要选择捉捕网或板子等赶着动物通过串门。如果选择的这件工具之前曾经用过，动物已经将其和负面体验（被捕捉、被逼赶、被拉拽）关联过，那么光是这个工具的出现或进入动物的逃逸距离就能让其移动了，动物会因为尝试逃避这个工具而进入当前并没有厌恶刺激存在的新笼舍。进入新笼舍这个行为就被负强化了，特别是当动物刚通过串门后，厌恶刺激（捉捕网、板子等）就立刻消失时。

另一个选项是关注非期望行为，即动物不随指令移动。科学原理表明，要减少一个行为，必须使用惩罚。还是使用刚才的例子，如果使用捕捉网、板子或其他动物厌恶的工具让动物移动到新笼舍，动物在原来笼舍停留不动的行为就被正惩罚了。或者，另一个可选项是如果动物不配合指令移动到新笼舍，那么直接结束这一节训练。通过移除得到食物强化的可能性，有时，术语称为罚时出局，这种方式是负惩罚。通过在动物拒绝随指令移动时，立刻移除某个动物预期的东西（食物），来希望动物学习到：正是由于它拒绝移动而使食物消失了。如果增加罚时出局的操作成功发挥了惩罚的作用，那下次发出的指令后，动物拒绝移动的可能性会降低。

所以，如果训练员关注的是获得一个期望行为，就一定会使用强化；如果关注的是减少一个行为，则一定会使用惩罚。上述例子说明了一个行为可以怎样从多个角度来达成。然而，不能因为看似简明直接的科学原理以及每一种方法都能达到预期结果，就意味着选择恰当的方法都是很简单明了的事情。举个例子，可能有人认为，移除食物和饲养员的关注这种罚时出局不失为一种恰当的惩罚。但是，在某些情况下，如果动物不喜欢饲养员的关注或者当时的食物对它来说并没那么高的价值，罚时出局反而会变成一种强化。接下来的内容会概述动物园专业人员如何在强化和惩罚之间做选择，以及在选择正确的训练方法时一定要考虑的事情。

4.4 行为结果在动物训练中的运用

早在人们对动物的学习进行研究以前，动物训练高手就已经在有效地运用行为结果来训练动物的行为了。如今行为训练的科学原理清晰明了，其实操应用也无处不在。下面提供一些实例：

● 数个世纪以来，鹰猎一直颇为盛行。训练中用到的是它们的自然捕猎行为：飞行、搜寻和捕捉猎物，从捉住、进食猎物中获得强化。这个发生在野外的行为被人类所利用，在人为管理下，让猎物起到了正强化物的作用，增加了捕猎行为在未来发生的可能性。

● 在搜救团队中，狗被训练用鼻子嗅闻搜寻在建筑中受困或失踪的受害者。当找到失踪人的任务达成，搜救犬就会获得玩网球、叫叫玩具或拔河游戏的机会，之前的搜寻行为就被强化了。对于这些搜救犬来说，例子中的玩具或玩耍机会被用于正强化训练，因为它增加了之后表达搜寻行为的可能性。

● 在典型的骑乘中，马被教导驮着骑手去不同地方。骑手通过缰绳（拴在马脸上和身体上的皮带）给马传递有关方向的信息；通过拉拽一侧或另一侧的缰绳，将马引向期望的方向。拉缰绳时，马会感到脸的一侧有缰绳带来的压力，为了缓解压力，马会朝指示方向移动。这是一个使用温和厌恶刺激的例子，根据骑马者给予的压力来改变动物的行为，同时也是一个负强化的例子，它增加了此后马按所指示的方向移动这一行为发生的可能性。

● 幼犬训练中，在帮助教导幼犬不要咬人时，新手主人可能会得到两种操作建议：（i）每次幼犬咬人时，用手指快速弹狗鼻子，教导幼犬咬人的行为会引起自己的不适感。这是正惩罚的例子，因为它减少了幼犬之后咬人的可能性；（ii）有时，教导幼犬的另一个备选方法是，每次当幼犬咬人时，主人应该停止与幼犬玩耍，并将其独自留在房间中。移除玩耍和主人的注意力是负惩罚，因为它也降低了之后幼犬咬人的可能性（这个技术有时被称为罚时出局）。

4.5 误用与挑战

可以用这么多种不同的方法来训练动物做出期望行为，这一事实也更加让人陷入迷茫，该选择哪种方法，哪种方法是最有效的？无论使用任何方法，都会存在一定程度的挑战，即认识到训练方法的有效性是建立在恰当使用它的基础上，并能够理解方法的误用甚至会使最好的技术失效。下面是合理运用行为结果时的几个关键挑战：

4.5.1 时机

科学已经证明，在行为发生后立即履行的结果是最有效的。行为完成和结果产生之间的时间越长，动物越可能学会各种其他事情，而非我们想让它学的事情。强化和惩罚都是如此，下面举几个例子（Chance 2009；Kazdin 2001；Pierce and Cheney2008）。

惩罚时机不准确：在漫长的一整天工作结束后，狗主人回到家里，发现整个家惨不忍睹，沙发被抓坏，灯打烂好几盏。自己的狗欢天喜地地向踏入家门的主人冲了过来。而主人看着一团糟的家里，嘴上吼着“臭狗”，然后可能因为太过沮丧，甚至照着狗鼻子猛拍了几下。猛拍和怒骂声（“臭狗”）对狗是厌恶刺激，会成为正惩罚物，可使用时机却大错特错了。狗拆家的行为已是几个小时前发生的了。主人通过这么做来进行惩罚，实际上惩罚的是狗在门口高兴地迎接主人到家的行为，而不是把家弄得一团糟的行为。这样误用惩罚，只增加了狗的困惑，并没教会主人想教的事情（在极端案例中，狗甚至因此学会了惧怕主人）。

强化时机不准确：一只动物已经学会了伸出脚保持不动让人给修剪指甲。当指甲剪完后，动物发出了轻柔的叫声，然后蹦蹦跳跳地走来走去，然后这时才得到了修剪指甲的奖励。尽管这个零食是在修剪指甲之后奖励的，但发声和蹦跳也被奖励到了。这种强化可能会导致此后动物变得更加聒噪和不安定，而不是允许为自己修剪指甲的平静行为。

掌握正确的时机需要良好的观察力和专业操作技能，而这些只能通过实践来获得。在我看来，当一个行为做对了时，使用某种讯号来告诉动物，会对把握准确的时机很有帮助。这种行为标定讯号可以是哨声、响片声或说一个词，比如“好”。

4.5.2 价值和强度

行为结果可以描述为从动物角度上对强度和价值的感知，并且两者会有所差别。根据我的经验，对经验不足的训练员来说，了解强度和价值是最难理解和应用的事情之一。

强化价值：我们为动物提供的任何东西对其都有一定的价值，但价值可能会各不相同。对一只动物来说，一口谷物、一根胡萝卜、一个苹果、一个玩具、在耳后挠一下痒痒（前提是这是动物允许人触摸的部位）或一个玩游戏的机会都可能成为强化物。但可能，基于特定动物的认知，这些事物的价值会有不同排序。那口谷物可能比一个苹果的价值低，在耳后挠一下可能比玩具的价值低。对每一只动物来说，价值排序是不同的，即使是对同一只动物，强化物的价值也会随着环境的不同而改变。在特定情境下，评估选择哪种强化物在当下最有效，这一点非常重要。对于一只独自生活，没有任何干扰的动物，一口谷物可能就是训练一个行为所需要的全部了。但在旁边有其他几只动物和许多干扰的环境中训练，同样一口谷物可能就不起作用了。花时间去了解训练中用到的每个强化物的价值是很重要的。

惩罚强度：一个惩罚物的价值往往是通过其强度来评估的。仅仅是有人出现在它的空间内，就足以让一只害怕人的动物感到厌恶，使其移动或改变行为。对于另一只动物来说，它可能完全不讨厌人的存在，但任何触碰，无论多么温柔，对它来说都是不愉快的，因此触摸是其厌恶的。而对于一只喜欢和人类接触的动物，人的出现和触摸这两种情况对它来说都不会感到厌恶。要想对一只已经在人身边很放松的动物使用厌恶刺激（在可以使用惩罚物或负强化物的情况下），可能需要一个“可怕的”东西也同时出现（即一个先前已经和厌恶情境关联的事物），或是训练员用一定的力度击打动物。根据厌恶刺激的性质，即它需要令动物感到不愉快，这可能会无意间让人提高厌恶刺激的使用强度。准确识别厌恶刺激的强度很困难，如果强度过低不会产生任何影响，强度太大则会导致不希望的副作用。使用厌恶刺激可能会产生许多副作用，但最大的问题是使动物产生攻击性。

4.5.3 “阳奉阴违”的动物

另一个与惩罚相关的主要挑战在于，学习者会开始将惩罚与训练员联系起来，因为惩罚来自训练员。当这种情况发生时，动物学会在训练员面前表现得恰到好处，因为只有这时候会发生惩罚。而如果训练员不在时，动物就会继续表达非期望行为，表现得“阳奉阴违”，其实这种情况的发生是由于训练员不在时几乎没有惩罚所致。

4.5.4 情绪反应

训练之所以成功，是因为恰当地使用了科学证实的学习原理。但是在训练动物时，面对动物做得很好或很差的情况，我们可能会表达出各种情绪。这些情绪常常会蒙蔽我们的判断力，让我们难以理性分析正在发生的事情，也很难严格遵守那些被证实的原理。当动物做得不对时，常让人挫败和生气，可能会导致情绪失控地惩罚动物。情绪反应往往不够准确，并且在很多情况下会反应过头；时机恰当的惩罚和不人道的虐待之间只有一线之隔。

4.5.5 常见定义的误用

在训练动物时，训练员往往过于依赖“强化”和“惩罚”等常用术语。在人类的社会生活中，我们根据自己对行为好坏的判断，往往倾向于强化或惩罚人和动物。但是，动物学习的科学原理并不是这样发挥作用的。我们永远不应该强化或惩罚人和动物，而应该只针对特定的行为进行强化或惩罚。二者的差异似乎体现在语义本质上，但却在使用上有着关键的区别。下面用两个人类世界的例子来说明差异：

一个孩子这次考试的成绩单很差，为了惩罚孩子，父母决定取消一周小孩使用电脑的权利。成绩差的行为没有被惩罚，因为这种行为发生在几周甚至几个月之前。取而代之被惩罚的是小孩给父母看成绩单的行为，这个惩罚更有可能教会孩子以后不要跟父母出示成绩单，或者是在卡片上伪造父母的签名。这个孩子确实受到了惩罚，但不是父母想惩罚的那个行为！

一名罪犯犯了重罪。他最终进了监狱，但判刑和入狱服刑发生在犯罪发生后的几个月（有时是几年后）。当罪犯被释放，其实他们当中有很大比例的人会继续犯罪（Flora 2004）。入狱服刑惩罚了人（这在现代社会中也许是必要的），但并不会惩罚到犯罪行为。

当惩罚或强化针对的是学习者而不是行为时，最好的情况是动物得到了模糊不清的指导，最坏的情况是这个训练毫无意义或教错了东西。只有当训练关注的是行为，并在准确的时机提供具有恰当价值的结果时，训练才会成功，动物才会学习到期望行为。

4.6 做出明智的选择

选择合适的方法需要知识和技能。但最重要的是需要设定目标，也就是知道你最终想要完成的是什么。通过对期望行为先形成清晰的画面，以及预先想清楚一套能达到期望行为的分解小目标，然后你就可以形成一份训练计划，来实现这些目标和想法（MacPhee 2008）。对强化的恰当运用能最巧妙地训练动物学会新行为并提高动物执行指令的可靠度。

对人与动物关系（human-animal relationships，简称 HAR）的科学研究是一门新兴学科（Hosey and Melfi 2014），但还难以科学地对其进行解释或量化。大多数动物园专业人员都认为与动物有良好的关系对训练很有帮助。建立一段良好的关系似乎能在人与动物之间搭造信任，而这似乎比未建立 HAR 的状态能实现更多目标。牢固的 HAR 常常能打开强化机会的新大门，否则在训练时有些行为可能不会出现（Ramirez 2010）。反之，惩罚的使用看起来会导致信任崩溃和 HAR 恶化。根据我的经验，只使用过一次惩罚物或只使用过一次厌恶刺激就会破坏先前好不容易建立的信任。我还发现，通常需要非常多的强化物才能抵消一个惩罚物所造成的伤害（Ramirez 2013；见图 4.2）。

常见的是，在我们处理非期望行为时，常常会发现一种迹象，即某样东西碰巧惩罚了之前出现过的期望行为。但这并不代表期望行为是被有意惩罚的；我们必须记住，自然界中随处都可能存在惩罚物和强化物。某一天的高温、做一个行为需要的体力消耗、环境中其他动物表现出的攻击性，这些都是各种潜在的厌恶刺激的例子，它们都可能惩罚到原有的期望行为。如果我们试图用更多的惩罚来对抗非期望行为，那么可能会产生惩罚物相互竞争的局面，这通常要求新惩罚物的强度超过已使用过的惩罚物。一位有创造力的专业人员不会采用这种负面方法，而是会找出可能已经存在于环境中的惩罚物，然后试图移除或阻止它们。当阻止期望行为并促使非期望行为发生的厌恶刺激消失了，就有可能使用强化把期望行为找回来。

图 4.2 当一只动物把身体的一部分伸到笼舍隔障外，可以看作是饲养员和动物彼此信任的一个例子，这很可能是从双方不断的互动中形成的。图源：史蒂夫·马丁。

使用惩罚的最大弊端是没有向动物传递想要它做什么行为的信息。单纯的惩罚行为无法帮助动物了解在当时情况下它应该怎么做。人类无法接受的大多数动物行为都是一些非常自然的行为：在紧张或害怕时发出吠叫、尖叫、咆哮或怒吼。我们经常感到这些行为让人无法接受，尽管它们是自然发生的，并对动物来说具有功能意义。惩罚发出太多噪声这一行为并不能帮助动物理解在这种情况下做什么能被接受。不发出噪声的行为是可以学会的，在当时情况下如果提供机会让动物去执行一个替代行为，一个让它感到安全并能获得强化的行为，动物会学得相当快。动物展示出的许多非期望行为（争斗、排尿、排便、挖洞、攀爬等）在自然界中都是有用的行为。事实上只是我们不希望这些行为在我们眼前发生或感到无法接受，而不该寄希望于动物去理解这一点。惩罚这些非期望行为往往只会让大多数动物更加困惑。我们往往可以通过训练动物做出替代行为来缓解这些问题（O' Heare 2010；Ramirez 1999）。具体例子包括：

- 就像在野外一样，圈养动物在进食时会表现争斗和相互竞争。如果我们教会它们分开、坐在不同的地方，比如不同的石块、树丫、栖架上等，才能获得食物，它们将学会做一个可以代替因食物争斗、并且被人接受的替代行为（坐在指定位置），并由此获得强化。
- 一只灵长类动物，在每次人们尝试对其开展诊疗时都会伸手抓训练员（或向兽医扔东西）。它可以学习当人在场时，自己的双手和双脚必须一直抓住一个物体，并获得强化；也可以抓握笼舍里专门给它提供的抓杆或目标物。当灵长类动物的手被占用，它就不能抓训练员或向兽医扔东西了（见图 4.3）。

● 当动物园员工进入笼舍时，可以自由接触的动物会跳到他们身上，它们要么是为了获得关注，要么是为了把人赶出笼舍，造成这种行为的原因是这样做确实有效果。可以训练的替代行为，是为动物们提供一个定点或位置，当动物园工作人员进入笼舍内时，让它们去各自的定位点。对于寻求关注的动物来说，强化它们去往各自定位点的行为，并在定位点给予这些动物适当的关注。而对于试图把动物园工作人员赶出笼舍的动物，让动物保持在定位点，在工作人员离开后再给予强化。无论哪种情况，你都教会了动物一个替代行为来应对。

图 4.3 在训练动物时，考虑饲养员的安全是非常重要的，这可能需要训练教会动物保持一个不会伸手抓人的姿势；训练它们“双手都被占用”，这一点尤其重要。图源：史蒂夫·马丁。

在与动物园的动物一起工作时，很多人都通过转移当前行为和教会替代行为这些正强化手段而非惩罚的方式，成功地解决了非期望行为。海洋哺乳动物团队就有通过使用正强化形式的行为转移和替代行为，成功处理了海狮攻击性问题的成功案例（Graff 2013；Keaton 2014；Streeter et al. 2013）。1990 年，特纳和汤普金斯撰写的一篇关于使用正向方法减少攻击性的文章，已经成为训练员们的必读之作，虽然内容是海洋哺乳动物，但也已经在动物园动物中得到广泛应用（Turner and Tompkins 1990）。一些动物园曾有使用惩罚操作的传统，从受迫训练（forced based training）[1] 转变为强化训练是一段有挑战性的过程，看到在骆驼身上获得的成功，相信对任何需要面对这种转变的人来说都是鼓舞人心的（Urbina et al. 2014）。

为了推进转变和 / 或采用正强化的训练方法，我在下面列出了一系列已发表的案例研究，包括为了不同目的进行训练的多个物种，可以让我们对这一转变过程有更深的了解。

---

1 基于强迫的训练（对比基于信任的训练）——译者注

● 使用行为转移和替代行为解决海狮的攻击行为（Graff 2013；Keaton 2014；Streeter et al. 2013）。

● 减少攻击性的正向方法（Turner and Tompkins 1990）。

● 从受迫训练方法过渡到正强化方法的骆驼训练（Urbina et al. 2014）。

● 通过正强化方法解决现有挑战，以提升长颈鹿护理水平（Mueller 2003；Stevens 2002）。

● 狼的召回行为训练，以提高安全性（McKeel 2005）。

● 通过正强化提高灵长类动物护理水平（Hickman and Stein 2009；Russell and Gregory 2003；Russell and Varsik 2002）。

● 训练猛禽时厌恶用具的移除（Anderson 2009）。

● 如何获得敏感性鸟类的信任（Tresz and Murphy 2008）。

● 对多个物种进行正强化的专注力训练（Leeson 2006）。

● 纳氏鹞鲼攻击性的降低（McDowell et al. 2003）。

● 大象从自由接触过渡到保护性接触（Andrews et al. 2005；Priest et al. 1998）。

● 通过专注于正强化来训练多个物种并消除非期望行为的常规方法（Joseph and Belting 2002；Lacinak 2010；Ramirez 2012；Scarpuzzi et al. 1991；Seymour 2002）。

4.7 伦理考量

如上所述，使用强化物和惩罚物背后的科学原理非常清楚。就其定义而言，当谨慎使用和掌握准确时机时，两种结果都会起作用。关于应该使用哪种方法的争论并不能通过讨论一种方法比另一种更有效来得到答案，并且几乎没有训练员在操作时完全只靠一种方法，也基本不可能只用强化或只用惩罚来进行训练。因为即使你想尝试只用单一方法，环境中永远随时有各种强化物和惩罚物影响着你所教动物的学习进程。这样说来，要提高训练的有效性，你要不断地调整自己的训练策略来应对环境影响、动物的过往经历和它们的自然行为倾向。

许多训练员的操作都需要遵守各自机构制定的规则和指南。这些指南可能都是基于科学原理，但在很多情况下，它们还被其他外部因素所影响。

● 行为习得的速度：在一些训练机构中，快速获得结果可能会让训练员得到工作晋升，并会被认为是一个更好的训练员。对于那些机构来说，训练员使用哪些方法来获得期望行为 / 结果可能并不重要。或者，虽然这很重要，但他们可能会选择不去问这个行为是如何获得的。

● 行为稳定性：在很多训练周期中，成功的关键在于自最初习得后，行为能否在数周、数月甚至多年后依然保持稳定。对于训练采血以便监测糖尿病的动物来说，如果在第一、二次采到血样后行为就崩溃了，则对监测的帮助不大。在科学研究中，受训动物如果不能配合重复实验稳定地做出行为，这只动物是不可用的。一只接受过教育项目类训练的动物如果不能每周保持稳定的表现，那它对教育项目来说就不是很有用。在家养动物的世界里，行为是否稳定可能是生与死的区别。一只用来检测体育场内炸弹的动物在完成训练两年后，探测爆炸物的能力需要与刚完成训练一周时一样稳定。帮助眼盲主人带路的导盲犬需要在接受训练三年之后仍和训练完一个月时的熟练程度一样。

在许多机构中，行为稳定性通常都是成功的一个关键指标。

● 专业机构：很多训练员的操作都需要遵守专业协会或组织提出的规则和指南，这些规则和指南会根据管理某个物种或某个品种动物的需要来设计，制定过程通常涉及多个不同专业技能、知识背景和工作日程的专业人员，是在经过各方协调和讨论后得到的。

● 公共关系：有时，机构会根据自身形象和公众看法进行决策。这些决定并不总是基于科学，但它们对大多数组织都很重要，并且可能会对训练员的选择产生巨大影响。

我们人类是一个普遍拥有同情心的物种。我们训练动物是希望更好地照顾它们，让它们在我们的世界里安全地生活。我们选择使用的方法不仅要看是否有效，还要受伦理的制约。不能仅仅因为可以训练出来某些行为，就意味着应该这么训练。指导我们决定选择使用哪些训练方法的最大因素之一是个人的伦理、道德准则。我们的雇主、职业和同行都制定有相应的伦理准则，但作为个人，我们也受自身的伦理考量和信仰的约束。很多充满智慧的训练员和科学家都在运用伦理准则，并撰写过相关文章，阐述制定伦理框架以指导动物训练决策的重要性。其中最重要的三个包括：

● 最小厌恶刺激原则（least intrusive and minimally aversive principle，简称 LIMA，Lindsay 2005）：斯蒂芬·林赛（Stephen Lindsay）描述了他所指的基于强化的犬类友好（cynopraxic）训练方法，但也要认识到有时可能需要使用厌恶刺激。LIMA 原则提倡"最小干预和最少厌恶刺激"的训练方法。他强调，任何合乎伦理的方法都必须以能力为基础，因为拥有技能和经验，才能知道什么时候可以使用更令动物厌恶的方法。他还描述了使用厌恶工具时，不必要的厌恶升级会带来的危险后果。

● 有效训练程序的等级（hierarchy of effective procedures，friedman 2009）：苏珊·弗里德曼（Susan Friedman）提出了一个问题："是不是只要有效就足够了？"仅仅因为一种方法能完成训练就是选择使用它的全部理由吗？她的结论是：这并不是，也不应该是决定使用何种方法的唯一标准。她提出了一种等级概念，在这种等级下，只有当所有其他方法都被尝试过并证明无效时，才会使用惩罚物作为最后的手段。

● 低损高效行为干预算法（"least intrusive effective behaviour intervention" algorithm，简称 LIEBI，O' Heare 2013）：詹姆斯·奥赫尔（James O' heare）提出的一个模型，将其标记为"低损高效行为干预"算法。他称之为最佳实践模型，其中包括一个带有"损伤水平表"的决策算法，这个表的设计初衷是为了帮助专业人员判定何时使用厌恶干预。表格中有一个代表高度损伤的"红色区域"，目的是帮助专业人员在操作时避免进入红色区域。

这三个框架都是相似的，但是从不同的角度来解决问题。

每个伦理框架都遵循训练的科学原理，但都提出了同一个令人信服的论点，即首先应该选择使用损伤最小的方法。他们并没有说优秀的训练员永远不会使用惩罚，而是说他们会明智地使用惩罚，且尽可能地避免使用惩罚。这几类伦理框架已被许多领先的训练认证机构采用，例如，动物行为学专业协会（O' heare 2013），国际动物行为咨询协会（IAABC 2019）以及专业驯犬师认证委员会（CCPDT 2019）。

4.8 个人观点，笔者的方法：平衡伦理、训练效果和最佳实践

我的训练风格随着经验的增长而演化，已经从传统方法完成了转型，早年我是一位导盲犬训练师，是运用行为矫正来训练冲动控制。后来，进入了动物园训练领域，开始了解到正强化训练。动物园训练中仍然有惩罚物和厌恶刺激，以前它们曾是我们常规塑行时使用的方法，但现在不再是了。我越发清楚，可以不再将惩罚作为通往成功训练的必经之路。这并不是说在塑行时不会用到轻微厌恶刺激，而是偶尔会运用轻微厌恶刺激以便更快、更清晰地让动物明白某个概念。但是这些方法应当少用，并且应仅限于更有经验的训练员使用，因为他们才有能力了解何时以及如何运用好这些方法。

我们作为正强化训练员，应仅在少数情况下施加低强度的厌恶刺激。当我成为训练督导后，我的职责是教授动物园专业新手如何训练，我遇到过一个具有挑战的问题，“成为一名正强化训练员就是代表我们永远不使用惩罚吗？”跟着发展出的后续问题是，“那么当我们发现在训练中根据需要使用了厌恶刺激或惩罚物，是不是就不能再称自己为正强化训练员了？”这些问题让我困惑不已，直到我阅读了弗里德曼（Friedman 2009）的一篇文章。弗里德曼在文章中陈述道，训练方法必须与你的伦理信仰保持一致。这为我指明了一条清晰的道路，让我能清楚地决定自己何时以及为什么可能会用到超出正强化范畴之外的方法。和大多数训练程序一样，每个训练员都会把个人训练风格和程序相融合。当我教授年轻训练员时，我会按照如下等级排序进行，我总是从第一项开始做起，只有在需要的时候才往后考虑。

1）*动物需求至上*：动物福利必须始终列为优先级第一位。因此，在进行任何训练步骤前，你应该确保动物的身体和精神是健康的，它们获得了适当的营养、居住条件和日常照顾（见图 4.4）。

图 4.4 一个动物园的动物训练是如何促进预防性和前瞻性兽医护理的例子。这只棕熊被训练在自己的笼舍保持不动，同时接受静脉穿刺。图源：史蒂夫·马丁。

2）*在所有决策中考虑到进行训练的根本原因*：如果确定需要进行训练，永远将为什么要做训练的主要原因放在其他原因之前。训练必须是为了让接受训练的个体动物获益，应确保训练过程满足下列目标之一，并且不会损害动物的福利：

a）身体锻炼——给予动物适当的身体锻炼

b）精神刺激——提供适宜的精神刺激

c）引导合作行为——保障进行安全的动物管理和动物护理操作（开展医疗行为，配合吃下药物或维生素类，串笼等）

3）*为成功训练营造环境*：在开始执行一项复杂的训练计划之前，确保已经营造好训练环境，这会使动物更容易成功地达到期望行为目标。

4）*使用正强化*：当确定需要进行训练，要找到能通过正强化达成目的的最佳训练方法。请记住，最好的强化是因材施教和因地制宜。

5）*使用行为转移*：如果动物正在表达非期望行为，教它一些可以被我们接受、并可以因此获得强化的行为。

6）*行为消退手段可以和其他方法配合使用*：如果发生了不可接受的行为，找出增强或维持该非期望行为的强化物，尝试将其移除或抑制其强化作用。

7）*只有在绝对必须情况下才使用负强化或负惩罚*：当非期望行为持续发生时，回顾之前的每一步，确认没有漏掉尝试任何正向方法，再使用不良影响最小且能获得期望结果的方法（负强化或负惩罚）。

8）*正惩罚是最后的手段*：若上述方法均告败，包括无法操作或没有任何可能解决问题，而非期望行为必须被制止，才能运用经过仔细考量的正惩罚。

这个等级排序并不是绝对的，它是一个指南。明智地运用这些规则需要匹配相应的技能和知识，以评估是否要选择逐级往下走。

4.9 总结与思考

关于训练方法无论如何措辞和讨论，专业的训练员都不太可能基于单纯使用惩罚或单纯使用强化来开展训练。必须运用各种方法才能成为高效和成功的训练员。但并不是每种方法都要均衡使用，也没有哪种方法总是有效！

由于能够高效和成功地获得期望行为，正强化训练已经在现代动物园和家养动物训练圈中得以大范围推广。在训练员选择正确方法进行训练时，因为强化和惩罚的科学含义与普通公众对其认知有显著差别，一大部分挑战是来自于术语造成的费解而难以推进。另外，想要训练动物的人还要面对如何发展自身实践技能的挑战，即可以合理运用训练方法并选择正确强度的技能。最后，在决定采用哪些合理方式进行训练时，不可能将伦理与动物福利从权衡的天平上移除。在做出正确决定时考虑这些要素是必要的，并且还需要强调的是，对于所有训练项目，拥有在行为、训练和丰容方面具备熟练技巧的领导者是非常重要的，同样重要的是，训练项目要有明确的目标和指南，以帮助训练员做出明确的决定。

所有训练员在训练中进行决策选择时，都应该基于对动物学习机制的充分了解（动物学习理论，见第 1 章）。只有全面了解以科学研究为基础的学习理论以及已被实操应用所证明的内容，才能比较各种选择，从而为他们的动物和他们的项目做出适当的决定。显然，选择使用正强化训练开始一个训练项目是最实用和最高效的方法。要运用其他的训练方法，需要拥有训练技能，以及对每一种情况的科学基础、实操考虑和伦理考量有更深的理解。经验丰富的训练员应该明白，在训练中需要特意使用惩罚的时候是极少的，但是，充分了解惩罚和强化的使用对于做出明智的决定从来都是至关重要的。

参考文献

ABMA (2019). The Animal Behavior Management Alliance Mission Statement, Vision, And Values. https://theabma.org/ abma.

Anderson, T. (2009). Why are we using equipment on birds of prey? *Proceedings of the 2009 Annual Conference of the Animal Behavior Management Alliance*. Providence, RI, USA: Animal Behavior Management Alliance.

Andrews, J., Boos, M., Young, G., and Fad, O. (2005). Elephant management: making the change. *Proceedings of the 2005 Annual Conference of the Animal Behavior Management Alliance*. Houston, TX, USA: Animal Behavior Management Alliance.

APDT (2019). The Association of Professional Dog Trainers Position Statements. https://apdt.com/about/position-statements.

CCPDT (2019). Certification Council for Professional Dog Trainers Humane Hierarchy. http://www.ccpdt.org.

Chance, P. (2009). *Learning and Behavior*, 6e. Thomas Wadsworth: Belmont, CA.

Flora, S.R. (2004). *The Power of Reinforcement*, 195–197. Alnamy, NY: State University of New York Press.

Friedman, S.G. (2009). What's wrong with this picture? Effectiveness is not enough. *Journal of Applied Companion Animal Behavior* 3 (1): 41–45.

Graff, S. (2013). Training fundamental behaviors in California Sea Lions (*Zalophus californianus*) to decrease aggression. *Proceedings of the 41st Annual Conference of the International Marine Animal Trainers Association*. Las Vegas, NV: International Marine Animal Trainers Association.

Hickman, J. and Stein, J. (2009). Who's training whom? Implementation of a positive reinforcement program for shifting a larger group of hooded capuchin monkeys. *Proceedings of the 2009 Annual Conference of the Animal Behavior Management Alliance*. Providence, RI: Animal Behavior Management Alliance.

Hosey, G. and Melfi, V. (2014). Human-animal interactions, relationships and bonds: a review and analysis of the literature. *International Journal of Comparative Psychology* 27 (1): 117–142.

IAABC (2019). The International Association of Animal Behavior Consultants Mission Statement. https://iaabc.org/about.

IMATA (2019). The International Marine Animal Trainers Association Mission Statement and Values. http://www.imata. org/mission_values.

Joseph, B. and Belting, T. (2002). Operant conditioning as a tool for the medical management of non-domestic animals. *Proceedings of the 2002 Annual Conference of the Animal Behavior Management Alliance*. San Diego, CA: Animal Behavior Management Alliance.

Kazdin, A.E. (2001). *Behavior Modification in Applied Settings*, 6e. Wadsworth/Thomas Learning: Belmont, CA.

Keaton, L. (2014). Houston we have a biter … but we need an x-ray! Training a male California Sea Lion with a history of aggressive behavior for voluntary protected contact radiographs. *Proceedings of the 42nd Annual Conference of the International Marine Animal Trainers Association*. Orlando, FL: International Marine Animal Trainers Association.

KPA (2019). Karen Pryor Academy for Animal Training and Behavior Who We Are. https://www. karenpryoracademy.com/about.

Lacinak, T. (2010). Safety and responsibility in zoological environments. *Proceedings of the 38th Annual Conference of the International Marine Animal Trainers Association*. Boston, MA: International Marine Animal Trainers Association.

Leeson, H. (2006). Training with distractions: a proactive approach for success. *Proceedings of the 2006 Annual Conference of the Animal Behavior Management Alliance*. San Diego, CA: Animal Behavior Management Alliance.

Lindsay, S.R. (2005). *Handbook of Applied Dog Behavior and Training, Volume Three: Procedures and Protocols*. Blackwell: Ames, IA.

MacPhee, M. (2008). Techniques to expand views on animal training. *Proceedings of the 2008 Annual Conference of the Animal Behavior Management Alliance*. Phoenix, AZ: Animal Behavior Management Alliance.

McDowell, A., Muraco, H.S., and Stamper, A. (2003). Training spotted eagle rays (*Aetobatus narinari*) to decrease aggressive behavior toward divers. *Journal of Aquariculture and Aquatic Sciences* VIII (4): 88–98.

McKeel, B. (2005). Total Recall: training a recall for safety with free contact gray wolves. *Proceedings of the 2005 Annual Conference of the Animal Behavior Management Alliance*. Houston, TX: Animal Behavior Management Alliance.

Mueller, T.A. (2003). Target training with a male giraffe: Management considerations in a free contact environment. *Proceedings of the 2003 Annual Conference of the Animal Behavior Management Alliance*.

Tampa, FL: Animal Behavior Management Alliance.

O'Heare, J. (2010). *Changing Problem Behavior: A Systematic and Comprehensive Approach to Behavior Change Management*, 109–120. Ottawa, Canada: BehaveTech Publishing.

O'Heare, J. (2013). The least intrusive effective behavior intervention (LIEBI) algorithm and levels of intrusiveness table: a proposed best-practices model. *Journal of Applied Companion Animal Behavior* 3 (1): 7–25. Retrieved from

http://www.associationof animalbehaviorprofessionals.com/ vol3no1oheare.pdf.

Pierce, W.D. and Cheney, C.D. (2008). *Behavior Analysis and Learning*, 4e. New York, NY: Taylor & Francis Group.

Priest, G., Antrim, J., Gilbert, J., and Hare, V. (1998). Managing multiple elephants using protected contact at San Diego's wild animal park. *Soundings* 23 (1): 20–24.

Pryor, K. and Ramirez, K. (2014). Modern animal training: a transformative technology. In: *The Wiley Blackwell Handbook of Operant and Classical Conditioning* (eds. F.K. McSweeney and E.S. Murphy), 455–482. Oxford: Wiley.

Ramirez, K. (1999). Problem solving. In: *Animal Training: Successful Animal Management Through Positive Reinforcement*. Chicago, IL: Shedd Aquarium Publishing.

Ramirez, K. (2010). Smart reinforcement: a systematic look at reinforcement strategies. In: *Curriculum for Karen Pryor Clicker Expo 2010.* Waltham, MA: KPCT.

Ramirez, K. (2012). Oops! What to do when mistakes happen. In: *Curriculum for Karen Pryor Clicker Expo 2012*. Waltham, MA: KPCT.

Ramirez, K. (2013). Husbandry training. In: *Zookeeping: An Introduction to the Science and Technology* (eds. M.D. Irwin, J.B. Stoner and A.M. Cobaugh), 424–434. Chicago, IL, Ch. 43: The University of Chicago Press.

Russell, C.K. and Gregory, D.M. (2003). Evaluation of qualitative research studies. *Evidence-based nursing* 6 (2): 36–40.

Russell, I.A. and Varsik, A. (2002). To the Max: Addressing behavioral and health challenges with a 32-year-old male gorilla (*Gorilla gorilla gorilla*). *Proceedings of the 2002 Annual Conference of the Animal Behavior Management Alliance*. San Diego, CA.

Scarpuzzi, M.R., Lacinak, C.T., Turner, T.N. et al. (1991). Decreasing the frequency of behavior through extinction. In: *Animal Training: Successful Animal Management through Positive Reinforcement* (ed. K. Ramirez). Chicago, IL: Shedd Aquarium Press.

Schneider, S.M. (2012). *The Science of Consequences: How They Affect Genes, Change the Brain, and Impact Our World*. Amherst, NY: Prometheus Books.

Seymour, H. (2002). Training, not restraining. *Proceedings of the 2002 Annual Conference of the Animal Behavior Management Alliance*. San Diego, CA.

Stevens, B.N. (2002). Use of operant conditioning for unrestrained husbandry procedures of giraffes.

Proceedings of the 2002 Annual Conference of the Animal Behavior Management Alliance. San Diego, CA.

Streeter, K., Montague, J., Brackett, B., and Schilling, P. (2013). Meeting in the middle. Giving an aggressive sea lion the power of choice. *Proceedings of the 2013 Annual Conference of the Animal Behavior Management Alliance*. Toronto, Canada: Animal Behavior Management Alliance.

Thorndike, E.L. (1898). Animal intelligence: an experimental study of the associative processes in animals. *Psychological Monographs: General and Applied* 2 (4): i–109.

Tresz, H. and Murphy, L. (2008). Techniques for training apprehensive animals. *Proceedings of the 2008 Annual Conference of the Animal Behavior Management Alliance*. Phoenix, AZ: Animal Behavior Management Alliance.

Turner, T.N. and Tompkins, C. (1990). Aggression: exploring the causes and possible reduction techniques. *Soundings* 15 (2): 11–15.

Urbina, E., Garduno, M., Mata, A., et al. (2014). The use of positive reinforcement techniques to retrain dromedary camels (*Camelus dromedaries*) that had been previously trained using aversive conditioning techniques for interactive programs. *Proceedings of the 42nd Annual Conference of the International Marine Animal Trainers Association.* Orlando, FL.

专栏 A1 动物视觉

安德鲁 · 史密斯

翻译：朱磊　　校对：施雨洁，王惠

视觉是人类的一项重要感觉官能，但对于世界上的其他物种而言却并非总是如此。物种之间可能会在视场、深度知觉、视觉灵敏度（即从一定距离外辨别物体的能力）、色觉和对时间的感知方面存在差异。例如，由于色彩感知是基于对于不同类型视锥细胞输出信号加以比较的结果，因此分辨颜色通常要求动物的眼睛必须具有一种以上类型的视锥细胞。像深海鱼类（Hunt et al. 2001）以及如抹香鲸（*Physeter macrocephalus*）这样具有深潜习性的鲸豚类，它们的视网膜上都仅有视杆细胞，所以这些动物眼中的世界是单色的（仅有灰度上的不同），而无法感知到色彩。

某种动物能看到的实际范围就被称作它的视场。跟其他的灵长类一样，人类也有着前视的双眼，从而具有接近 180° 的视场。相对于其他眼睛位于头部两侧的动物，比如具有 360° 全视场的双髻鲨（*Sphyrna lewini*）来说，人类的视场就相对较窄了（McComb et al. 2009）。双眼同时看到的范围即双眼视场，一只眼睛看到的即为单眼视场。虽然单眼视场也能被用于确定深度知觉（Timney and Keil 1995；Martin 2009），但实验表明至少就哺乳动物而言，拥有双眼视场的动物在深度知觉的判断方面表现更好（Timney and Keil 1999）。一种动物双眼视场的相对大小取决于其眼睛的位置。我们前视的双眼能够提供 140° 的双眼视场，而家犬（*Canis lupus familiaris*）的眼睛稍微位于头侧，从而给它们提供了较大的 240° 视场，其中 30%–60% 的区域为双眼视场。丘鹬属（*Scolopax* spp.）以及其他眼睛位于头部侧后方的鸟类具有 360° 的视场，但在水平面上仅有 5% 的双眼视场（Miller and Murphy 1995；Martin 2009）。动物在垂直面上的视场同样存在差异，那些眼睛位于头部两侧的鸟类其视场会在头部后方和上方重叠，从而为它们提供头部周围空间的全景视野。

动物不仅在视场的范围上存在差异，在视场以内的视觉同样也有不同。分辨细节的能力，即视觉灵敏度是视觉的一个关键点。有些动物，例如猛禽的视觉灵敏度就远优于人类。从 6 米远的距离，人类也许勉强能分辨 2 毫米大小的物体。但雕可以在 35 米远的距离上分辨同样大小的物体（Hodos 2012）。与之相反，有些动物的视觉灵敏度赶不上人类。比如，狗的视觉灵敏度据估计仅为人类的 20%–40%。因此，我们能在 9 米的距离外分辨清楚的物体，狗只有在相距 2 米时才能看清（Miller and Murphy 1995）。与视觉灵敏度相似的是调焦能力，即眼睛改变其焦距的能力，这样处于不同距离上的物体都能够被聚焦。调焦能力通过改变晶状体的形状得以实现，有时也包括了改变眼球本身的形状。因此，作为一般性的规律，较大的眼球比较小的眼球有更大的调焦范围。大眼球提供了更长的焦距和容纳更大晶状体的空间，这两者相结合使其拥有了在更大的距离上获得更高视觉清晰度的能力（Land and Nilsson 2012）。调焦能力的差异指动物能够清晰聚焦某个物体的最近距离的差别。相比而言，人眼能够看清最近距离 7 厘米的物体，而狗则无法看清距离 33–50 厘米以内的任何物体

（Miller and Murphy 1995）[1]。

颜色可能是我们周遭世界最为明显的一个方面，但只有少数动物眼中的色彩世界跟我们看到的相似。色觉通常需要视网膜上的一种特殊的感受器细胞，即视锥细胞。它们往往需要在较高的亮度下才能发挥作用，这就是我们在昏暗情况下看不清颜色的缘由。可是也存在着一些例外，最近的研究表明有些动物，例如壁虎和天蛾，具有特殊的高效视锥细胞，在夜间也能产生色觉（Kelber and Roth 2006）。为了感知颜色，不同类型的视锥细胞针对不同的光波长做出相应的最大反应，大脑则会对这些信号加以比较。人类有着三种类型的视锥细胞，因此可以形成三色视觉。总体而言，有着较少视锥细胞的动物能够区分的颜色也较少。我们人类、类人猿和旧大陆猴有着哺乳动物当中最好的色觉。其他多数哺乳动物为双色视觉，即只有两种类型的视锥细胞，因此并不能像我们一样区分这么多种颜色（Jacobs 1993）。但是，鸟类、爬行类和两栖类通常具有四种类型的视锥细胞，使得它们能比我们感受到更多的颜色。通常某种动物越是色彩斑斓，它的色觉也就越发达。不过仍然有些例外。以体色变化作为炫耀和伪装著称的头足类，却是不折不扣的色盲（Marshall and Messenger 1996，图 A1.1）。还有的物种能够感受到我们看不到的光波，比如紫外光、近红外光和偏振光。上述感知能力使得这些动物能够利用我们看不到的信号。要记住，尽管鸟类、昆虫，以及如啮齿类（Jacobs et al. 1991）、驯鹿（*Rangifer tarandus*）（Hogg et al. 2011）、鼩形长舌蝠（*Glossophaga soricina*）（Winter et al. 2003）等一些哺乳动物可以感知紫外光，但它们并不是只能看到紫外光。这些动物看到的画面将取决于从紫外光段和我们称之为可见光段所获得的信息在大脑中联合处理的结果。对于能够感知近红外光的蝴蝶和鱼类来说，这点也同样适用（Land and Nilsson 2012）。

图 A1.1　白斑乌贼（*Sepia latimanus*）像其他乌贼一样能够改变体色，但它却是色盲。因此，它们身体的颜色不大可能是用来与其他个体进行交流的视觉信号。图源：叶伦·史蒂文斯。

1　这里狗的最短视物距离的变化取决于不同品种狗的眼球大小。——译者注

不同动物对运动的感受也同样存在差异。跟色觉一样，运动本身也是我们视觉世界当中重要的一个方面，因此我们也同样难以体会到其他物种对运动的不同感受。动态感知由大脑对眼睛捕捉到的一系列连续快照或多帧影像进行比较所产生。这些影像形成的速率会影响某种动物对于时间的视觉感知。人眼每秒生成并处理 60 帧影像，体型较小代谢率更高的物种通常能以更快的频率处理影像（Healy et al. 2013）。对它们来说，世界看起来处于慢动作当中，而那些体型较大的动物，由于处理影像的速率较慢，所以看到的世界则类似延时摄影。因此，感受到缓慢运动的物体正在移动，对于体型较大的动物可能存在困难。电视机和显示屏的刷新频率都设置在刚好高出人类分辨单个影像的阈值，所以我们看到的是动作而非一连串闪动的图像。但是在如狗和小型动物这样具有更高频视觉处理能力的物种看来，电视无非就是一块闪动的屏幕而已。出于丰容或研究的目的对不同物种使用显示屏作为刺激的时候，要谨记这一点。

参考文献

Healy, K., McNally, L., Ruxton, G.D. et al. (2013). Metabolic rate and body size are linked with perception of temporal information. *Animal Behaviour* 86 (4): 685–696.

Hodos, W. (2012). What birds see and what they don't: luminance, contrast, and spatial and temporal resolution. In: *How Animals See the World*: *Comparative Behavior, Biology, and Evolution of Vision* (eds. O.F. Lazareva, T. Shimizu and E.A. Wasserman), 5–25. Oxford University Press.

Hogg, C., Neveu, M., Stokkan, K.A. et al. (2011). Arctic reindeer extend their visual range into the ultraviolet. *Journal of Experimental Biology* 214 (12): 2014–2019.

Hunt, D.M., Dulai, K.S., Partridge, J.C. et al. (2001). The molecular basis for spectral tuning of rod visual pigments in deep-sea fish. *Journal of Experimental Biology* 204 (19): 3333–3344.

Jacobs, G.H. (1993). The distribution and nature of color vision among the mammals. *Biological Review* 68: 413–471.

Jacobs, G.H., Neitz, J., and Deegan, J.F. Ⅱ (1991). Retinal receptors in rodents maximally sensitive to ultraviolet light. *Nature* 353 (6345): 655.

Kelber, A. and Roth, L.S. (2006). Nocturnal colour vision – not as rare as we might think. *Journal of Experimental Biology* 209: 781–788.

Land, M.F. and Nilsson, D.E. (2012). *Animal Eyes*. Oxford University Press.

Marshall, N.J. and Messenger, J.B. (1996). Colour-blind camouflage. *Nature* 382: 408–409.

Martin, G.R. (2009). What is binocular vision for? A birds' eye view. *Journal of Vision* 9 (11): 14.

McComb, D.M., Tricas, T.C., and Kajiura, S.M. (2009). Enhanced visual fields in hammerhead sharks. *Journal of Experimental Biology* 212 (24): 4010–4018.

Meredith, R.W., Gatesy, J., Emerling, C.A. et al. (2013). Rod monochromacy and the coevolution of cetacean retinal opsins. *PLoS Genetics* 9 (4): e1003432.

Miller, P.E. and Murphy, C.J. (1995). Vision in dogs. *Journal of the American Veterinary Medical Association* 207: 1623–1634.

Timney, B. and Keil, K. (1995). Horses are sensitive to pictorial depth cues. *Perception* 25 (9): 1121–1128.

Timney, B. and Keil, K. (1999). Local and global stereopsis in the horse. *Vision Research* 39 (10): 1861–1867.

Winter, Y., López, J., and von Helversen, O. (2003). Ultraviolet vision in a bat. *Nature* 425 (6958): 612–614.

专栏 A2　你听到我听到的声音了吗？动物的听觉和声音

埃里克·米勒－克莱因

翻译：王惠　　校对：刘媛媛，崔媛媛

听到声音的能力，可以使动物在其他感官鞭长莫及时，依旧能够有效监测身边的活动与危险。这种对周围声音的超敏感性意味着动物园专业人士应该敏锐地意识到动物的听觉能力，以及圈养环境中的潜在问题。可以通过声音的振幅与音频范围测量听力的敏感性，并且可以通过对每种动物的代表性样本做听力测试，从而将其记录下来。听力图是对可被感知的声音的视觉化描述，例如，现已将人类听力图与一些动物示例进行了比较，如图 A2.1 所示。

图 A2.1 中的听力图显示了耳朵对音频的敏感性。图上的最低点是该物种听力最敏感的位置，横轴的终点位置是该物种的频率范围极限。研究表明，物种对与交流和生存相关的频率最敏感。例如，与大多数物种相比，大象可以更有效地听到空气传播的低频声（Herbst et al. 2012），它们的内耳结构还可以让它们通过聆听经地面振动传播的低频声音进行交流（Reuter et al. 1998）。尽管小鼠可听到的音频范围有限，但其对与同类发出的高频音，以及和物体空间大小相关的高频声音特别敏感。通常，大多数中到大型陆生动物的听力与人类相当或者强于人类，因此应该能够听到人声。人声范围不应成为动物园动物交流和训练的障碍。

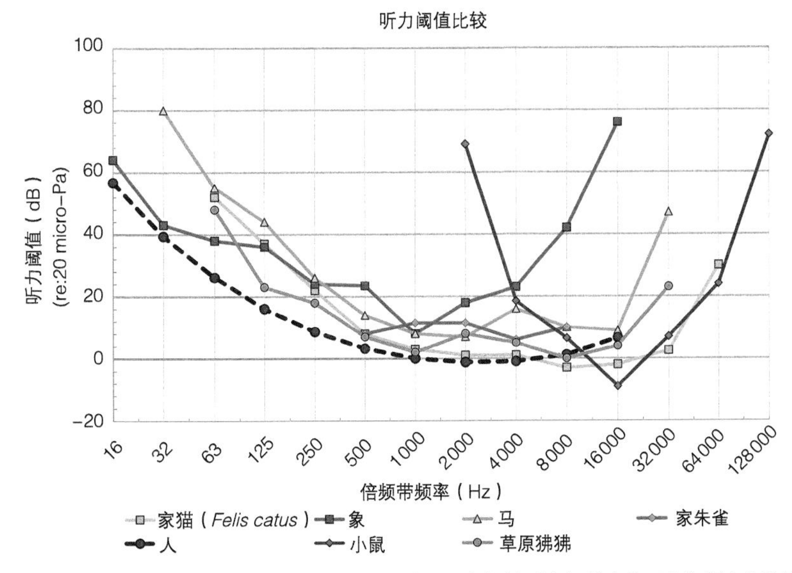

图 A2.1　不同种哺乳动物的听力图图示，说明了它们的听力阈值（分贝）和频率（赫兹）。资料来源：埃里克·米勒－克莱因根据费伊（Fay 1988）中提供的信息制作。

拥有活动耳廓的动物通过调节外耳方向，可以显著改变对声音方向的敏感度。当扬声器位于动物前方时，那些带有活动耳廓的动物能够把耳廓调整到最佳位置以此探测声音。例如，驯鹿可以通过将耳廓指向声源或远离声源，将听力灵敏度阈值改变多达 21 分贝，这会使感知的声音降低 105%

（Flydal et al. 2001）。因此，留心观察你正在进行饲养操作或正在训练的动物非常重要，要确保它们的耳廓朝向你，否则你就变成“对牛弹琴”，它们会被其他声音分心。

耳朵和耳廓的功能只是饲养与训练圈养动物时会面临的声学挑战的一部分。对动物园专业人员与动物交流的能力具有最显著影响，却鲜少被提及的最大挑战之一，被称作人类语言清晰度。这是对人的声音水平（信号）与训练环境中的背景噪声水平（噪声）进行的比较评估；定义为信噪比。在教室环境中的研究发现，最低信噪比必须达到 15 分贝，这意味着动物园工作人员的声音必须比其他可能分散动物注意力的环境噪声高出 15 分贝以上（Klatte et al. 2010）。普通人距离一米时说话声音为 65 分贝，在封闭空间内，距离每增加一倍，声音衰减约 3 分贝；在室外空间，距离每增加一倍，声音则衰减约 6 分贝。根据室内环境中的这些平均数据，当身处一个足够安静的空间内，即在干燥的水泥地面上行走时，可以听到鞋子踩到地面的声音，这种环境下的背景噪音水平大约为 40 分贝，这时动物园工作人员必须距离动物不到 5 米。假设说话音量一样，在室外训练环境时，训练人员与动物的距离应不超过 3 米，并且前提是没有飞机、动物园游客或附近公路的额外环境噪音。这些潜在的噪音干扰因素加上大多数动物拥有活动耳廓，让训练员的交流变得更加有挑战，对动物来说也更有难度。

大多数健康的成年人，假设就是我们的动物园工作人员，已经训练他们的大脑可以敏锐地察觉人类的言语模式，并有效过滤掉了分散注意力的噪音。但是，大多数动物就像小孩一样，仍在学习人类的言语表达模式，并且在有相互冲突的噪音和刺激的情况下，它们要理解指令就要困难得多。关于与动物交流和 / 或训练时的场所是否会存在噪音影响，可以考虑通过以下的简单实验进行评估：让两名动物园工作人员站成训练时的距离，其中一位戴上眼罩，另一位阅读报纸或杂志的一段文字。蒙住双眼的动物园工作人员可以清楚理解所有单词吗？是否有分散注意力的噪音或声音？考虑通过动物的耳朵来评估你的兽舍设施吧。

参考文献

Fay, R.R. (1988). *Hearing in Vertebrates: A Psychophysics Databook*. Hill-Fay Associates.

Flydal, K., Hermansen, A., Enger, P.S., and Reimers, E. (2001). Hearing in reindeer (*Ragnifer tarandus*). *Journal of Comparative Physiology A* 187: 265–269.

Herbst, C.T., Stoeger, A.S., Frey, R. et al. (2012). How low can you go? Physical production mechanism of elephant infrasonic vocalizations. *Science* 337 (6094): 595. https://doi.org/10.1126/science.1219712.

Klatte, M., Lachmann, T., and Meis, M. (2010). Effects of noise and reverberation on speech perception and listening comprehension of children and adults in a classroom-like setting. *Noise & Health* 12 (39): 270–282.

Reuter, T., Nummela, S., and Hmilä, S. (1998). Elephant hearing. *Journal of Acoustical Society of America*. 104: 1122.

专栏 A3　让气味变得有意义：动物的嗅觉

尼尔 · 乔丹

翻译：王惠　　校对：刘媛媛，崔媛媛

嗅觉是指嗅闻的行为或能力，虽然存在争议，但嗅觉可以说是自然界中最古老的交流形式。嗅觉是构成形形色色重要互动的基础，包括单细胞生物的趋化性（Vickers 2000）、被子植物的传粉（Wright and Schiestl 2009）以及新生哺乳动物表现出的寻乳反射（Hudson and Distel 1983）。尽管所有通信交流形式都涉及发送方提供信息，以及接收方接受和回应信息（Bradbury and Vehrencamp 1998），但与其他交流形式相比，嗅觉作用不需要发送方和接收方彼此很接近（Bradbury and Vehrencamp 1998）。这增加了嗅觉作用的广度，并对嗅觉信号和该过程中涉及的解剖学结构的产生、分布和感知能力产生了深远的影响。

气味的产生和扩散

从蚂蚁到大象，动物的身体都被大量外分泌腺覆盖。这些皮脂腺组织和顶浆分泌组织的集合通常受到激素控制，即激素控制着化学信号的产生和释放（Ebling 1977）。除了这些特殊腺体的分泌物之外，与消化和繁殖相关的身体孔腔也是嗅觉交流中所使用的气味信号的来源（例如，Jordan et al. 2013）。虽然动物在环境中移动时，这些化学信息会被动地从体内排泄或分泌出来，但动物也会经常通过多种行为方式（通常称为气味标记）主动在环境中发布嗅觉信号。

由于气味标记产出成本很高，且存量有限（Gosling et al. 2000），因此，动物会通过调整适应，来释放气味，以便最大限度延长气味标记在环境中留驻的时间，并尽最大可能被目标接收者发现（例如，Roberts and Lowen 1997）。对化学成分和行为上的调整适应，都可以用来确保信号在环境中留存的时间尽可能长。例如，脂肪酸普遍存在于气味分泌物中，并被认为可以减缓信号成分的释放（Alberts 1992），通过观察发现，动物通常将气味留在免受恶劣天气影响的位置，从而进一步达到缓释的目的（Eisenberg and Kleiman 1972）。另外，动物通常会在显眼的地方，例如兽道的十字路口，留下气味（Barja et al. 2004），大概是为了促进目标接收者发现信号。这些嗅觉消息的预期接收者形形色色，很大程度上取决于发送的是哪种特定信息，而且人们发现嗅觉信号携带了令人震惊的信息量，这些信息涉及诸如性别、年龄、体况、繁殖状态、群体成员甚至个体身份等因素（例如，参见 Epple et al. 1987）。但是，这些嗅觉信号是如何被感知的?

气味的接收

成功的嗅觉交流取决于对气味信号的接收和准确识别，所有这些信号均由专门的嗅觉处理器进行处理，嗅觉处理器分为两个独立的系统。第一个，也是主要的嗅觉系统，叫作嗅球，它所接收的信息，通过数百万个嗅觉受体神经元从鼻腔传递到大脑。相同嗅觉受体的神经元聚集在每个嗅小球中，形成一种被描述为空间气味图（spatial odour map）的表层（Uchida et al. 2000）。重要的是，在学习和感知的情境下，嗅球似乎在对气味体验的反应上表现出巨大的可塑性，嗅球与气味接触可以极大地改变动物对这些气味的认知（例如，Wilsonand Stevenson 2003）。第二个系统，是辅助嗅觉系统，称为犁鼻器或雅各布森氏器（Keverne 1999），负责探测气味，通常位于很多、但非全部的两栖动物、爬行动物和哺乳动物的鼻腔内。犁鼻器的神经元将其与大脑中的副嗅球相连，最终通过杏仁核传递给下丘脑。与嗅球一样，气味与嗅觉受体结合后会被检测到，但是在这种情况下，气味所携带的信号是非挥发性的，因此以液相被接收。另外，动物可能表现出各种特殊行为，以便将信号传递到犁鼻器。例如，蛇用舌头“品尝”空气以获取潜在猎物的信号，之后会用舌头触碰犁鼻器（Gillingham and Clark 1981），而大象则用鼻尖向犁鼻器传递潜在信号（Rasmussenand Schulte 1998）。实际上，猫和许多有蹄类动物典型的“性嗅反射”（flehmen）是皱鼻并翻起上唇，这与犁鼻器受到同类的尿液的刺激有关。总体而言，犁鼻器在调节生殖和社会行为方面似乎特别重要，并且许多神经元是由尿液中传递生理状态的化学信号物质激活的。

感知与学习

使用这套嗅觉系统，在混合了无关气味和潜在混淆气味的环境中，接收方必须能够从中提取和分类相关的嗅觉信息。能正确分类或识别不同气味对于社会生活的许多方面都非常重要，包括调节竞争关系、维护社群稳定、导航方向和参与繁殖等等。尽管我们已经知道动物会针对某些化学信号做出先天反应，但对它们来说，新奇气味总是比熟悉的气味更难分辨（Rabin 1988）。实际上，学习也许是嗅觉感知中最重要的组成部分。毫不意外，成年人和大一点的孩子在气味识别方面比幼童做得更好（Lehrner et al. 1999），但重要的是，通常在接触了该气味后，辨识能力会得到改善，而对其他气味的辨别力仍然很差（Rabin 1988）。这表明受体系统本身的成熟，并不是促成上述观察到的现象的原因，即年龄越大而对气味的辨识越好。相反，是通过特定的经验或学习增强了嗅觉感知。实际上，当人在记忆力下降的情况下，例如患有阿尔茨海默氏症，感知气味特征的能力本身就会丧失或受损，尽管嗅觉系统看起来依然完好无恙（Koss et al. 1988）。在包括人类在内的动物中，嗅觉系统是一个可以通过学习来塑造和磨炼的灵活的信息处理网络。在一个嗅觉条件和压力不断变化的世界，特定气味的重要性和相关性随着对气味的适当反应而变化，这种可塑性是必不可少的。

参考文献

Alberts, A.C. (1992). Pheromonal self- recognition in desert iguanas. *Copeia* 1992 (1): 229–232.

Barja, I., de Miguel, F.J., and Bárcena, F. (2004). The importance of crossroads in faecal marking behaviour of the wolves (*Canis lupus*). *Naturwissenschaften* 91 (10): 489–492.

Bradbury, J.W. and Vehrencamp, S.L. (1998). *Principles of Animal Communication*. Sunderland, Massachusetts: Sinauer.

Ebling, F.J. (1977). Hormonal control of mammalian skin glands. In: *Chemical Signals in Vertebrates* (eds. D. Müller-Schwarze and M.M. Mozell), 17–33. Boston, MA: Springer.

Eisenberg, J.F. and Kleiman, D.G. (1972). Olfactory communication in mammals. *Annual Review of Ecology and Systematics* 3 (1): 1–32.

Epple, G., Belcher, A.M., Greenfield, K.L. et al. (1987). Making sense out of scents-species-differences in scent glands, scent marking behavior and scent mark composition in the Callitrichidae. *International Journal of Primatology*. 8 (5): 434–434.

Gillingham, J.C. and Clark, D.L. (1981). Snake tongue-flicking: transfer mechanics to Jacobson's organ. *Canadian Journal of Zoology* 59 (9): 1651–1657.

Gosling, L.M., Roberts, S.C., Thornton, E.A., and Andrew, M.J. (2000). Life history costs of olfactory status signalling in mice. *Behavioral Ecology and Sociobiology* 48 (4): 328–332.

Hudson, R. and Distel, H. (1983). Nipple location by newborn rabbits: behavioural evidence for pheromonal guidance. *Behaviour* 85 (3): 260–274.

Jordan, N.R., Golabek, K.A., Apps, P.J. et al. (2013). Scent-mark identification and scent-marking behaviour in African wild dogs (*Lycaon pictus*). *Ethology* 119 (8): 644–652.

Keverne, E.B. (1999). The vomeronasal organ. *Science* 286 (5440): 716–720.

Koss, E., Weiffenbach, J.M., Haxby, J.V., and Friedland, R.P. (1988). Olfactory detection and identification performance are dissociated in early Alzheimer's disease. *Neurology* 38 (8): 1228–1228.

Lehrner, J.P., Walla, P., Laska, M., and Deecke, L. (1999). Different forms of human odor memory: a developmental study. *Neuroscience Letters* 272 (1): 17–20.

Rabin, M.D. (1988). Experience facilitates olfactory quality discrimination. *Perception & Psychophysics* 44 (6): 532–540.

Rasmussen, L.E.L. and Schulte, B.A. (1998). Chemical signals in the reproduction of Asian (*Elephas maximus*) and African (*Loxodonta africana*) elephants. *Animal reproduction science* 53 (1–4): 19–34.

Roberts, S.C. and Lowen, C. (1997). Optimal patterns of scent marks in klipspringer (*Oreotragus oreotragus*) territories. *Journal of Zoology* 243 (3): 565–578.

Uchida, N., Takahashi, Y.K., Tanifuji, M., and Mori, K. (2000). Odor maps in the mammalian olfactory bulb: domain organization and odorant structural features. *Nature Neuroscience* 3 (10): 1035.

Vickers, N.J. (2000). Mechanisms of animal navigation in odor plumes. *The Biological Bulletin* 198 (2): 203–212.

Wilson, D.A. and Stevenson, R.J. (2003). The fundamental role of memory in olfactory perception. *Trends in Neurosciences* 26 (5): 243–247.

Wright, G.A. and Schiestl, F.P. (2009). The evolution of floral scent: the influence of olfactory learning by insect pollinators on the honest signalling of floral rewards. *Functional Ecology* 23 (5): 841–851.

B篇　动物园环境中可以实现的学习类型

在A篇，我们了解到动物是从周围环境中学习的。在这部分内容中，各章将讨论如何在动物园环境中提供学习机会，从而使动物能够终身学习。具体来说，我们将深入探讨基于动物自然行为表达的训练体系如何有助于开展丰容和促进全面管理。我们还将讨论训练如何受益于优秀的直觉力（这当然有其科学依据），训练员个人的训练经验和对动物行为的了解，以及接受过良好训练的动物本身。因此，我们将训练称为一门艺术，并思考如何将这种艺术融入动物的日常管理流程中。最后，我们将探讨动物园中人与动物的互动，以及这些互动会如何为动物及人提供各种学习机会。

5 在动物园环境中要学习什么？

费伊 · 克拉克

翻译：崔媛媛　　校对：杨青，雷钧

5.1 引言

与许多人看法相反的是，在动物园环境中动物其实可以获得丰富的学习经验。学习可以被定义为由于经验而导致行为发生适应性改变的过程（Thorpe 1963）。从表面上看，动物园里的动物似乎被限制了学习机会。空间限制和常规化的饲养程序消除了环境变化、选择性和掌控感（Watters 2014）。尽管众所周知，高度可预测的饲养流程可能会对福利产生不利影响（Bassett and Buchanan-Smith 2007），但动物园仍然可以成为充满变化的环境，让动物身处其中不断地学习。环境的变化可来自于工作人员、志愿者和研究人员的变动，现场的游客，气候的改变，以及出于繁殖计划、展区改造或个体出生与死亡的自然生命周期这些原因，动物在不同展区之间的移动。换言之，为了让动物能够自主行动并做出自己的决定（Clark 2018），作为饲养繁育机构，现代动物园通过训练和丰容计划，有目的地为动物提供了更多选择和对自己日常生活的掌控感（Westlund 2014；Young 2013）。

学习是一个与记忆和认知密切相关的、非常宽泛的话题（Shettleworth 2010）。因此，我选择着重于沙特尔沃思（Shettleworth 2010）提出的三个核心问题：（i）哪些条件 / 情境能激发学习？（ii）正在学习什么？（iii）学习如何影响行为？本章将总体概述动物一生中可能会在动物园中经历的学习类型，以及这些学习对其饲养管理的影响。某些学习机会发生在特定的生命阶段，例如出生后不久、断奶或性成熟时（Shettleworth 2010），而有的学习则每天都会发生，包括学习与喂食时间以及展区清扫、兽医检查等其他事件相关的各种提示信息。动物不断地接触到各种刺激，其动机也在变化；并且，从定义上来说，学习也受到过往经历的影响（Thorpe 1963）。

5.2 幼年

5.2.1 胚胎学习

我们常常认为动物的学习历程是从出生后开始的，但实际上，许多哺乳动物、鸟类、两栖动物和鱼类都是从胚胎发育时期就已经开始从萦绕在周围的味道、气味和声音中学习了（Hepper 1996；Hepper and Waldman 1992；Sneddon et al. 1998）。例如，华丽细尾鹩莺（*Malurus cyaneus*）的雌鸟会冲着自己的卵鸣叫，当出孵时，雏鸟发出的叫声中会包含有母鸟鸣声的重要特征。这种从胚胎期学习到的“密码”，将亲鸟与雏鸟维系在一起，并帮助亲鸟察觉到外来寄生的杜鹃雏鸟（Colombelli-Négrel et al. 2012）。乌贼（*Sepia officinalis*）可以在孵化前几周“看到”事物（即其视觉系统处于活跃状态）。当研究人员给乌贼胚胎展示螃蟹的图像（一种猎物），孵化后它们对这一物种明显具有更高的捕食偏好（Darmaillacq et al. 2008）。与其他哺乳动物和鸟类一样，家狗也可以在胚胎期就从接触母亲食物里的某些味道中学习到食物偏好（Wells and Hepper 2006）。

尽管胚胎学习的研究是在高度受控的实验室条件下进行的，但研究结果仍可对应到生活在动物园的相同或相近物种。我们应注意为动物园的动物提供恰当的产前环境信息。例如，要特别注意最大程度地减少妊娠期雌性感受到的应激源，并为其提供一些在出生前就可能开始学习的、关于同种个体、捕食者或与食物相关的有用信息。对于一些需要其他物种来完成交叉抚育（cross-foster）[1]的濒危鸟类而言，这可能尤其具有挑战性（Conway 1988）。幼年的蛙类和蝾螈表现出的适应性行为，例如寻找庇护所线索，就是在孵化前学习到的（Mathis et al. 2008），这一发现对动物园的濒危物种繁殖项目具有重大意义，因为这些计划中的个体最终将可能重引入至野外环境中（Crane and Mathis 2010；另请参阅第 12 章有关训练和重引入的内容）。

5.2.2 认识父母及配偶

动物在出生后，可能需要辨识自己的父母，以接受父母的照顾，并开始学习生存技能。在一些较少见的案例中，这会给动物园带来很大的挑战，例如出于兽医护理的原因或者是母亲拒绝育幼，而让幼崽和母亲分离的情况。首先，我承认有些行为一定程度上是与生俱来的，由动物的基因决定，但还有一部分行为是从经验中习得，或是通过与周围世界的互动，或是被教授的（Shettleworth 2010）。印记行为是一种时间敏感型学习，由某些遗传信息决定，通常会在出生后数小时或数天内发生，在这种学习中动物会获得一种身份认同感。子代印记（filial imprinting）是指年幼的动物从父母那里会获得某些行为特征。但是，在父母缺失的情况下，动物会对任一移动的刺激物产生印记（Sluckin 2017）。在人类照管下的鹅和鸭等早成性鸟类的行为发育对此尤其敏感。但是，霍里奇（Horwich 1989）发现，如果饲养员可以伪装自己，沙丘鹤（*Antigone canadensis*）的雏鸟会对亲鸟的仿真模型（如布袋偶模型并伴有鹤孵育幼雏时的叫声）产生印记，这样就能成功开展人工育幼。动物园使用类似的方法对其他鸟类也进行了人工育幼，包括加州神鹫（*Gymnogyps californianus*）（Utt et al. 2007）和鸮鹦鹉（*Strigops habroptilus*）（Sibley 1994）。

幼年动物还必须学习认识它们的家族成员，以及能与谁交配，有证据表明，育幼环境对于交配偏好的形成非常重要（Slagsvold et al. 2002）。性印记（sexual imprinting）是幼年动物学习理想配偶特征的过程，这对于动物园濒危物种繁殖项目的动物来说，具有非常重要的意义。肯德里克（Kendrick）等（2001）发现，将新出生的家养绵羊和山羊进行交叉抚育，并在混养群体中养育成长，后代的社群行为和配偶选择更接近于抚育它的物种，而非基因所属的物种。出于语言习得和其他认知研究目的、由人类饲养者抚育成长的幼年黑猩猩（*Pan troglodytes*）已显示出它们能如何从一个“人类父母”身上学习到丰富的技能和各种特征（例如，Gardner and Gardner 1998）。这也解释了为什么在如今的动物园中，对于人工育幼的大型类人猿，最好的做法（如果可能的话）是将幼崽尽快还给母亲或由同物种的其他个体代养（Porton and Niebruegge 2006；见图 5.1）。

---

1 一种物种保护手段，将濒危鸟类的鸟卵人为地交给其他相近物种代为孵化养育。——译者注

图 5.1 尽管出于某些原因可能需要对猿类进行人工育幼，但在动物园中，通常的做法是会尽快将幼崽重新引见给它们的母亲或由同物种的其他个体代养。图源：叶伦 · 史蒂文斯。

与动物园动物不太相关的第三种印记是生境印记（habitat imprinting），是指幼年动物学习适宜其繁殖的生境特征（Davis and Stamps 2004）。这对于在不同环境中长途跋涉的迁徙 / 迁飞物种，以及需要学习如何返回特定类型环境进行繁殖的物种，都是至关重要的。在动物园环境中，生殖洄游（natal homing，动物返回其出生地进行繁殖的过程）在很大程度上是没有意义的，因为动物不可能远距离活动，但动物仍可能将幼年时习得的生境条件与适合繁殖的环境条件联系起来。例如，密西西比地图龟（*Graptemys kohnii*）（Freedberg et al. 2005）和海龟（Lohmann et al. 2013）已证实了这种生殖洄游行为；在动物园中，这些物种的饲养人员也应确保，从动物幼年到繁殖年龄，其环境条件要保持一致。

5.3 发育成年

5.3.1 断奶与独立生活

许多动物的断奶期广义上是指幼年动物逐渐脱离父母开始独立、学习成为本物种一员的时期。这可能与将母乳逐渐替换为成年食物的时期相一致。对于长寿命的群居哺乳动物，幼年时的社会发育对成年后行为具有重要影响，特别是那些具有稳定、长期社会关系的动物类群，例如大猿、象和海豚（de Waal and Tyack 2009）。与其他动物相比，非人大型类人猿的断奶时间相对较晚；平均而言，断奶发生在 6 岁左右（Galdikas and Wood 1990）。与上文描述的时间敏感型印记期一样，断奶期也可能是一个敏感时期，对于特定的学习经历而言至关重要。例如，先前有过社群生活经历的家猪在断奶期会被饲养者评估为更加“放松 / 满足”，这表明关键的社会生活技能可能是在离开母亲独自生活之前学到的（Morgan et al. 2014）。一项有趣的、关于普通斑马（*Equus burchelli*）的动物园研究表明，胎儿的性别决定了前一胎幼驹的断奶时间。当雌性斑马怀有一只雄性胎儿时，当前幼驹的断奶时间比其怀有雌性胎儿时要更早一些（Pluháček et al. 2007）。普卢哈切克（Pluháček）等（2007）的研究需要在其他斑马种群中得到佐证，如能在其他马科动物中发现同样的结果也会很有趣，因此目前该研究对于动物园斑马饲养尚未产生广泛影响。如果知道胎儿的性别，饲养人员可考虑相应地调整幼驹断奶期的照管时间，（当下一胎是雄性时）对于现已出生的幼驹，断奶期内的时间敏感型学习压力会更大，因为这一学习期会更短一些。

5.3.2 从玩耍中学习

玩耍行为经常被认为没有明确的功能性（Burghardt 2005），但事实恰恰相反，因为幼年动物可以通过玩耍了解很多与生活环境有关的信息。鉴于幼年动物的玩耍行为通常与觅食或建立社会等级次序相似，玩耍可以被认为是对动物成年后的生存有所帮助的一种“练习”（Smith 1982）。例如，游戏可以帮助动物为日后生活中会出现的激烈争斗做准备（Pellis and Pellis 2017）。斯宾卡（Spinka）等（2001）提出玩耍是一种“为意想不到的事而进行的训练”，动物在一种相对放松的环境中学习如何躲避危险，以便在遭遇现实世界的危险情况之前掌握这些所需技能。有些动物在成年后仍会进行玩耍，这一事实表明持续练习生存技能是非常重要的（Smith 1982；见图 5.2）。

图 5.2 在动物园环境中，不同物种之间也会发生玩耍行为，图中显示了一只少年西部低地大猩猩（*Gorilla gorilla gorilla*）和一只成年黑冠白睑猴（*Lophocebus aterrimus*）之间的玩耍。图源：切克·范·默伦（Tjerk van Meulen）。

动物园可以通过提供丰容鼓励动物玩耍（第 6 章），不过，当身处一个社群中时，玩耍行为偶尔会升级。动物园饲养的西部低地大猩猩（*Gorilla gorilla gorilla*）表明，在玩耍—争斗中有些动作是功能性的；在打斗游戏中，一只大猩猩击打另一只大猩猩被认为是一个“不当”动作，“击打”对它们来说是很敏感的（Van Leeuwen et al. 2011）。此外，根据观察，动物园中的少年大猩猩会根据具体情况做出谨慎判断，决定和谁一起进行社交玩耍，以及自己的行为可以“粗暴”到什么程度（Palagi et al. 2007）。

5.4 成年生活

5.4.1 融入社会

学习融入社会包括学习如何、何时与同物种其他个体互动，以及学习理解社交信息和社群规则。在动物园环境中，社群成员关系可能会随着出生、死亡和动物园之间的转移而定期发生变化，因此这要求动物们经常学习识别不同个体以及如何与其建立和维持社群关系。动物学习识别群体成员的各种方法不在本章的讨论范围之内，但简要来说，可以通过气味、声音和视觉识别来实现(Shettleworth 2010)。在卫生标准至上的动物园展区中，基于气味的学习可能很困难；频繁使用消毒剂清洁可能会突出或去除一些自然气味（Clark and King 2008）。鸣禽是声音学习者中被研究得最为广泛的，研究发现，鸣禽需要听到自己的叫声后才能形成正常的鸣唱（Brainard and Doupe 2000）。象也是声音学习者；普尔（Poole）等（2005）发现，圈养非洲草原象（*Loxodonta africana*）可以改变自己的发声，以回应之前听到过的叫声。在动物园中，来自游客的人为噪声和扩音设备可能会破坏动物学习和保持鸣唱声及其他叫声。与动物园动物福利有关的人为声音的测量和分析尚处于起步阶段，但我们有望在未来几年内看到更多此类研究出现（Orban et al. 2017）。许多哺乳动物和鸟类也能够通过视觉辨识熟悉和陌生的个体，在一些物种中这是基于对不同面部模式的识别（例如，Brown and Dooling 1992；Kendrick et al. 1995；Rosenfeld and Van Hoesen 1979）。最近的研究还表明，慈鲷也能够对同物种个体进行面部识别（Hotta et al. 2017；Satoh et al. 2016）。

在灵长类、鸟类和鱼类中，已经研究过动物作为旁观者“揣测”其他个体社会地位的能力（例如，Crockford et al. 2007；Oliveira et al. 1998；Peake 2005），动物学习自己在社群中相对地位的能力也已经在灵长类动物中进行了研究（Tomasello and Call 1997）。此外，能够运用已习得的知识来利用社群内其他成员的能力（Gavrilets and Vose 2006；Whiten and Byrne 1997），即“马基雅弗利智慧”[1]（Machiavellian intelligence）被认为是社会智力（social intelligence）的最高水平。在圈养环境中，灵长类动物学会了欺骗自己的同伴，并在精心制定的竞争策略中对其他个体隐瞒自己已有的知识（Byrne and Whiten 1989）。动物园黑猩猩的“社会政治”（social politics）是由德瓦尔（de Waal 2007）提出的，但不仅限于大型类人猿，还有一些证据表明马基雅弗利智慧也出现在鱼类中（Bshary 2011）。

在现代动物园中，常将具有相同生态位或来自同一地理区系的物种共同饲养，这类把多个物种饲养在一起的动物园展示方式被称为“物种混养”（Clark and Melfi 2012；见图 5.3）。此类展区提供了额外的一层社交机会，去学习同物种和不同物种中各种信息的含义。有时不同物种可以互相学习；克雷布斯（Krebs 1973）发现，将两种山雀（*Parus* spp.）共同饲养在一个物种混养的大型鸟

1 生物体成功与社会团体进行政治接触的能力。——译者注

图 5.3　物种混养展区可以提供很多学习机会；这里的实例是鬣羊（*Ammotragus lervia*）和狮尾狒（*Theropithecus gelada*）的混养。图源：叶伦 · 史蒂文斯。

笼中时，它们会互相学习觅食点的位置及包含哪些食物。在动物园混养展区中观察到了黑帽卷尾猴（*Sapajus* sp.）和松鼠猴（*Saimiri sciureus*）的异种社会学习（heterospecific social learning，即一个物种向另一个物种进行社会学习）；在觅食时，混养种群中的卷尾猴受到了松鼠猴的影响（Messer 2013）。

对于动物园中的许多物种而言，社交也包括与饲养员的互动和关系，更正式的说法叫“人与动物的互动”以及“人与动物的关系”（Hosey and Melfi 2014；请参阅第 9 章和图 5.4）。研究已充分证实，哺乳动物会学习关注人的视线和解读肢体语言，例如，灵长类动物（Hare and Tomasello 2005）、家马（Dorey et al. 2014；Proops and McComb 2010）、家犬（Shepherd 2010）和山羊（Nawroth and McElligott 2017）。向人类乞食的行为在这里也值得提一下。卡尔斯特德（Carlstead）等（1991）指出，熊科动物（Ursidae）会很

图 5.4　动物园动物的社交互动应包括动物和饲养员之间发生的互动；图中显示了一只獾㹢狓（*Okapia johnstoni*）与饲养员之间的积极互动。图片来源：叶伦 · 史蒂文斯。

容易在动物园里养成乞食的习惯，乞食是一种动物欲求受挫的行为，并且在亚洲小爪水獭（*Aonyx cinereus*）身上也发现有类似的行为（Gothard 2007）。动物园内饲养的猩猩（*Pongo* spp）.（Choo et al. 2011）和狮尾猴（*Macaca silenus*）（Mallapur et al. 2005）也会对在场的游客做出乞食行为。

5.4.2 寻找食物

即使动物园内的动物日常都有饲养员喂食，有时会一天喂食数次，并且全年的食物通常都是可预测的（即没有明显的季节性变化），但是动物园的动物仍然需要通过学习了解所提供的各种食物中哪些好吃，以及在何处及如何获得这些食物。动物园动物的饲喂方式大致可分为三类：（i）每日例行在一个集中位点饲喂（例如，动物从展区内一个特定的食盆中获取食物）；（ii）在一个大型自然展区的多个位点喂食；（iii）将大部分食物作为正强化训练的组成部分。现在将依次讨论这些内容。

可以说，每日例行的集中喂食是最不需要动物学习特定技能的。但是，任何与家畜或野生动物打过交道的人都熟悉它们的一项能力，即它们能够识别钥匙的咔嗒声、水桶的哐啷声或其他任何与马上到来的喂食时间有关的声音及动作。这种学习是通过经典条件作用进行的，动物学会将一种刺激（例如咔嗒作响的钥匙）与另一种刺激（例如到来的食物）相关联，直到单独的刺激可以引起行为反应（例如即使食物没出现，咔嗒作响的钥匙声也能让动物跑到展区门口）。听觉敏锐的动物可以学会适应自动喂食器（将食物容器设置为随机或在特定时间自动释放食物）的声音，因此这给饲养员试图降低喂食时间的可预测性带来了难度。通过丰容给动物提供食物可能有助于降低喂食的可预测性，从而减少动物因无意中给出的喂食提示所产生的条件反应，这将在第 6 章中进一步讨论。

第二种方法是选择大型自然展区中的多个位点，在不同的时间和位置给动物喂食。在某些情况下，动物还可能寻找到分散和隐藏的食物，甚至可能觅食自然植物。空间学习也与这种喂食方式相关，并且在整个动物界中已经确定了几种学习机制。研究证实少年黑猩猩可以在一个大型室外笼舍中熟记多达 18 个食物隐藏点，并使用“最佳路线”巡视这些位点，尽可能少走回头路或重复路过没有食物的位置（Menzel 1973）。贮藏食物的动物（包括但不限于松鼠和鸦科的鸟类）可以记住数十个或数百个隐藏食物的位置，并在几周或几个月后还能回想起这些位点（Clayton et al. 2003；Kamil and Gould 2008）。有些物种还能够将它们先前的行为考虑在内。例如，动物园饲养的短吻针鼹（*Tachyglossus aculeatus*）能学会避开一个先前有过食物的地点（“得到 – 转移”[1] 策略），只要

1 当动物在特定地点找到食物并离开后，它面临着是稍后返回那里还是到新地点搜索的决定。返回先前有食物的位置称为“得到—停留”策略（“win-stay” strategy），回避先前的位置称为“得到—转移”策略（“win-shift” strategy）。例如采食花蜜的鸟会避开先前得到食物的花，因为这朵花不再包含花蜜，而以蠕虫等聚集性食物为食的动物通常离开后会再次回到觅食地点。针鼹以蚂蚁和白蚁为食，这本来属于不会耗尽的猎物，但由于这种猎物会产生化学和机械防御，迫使针鼹短时间内无法再次回来觅食，因此针鼹学到的觅食策略是“得到—转移”。虽然我们预计在化学防御消散后，它们会趋向于再次回到觅食地，但进一步的实验表明，如果记忆间隔超过 90 分钟，针鼹会无法记住它们访问过或未访问过的觅食位置。——译者注

图 5.5 为动物园动物提供学习机会的常见方法是为它们准备益智喂食器或是以其他操作方式获得食物，图中所示的是一只短吻针鼹（*Tachyglossus aculeatus*）。图源：雷・威尔特希尔。

其记忆间隔时间少于 90 分钟（Burke et al. 2002；见图 5.5）。相比之下，一项针对圈养黑尾鹿（*Odocoileus hemionus columbianus*）（Gillingham and Bunnell 1989）的研究显示，如果先前成功寻觅到食物，黑尾鹿会重复相同的觅食路径，并不善于考虑食物在可采食量上的变化。这一差别对于动物园具有重要的意义，在动物园环境中，不同的物种具有不同的空间学习能力，因此需要在相应的空间内放置食物。

最后，一些动物园动物，特别是海洋哺乳动物，例如海狮和海豚，会在参与正强化训练环节时得到绝大部分日粮（Ramirez 2012）。动物将通过操作性条件作用进行学习，将指令（例如饲养员的手势）与它们为了获得食物奖励所必须做出的行为（或者实际上是一系列行为）相关联（Laule 1999）。

关于*如何*获取食物，许多取食行为在年幼时就已经通过社会学习掌握。一项在动物园开展的取食实验发现，日本松鼠（*Sciurus lis*）在观察一只做出示范行为的松鼠后，学会了一种加工和取食坚果的最佳方法，但是这个学习时期相当固定，发生在松鼠 3 岁之前（Tamura 2011）。年幼的树袋熊（*Phascolarctos cinereus*）会取食母亲粪便中经过消化的桉树叶；未经消化的桉树叶对树袋熊幼崽未发育成熟的消化系统来说是有毒的，因此，食粪行为是一种需要学习的、重要的取食方式（Martin and Handasyde 1999）。包括灵长类和大象在内的一系列物种的相关实验证明了通过社会学习获得新的觅食技能的重要性，尤其是试错学习也许不够有效时。在针对一组圈养动物的研究中，使用一个（益智型）食物盒作为示范物，可以用两种动作来打开这个盒子（例如，可掀开和拉开的盖子）；并且可以观察到示范者（人或动物）做出一个动作，研究人员会评估该组的其他动物是否可以通过社会学习做出同样的动作，并且行为是否可以传播（Tomasello and Call 1997）。例如，对圈养的领狐猴（*Varecia variegata*）（Stoinski et al. 2011）和非洲草原象（*Loxodonta africana africana*）（Greco et al. 2012）的研究发现，通过观察示范者的互动行为，将有助于其学习了解新任务。格雷科（Greco）等（2012）为动物园中一个由 6 只成年雌象组成的象群提供了食物获取任务，有两种可能的完成方法。一头“示范象”（占主导地位的雌性）在其他大象在场的情况下，完成了相关任务。尽管无法基于“示范象”展示过的完成方法预见到“观察象”会采用哪种方法打开装置，但如果这些研究对象先前曾观察过示范者的行为，它们会花更多的时间与食物装置互动。

5.4.3 通过探索学习

空间学习对所有动物都很重要，因为在某些时候，它们必须在身处的环境中找到正确的方向，以便寻找食物和其他资源，如配偶和庇护所。在脊椎动物中，大鼠和小鼠以具有在复杂 3D 迷宫中正确行进的能力而闻名（Vorhees and Williams 2014）。蜜蜂（*Apis* spp.）的空间学习能力也令人印象深刻；它们可以将彩色标记作为“路标”，学会飞过复杂的迷宫。此外，它们还可以有效地利用这些路标在一个全新的迷宫中导航（Zhanget al. 1996）。孔雀鱼（*Poecilia reticulata*）可以在大约 5 天之内（经过 30 次尝试）快速学会一个复杂的迷宫。这些类型的研究需要严格可控，因此无法在动物园中开展；不过，如前所述，严格受控的实验室结果仍可以对动物园的动物管理有所启发。许多动物远比我们所认为的更加“知道它们要去哪里”，因此，也促进了动物园笼舍向着更大、更精细化的方向发展。克拉克（Clark 2013）将大多数圈养鲸豚类的展区评价为四壁光滑的混凝土水池，以及阐述了为何这种展区不能满足鲸豚类先天拥有的回声定位能力；重建整个展区的一种可选方案是在现有的水池中添加水下障碍物，让鲸豚类在障碍环境中导航定位。圈养宽吻海豚（*Tursiops truncatus*）的最新研究是给海豚使用水下触摸屏，让它们“捕捉”动图中显示的鱼（Fenz and Kaplan 2017）。

众所周知，探索对于野生动物和圈养动物都是强动机行为（Clark 2017 综述）。如果将探索分为两种宽泛的类别，即探究性（inspective）探索行为和好奇性（inquisitive）探索行为，后者的目的是为未来收集信息（Berlyne 1960；Russell 1983）。了解环境中未来可能会出现的各种机会，对于生活在多变环境中的动物尤其有用，也因此，相对静态的动物园环境可能会对好奇性探索行为表达有所阻碍（Clark 2018）。我在下面的“解决复杂问题”部分中将对此进行了详细介绍。

5.4.4 交配和抚育后代

我们已经讨论过幼年动物辨识父母并与之建立联系的自然需求，以及如何在幼年时期就进行配偶选择学习(性印记)。但是，当动物性成熟时，它们如何学会寻找配偶并最终学会照顾自己的后代呢？在动物园中，配偶选择受到严格的限制（因为是人类负责创造和维持动物的社群组成），那么识别配偶及交配行为真的那么重要吗？我认为是重要的，因为动物必须学习如何有效地交配，即使它们能选择的配偶非常有限。鸟类常被认为具有复杂的求偶炫耀行为，其中可能包括一系列的上下点头、拍打翅膀和蹲伏动作（Rogers and Kaplan 2002）。例如，雄性金领娇鹟（*Manacus vitellinus*）会进行精巧的求偶炫耀行为，其中包括个体独有的一系列如杂技般的跳跃动作（Fusani et al. 2007）。当交配季节开始时，雄鸟会反复练习它们的炫耀行为，呈现出一套编排完整的动作（Coccon et al. 2012）。这个例子展现了一只动物随时间自我积累的学习经验，而另一些动物则可能从彼此身上学习求偶行为。在褐头牛鹂（*Molothrus ater*）中，求偶行为可以一代代地通过社会学习传递下去，结果就是不同种群的牛鹂的求偶行为也会略有不同。

现在我们看一下抚育后代的技能。许多灵长类动物必须向父母和兄弟姐妹学习如何照管幼崽，才能成功育幼。在对动物园中高度社会化的灵长类动物开展繁殖管理时，可以将雌性个体饲养在一起，尽最大可能让雌性彼此学习育幼技能（Bard 1995）。猩猩是所有哺乳动物中单亲育幼时间最长的，断奶年龄在 8 岁左右（Galdikas and Wood 1990）。在这段一对一的学习期内，年幼的猩猩将学到哪些食物可以安全食用，以及如何筑巢；当猩猩成为孤儿并进入动物园或救护中心时，其重新回归野外的过程包括需要让人类或其他猿类作为猩猩孤儿的代理母亲，尝试模仿自然的亲本育幼，这也被称为“森林学校”（forest schools）（Russon et al. 2016）。与父母对后代的直接教导不同，细尾獴（*Suricata suricatta*）的社会体系具有助亲行为（alloparental care）的特点；后代由父母以及称为“助手”（helpers）或“看护者”（carers）的其他社群成员共同抚养（Thornton and McAuliffe 2006）。

5.4.5 避免危险

动物园动物会面对什么样的危险？尽管好的动物园为生活在其中的动物们提供庇护、温暖、舒适和食物，但是没有一种环境是百分百安全的。动物园动物仍可能面临被捕食的威胁（例如在英国，本土的狐狸会捕食动物园中的鸟类），因同物种其他个体的攻击而受伤（例如，Alford et al. 1995；Hosey et al. 2016；Ruehlmann et al. 1988），以及气候变化对动物园迁地保护日趋严峻的影响（Mawdsley et al. 2009）。

动物对重大危险信号做出的反应，一些是源自本能的，而另一些则受到个体经历的影响。一生都在动物园里生活的动物在面对野生捕食者时仍可能发出示警叫声，这表明在人类照管下的物种不一定会失去对抗捕食者的反应。例如，哈伦和曼瑟（Hollén and Manser 2007）发现，在大致相似的情境下，生活在动物园中的细尾獴发出的示警叫声，与野生个体中曾记录到的一系列示警叫声相同。此外，动物园的细尾獴可以区分食肉动物（潜在的捕食者）和食草动物（非捕食者）的粪便，即便先前它们并没有经历过这些气味信息。相似地，猛禽叫声也会引发圈养出生的白头狨（*Callithrix geoffroyi*）的示警叫声。实际上，被捕食动物对潜在捕食者的这些反应，很少需要有学习经验（Hollén and Manser 2007），这意味着在设计动物园展区时，我们应该谨慎，因为动物园的各个展区中，捕食者和被捕食者彼此生活得很近（Stanley and Aspey 1984；Wielebnowski et al. 2002）

另一些对危险的反应需要更多经由教导的主动学习。成年的细尾獴会通过让幼崽进行观察学习的方式教导它们如何处理活的猎物，例如蝎子；此外，细尾獴的教学方法会根据幼崽乞食叫声的变化做出不同反应，这使得学习过程非常有效（Thornton and McAuliffe 2006）。动物园的重引入项目也应考虑到哪些物种具有复杂的教学策略（参阅第 12 章）。

最后，一些恐惧反应也许是在必要时花更长时间逐步学习到的。无先前经验的青腹绿猴（*Chlorocebus pygerythrus*）在几天内就学会了躲避新笼舍的电网，研究者认为这一行为是基于试错学习的方式学到的（Weingrill et al. 2005）。条件性味觉厌恶是指动物在经历诸如患病或疼痛之类的不利影响后，学会不吃某种食物；最终，这可以帮助动物避免有毒的食物。动物在吃某种食物（例如浆果）和负面体验（例如呕吐）之间形成联系。福特曼与奥格登（Forthman and Ogden 1992）提出，可以在动物园中利用条件性味觉厌恶进行有害生物控制，换句话说，就是放置一些味道不好的食物以警告它们远离其他食物。我的研究主题就是动物园中的“有害”物种，我们确实值得花一点时间考虑一下那些不属于动物园的物种在动物园中可以学到什么。在这里，我指的是成千上万的蟑螂、大鼠、小鼠、鸽子、海鸥，郊狼和狐狸，它们可以进入动物园，享用其中丰富的食物、温暖的区域和庇护环境。除了条件性味觉厌恶之外，它们还可能像动物园的动物一样，学习识别相同或相似的“好食物”线索（例如咔嗒作响的钥匙声），学会如何向动物园游客乞食或是窃取游客或动物园动物的食物，以及躲避电网和诱捕等危险。

在本节结束时，我想讨论一下在面对非危险类刺激，如日常到访的游客，以及饲养员发出的、不代表食物即将到来的响声时，动物园动物所采用的学习机制。习惯化被定义为，对长时间反复出现的刺激的反应度下降（Blumstein 2016）。众所周知，习惯化发生在整个动物界，并为动物们节省了对无害刺激作出反应所需消耗的能量。习惯化是一种相对简单的学习形式，丰容缺乏新颖性时也很容易出现这种反应。例如，北太平洋巨型章鱼（*Octopus dofleini*）在第一次尝试使用一个塑料丰容物后就产生了习惯化的反应（Mather and Anderson 1999），众所周知，圈养的大猿也会迅速对丰容习惯化（Clark 2011）。习惯化的反义词是敏感化；这是一种对重复性刺激的反应增强。例如，如果动物仅仅对兽医的出现都变得敏感，表现出逃跑或应激行为，动物园兽医的工作就会变得异常困难。为了防止动物对厌恶性的、但又至关重要的兽医和饲养程序敏感化，可以运用正强化训练让动物对其适应（Young and Cipreste 2004）。

5.4.6 解决复杂问题

到目前为止，我们已经讨论了动物如何学习生存技能，以及如何满足自己更为日常的需求，例如学习规律性的食物提供信号。可以说，动物园动物的选择压力明显弱于野生动物；人工饲养管理下的动物，所经历的环境变化的频率和量级都与野生环境不同。丰容是一种已广受认可的管理工具，不论学习是否作为丰容的一个既定目标，都可以刺激圈养动物进行学习（参阅第 6 章）。

而位于丰容维度中最顶端的，就是我现在要提到的“认知丰容”（cognitive enrichment），它要求动物运用演化而来的认知技能去解决复杂（但仍适于该物种且与其技能水平相当的）问题（Clark 2011，2017）。解决问题应与某种结果或奖励联系在一起；动物应能意识到问题已经解决，也许是通过获得食物奖励的方式（Clark 2017）。有研究表明，除了解决问题“顿悟”时刻所带来的良好体验（Hagen and Broom 2004）之外，学习过程本身也会带来好的福利（Langbein et al. 2004）。与玩耍和探索这些动物自由学习的情境（前文已讨论）相反，复杂问题解决过程中的学习，需要饲养员主动地为动物提出问题，除非它们的日常展区中已经提供了（需解决）的问题。参与纯认知研究试验（pure cognitive research，即探索动物是否具有特定认知技能的研究）的动物会主动激发学习，对于具有高级认知能力的物种，这可能成为一种认知丰容形式（Hopper 2017）。

一些有关解决复杂问题的学习机制包括试错学习和顿悟学习（insight learning）。试错学习在前面已经讨论过了，在这种学习中动物会反复做出“试试看哪种有用”的反应。另一方面，当一只动物利用先前的经验和推断来解决一个新的问题时，则会发生顿悟学习（见图 5.6）。与操作性条件作用不同，顿悟学习不涉及反复试错。野生秃鼻乌鸦（*Corvus frugilegus*）并没有表现出经常使用工具，但是在人工饲养环境下，人们发现这种鸟类通过顿悟学习，学会了利用工具从一个管子中获得食物（Bird and Emery 2009）。在亚洲象（*Elephas maximus*）中也发现了顿悟学习（Foerder et al.

2011），与秃鼻乌鸦类似，亚洲象也可以通过整合先前的经验，学习使用工具来获得藏匿起来的食物。有了这些“极其聪明”的动物的学习证据（但显然无法免除物种内的个体偏差，以及我们会按照人类的能力去判断动物的技能）（Rowe and Healy 2014），动物园需要问自己以下问题：“我们的动物学到了什么？更重要的是它们可以学习什么？”

图 5.6　这只跳猴很可能正在运用多种不同的学习方式，来学习如何从益智取食器中获取食物，这个益智取食器内含一根里面藏有食物的圆木，但要接触到这根圆木，必须先推开一个胶卷筒。图源：尼基 · 尼达姆（Nicky Needham）。

5.4.7　终身学习

最近的研究发现，动物的“个性”特质（如大胆和攻击性）与学习能力之间存在正相关（Carere and Locurto 2011）。例如，白臀豚鼠（*Cavia aperea*）在一项食物获取任务中的学习速度与三种不同的个性评估因子之间存在很强的正相关性：大胆、活动水平和攻击性（Guenther et al. 2014）。这表明学习中的个体差异也许在整个生命中都持续存在且可预见；一些个体通常比其他个体具有更高的学习能力。从饲养管理的角度来看，对于动物园工作人员来说，如果识别他们所饲养动物的学习差异，有助于为个体量身定制丰容或训练计划，那么这样的了解是非常有用的。

某些学习结果也许能基于“个性”预测出来，但也并非所有的学习都会在动物的一生中始终保持不变。在本章的最后，我将简要地提一下，随着动物园动物不可避免地变老，它们的学习会发生什么变化，特别是考虑到由于缺少捕食者和在出色的兽医护理下，许多人类照管的动物已超出其自然寿命（Krebs et al. 2018）。大量关于衰老和学习的研究来自实验动物和人类；由此我们知道，脊椎动物的学习能力通常会随着年龄的增长而降低（Kausler 1994；Riddle 2007）。在关于护理动物园老年动物的文献综述中，克雷布斯（Krebs）等（2018）强调要给老年动物提供额外的人工辅助，帮助它们来学习新事物，不过长期记忆受到（年老）的影响可能较小。

5.5 结论

● 本章蜻蜓点水般地介绍了动物园动物的学习机会，以及学习对动物饲养管理的实际影响。我的本意并不是撰写一篇大而全的综述，而是鼓励读者阅读一些基础类的动物学习文献，以更详细地了解其中所涉及的学习机制（例如，Byrne 2017；Mackintosh 1994；Pearce 2013；Shettleworth 2010）。

● 动物园的环境既不是静态的，也不缺乏学习的机会。学习可以在出生之前就开始，并一直持续到死亡。因此，动物园管理者需要在每个生命阶段都提供最佳的环境，并特别注意母体环境的重要性以及幼年时期内时间敏感型印记行为发生的阶段。

● 通过玩耍和探索学习，动物可以练习重要技能并搜寻新信息；为了让动物掌控自己的学习进程，应该在动物园环境中创造这些非特意设计的学习机会。

● 除了非特意设计的自由学习机会（玩耍和探索）之外，还应该向动物园中的动物提供特意设计的学习机会。这包括正强化训练和涉及解决复杂问题的认知丰容。

● 绝大多数有关动物学习的正式研究都是在严格受控的实验室条件下进行的，但是没有任何理由不将这些研究结果应用于动物园动物。例如，如果我们发现某一物种具有特定的学习技能，则应努力促进同物种圈养个体也可以展示这种技能。关于大多数动物园动物如何进行学习，我们还有很多需要了解的内容，但随着现代动物园正在变成可行的研究场所，认知类研究也正在变得越来越普遍。

致谢

我要感谢本书的编辑邀请我为本章撰稿。还要感谢露西·梅森（Lucy Mason）和克里斯塔·埃米特（Christa Emmett）作为本章的助理编辑，以及感谢刘易斯·迪安（Lewis Dean）与我进行了关于动物学习理论的卓有助益的探讨。

参考文献

Alford, P.L., Bloomsmith, M.A., Keeling, M.E., and Beck, T.F. (1995). Wounding aggression during the formation and maintenance of captive, multimale chimpanzee groups. *Zoo Biology* 14 (4): 347–359.

Bard, K.A. (1995). Parenting in primates. In: *Handbook of Parenting*, *Vol. 2. Biology and Ecology of Parenting* (ed. M.H. Bornstein). New Jersey: Lawrence Erlbaum Associates, Inc.

Bassett, L. and Buchanan-Smith, H.M. (2007). Effects of predictability on the welfare of captive animals. *Applied Animal Behaviour Science* 102 (3–4): 223–245.

Berlyne, D.E. (1960). *Conflict, Arousal and Curiosity*. New York: McGraw Publishing.

Bird, C.D. and Emery, N.J. (2009). Insightful problem solving and creative tool modification by captive nontool-using rooks. *Proceedings of the National Academy of Sciences* 106 (25): 10370–10375.

Blumstein, D.T. (2016). Habituation and sensitization: new thoughts about old ideas. *Animal Behaviour* 120: 255–262.

Brainard, M.S. and Doupe, A.J. (2000). Auditory feedback in learning and maintenance of vocal behaviour. *Nature Reviews Neuroscience* 1 (1): 31.

Brown, S.D. and Dooling, R.J. (1992). Perception of conspecific faces by budgerigars (*Melopsittacus undulatus*): I. Natural faces. *Journal of Comparative Psychology* 106 (3): 203.

Bshary, R. (2011). Machiavellian intelligence in fishes. In: *Fish Cognition and Behaviour*, 2e (eds. C. Brown, K. Laland and J. Krause), 277–297. London: Wiley-Blackwell.

Burghardt, G.M. (2005). *The Genesis of Animal Play: Testing the Limits*. New York: MIT Press.

Burke, D., Cieplucha, C., Cass, J. et al. (2002). Win-shift and win-stay learning in the short-beaked echidna (*Tachyglossus aculeatus*). *Animal Cognition* 5 (2): 79–84.

Byrne, J.H. (2017). *Learning and Memory: A Comprehensive Reference*, 2e. London: Academic Press.

Byrne, R. and Whiten, A. (1989). *Machiavellian Intelligence: Social Expertise and the Evolution of Intellect in Monkeys, Apes, and Humans*. Oxford Science Publications.

Carere, C. and Locurto, C. (2011). Interaction between animal personality and animal cognition. *Current Zoology* 57 (4): 491–498.

Carlstead, K., Seidensticker, J., and Baldwin, R. (1991). Environmental enrichment for zoo bears. *Zoo Biology* 10 (1): 3–16.

Choo, Y., Todd, P.A., and Li, D. (2011). Visitor effects on zoo orangutans in two novel, naturalistic enclosures. *Applied Animal Behaviour Science* 133 (1–2): 78–86.

Clark, F.E. (2011). Great ape cognition and captive care: can cognitive challenges enhance well-being? *Applied Animal Behaviour Science* 135 (1–2): 1–12.

Clark, F.E. (2013). Marine mammal cognition and captive care: a proposal for cognitive enrichment in zoos and aquariums. *Journal of Zoo and Aquarium Research* 1 (1): 1–6.

Clark, F.E. (2017). Cognitive enrichment and welfare: current approaches and future directions. *Animal Behavior and Cognition* 4 (1): 52–71.

Clark, F.E. (2018). Competence and agency as novel measures of zoo animal welfare. *Measuring Behaviour* 11: 171–172.

Clark, F.E. and King, A.J. (2008). A critical review of zoo-based olfactory enrichment. In: *Chemical Signals in Vertebrates 11* (eds. J. Hurst, R.J. Beynon, S.C. Roberts and T. Wyatt), 391–398. New York: Springer.

Clark, F.E. and Melfi, V.A. (2012). Environmental enrichment for a mixed-species nocturnal mammal exhibit. *Zoo Biology* 31 (4): 397–413.

Clayton, N.S., Yu, K.S., and Dickinson, A. (2003). Interacting cache memories: evidence for flexible memory use by Western Scrub-Jays (*Aphelocoma californica*). *Journal of Experimental Psychology*: *Animal Behavior Processes* 29 (1): 14.

Coccon, F., Schlinger, B.A., and Fusani, L. (2012). Male Golden-collared Manakins *Manacus vitellinus* do not adapt their courtship display to spatial alteration of their court. Ibis 154 (1): 173–176.

Colombelli-Négrel, D., Hauber, M.E., Robertson, J. et al. (2012). Embryonic learning of vocal passwords in superb fairy-wrens reveals intruder cuckoo nestlings. *Current Biology* 22 (22): 2155–2160.

Conway, W. (1988). Can technology aid species preservation? In: *Biodiversity* (eds. E.O. Wilson and F.M. Peter), 263–268. Washington: National Academy Press.

Crane, A.L. and Mathis, A. (2010). Predator-recognition training: a conservation strategy to increase postrelease survival of hellbenders in head-starting programs. *Zoo Biology* 30 (6): 611–622.

Crockford, C., Wittig, R.M., Seyfarth, R.M., and Cheney, D.L. (2007). Baboons eavesdrop to deduce mating opportunities. *Animal Behaviour* 73 (5): 885–890.

Darmaillacq, A.S., Lesimple, C., and Dickel, L. (2008). Embryonic visual learning in the cuttlefish, Sepia officinalis. *Animal Behaviour* 76 (1): 131–134.

Davis, J.M. and Stamps, J.A. (2004). The effect of natal experience on habitat preferences. *Trends in Ecology and Evolution* 19 (8): 411–416.

De Waal, F.B. and Tyack, P.L. (2009). *Animal Social Complexity*: *Intelligence*, *Culture*, *and Individualized Societies*. Harvard University Press.

De Waal, F. and Waal, F.B. (2007). *Chimpanzee Politics*: *Power and Sex Among Apes*. Johns Hopkins University Press.

Dorey, N.R., Conover, A.M., and Udell, M.A.R. (2014). Interspecific communication from people to horses (*Equus ferus caballus*) is influenced by different horsemanship training styles. *Journal of Comparative Psychology* 128 (4): 337–342. https://doi.org/10.1037/a0037255

Fenz, K. and Kaplan, H. (2017). Scientists to probe dolphin intelligence using an interactive touchpad. Press release by Hunter College and Rockefeller University. http://www.m2c2.net/wp-content/uploads/2017/05/Official-Press-Release.pdf.

Foerder, P., Galloway, M., Barthel, T. et al. (2011). Insightful problem solving in an Asian elephant. *PLoS One* 6 (8): e23251.

Forthman, D.L. and Ogden, J.J. (1992). The role of applied behavior analysis in zoo management: today and tomorrow. *Journal of Applied Behavior Analysis* 25 (3): 647–652.

Freedberg, S., Ewert, M.A., Ridenhour, B.J. et al. (2005). Nesting fidelity and molecular evidence for natal homing in the freshwater turtle, *Graptemys kohnii*. *Proceedings of the Royal Society of London B*: *Biological Sciences* 272 (1570): 1345–1350.

Fusani, L., Giordano, M., Day, L.B., and Schlinger, B.A. (2007). High-speed video analysis reveals individual variability in the courtship displays of male golden-collared manakins. *Ethology* 113 (10): 964–972.

Galdikas, B.M. and Wood, J.W. (1990). Birth spacing patterns in humans and apes. *American Journal of Physical Anthropology* 83 (2): 185–191.

Gardner, B.T. and Gardner, R.A. (1998). Development of phrases in the early utterances of children and cross-fostered chimpanzees. *Human Evolution* 13 (3–4): 161–188.

Gavrilets, S. and Vose, A. (2006). The dynamics of Machiavellian intelligence. *Proceedings of the National Academy of Sciences of the United States of America* 103 (45): 16823–16828.

Gillingham, M.P. and Bunnell, F.L. (1989). Effects of learning on food selection and searching behaviour of deer. *Canadian Journal of Zoology* 67 (1): 24–32.

Gothard, N. (2007). What is the proximate cause of begging behaviour in a group of captive Asian short-clawed otters. *IUCN/SSC Otter Specialist Group Bulletin* 24 (1): 14–35.

Greco, B.J., Brown, T.K., Andrews, J.R. et al. (2012). Social learning in captive African elephants (*Loxodonta africana africana*). *Animal Cognition* 16 (3): 459–469.

Guenther, A., Brust, V., Dersen, M., and Trillmich, F. (2014). Learning and personality types are related in cavies (*Cavia aperea*). *Journal of Comparative Psychology* 128 (1): 74.

Hagen, K. and Broom, D.M. (2004). Emotional reactions to learning in cattle. *Applied Animal Behaviour Science* 85: 203–213.

Hare, B. and Tomasello, M. (2005). Humanlike social skills in dogs? *Trends in Cognitive Sciences* 9 (9): 439–444.

Hepper, P.G. (1996). Fetal memory: does it exist? What does it do? *Acta Paediatrica* 85: 16–20.

Hepper, P.G. and Waldman, B. (1992). Embryonic olfactory learning in frogs. *The Quarterly Journal of Experimental Psychology Section B, Comparative and Physiological Psychology* 44 (3-4b): 179–197.

Hollén, L.I. and Manser, M.B. (2007). Motivation before meaning: motivational information encoded in meerkat alarm calls develops earlier than referential information. *The American Naturalist* 169 (6): 758–767.

Hopper, L.M. (2017). Cognitive research in zoos. *Current Opinion in Behavioral Sciences* 16: 100–110.

Horwich, R.H. (1989). Use of surrogate parental models and age periods in a successful release of hand-reared sandhill cranes. *Zoo Biology* 8 (4): 379–390.

Hosey, G. and Melfi, V. (2014). Human-animal interactions, relationships and bonds: a review and analysis of the literature. *International Journal of Comparative Psychology* 27 (1): 117–142.

Hosey, G., Melfi, V., Formella, I. et al. (2016). Is wounding aggression in zoo-housed chimpanzees and ring-tailed lemurs related to zoo visitor numbers? *Zoo Biology* 35 (3): 205–209.

Hotta, T., Satoh, S., Kosaka, N., and Kohda, M. (2017). Face recognition in the Tanganyikan cichlid

Julidochromis transcriptus. *Animal Behaviour* 127: 1–5.

Kamil, A.C. and Gould, K.L. (2008). Memory in food caching animals. In: *Learning and Memory: A Comprehensive Reference* (eds. R. Menzel and J.R. Byrne), 419–439. Amsterdam: Academic Press.

Kausler, D.H. (1994). *Learning and Memory in Normal Aging*. London: Academic Press.

Kendrick, K.M., Atkins, K., Hinton, M.R. et al. (1995). Facial and vocal discrimination in sheep. *Animal Behaviour* 49 (6): 1665–1676.

Kendrick, K.M., Haupt, M.A., Hinton, M.R. et al. (2001). Sex differences in the influence of mothers on the sociosexual preferences of their offspring. *Hormones and Behavior* 40 (2): 322–338.

Krebs, J.R. (1973). Social learning and the significance of mixed-species flocks of chickadees (*Parus* spp.). *Canadian Journal of Zoology* 51 (12): 1275–1288.

Krebs, B., Marrin, D., Phelps, A. et al. (2018). Managing aged animals in zoos to promote positive welfare: a review and future directions. *Animals* 8 (7): 116. https://doi.org/10.3390/ani8070116.

Langbein, J., Nürnberg, G., and Manteuffel, G. (2004). Visual discrimination learning in dwarf goats and associated changes in heart rate and heart rate variability. *Physiology and Behavior* 82 (4): 601–609.

Laule, G. (1999). Training laboratory animals. In: *UFAW Handbook on the Care and Management of Laboratory Animals*, 7e, vol. 1 (ed. T. Poole), 21–27. Oxford: Blackwell.

Lohmann, K.J., Lohmann, C.M., Brothers, J.R., and Putman, N.F. (2013). Natal homing and imprinting in sea turtles. In: *The Biology of Sea Turtles*, vol. 3 (eds. J. Wyneken, K.J. Lohmann and J.A. Musick), 59–78. CRC Press.

Mackintosh, N.J. (1994). *Animal Learning and Cognition*. San Diego: Academic Press.

Mallapur, A., Waran, N., and Sinha, A. (2005). Factors influencing the behaviour and welfare of captive lion-tailed macaques in Indian zoos. *Applied Animal Behaviour Science* 91 (3–4): 337–353.

Martin, R. and Handasyde, K.A. (1999). *The Koala: Natural History, Conservation and Management.* UNSW Press.

Mather, J.A. and Anderson, R.C. (1999). Exploration, play and habituation in octopuses (*Octopus dofleini*). *Journal of Comparative Psychology* 113 (3): 333.

Mathis, A., Ferrari, M.C., Windel, N. et al. (2008). Learning by embryos and the ghost of predation future. *Proceedings of the Royal Society of London B: Biological Sciences* 275 (1651): 2603–2607.

Mawdsley, J.R., O'malley, R., and Ojima, D.S. (2009). A review of climate-change adaptation strategies for wildlife management and biodiversity conservation. *Conservation Biology* 23 (5): 1080–1089.

Menzel, E.W. (1973). Chimpanzee spatial memory organization. *Science* 182 (4115): 943–945.

Messer, E.J.E. (2013). Social learning and social behaviour in two mixed-species communities of tufted capuchins (*Sapajus* sp.) and common squirrel monkeys (*Saimiri sciureus*). Doctoral dissertation. University of St Andrews.

Morgan, T., Pluske, J., Miller, D. et al. (2014). Socialising piglets in lactation positively affects their post-weaning behaviour. *Applied Animal Behaviour Science* 158: 23–33.

Nawroth, C. and McElligott, A.G. (2017). Human head orientation and eye visibility as indicators of attention for goats (*Capra hircus*). PeerJ 5: e3073.

Oliveira, R.F., McGregor, P.K., and Latruffe, C. (1998). Know thine enemy: fighting fish gather information from observing conspecific interactions. *Proceedings of the Royal Society of London B*: *Biological Sciences* 265 (1401): 1045–1049.

Orban, D.A., Soltis, J., Perkins, L., and Mellen, J.D. (2017). Sound at the zoo: using animal monitoring, sound measurement, and noise reduction in zoo animal management. *Zoo Biology* 36 (3): 231–236.

Palagi, E., Antonacci, D., and Cordoni, G. (2007). Fine-tuning of social play in juvenile lowland gorillas (*Gorilla gorilla gorilla*). *Developmental Psychobiology*: *The Journal of the International Society for Developmental Psychobiology* 49 (4): 433–445.

Peake, T.M. (2005). Eavesdropping in communication networks. In: *Animal Communication Networks*. Cambridge University Press.

Pearce, J.M. (2013). *Animal Learning and Cognition*: *An Introduction*. Psychology Press.

Pellis, S.M. and Pellis, V.C. (2017). What is play fighting and what is it good for? *Learning and Behavior* 45 (4): 355–366.

Pluháček, J., Bartoš, L., Doležalová, M., and Bartošová-Víchová, J. (2007). Sex of the foetus determines the time of weaning of the previous offspring of captive plains zebra (*Equus burchelli*). *Applied Animal Behaviour Science* 105 (1-3): 192–204.

Poole, J.H., Tyack, P.L., Stoeger-Horwath, A.S., and Watwood, S. (2005). Animal behaviour: elephants are capable of vocal learning. *Nature* 434 (7032): 455.

Porton, I. and Niebruegge, K. (2006). The changing role of hand rearing in zoo-based primate breeding programs. In: *Nursery Rearing of Nonhuman Primates in the 21st Century* (eds. G.P. Sackett, G. Ruppenthal and K. Elias), 21–31. Boston: Springer.

Proops, L. and McComb, K. (2010). Attributing attention: the use of human-given cues by domestic horses (*Equus caballus*). *Animal Cognition* 13 (2): 197–205.

Ramirez, K. (2012). Marine mammal training: the history of training animals for medical behaviors and keys to their success. *Veterinary Clinics*: *Exotic Animal Practice* 15 (3): 413–423.

Riddle, D.R. (2007). *Brain Aging*: *Models*, *Methods*, *and Mechanisms*. CRC Press.

Rogers, L.J. and Kaplan, G.T. (2002). *Songs*, *Roars*, *and Rituals*: *Communication in Birds*, *Mammals*, *and Other Animals*. Harvard University Press.

Rosenfeld, S.A. and Van Hoesen, G.W. (1979). Face recognition in the rhesus monkey. *Neuropsychologia* 17 (5): 503–509.

Rowe, C. and Healy, S.D. (2014). Measuring variation in cognition. *Behavioral Ecology* 25 (6): 1287–1292.

Ruehlmann, T.E., Bernstein, I.S., Gordon, T.P., and Balcaen, P. (1988). Wounding patterns in three species of captive macaques. *American Journal of Primatology* 14 (2): 125–134.

Russell, P.A. (1983). Psychological studies of exploration in animals: a reappraisal. In: *Exploration in Animals and Humans* (eds. J. Archer and L.I.A. Birke), 2–54. Van Nostrand Reinhold.

Russon, A.E., Smith, J.J., and Adams, L. (2016). Managing human–orangutan relationships in rehabilitation. In: *Ethnoprimatology. Primate Conservation in the 21st Century*, Developments in Primatology: Progress and Prospects (ed. M. Waller), 233–258. Springer.

Satoh, S., Tanaka, H., and Kohda, M. (2016). Facial recognition in a Discus fish (Cichlidae): experimental approach using digital models. *PLoS One* 11 (5): e0154543.

Shepherd, S.V. (2010). Following gaze: gaze-following behavior as a window into social cognition. *Frontiers in Integrative Neuroscience* 4: 5.

Shettleworth, S.J. (2010). *Cognition, Evolution, and Behavior.* Oxford University Press.

Sibley, M.D. (1994). First hand-rearing of Kakapo *Strigops habroptilus*: at the uckland Zoological Park. *International Zoo Yearbook* 33 (1): 181–194.

Slagsvold, T., Hansen, B.T., Johannessen, L.E., and Lifjeld, J.T. (2002). Mate choice and imprinting in birds studied by cross-fostering in the wild. *Proceedings of the Royal Society of London B: Biological Sciences* 269 (1499): 1449–1455.

Sluckin, W. (2017). *Imprinting and Early Learning*. Routledge.

Smith, P.K. (1982). Does play matter? Functional and evolutionary aspects of animal and human play. *Behavioral and Brain Sciences* 5 (1): 139–155.

Sneddon, H., Hadden, R., and Hepper, P.G. (1998). Chemosensory learning in the chicken embryo. *Physiology and Behavior* 64 (2): 133–139.

Spinka, M., Newberry, R.C., and Bekoff, M. (2001). Mammalian play: training for the unexpected. *The Quarterly Review of Biology* 76 (2): 141–168.

Stanley, M.E. and Aspey, W.P. (1984). An ethometric analysis in a zoological garden: modification of ungulate behavior by the visual presence of a predator. *Zoo Biology* 3 (2): 89–109.

Stoinski, T.S., Drayton, L.A., and Price, E.E. (2011). Evidence of social learning in black-and-white ruffed lemurs (*Varecia variegata*). *Biology Letters* 7 (3): 376–379.

Tamura, N. (2011). Population differences and learning effects in walnut feeding technique by the Japanese squirrel. *Journal of Ethology* 29 (2): 351–363.

Thornton, A. and McAuliffe, K. (2006). Teaching in wild meerkats. *Science* 313 (5784): 227–229.

Thorpe, W.H. (1963). *Learning and Instinct in Animals*. London: Methuen Press.

Tomasello, M. and Call, J. (1997). *Primate Cognition*. USA: Oxford University Press.

Utt, A.C., Harvey, N.C., Hayes, W.K., and Carter, R.L. (2007). The effects of rearing method on social behaviors of mentored, captive-reared juvenile California condors. *Zoo Biology* 27 (1): 1–18.

Van Leeuwen, E.J., Zimmermann, E., and Ross, M.D. (2011). Responding to inequities: Gorillas try to maintain their competitive advantage during play fights. *Biology Letters* 7 (1): 39–42.

Vorhees, C.V. and Williams, M.T. (2014). Assessing spatial learning and memory in rodents. *Ilar Journal* 55 (2): 310–332.

Watters, J.V. (2014). Searching for behavioral indicators of welfare in zoos: uncovering anticipatory behavior. *Zoo Biology* 33 (4): 251–256.

Weingrill, T., Stanisiere, C., and Noë, R. (2005). Training vervet monkeys to avoid electric wires: is there evidence for social learning? *Zoo Biology* 24 (2): 145–151.

Wells, D.L. and Hepper, P.G. (2006). Prenatal olfactory learning in the domestic dog. *Animal Behaviour* 72 (3): 681–686.

Westlund, K. (2014). Training is enrichment – and beyond. *Applied Animal Behaviour Science* 152: 1–6.

Whiten, A. and Byrne, R.W. (1997). *Machiavellian Intelligence II: Extensions and Evaluations*, vol. 2. Cambridge University Press.

Wielebnowski, N.C., Fletchall, N., Carlstead, K. et al. (2002). Noninvasive assessment of adrenal activity associated with husbandry and behavioral factors in the North American clouded leopard population. *Zoo Biology* 21 (1): 77–98.

Young, R.J. (2013). *Environmental Enrichment for Captive Animals*. Wiley.

Young, R.J. and Cipreste, C.F. (2004). Applying animal learning theory: training captive animals to comply with veterinary and husbandry procedures. *Animal Welfare* 13 (2): 225–232.

Zhang, S.W., Bartsch, K., and Srinivasan, M.V. (1996). Maze learning by honeybees. *Neurobiology of Learning and Memory* 66 (3): 267–282.

6　丰容　给动物创造非正式的学习机会

罗伯特 · 约翰 · 扬，克里斯蒂亚诺 · 斯凯蒂尼 · 德 · 阿泽维多，
辛西娅 · 费尔南德斯 · 西普雷斯特

翻译：张轶卓　　校对：崔媛媛，张恩权

6.1　引言

圈养动物的生活应该充满正式和非正式的机会，去学习新的关联性和偶然性，这些野外环境所具有的功能机制，促使野生动物通过行为表达来操控环境。也正是这类行为，成为影响动物福利的重要因素。在本章中，我们将重点介绍丰容带来的非正式学习机会，及其对动物的影响。

动物刚进入一个新的笼舍时有很多事情需要学习。饲养员的工作服是什么样子的？我的饲养员有怎样的气味和嗓音？什么样的信号代表着我马上要得到食物了？还有什么声音表示食物要来了？哪条路可以最快到达室外展区？在不想看到游客时，哪里是最适合的藏身之地？然而，在短短几周之后，动物就学会了所有日常需要的应变，学习机会也可能随之迅速消失了。动物不再需要锻炼它们的思维和记忆力。

在饲养规程不变的单调环境下，圈养动物很少甚至没有机会通过正式或非正式的手段学习新事物。众所周知，这种情况的后果是行为出现异常，例如动物出现刻板行为（比如，圈养食肉动物以刻板的路线反复踱步）（Swaisgood and Shepherdson 2005；Kagan and Veasey 2010）。这种动物表达异常行为的情况被广泛认为是动物福利状况不佳的指标（Mason and Latham 2004；Sarrafchi and Blokhuis 2013；Schork and Young 2014）。

研究表明，在单调不变的环境中，操作性条件作用可以缓解异常行为，例如展示活动中的“小节目”（Bloomsmith et al. 2007；Coleman and Maier 2010）。很多训练员都认为，这是因为训练本身就是一种丰容活动（Melfi 2013；Westlund 2014），而且相比于使用其他丰容手段，动物可能更喜欢参与训练（Dorey et al. 2015）；但这是一个有争议的观点，将不会在本章中讨论。反而，我们的兴趣将集中在非正式的学习机会上，也就是最普遍的改善圈养动物福利的方法：丰容。

丰容通常指的是在圈养动物的环境中添加新的刺激，以此来改善动物福利（Shepherdson 2003；Young 2003；Azevedo et al. 2007）；例如，在动物笼舍中提供玩具。为了长期保持效果，提供的丰容必须是动态的且以目标行为为导向的（Cipreste et al. 2010），在该过程中，要定期更改提供的刺激，并且要定期给动物引入新的刺激。否则，这些动物很快就会对当前的丰容失去兴趣，因为除了和食物有关的丰容，固定不变的旧丰容对动物没有任何吸引力（Vasconcellos et al. 2012；Hosey et al. 2013）。饥饿的动物总是对食物有兴趣，而大多数动物总是对珍贵的食物（也就是零食）表现出兴趣（Bays 2014）。这种丰容实际上是在满足动物维持身体内稳态的需求，即满足其生理需求。出于这个原因，围绕食物开展的丰容是丰容项目中使用最多的一类（Young 2003）。

研究表明，丰容给动物福利带来的益处主要来自于两个方面：（i）所提供的刺激的新颖性；

（ii）促进动物对环境的掌控（Young 2003）。因此，从定义上来说，如果我们向动物提供新奇的刺激，那么我们就为动物创造了学习机会，动物将尝试了解这些在笼舍中提供的刺激。值得强调的是，动物对环境的掌控也包括了非正式学习。对游客敏感的动物知道可以通过进入房间来避免人类的注视；因此，动物学会了如何通过行为来操控环境，以达到规避嫌恶情境的目的。

扬（Young 2003）总结了大量证据证明丰容提高了动物福利水平，其中包括从行为学到神经学的证据。行为学的证据表明，接受丰容的动物学习能力有所提高（Strand et al. 2010；Sorensen et al. 2011）；神经学证据表明，神经元树突的密度和复杂度都有提高，并且大脑中与学习和记忆有关的杏仁核等区域体积更大（Rampon et al. 2000；Van Praag et al. 2000；Jung and Herms 2014）。因此，有充分的理由证明，动物在接受丰容的过程中，会不断地获得学习机会（图 6.1）。

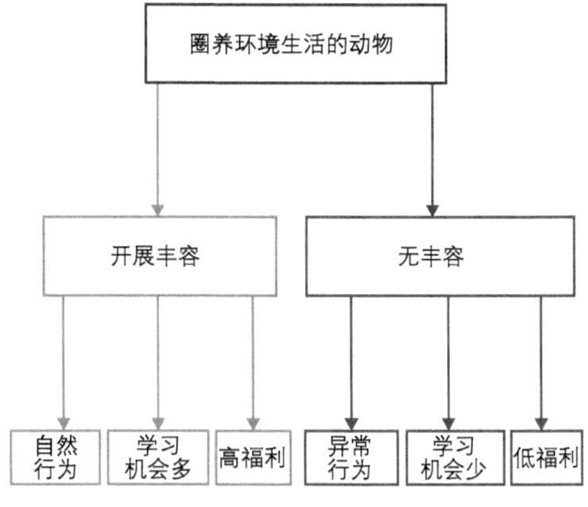

图 6.1　丰容与非丰容环境对圈养动物的影响比较

我们希望这些非正式学习机会也能引起大家的关注；而本章的目的就是阐述从动物学习和动物福利的角度如何最大化地利用这些机会。

6.2　丰容类别

通常，丰容可以分为五个非互斥的类别（Shepherdson et al. 1999；Young 2003）：

1）社群丰容（即社会化种群）

2）认知丰容和劳作（occupation）[1]（例如提供智力或肢体锻炼的机会）

3）物理环境丰容（例如在笼舍中放置符合物种需求的设施）

4）感官丰容（即提供五种感官刺激）

5）食物丰容（即对食物的利用，应用 / 不应用特定设施设备，让动物能利用自身解剖学和行为学的适应性特征来获取和处理食物）

如果管理得当，所有这些类别的丰容活动都可以为动物提供非正式的学习机会（图 6.2）。但是，这些学习机会必须针对特定的物种量身定制（Swaisgood 2007；Griffin 2012）；例如从动物福利的角度来看，尽管社交互动可以创造大量的学习机会，但对独居物种来说仍然是明显不合适的。

1　劳作对动物有特殊的价效功能。野外的动物在演化中形成自己的时间、空间活动模式，即在特定的时间、地点做出特定的一些行为。圈养下这个模式被破坏了，但动物对做这些事能获得回报的心理预期还在，行为越得不到满足，它们对行为回报的期望就越大越泛滥，就像越得不到的东西越是想要，这个叫作价效滥增。当价效滥增畸形发展就会形成刻板行为。劳作的主要作用就是让它们用实施行为然后获得回报来填补一下心理预期，这个主要是满足强动机行为，相当于面包。相较之下，动物对认知的心理预期没那么大，是更值得让饲养管理者去开发的东西，相当于甜品。——译者注

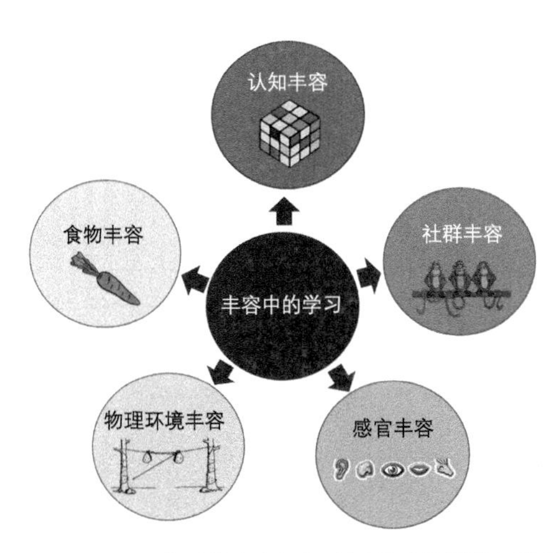

图 6.2 不同类别的丰容如何为圈养动物提供各种学习机会。深色表示较多的学习机会，浅色表示较少的学习机会。

6.3 社群丰容中的非正式学习机会

通常，群居物种的社会结构很稳定，这一点为圈养动物提供了了解社群成员的机会。显然在动物园中，圈养繁殖计划需要交换动物，繁殖也为群体创造了新的动物个体（Rees 2011）。但是，动物交换的频率普遍比较低，而且在性别上有局限，在野外为了获得繁殖机会，一些动物也会在不同群体之间迁徙。

对于所有物种来说，新生命的降生都创造了学习机会: 最简单的是，需要学习才能认识新生个体，或者从更复杂的层面上来说，需要学习如何照顾新生儿 [例如，义亲行为（allomothering）[1]，图 6.3]

图 6.3 在领西猯（*Pecari tajacu*）社群中出现的义亲行为。图源：卡洛斯 · 马尼奥 · 德 · 法里亚（Carlos Magno de Faria）。

1 在一个群体中，除去新生个体的亲生父母，其他成员也参与照顾幼崽。——译者注

（Breed 2014；Vidya 2014）。生儿育女的学习机会可能随物种特有的发育轨迹有所不同；例如，有蹄类动物通常发育成熟更早，成长速度也更快，而灵长类动物则更晚成，需要母亲照顾一段时间，成长速度也比较缓慢。因此，与早成型物种相比，新生命的到来给晚成型物种提供了更多的非正式学习机会（Ueno and Suzuki 2014）。

群体的规模和复杂性为社群丰容提供了很多机会。但是，在人工饲养环境下，动物的社群规模明显小于它们在野外的社群（例如大象），这一点大幅度地降低了社会复杂性（Rees 2011）。在野外，许多物种的社交网络很复杂，动物们不仅需要不断地审视和学习它们自己的社交互动，还需要不断地了解亲属以及竞争对手的社交互动。这些社交网络通常是动态的，因此个体必须依据社群中正在发生的事不断更新自己的状态。对某些物种来说，例如黑猩猩，这种情形相当于政治（Brosnan 2007），但不幸的是，大多数圈养黑猩猩的社群个体数量都很少。记住这一点很重要，即随着社群规模的增大，社会复杂性呈指数增长（Kempe and Mesoudi 2014）。正是出于这个原因，汉弗莱（Humphrey 1976）曾暗示大猿经常会受制于它们自己制造的“政治阴谋”。

在野外，集大群生活的社会动物并不总是待在一个大的群体中的，它们可能形成亚群，动物分裂成亚群的目的是寻找食物，之后又会回到主社群中（Reboreda and Fernandez 1997；Michelena et al. 2009）。就社会观察而言，亚群增加了社会复杂性。在圈养条件下，从丰容的角度，可以通过为动物提供多个房间和允许动物在不同笼舍间活动来重建这种状态（Coe and Dykstra 2010；Coe 2012）。例如，在华盛顿特区的史密森尼国家动物园中，猩猩可以通过高空的缆绳去往不同的笼舍，动物可以通过这个设施躲开某个体，也可以选择和某个体待在一起，或者选择独处。

互联网视频通话创造了很多极为有趣的社群丰容机会。例如，相同物种（甚至是不同物种）的动物可以通过远程方式产生视觉和听觉上的互动。对一些物种来说，这种活动很有刺激性也有实际的应用价值。假如需要转移一只雌性黑猩猩到一个新社群，那它就可以提前看到未来的社群成员并产生互动。这样就有利于这只雌性黑猩猩了解新的同伴，甚至可能对新家的布局有初步的认识（Tibbetts and Dale 2007）。视频展示还被应用于紫翅椋鸟的丰容中，但并不能有效地阻止异常行为的发生或发展（Coulon et al. 2014）。

当然，在使用电子设备以及其他丰容设施时，应该从动物的角度考虑而不是从人类的角度考虑，特别是那些提供视觉或听觉互动的装置。根据物种的不同，动物在视觉和听觉上也和人类有所不同（Jacobs 2009）。以犬科动物为例，它们不能看到所有的颜色，但是旧世界灵长类动物却可以看到（Jacobs et al. 1993；Vorobyev 2004；Jacobs 2008）。许多鸟类和爬行动物都能看到紫外光谱，因此可以在布置食物丰容时使用可反射紫外线的食物（Honkavaara et al. 2002）。同样的，在设计听觉类感官丰容时，声音频率的选择不仅仅只基于人类的听觉频率，还可以集中在这个物种的整个可听频谱中（Wells 2009）。在本章的以下各小节，可以阅读到更多有关感官丰容的信息。

6.4 认知丰容和劳作中的非正式学习机会

认知丰容是给动物提供一些难题，用于锻炼大脑活动，显然，在这个过程中包含学习的机会。通常，动物去解决问题的动力是得到食物作为奖励（Cheyne 2010）。最早的例子之一是给圈养的黑猩猩提供人造白蚁丘，它们需要学会的是怎么蘸食蜂蜜或酸奶而不是白蚁（Nash 1982）。提供给黑猩猩的树枝一般需要根据目的修剪形状，它们通过试错法或者观察其他更有经验的黑猩猩来学习如何处理工具蘸取食物（不过，黑猩猩在工具使用上能否模仿其他个体这个话题现在仍有争议，Buttelmann et al. 2013）。动物第一次面对这样的难题时确实存在真正的认知挑战，但是随着时间流逝，动物逐渐学会以更高的效率解决问题，认知挑战的难度就越来越低了。然而，需要注意的是，有一些认知任务可能需要动物长期的实践和优化才能攻克难题。例如，野生卷尾猴可能需要花费数月甚至数年的时间才能完全掌握将岩石用作锤子，砸开坚果的技巧（Ottoni and Izar 2008）。克拉克（Clark 2017）综述了认知丰容的应用和益处，可供参阅。

认知丰容活跃了圈养动物的思维，从而创造了许多非正式的学习机会，而“劳作”，例如运动锻炼等，从中获得的学习机会似乎很有限。

在劳作时，食物奖励可以为动物的各种忙碌提供强动机。方塞卡（Fonseca）等（2014）研究表明，如果跑动的距离能决定获得食物奖励的数量，那么所有测试的老鼠每天都会在跑轮上跑数公里。不幸的是，整个过程中的学习阶段仅限于很短的时间，而且动物的行为就像是在斯金纳箱中的实验一样。除非以可变比率或可变间隔的强化程式提供食物奖励，否则这种反应会变成自动的条件反射（Fonseca et al. 2014）。一般来说，劳作的问题在于，如果动物没有频繁获得食物奖励是不会执行任务的，因此，即使野生动物被证明会使用跑轮，它们也不会长时间的使用（Meijer and Robbers 2014）。

劳作的另一个问题就是它通常没有变化，动物学会了以恒定的速度来表现运动行为。在野外，动物会根据地形和目的，改变运动行为。对人类身体训练的研究也表明，强度有变化的运动对精神的刺激更大，产生的健身效果也更好（Taylor et al. 1985；Swan and Hyland 2012）。这些概念尚未应用于作为丰容的劳作中，但是提高变化性似乎会使这种活动对动物更具吸引力，因为它们需要加倍注意正在发生的事（例如，运行中的跑轮突然提速或降速）。

6.5 物理环境丰容中的非正式学习机会

物理环境丰容就是使用一些设施和通过笼舍设计去满足动物的需要，是动物园等动物饲养机构最常用、最受青睐的丰容类型之一（Young 2003）。究其原因是人们错误地认为这是一次性投资。例如，人们认为给企鹅场馆中建造一个大水池，就不必再担心它们的丰容问题。再比如，认为在美洲豹笼舍中，加入一个大规模的立体攀爬架，也可以解决动物的福利问题。在这里有两个错误的认识：（i）任何的单项丰容都不足以保证一只圈养动物的福利需求；并且（ii）丰容必须是动态的。

在野外，动物生活的物理环境千差万别，经常会发生变化。例如，生活在巴西大西洋森林中的长尾虎猫是一种高度树栖的猫科动物，它们必须学会如何在家域范围的立体空间内找到正确方向。雨季到来，很多树枝会被暴风雨折断，甚至一些树木都会被刮倒。因此，长尾虎猫需要每年至少更新几次家域范围的空间图。在动物园环境下，如果攀爬的结构从没有被改变过，那就不会发生这种更新。因此，每年只要改变几次树栖动物笼舍中的“树枝通道”就能创造学习机会，因为个体必须通过学习才能掌握新的路径。

对于长期圈养在没有变化的笼舍中的动物，在改造笼舍设施布局的初期需要缓慢进行，降低频率，以免对动物造成压力（Young 2003）。一旦动物了解到笼舍是会发生改变的，就可以开始提高变化频率。动物学会如何应对变化非常重要，特别是变化将成为动物在动物园生活中的一部分时（例如，出于繁殖原因的个体交换，动物会被转移到其他环境）。

乔恩·科（Jon Coe）提出的一个新设计概念应用于费城动物园，是使用类似火车轨道系统的多个通道将不同笼舍连接起来。这种设计让环境改变和新学习机会的出现都迈向了新的高度（Coe 2012）。在这个概念里，动物园里所有的动物都有机会在整个动物园内移动，它们可以去到另一个笼舍或者拥有新的视角。如果上百个笼舍都通过这个通道系统连接在一起（当然这不是普遍适用的，因为小型灵长类动物的笼舍可能就不适合大型食肉动物），那么动物将不断地在动物园中学习新的移动路径，学习它们笼舍中新的布局，更不用说还有其中的新气味，等等。因此，得益于这个系统，动物园环境中最为静态的一部分都可以成为最为动态的一部分，并为动物创造持续的学习机会。

6.6 感官丰容中的非正式学习机会

圈养环境也可以像野外环境一样充满新奇的感官刺激。从丰容的角度来说，圈养环境下的新感官体验主要来自于以下途径：视觉、听觉、嗅觉和味觉（参见“感知方式专栏”），味觉将会在下文中食物丰容部分讨论。每一次新奇的感官刺激都会被动物的大脑记录（作为信息线索），学会将刺激与一些事件相联系（例如，饲养员摇晃钥匙的声音和得到食物相联系）。

圈养本身可能意味着无法控制视觉、听觉、嗅觉刺激的来源，这些刺激有可能并非来自于丰容。在动物园里，最显而易见的视觉、听觉和嗅觉的感官刺激源是停留在笼舍前的游客。他们可以被动物看到、听到甚至嗅闻到。研究表明，动物园游客产生的听觉刺激（也被称为噪音）通常会给动物福利带来负面影响（Quadros et al. 2014）。不幸的是，我们没有视觉刺激影响的量化数据，一般来说大群游客的出现会比小群游客产生更多的打扰（Hosey 2000；Kuhar 2008），但是这一影响也可能与大群游客产生更大噪声有关。就像游客带来的视觉刺激一样，来自游客的嗅觉刺激很可能会影响具有敏感嗅觉的物种的行为，但目前也缺乏量化数据。即使没有游客，动物园也会产生一系列听觉刺激（例如来自园艺和施工等活动）和嗅觉刺激（例如来自自助餐厅），动物可能会在距其很远的地方感知到这些刺激源。但是，如果这些刺激源对动物来说是不明显的，那么学习机会就会逐渐减少。如果刺激具有关联性，例如听到饲料配送车的声音和闻到鱼腥味，那么这种经过学习的意外事件就有可能成为类似熊等动物的压力来源之一（Cremers and Geutjes 2012）。对食物的期待可能会诱发异常行为。在巴塞特和布坎南（Bassett and Buchanan-Smith 2007）撰写的综述中可以找到可预测性对动物福利水平影响的更多讨论。

丰容的应用通常是引入新的刺激，这也是视觉刺激的来源，可以扩大动物大脑的视觉皮层（Sale et al. 2004；Baroncelli et al. 2010）。因此，视觉刺激经常是丰容的附加作用，也许是出于这个理由，很少有人特意提供视觉丰容。从对丰容研究的缺陷分析中可以看出，这种类型的丰容已经被严重忽视了（Azevedo et al. 2007）。在过去，最常见的视觉丰容应用是给灵长类动物提供电视（Platt and Novak 1996；Lutz and Novak 2005），但是动物园感觉到这是在将动物拟人化，因此这种做法逐渐失宠。电子投影仪使我们可以给动物提供许多不同类型的视觉刺激。一些物种，例如鸟类，会对同种个体的视频图像作出反应，就好像它们真实存在于笼舍中一样（Clarke and Jones 2000）。对于一些在野外生活在大群体，却被圈养在小群体的物种来说，比如火烈鸟，这种方法可能会缓解由于生活群体太小产生的压力。火烈鸟受大群体的庇佑对抗天敌，同步表达繁殖行为；因此，在小群体中这些行为可能永远不会被表达（Pickering et al. 1992）。亚洲象有复杂的社会结构并能维持以小群体生活，分裂这种结构将会引发压力（Rees 2009）。或者，一个低技术含量的解决办法是在笼舍内放置鸟模型和镜子[1]（Pickering and Duverge 1992；Azevedo and Faggioli 2004；Sherwin 2004）。然而，相对于视频图像，哪怕仅仅是同一物种的野外视频直播，鸟类可能更容易对模型和镜子产生的刺激习惯化，因为模型和镜子永远无法完全模仿活的动物，这种情况在将其应用于高认知水平物种的笼舍中时尤其明显（Bensom-Amram et al. 2016）。

丰容研究中使用的听觉刺激，通常是同物种个体的声音（Rukstalis and French 2005；Simonet et al. 2005；Kelling et al. 2012）。但是，如果频繁使用这些叫声，但却没能与动物对叫声的行为反应建立正相关，动物将学会习惯这些声音，或是改变行为，甚至因此产生压力（Harris and Haskell 2013；Massen et al. 2014）。例如，如果在警戒捕食者的叫声之后没有出现一个恰当的捕食者模型，这个声音也许很快就不具有让动物改变行为的能力了（Griffin et al. 2000），但是一些物种在演化过程中会保留识别天敌叫声的能力（Hettena et al. 2014）。一些组织认为把捕食者的叫声作为丰容是有问题的，会对动物福利有影响。因为这样会引发动物的反捕食反应，而捕食者也是一种压力源。

在许多物种中，比如鸟类，幼年个体会通过聆听其他社群成员的声音去学习本物种特有的叫声，并且需要在练习中使自己的发声更加精准熟练（Payne et al. 2000；Catchpole and Slater 2008）。此外，很多叫声只有特定的刺激出现时才会呈现，例如看到一只捕食者或是听到同物种其他个体宣誓领地的叫声（Hollén and Radford 2009）。宣誓领地的叫声曾经被广泛应用于很多物种的听觉丰容中，例如长臂猿会以自己的领地叫声来回应（Shepherdson et al. 1999）。除了有叫声反应之外，动物受到领地挑战时社交行为往往会增加，并具有建立更强社会联系的潜在可能。

最后，将音乐作为一种刺激用在听觉丰容中一直很受欢迎，因为有研究证明，听古典音乐或者小牛叫声的奶牛产奶量更多（McCowan et al. 2002；O' Brien 2014）。人类的音乐结构和语言结构有关。有观点认为，动物的音乐应该基于该物种的发声结构。一项关于灵长类动物的研究表明，相较于人类音乐，它们对“猴子音乐”更有兴趣（Snowdon and Teie 2013）。斯诺登（Snowdon）等（2015）还在家猫身上发现了同样的结论。

尽管事实上人类的嗅觉能力相对较差，但最近对嗅觉丰容的应用也有所增加（Clark and King 2008；Laska 2017）。然而和其他感官刺激一样，重要的是，要么呈现的刺激与动物的行为结果存在某种天然的相倚性（例如食物或者捕食者模型的出现），要么每种刺激的应用频率不应过高。现已证明，不需要捕食者模型的出现，仅仅有捕食者的气味就可以有效地诱发动物的反捕食反应（Apfelbach et al. 2005；Rosell et al. 2013）。例如，在大食蚁兽笼舍中放置沾染美洲豹味道的羊驼毛，足以引发大食蚁兽的逃跑反应，开始在笼舍内东奔西跑（Orlando and Fernández 2014）。但是，显

---

1 原文献指出大象不应单独饲养。——译者注

而易见，这种刺激只能少量、短时间（仅几分钟）的使用，并且需要能够从笼舍中彻底移除。如果这种刺激存在的时间很长，可能会给动物带来痛苦，因为它们无法逃离假想的“捕食者”，这会给动物福利带来负面的影响。

其他用来给圈养动物做日常丰容的气味还包括在领地标记气味，比如大型猫科动物或狐猴等灵长类动物。在笼舍边缘小心布置这些气味可以教会动物对领地界限的理解（Campbell Palmer and Rosell 2010；Jackson et al. 2012）。在圈养条件下，重要的是不能在清洁流程中不断地去除气味标记，因为对有些物种来说，这种反标记（counter-mark，用自己的标记盖过其他个体的标记气味）可能意味着领地中出现了一个新入侵者，会给笼舍中的居住者带来巨大的压力。

尽管对很多动物来说，手指和脚趾等末梢都布满了神经，能够感知细微的材质变化，但是触觉丰容却是丰容方法中最没有得到充分应用的（Lederman 1991）。不同的材料会给动物提供相关的用途信息（Marshall et al. 2008），例如树栖的物种很快就能了解到非常光滑的表面很难攀爬。弗伦奇（French）等（2016）尝试为亚洲象制造具有触觉属性的丰容玩具，并得到了良好的效果。他们为大象设计了一种淋浴装置，包含一个简单绳索开关和粗麻布按钮，这些不同的材料对大象很有吸引力，会花很多时间用象鼻摆弄这些装置。由于每个物种都有自己的感觉能力，触觉丰容应该被仔细地考虑。灵长类动物的指尖有很强的触感，在丰容过程中使用不同的材料可以增强触觉体验效果（Dominy et al. 2004）。不同温度、不同压力，以及不同硬度的材料制成的丰容物一定会带来不同的感受和新的学习机会。

感官刺激为圈养动物提供了丰富的学习机会，但是目前还没有系统地应用这些手段来充实动物的生活。

6.7 食物丰容中的非正式学习机会

对圈养动物来说，食物是生活中最有效的强化物之一。因此，动物很快就能学会与食物到来相关联的所有情况。例如，动物园里的动物甚至可以学到手推车的声音代表饲养员会带着食物到达，并排除其他声音（Cremers and Geutjes 2012）。因此，给动物喂食必须十分注意，因为这一过程可能会产生各种积极和消极的意外关联。例如，当大型食肉动物在某些天禁食的时候，食物即将到达的信号可能会引发像刻板踱步这类异常行为（Bassett and Buchanan-Smith 2007）。

业内传闻中，一些出现在动物园动物身上的奇怪行为都是由偶发的或非期望的意外事件导致的。在巴西的贝洛哈里桑塔动物园（Belo Horizonte Zoo）有一只雄性长颈鹿，它会用脖子碰触电围栏并受到电击（图 6.4）。这种行为似乎来源于动物探出电围栏去取食笼舍外的鲜嫩叶子。每次长颈鹿想办法用舌头卷到满满一嘴的叶子时，都会被电到。这个过程重复了很多次，最终动物将受到电击和可以获得食物之间联系了起来。

使用食物引诱动物与丰容物互动很普遍，但这是一把双刃剑。当动物将丰容物和食物相关联之后，一旦没有食物，它们将不再对丰容物有兴趣。例如，猪可能会花费很长时间滚动笼舍里的玩具球，但是如果把食物放在球里，同一只动物只会在有食物的情况下才会玩球（Young et al. 1994；Young and Lawrence 1996）。猪和长颈鹿的例子都可以参照普雷马克原理，该原理指出，如果以一个高期

图 6.4 巴西贝洛哈里桑塔动物园的长颈鹿。一只雄性个体将受到电击与可以获得鲜嫩的树叶相关联。注意看，电线就在木围栏的上面。图源：市立公园和动植物园基金会。

待值活动强化一个低期待值活动，那么动物就会去从事那个低期待值活动（Bond 2008）。因此，由于知道了球与食物的相倚性，球作为玩具的“吸引力”就不复存在了。需要谨记的是，出于两个原因，我们不能一直使用食物来丰容。第一，动物最终会吃饱喝足，并因此不再使用所提供的丰容物。第二，如果过度使用食物诱导动物与丰容物互动，有可能将动物置于肥胖的危险中，许多研究已经表明，圈养动物的肥胖比例正在上升（Morfeld et al. 2014）。

食物不仅可以作为初级强化物，根据我们已经知道的，食物还可以提供多种感官刺激，例如视觉、嗅觉和触觉。它也是味觉丰容的来源。动物可以通过食物的颜色、气味、触感和口感来了解不同食物对其而言的相对营养价值（Rowe and Skelhorn 2005；Werner et al. 2008；Passos et al. 2014）。例如，对灵长类动物来说，较红的水果可能表示这个食物更甜且更富含能量。但是，如果动物园或者实验室对食物进行处理，例如对水果去皮并切碎，那么动物就很难学习到这些相倚性（Sandri et al. 2017）。

总的来说，我们只讨论了联想学习（associative learning）和非联想学习（non-associative learning），没有涉及印记行为和时间敏感期等特殊过程。很多物种在敏感期（学习窗口时期）学会什么能吃并对这类食物产生印记（Burghardt and Hess 1966；Burghardt 1969）。如果在学习窗口期未能提供适当的食物给圈养动物，即使被放归野外也无法识别它们的猎物。例如，将圈养的喂食牛肉的猎豹放归非洲时，出现了试图捕猎长颈鹿和犀牛等不恰当物种的情况（Young 1997）。

6.8 讨论

在丰容过程中，动物一直在学习有关其环境中的新刺激，以及由这些新刺激所建立的任何意外关联事件。如果这些学习机会被精心管控，可以增加丰容的使用价值，在动物园环境里，这可以用来促进现代动物园的四个目标——保护、研究、教育和休闲。

丰容的很多益处来自动物对环境的不断学习，学习过程让环境更有吸引力。在某些情况下，例如使用食物丰容的时候，食物作为初级强化物，增强了动物特定行为（使用丰容物）在未来出现的可能性。在使用认知丰容时，也常用食物引诱动物使用丰容物；那么，在这种情形下，初级强化物到底是学习机会还是食物就不得而知了（Sambrook and BuchananSmith 1997）。但是，比起食物丰容中所观察到的学习，认知环节中发生的学习更具有自发性（Melfi 2013；Clark 2017）。值得注意的一点是，好的丰容项目并不是指动物可以通过丰容获得所有食物，而是指动物能获得的食物量取决于它们选择使用丰容物的时间长短。

通过丰容创造的非正式学习机会使动物的大脑保持活跃，已经被证实可以提高动物的学习能力和应对环境变化的能力（Young 2003；Salvanes et al. 2014；GrimbergHenrici et al. 2016）。对人类来说，研究表明有更多精神活动的人通常较少罹患诸如阿尔茨海默氏症等与年龄相关的疾病（Nithianantharajah and Hannan 2006; Woo and Leon 2013）。得益于兽医的日常检查和饲料营养的提高，圈养野生动物的寿命开始比野外环境中的同类更长。例如，在野外，黑猩猩的寿命通常为 40 岁左右，而在圈养条件下，可以达到 60 岁左右。因此，如果圈养黑猩猩没有精神上的刺激活动，那么我们预见可能会看到类似痴呆症的疾病，这种疾病已经在宠物狗中被发现了（Sanabria et al. 2013；Schütt et al. 2015）。

需要注意的是动物行为训练虽然确实可以促进学习，但每天只能进行短暂的一段时间（Young and Cipreste 2004；Domjan 2005）；然而在合理丰容和恰当管理的环境中，非正式学习是一个可以持续发生的过程。还应该注意，这种非正式学习的类型比操作性条件作用创造的学习机会要更加多样化。显然两者在动物的学习中都占有一席之地，但是这两种活动的功能又完全不同。因此，就前文所提及的对动物福利的益处而言，非正式学习机会可能更加重要。

总而言之，我们应当为动物园的圈养动物提供丰容，因为动物可以由此获得更多的学习机会，增加自然行为的表达，减少异常行为，并可以提升福利水平。应用丰容的动物在多项认知任务中表现得更好，这有助于它们适应新环境。因此，对于饲养在单调环境中的动物来说，丰容可能是唯一的转移注意力的活动，也是学习机会的主要来源。

致谢

罗伯特·约翰·扬曾得到巴西米纳斯吉拉斯州研究基金会（FAPEMIG）和巴西国家科学技术发展委员会（CNPq）的资金支持；目前他正由巴西高等教育基金会的科学无国界项目支持（SwB，

CAPES）。克里斯蒂亚诺·斯凯蒂尼·德·阿泽维多得到了巴西米纳斯吉拉斯州研究基金会 / 巴西塞米克电力公司（FAPEMIG/CEMI）以及巴西高等教育基金会的支持。

参考文献

Apfelbach, R., Blanchard, C.D., Blanchard, R.J. et al. (2005). The effects of predator odors in mammalian prey species: a review of field and laboratory studies. *Neuroscience and Biobehavioral Reviews* 29: 1123–1144. https://doi.org/10.1016/j.neubiorev. 2005.05.005.

Azevedo, C.S. and Faggioli, A.B. (2004). Effects of the introduction of mirrors and flamingo statues on the reproductive behaviour of a Chilean flamingo flock. *International Zoo News* 51: 478–483.

Azevedo, C.S., Cipreste, C.F., and Young, R.J. (2007). Environmental enrichment: a gap analysis. *Applied Animal Behaviour Science* 102: 329–343. https://doi.org/10.1016/j. applanim.2006.05.034.

Baroncelli, L., Braschi, C., Spolidoro, M. et al. (2010). Nurturing brain plasticity: impact of environmental enrichment. *Cell Death and Differentiation* 17: 1092–1103. https://doi. org/10.1038/ cdd.2009.193.

Bassett, L. and Buchanan-Smith, H.M. (2007). Effects of predictability on the welfare of captive animals. *Applied Animal Behaviour Science* 102: 223–245. https://doi.org/ 10.1016/j.applanim.2006.05.029.

Bays, T.B. (2014). Environmental enrichment for small mammals. *Clinician's Brief* (March), p. 85–89.

Bensom-Amram, S., Dantzer, B., Stricker, G. et al. (2016). Brains size predicts problem- solving ability in mammalian carnivores. *Proceedings of the National Academy of Sciences of the United States of America* 113: 2532–2537. https://doi.org/10.1073/ pnas.1505913113.

Bloomsmith, M.A., Marr, M.J., and Maple, T.L. (2007). Addressing nonhuman primate behavioural problems through the application of operant conditioning: is the human treatment approach a useful model? *Applied Animal Behaviour Science* 102: 205–222. https://doi.org/10.1016/j. applanim.2006.05.028.

Bond, C. (2008). Neurology of learning: an understanding of neurology as the basis of learning and behaviour in the domestic dog. *Journal of Applied Companion Animal Behavior* 2: 50–95.

Breed, M.D. (2014). Kin and nestmate recognition: the influence of W. D. Hamilton on 50 years of research. *Animal Behaviour* 92: 271–279. https://doi.org/10.1016/j. anbehav.2014.02.030.

Brosnan, S.F. (2007). Our social roots. *Nature* 450: 1160–1161. https://doi.org/10.1038/4501160a.

Burghardt, G.M. (1969). Effects of early experience on food preference in chicks. *Psychological Science* 14: 7–8.

Burghardt, G.M. and Hess, E.H. (1966). Food imprinting in the snapping turtle, *Chelydra serpentina*. *Science* 151: 108–109. https:// doi.org/10.1126/science.151.3706.108.

Buttelmann, D., Carpenter, M., Call, J., and Tomasello, M. (2013). Chimpanzees, *Pan troglodytes*, recognize successful actions, but fail to imitate them. *Animal Behaviour* 86: 755–761. https://doi. org/10.1016/j. anbehav.2013.07.015.

Campbell-Palmer, R. and Rosell, F. (2010). Conservation of the Eurasian beaver *Castor fiber*: an olfactory perspective. *Mammal Review* 40: 293–312. https://doi. org/10.1111/j.1365-2907.2010.00165.x.

Catchpole, C.K. and Slater, P.J.B. (2008). *Bird Songs: Biological Themes and Variations*, 2e. Cambridge: Cambridge University Press.

Cheyne, S.M. (2010). Studying social development and cognitive abilities in gibbons (*Hylobates* spp.): methods and applications. In: *Primatology: Theories, Methods and Research* (eds. E. Potocki and J. Kraisinski), 1–24. New York: Nova Science Publishers Inc.

Cipreste, C.F., Azevedo, C.S., and Young, R.J. (2010). How to develop a zoo-based environmental enrichment program: incorporating environmental enrichment into exhibits. In: *Wild Mammals in Captivity: Principles and Techniques for Zoo Management*, 2e (eds. D.G. Kleiman, K.V. Thompson and C.K. Baer), 171–180. Chicago: The University of Chicago Press.

Clark, F.E. (2017). Cognitive enrichment and welfare: current approaches and future directions. *Animal Behavior and Cognition* 4: 52–71. https://doi.org/10.12966/ abc.05.02.2017.

Clark, F. and King, A.J. (2008). A critical review of zoo-based olfactory enrichment. In: *Chemical Signals in Vertebrates 11* (eds. J.L. Hurst, R.J. Beynon, S.C. Roberts and T.D. Wyatt), 391–398. New York: Springer.

Clarke, C.H. and Jones, R.B. (2000). Effects of prior video stimulation on open-field behaviour in domestic chicks. *Applied Animal Behaviour Science* 66: 107–117. https://doi.org/10.1016/S0168-1591(99)00071-4.

Coe, J. (2012). *Design and Architecture: Third Generation Conservation, Post-immersion and Beyond*. New York: Buffalo.

Coe, J. and Dykstra, G. (2010). New and sustainable directions in zoo exhibit design. In: *Wild Mammals in Captivity: Principles and Techniques for Zoo Management*, 2e (eds. D.G. Kleiman, K.V. Thompson and C.K. Baer), 202–215. Chicago: The University of Chicago Press.

Coleman, K. and Maier, A. (2010). The use of positive reinforcement training to reduce stereotypic behaviour in rhesus macaques. *Applied Animal Behaviour Science* 124: 142–148. https://doi.org/10.1016/j. applanim.2010.02.008.

Coulon, M., Henry, L., Perret, A. et al. (2014). Assessing video presentations as environmental enrichment for laboratory birds. *PLoS One* 9: e96949. https://doi. org/10.1371/journal.pone.0096949.

Cremers, P.W.F.H. and Geutjes, S.L. (2012). The cause of stereotypic behaviour in a male polar bear (*Ursus maritimus*). In: *Proceedings of Measuring Behavior 2012* (eds. A.J. Spink, F. Grieco, O.E. Krips, et al.). Utrecht, The Netherlands: Measuring Behaviour https:// www.measuringbehavior.org/mb2012/ files/2012 (accessed 28–31 August 2012).

Dominy, N.J., Ross, C.F., and Smith, T.D. (2004). Evolution of the special senses in primates: past, present, and future. *The Anatomical Record Part A, Discoveries in Molecular, Cellular, and Evolutionary Biology* 281A: 1078–1082. https://doi. org/10.1002/ar.a.20112.

Domjan, M. (2005). *The Essentials of Conditioning and Learning*, 3e. Belmont: Thomson Wadsworth.

Dorey, N.R., Mehrkam, L.R., and Tacey, J. (2015). A method to assess relative preference for training and environmental enrichment in captive wolves (*Canis lupus* and *Canis lupus arctos*). *Zoo Biology* 34: 513–517. https://doi.org/10.1002/zoo.21239.

Fonseca, C.G., Pires, W., Lima, M.R.M. et al. (2014). Hypothalamic temperature of rats subjected to treadmill running in a cold environment. *PLoS One* 9 (11): e111501.

French, F., Mancini, C., and Sharp, H. (2016). Exploring methods for interaction design with animals: a case-study in Valli. *ACI '16 Proceedings of the Third International Conference on Animal-Computer Interaction*, Milton Keynes, United Kingdon (15–17 November 2016). New York, USA: ACM.

Griffin, G. (2012). Evaluating environmental enrichment is essential. *The Enrichment Record* 12: 29–33.

Griffin, A.S., Blumstein, D.T., and Evans, C.S. (2000). Training captive-bred or translocated animals to avoid predators. *Conservation Biology* 14: 1317–1326. https://doi.org/10.1046/j.1523-1739. 2000. 99326.x.

Grimberg-Henrici, C.G.E., Vermaak, P., Bolhuis, J.E. et al. (2016). Effects of environmental enrichment on cognitive performance of pigs in a spatial holeboard discrimination task. *Animal Cognition* 19: 271–283. https://doi.org/10.1007/ s10071-015-0932-7.

Harris, J.B.C. and Haskell, D.G. (2013). Simulated birdwatchers' playback affects the behaviour of two tropical birds. *PLoS One* 8: e77902. https://doi.org/10.1371/journal. pone.0077902.

Hettena, A.M., Munoz, N., and Blumstein, D.T. (2014). Prey response to predator's sound: a review and empirical study. *Ethology* 120: 427–452. https://doi.org/10.1111/eth.12219.

Hollén, L.I. and Radford, A.N. (2009). The development of alarm call behaviour in mammals and birds. *Animal Behaviour* 78: 791–800. https://doi.org/10.1016/j.anbehav. 2009.07.021.

Honkavaara, J., Koivula, M., Korpimäki, E. et al. (2002). Ultraviolet vision and foraging in terrestrial vertebrates. *Oikos* 98: 505–511. https://doi.org/10.1034/j.1600-0706.2002.980315.x.

Hosey, G.R. (2000). Zoo animals and their human audiences: what is the visitor effect? *Animal Welfare* 9: 343–357.

Hosey, G., Melfi, V., and Pankhurst, S. (2013). *Zoo Animals: Behaviour, Management, and Welfare*, 2e. Oxford: Oxford University Press.

Humphrey, N. (1976). The social function of intellect. In: *Growing Points in Ethology* (eds. P.P.G. Bateson and R.A. Hinde), 303–317. Cambridge: Cambridge University Press.

Jackson, C.R., McNutt, J.W., and Apps, P.J. (2012). Managing the ranging behaviour of African wild dogs (*Lycaon pictus*) using translocated scent marks. *Wildlife Research* 39: 31–34. https://doi.org/10.1071/

WR11070.

Jacobs, G.H. (2008). Primate color vision: a comparative perspective. *Visual Neuroscience* 25: 619–633. https://doi. org/10.1017/S0952523808080760.

Jacobs, G.H. (2009). Evolution of colour vision in mammals. *Philosophical Transactions of the Royal Society B*: *Biological Sciences* 364: 2957–2967. https://doi.org/10.1098/ rstb.2009.0039.

Jacobs, G.H., Deegan, J.F., Crognale, M.A., and Fenwick, J.A. (1993). Photopigments of dogs and foxes and their implications for canid vision. *Visual Neuroscience* 10: 173–180. https://doi.org/10.1017/ S0952523800003291.

Jung, C.K.E. and Herms, J. (2014). Structural dynamics of dendritic spines are influenced by environmental enrichment: an in vivo imaging study. *Cerebral Cortex* 24: 377–384. https://doi.org/10.1093/ cercor/bhs317.

Kagan, R. and Veasey, J. (2010). Challenges of zoo animal welfare. In: *Wild Mammals in Captivity*: *Principles and Techniques for Zoo Management*, 2e (eds. D.G. Kleiman, K.V. Thompson and C.K. Baer), 11–21. Chicago: The University of Chicago Press.

Kelling, A.S., Allard, S.M., Kelling, N.J. et al. (2012). Lion, ungulate, and visitor reactions to playbacks of lion roars at Zoo Atlanta. *Journal of Applied Animal Welfare Science* 15: 313–328. https:// doi.org/10.1080/10888705.2012.709116.

Kempe, M. and Mesoudi, A. (2014). An experimental demonstration of the effect of group size on cultural accumulation. *Evolution and Human Behavior* 35: 285–290. https://doi.org/10.1016/j. evolhumbehav.2014.02.009.

Kuhar, C.W. (2008). Group differences in captive gorillas' reaction to large crowds. *Applied Animal Behaviour Science* 110: 377–385. https://doi.org/10.1016/j. applanim.2007.04.011.

Laska, M. (2017). Human and animal olfactory capabilities compared. In: *Handbook of Odor* (ed. A. Buettner), 81–82. Berlin: Springer-Verlag.

Lederman, S.J. (1991). Skin and touch. In: *Encyclopaedia of Human Biology*, vol. 7 (ed. R. Dulbecco). Massachusetts: Academic Press Inc.

Lutz, C.K. and Novak, M.A. (2005). Environmental enrichment for nonhuman primates: theory and application. *ILAR Journal* 46: 178–191.

Marshall, J., Pridmore, T., Pound, M., et al. (2008). Pressing the flesh: sensing multiple touch and finger pressure on arbitrary surfaces. *6th International Conference on Pervasive Computing*, Sydney, Australia (19–22 May 2008). Berlin, GER: Springer-Verlag.

Mason, G.J. and Latham, N.R. (2004). Can't stop, won't stop: is stereotypy a reliable animal welfare indicator? *Animal Welfare* 13: 57–69.

Massen, J.J.M., Pasukonis, A., Schmidt, J., and Bugnyar, T. (2014). Ravens notice dominance reversals among conspecifics within and outside their social group. *Nature Communications* 5: 3679. https://doi.org/10.1038/ncomms4679.

McCowan, B., DiLorenzo, A.M., Abichandani, S. et al. (2002). Bioacoustic tools for enhancing animal management and productivity: effects of recorded calf vocalizations on milk production in dairy cows. *Applied Animal Behaviour Science* 77: 13–20. https://doi.org/10.1016/S0168- 1591(02)00022-9.

Meijer, J.H. and Robbers, Y. (2014). Wheel running in the wild. *Proceedings of the Royal Society B: Biological Sciences* 281: 20140210. https://doi.org/10.1098/rspb.2014.0210.

Melfi, V. (2013). Is training zoo animals enriching? *Applied Animal Welfare Science* 147: 299–305. https://doi.org/10.1016/ j.applanim.2013.04.011.

Michelena, P., Sibbald, A.M., Erhard, H.W., and McLeod, J.E. (2009). Effects of group size and personality on social foraging: the distribution of sheep across patches. *Behavioral Ecology* 20: 145–152. https://doi.org/10.1093/beheco/arn126.

Morfeld, K.A., Lehnhardt, J., Alligood, C. et al. (2014). Development of a body condition scoring index for female African elephants validated by ultrasound measurements of subcutaneous fat. *PLoS One* 9: e93802. https://doi.org/10.1371/journal.pone.0093802.

Nash, V.J. (1982). Tool use of captive chimpanzees at an artificial termite mound. *Zoo Biology* 1: 211–221. https://doi. org/10.1002/zoo.1430010305.

Nithianantharajah, J. and Hannan, A.J. (2006). Enriched environments, experience- dependent plasticity and disorders of the nervous system. *Nature Reviews Neuroscience* 7: 697–709. https://doi. org/10.1038/nrn1970.

O'Brien, A. (2014). Milking to music (10 February). http://modernfarmer. com/2014/02/milking-music (accessed 17 July 2015).

Orlando, C.G. and Fernández, G.J. (2014). Respuesta antipredatoria de osos hormigueros (*Myrmecophaga trydactila*) mantenidos em cautividad. *Edentata* 15: 52–59. https://doi. org/10.5537/020.015.0108.

Ottoni, E.B. and Izar, P. (2008). Capuchin monkey tool use: overview and implications. *Evolutionary Anthropology* 17: 171–178. https://doi.org/10.1002/evan.20185.

Passos, L.F., Santo, H.M.E., and Young, R.J. (2014). Enriching tortoises: assessing color preference. *Journal of Applied Animal Welfare Sciences* 17: 274–281. https://doi. org/10.1080/10888705.2014.917556.

Payne, R.B., Payne, L.L., Woods, J.L., and Sorenson, M.D. (2000). Imprinting and the origin of parasite-host species associations in brood-parasitic indigobirds, *Vidua chalybeate*. *Animal Behaviour* 59: 69–81. https://doi.org/10.1006/anbe.1999.1283.

Pickering, S.P.C. and Duverge, L. (1992). The influence of visual stimuli provided by mirrors on the marching display of lesser flamingos, *Phoeniconais minor*. *Animal Behaviour* 43: 1048–1050. https://doi. org/10.1016/S0003-3472(06)80018-7.

Pickering, S.P.C., Creighton, E., and Stevens-Wood, B. (1992). Flock size and breeding success in flamingos. *Zoo Biology* 11: 229–234. https://doi.org/10.1002/ zoo.1430110402.

Platt, D.M. and Novak, M.A. (1996). Videostimulation as enrichment for captive rhesus monkeys

(*Macaca mulatta*). *Applied Animal Behaviour Science* 52: 139–155. https://doi.org/10.1016/S0168-1591(96)01093-3.

Quadros, S., Goulart, V.D.L., Passos, L. et al. (2014). Zoo visitor effect on mammal behaviour: does noise matter? *Applied Animal Behaviour Science* 156: 78–84. https://doi.org/10.1016/j.applanim.2014.04.002.

Rampon, C., Jiang, C.H., Dong, H. et al. (2000). Effects of environmental enrichment on gene expression in the brain. *Proceedings of the National Academy of Sciences of the United States of America* 97: 12880–12884. https://doi.org/10.1073/pnas.97.23.12880.

Reboreda, J.C. and Fernandez, G.J. (1997). Sexual, seasonal and group size differences in the allocation of time between vigilance and feeding in greater rhea, *Rhea americana*. *Ethology* 103: 198–207. https:// doi.org/10.1111/j.1439-0310.1997.tb00116.x.

Rees, P.A. (2009). The sizes of elephant groups in zoos: implications for elephant welfare. *Journal of Applied Animal Welfare Science* 12: 44–60. https://doi.org/10.1080/10888700802536699.

Rees, P.A. (2011). *An introduction to Zoo Biology and Management*. New York: Wiley.

Rosell, F., Holtan, L.B., Thorsen, J.G., and Heggenes, J. (2013). Predator-naive brown trout (*Salmo trutta*) show antipredator behaviours to scent from an introduced piscivorous mammalian predator fed conspecifics. *Ethology* 119: 303–308. https:// doi.org/10.1111/eth.12065.

Rowe, C. and Skelhorn, J. (2005). Colour biases are a question of taste. *Animal Behaviour* 69: 587–594. https://doi.org/10.1016/j. anbehav.2004.06.010.

Rukstalis, M. and French, J.A. (2005). Vocal buffering of the stress response: exposure to conspecific vocalizations moderates urinary cortisol excretion in isolated marmosets. *Hormones and Behavior* 47: 1–7. https://doi.org/10.1016/j.yhbeh.2004.09.004.

Sale, A., Putignano, E., Cancedda, L. et al. (2004). Enriched environment and acceleration of visual system development. *Neuropharmacology* 47: 649–660. https:// doi.org/10.1016/j.neuropharm.2004.07.008.

Salvanes, A.G.V., Moberg, O., Ebbesson, L.O.E. et al. (2014). Environmental enrichment promotes neural plasticity and cognitive ability in fish. *Proceedings of the Royal Society B: Biological Sciences* 280: 20131331. https://doi.org/10.1098/rspb.2013.1331.

Sambrook, T.D. and Buchanan-Smith, H. (1997). Control and complexity in novel object enrichment. *Animal Welfare* 6: 207–216.

Sanabria, C.O., Olea, F., and Rojas, M. (2013). Cognitive dysfunction syndrome in senior dogs. In: *Neurodegenerative Diseases* (ed. U. Kishore). InTech. Available from: https://www.intechopen.com/books/neurodegenerative-diseases/cognitive-dysfunction-syndrome-in-senior-dogs (accessed 1 February 2018).

Sandri, C., Regaiolli, B., Vespiniani, A., and Spiezio, C. (2017). New food provision strategy for a colony of Barbary macaques (*Macaca sylvanus*): effects of social hierarchy? *Integrative Food Nutrition and Metabolism* 4: 1–8. https://doi. org/10.15761/IFNM.1000181.

Sarrafchi, A. and Blokhuis, H.J. (2013). Equine stereotypic behaviors: causation, occurrence, and prevention. *Journal of Veterinary Behavior* 8: 386–394. https://doi. org/10.1016/j.jveb.2013.04.068.

Schork, I.G. and Young, R.J. (2014). Rapid animal welfare assessment: an archaeological approach. *Biology Letters* 10: 20140390. https://doi.org/10.1098/rsbl.2014.0390.

Schütt, T., Toft, N., and Berendt, M. (2015). Cognitive function, progression of age-related behavioural changes, biomarkers, and survival in dogs more than 8 years old. *Journal of Veterinary Internal Medicine* 29: 1569–1577. https://doi.org/10.1111/ jvim.13633.

Shepherdson, D.J. (2003). Environmental enrichment: past, present and future. *International Zoo Yearbook* 38: 118–124. https://doi.org/10.1111/j.1748-1090.2003. tb02071.x.

Shepherdson, D.J., Mellen, J.D., and Hutchins, M. (1999). *Second Nature: Environmental Enrichment for Captive Animals*. Washington DC: Smithsonian Institution Press.

Sherwin, C.M. (2004). Mirrors as potential environmental enrichment for individually housed laboratory mice. *Applied Animal Behaviour Science* 87: 95–103. https://doi. org/10.1016/ j.applanim.2003.12.014.

Simonet, P., Versteeg, D., and Storie, D. (2005). Dog-laughter: recorded playback reduces stress related behaviour in shelter dogs. *Proceedings of the 7th International Conference on Environmental Enrichment*, New York, USA (31 July–5 August 2005). New York, USA: Wildlife Conservation Society.

Snowdon, C.T. and Teie, D. (2013). Emotional communication in monkeys: music to their ears? In: *Evolution of Emotional Communication: From Sounds in Nonhuman Mammals to Speech and Music in Man* (eds. E. Altenmüller, S. Schmidt and E. Zimmermann), 133–151. Oxford: Oxford University Press.

Snowdon, C.T., Teie, D., and Savage, M. (2015). Cats prefer species-appropriate music. *Applied Animal Behaviour Science* 166: 106–111. https://doi.org/10.1016/j. applanim.2015.02.012.

Sorensen, D.B., Mikkelsen, L.F., Nielsen, S.G. et al. (2011). The influence of enriched environments on learning and memory abilities in group-housed SD rats. *Scandinavian Journal of Laboratory Animal Science* 38: 5–17.

Strand, D.A., Utne-Palm, A.C., Jakobsen, P.J. et al. (2010). Enrichment promotes learning in fish. *Marine Ecology Progress Series* 412: 273–282. http://dx.doi.org/10.3354/meps08682.

Swaisgood, R.R. (2007). Current status and future directions of applied behavioral research for animal welfare and conservation. *Applied Animal Behaviour Science* 102: 139–162. https://doi. org/10.1016/ j.applanim.2006.05.027.

Swaisgood, R.R. and Shepherdson, D.J. (2005). Scientific approaches to enrichment and stereotypies in zoo animals: what's been done and where should we go next? *Zoo Biology* 24: 499–518. https://doi. org/10.1002/zoo.20066.

Swan, J. and Hyland, P. (2012). A review of the beneficial mental health effects of exercise and recommendations for future studies. *Psychology and Society* 5: 1–15.

Taylor, C.B., Sallis, J.F., and Needle, R. (1985). The relation of physical activity and exercise to mental health. *Public Health* 100: 195–202.

Tibbetts, E.A. and Dale, J. (2007). Individual recognition: it is good to be different. *Trends in Ecology and Evolution* 22: 529–537. https://doi.org/10.1016/j. tree.2007.09.001.

Ueno, A. and Suzuki, K. (2014). Comparison of learning ability and memory retention in altricial (Bengalese finch, *Lonchura striata var. domestica*) and precocial (blue-breasted quail, *Coturnix chinensis*) birds using a color discrimination task. *Animal Science Journal* 85: 186–192. https://doi.org/10.1111/asj.12092.

Van Praag, H., Kempermann, G., and Gage, F.H. (2000). Neural consequences of environmental enrichment. *Nature Reviews Neuroscience* 1: 191–198. https://doi. org/10.1038/35044558.

Vasconcellos, A.S., Adania, C.H., and Ades, C. (2012). Contrafreeloading in maned wolves: implications for their management and welfare. *Applied Animal Behaviour Science* 140: 85–91. https://doi. org/10.1016/j. applanim.2012.04.012.

Vidya, T.N.C. (2014). Novel behavior shown by an Asian elephant in the context of allomothering. *Acta Ethologica* 17: 123–127. https://doi.org/10.1007/s10211-013- 0168-y.

Vorobyev, M. (2004). Ecology and evolution of primate colour vision. *Clinical and Experimental Optometry* 87: 230–238. https://doi.org/10.1111/j.1444-0938.2004.tb05053.x.

Wells, D.L. (2009). Sensory stimulation as environmental enrichment for captive animals: a review. *Applied Animal Behaviour Science* 118: 1–11. https://doi. org/10.1016/j.applanim.2009.01.002.

Werner, S.J., Kimball, B.A., and Provenza, F.D. (2008). Food color, flavor, and conditioned avoidance among red-winged blackbirds. *Physiology and Behavior* 93: 110–117. https://doi.org/10.1016/j.physbeh.2007.08.002.

Westlund, K. (2014). Training is enrichment – and beyond. *Applied Animal Behaviour Science* 152: 1–6. https://doi. org/10.1016/j.applanim.2013.12.009.

Woo, C.C. and Leon, M. (2013). Environmental enrichment as an effective treatment for autism: a randomized controlled trial. *Behavioral Neuroscience* 127: 487–497. https://doi.org/10.1037/ a0033010.

Young, R.J. (1997). The importance of food presentation for animal welfare and conservation. *Proceedings of the Nutrition Society* 56: 1095–1104. https://doi. org/10.1079/PNS19970113.

Young, R.J. (2003). *Environmental Enrichment for Captive Animals*. Oxford: Blackwell.

Young, R.J. and Cipreste, C.F. (2004). Applying animal learning theory: training captive animals to comply with veterinary and husbandry procedures. *Animal Welfare* 13: 225–232.

Young, R.J. and Lawrence, A.B. (1996). The effects of high and low rates of food reinforced on the behaviour of pigs. *Applied Animal Behaviour Science* 49: 365–374. https://doi.org/10.1016/0168-1591(96)01052-0.

Young, R.J., Carruthers, J., and Lawrence, A.B. (1994). The effect of a foraging device (the ‘Edinburgh Foodball’) on the behaviour of pigs. *Applied Animal Behaviour Science* 39: 237–247. https://doi.org/10.1016/0168-1591(94)90159-7.

问题

1. 为什么应将丰容看作圈养野生动物进行学习的一个渠道？

2. 想要使物理环境丰容能有效地为动物提供学习机会，它就必须是动态可变的。如何实现动态化？为什么这一点非常重要？

3. 食物丰容在世界各地的动物园中普遍开展。为什么这种类别的丰容工作比其他更受欢迎？如何通过食物来促进非正式学习？

4. 在社会交流中，动物有机会学习到重要的课程。请阐述这一点。

5. 阐述如何为圈养野生动物规划一个丰容管理制度，以促进它们的非正式学习？

7 “灵活”训练的艺术

史蒂夫 · 马丁

翻译：楼毅　　校对：吴海丽，陈足金

7.1 引言

富有艺术性的动物训练员会超越基础的正强化训练理论知识，对情境前提或行为结果进行微调，以达到超越基础训练实践水平的目的。动物训练的“艺术性”可以被表述为一种源自直觉地对行为训练“规则”的应用，并非经由科学解释，而是基于训练员长期的实践工作经验而领悟到的。本章将重点从这个角度描述动物训练，并为如何在动物园和水族馆应用动物训练提供参考。

7.2 动机

动机是所有动物训练的核心。应用行为分析（心理学的分支学科），专业人士将激发动机的操作（动机操作）称为可以改变行为结果有效性的方式。例如，在训练前将肉加热，可明显改变狮子对肉（强化物）的感知，从而提高狮子根据指令完成行为，并获得这一特定强化物的动机。能够引发行为增加的操作称为动机建立操作，能够引发行为减少的操作称为动机消除操作。例如，当笼舍内的狮子处于紧张状态时，动机建立可能包括稍微拉开训练员与狮子之间的距离，以提高它参与训练的积极性。

一些动物园专业人员会通过多种训练手段来影响训练动机，这些训练手段通常会与对训练情境前提的细致把控和认真明确操作程序相结合，例如限制对动物的干扰、关注动物的肢体语言并做出适当的反应、以高频率使用高价值且多样化的强化物，等等。遗憾的是，有些人还未学到可供他们使用的各种动机操作，在正强化训练过程中，他们往往只会关注食物强化物。

动物园专业人员最近开始了解并量化了一系列影响动物训练的动机操作。制定训练计划时，在无数可以影响到动物行为的动机操作选择中，以下几项最具影响力。

7.2.1 关系

动物与训练员之间的信任关系对训练动机具有重要影响。信任度是一个连续变化值，它与动物个体及其行为情境息息相关。虽然我们经常关注的是动物和人类之间的信任，但信任也与动物对各种物体和情境的感知与反应有关，这对动物及训练计划同样重要。动物对展区及笼舍设施、其他动物个体，甚至是丰容物都应建立信任关系，其建立方式和与人类建立信任的方式相同。当长臂猿跳到一根不到 10 厘米粗的树枝上，而树枝能支撑它的重量时，这一行为会得到强化，动物就会对类似粗细的树枝建立信任。当饲养员第一次向斑马展示目标棒，可能先要分多步，用目标棒逐渐接近斑马，使其不会抵触，才能让动物与目标棒建立足够的信任，并最终用鼻子去触碰目标棒以获得强化物。动物对某个人的信任度越高，就越有可能参与到跟他的互动中来。

训练员与她 / 他训练的动物之间的关系可以被视为“关系银行”的信任账户。每当训练员做了动物喜欢的事情，即提供了一些动物愿意努力获得的东西，这就相当于训练员向“信任账户”存入一笔钱。但如果训练员做了动物不喜欢的事情，即动物努力避免发生的事情，这就相当于训练员从信任账户中取出一笔钱。使用压缩笼对一只虎进行注射，可能会降低虎对训练员和压缩笼的信任。仅仅几次挤压行为就可能会使双方信任账户“破产”，从而减少或终止这只虎对压缩笼和训练员的接近行为。使用正强化手段让虎接受注射可能需要较长的时间，但训练会得到红利。因为这种训练方式相当于是往信任账户中多次“存款”，其结果就是产生可靠的行为，即动物可以忍耐偶尔的“提款”。

过去的经历可作为未来行为的情境前提。动物园的专业人员经常会想，当自己饲养的动物正在经历紧张情境期间，例如兽医在保定动物时，他们是否还应该和这只动物待在一起。一般来说，这个问题的最佳答案是“这取决于你与动物之间的信任程度”。如果动物对某个训练员有很高的信任度，当动物处于被吹中麻醉针、被网捕或其他的紧张环境中时，那么这个训练员在场可能会给动物一定程度上的安慰。我们经常看到，一些信任账户存款非常多的动物在经历过压力后会直接去找熟悉的训练员寻求安慰。在夏延山动物园（Cheyenne Mountain Zoo），一只雄性西部大猩猩（*Gorilla gorilla*）在前一天刚刚接受了肌注麻醉后，仍愿意主动展示肩膀，让同一个饲养员打针。在哥伦布动物园（Columbus Zoo），饲养员为他们的一只蜜熊和两只疣猪进行了免疫肌注后，这三只动物都立即回到训练员身边，并进行了后续的注射训练。这两个例子都表明，尽管之前有过负面的互动体验，但动物仍然保持着一定的信任度。还有更多的例子显示，尽管前一天对动物进行了注射和麻醉，第二天它们依然会回到饲养员身边。但也有许多例子表明，当厌恶事件发生时，即使训练员仅仅是在场而并未参与任何互动，压力状态也能使动物的信任账户完全“破产”。

7.2.2 能力

动物通过强化练习能提高技能和行为连贯性。有些行为需要比其他行为付出更多的努力，因此对动物来说更难做到。随着动物对某一特定行为技能的发展，表达这种行为的动机就会增强。例如，某个机构的一只豹在成长过程中并没有接触过树，当它被转移到另一家机构，大家都希望它成为新展区中最抢眼的明星，可以趴卧在游客头顶正上方的树杈上。由于之前缺乏攀爬树木的技能，它可能没有足够的动机去尝试爬树。在这种情况下，饲养员可能需要通过训练来塑造豹子的攀爬行为，首先让动物隔着笼网触碰目标棒，然后移动目标棒，让这只大猫需要跳到原木上才能触碰到目标棒。或者，训练员可以教这只动物触碰原木上的激光点，以此作为目标位点，然后将激光点逐渐上移，一步步接近树杈。在某些情况下，让豹学习接触的激光点最好先定位在横放于地面或靠在石头的树木上，然后每天将树抬高 30–60 厘米，让这一行为适应越来越陡的角度，直到树完全垂直为止，通过这种训练方式来塑造豹子的攀爬行为将变得更容易。

7.2.3 学习经历

已发生的行为结果对未来行为的动机具有强烈的前情影响。许多训练员在面对曾有过剪羽经历的鹦鹉开展定点飞行训练（从一个位点飞到另一个位点）时都经历过一些挫折。如果鹦鹉的飞羽是在出生后第一年就被剪掉了，那么当它尝试飞行时就会反复撞到地板、墙壁或其他物体上，这些对其而言都是一种惩罚，将会降低它以后尝试飞行的动力。当然，鹦鹉的翼羽长齐后，也有可能会学习飞行。然而它可能需要更多的时间和努力才能掌握这些技能，这比它在出生后的前几个月学习飞行要困难得多。要想抵消这只鸟过去在尝试飞行时遭受到的惩罚，则需要进行大量的重复强化训练。此外，教一只年龄较大的鸟飞行，就需要经验丰富的训练员通过重复一小步一小步地渐进达成，使鸟重新获得飞行的能力和信心（图 7.1）。

图 7.1　飞行一直以来都是众多鸟类饲养展示机构的一个核心展示主题，就像迪士尼动物王国这样。图源：史蒂夫 · 马丁。

将动物的学习经历与强化物的类型及数量相关联是一项重要的动机操作。如果每次给予食物（强化物）的数量和类型都是一致的，那么随着时间的推移，动物表达这个行为的动机有可能会逐渐减少。如果你每天的午餐都是一样，那么你打开饭盒的行为很可能会随着时间的推移而减少，特别是当你有其他事情要做时会越发如此。然而，如果行为的强化物随机变化，那么做出该行为的动机将可能增加。如果你的午餐每天都是不同的，特别是别人帮你打包的午餐，那么你打开盒子去看看里面有哪些食物的行为可能就会增加。改变强化物的类型和数量往往是激发动物参与训练的关键。

从迪士尼动物王国中自由飞行的金刚鹦鹉身上就可以明显看出提供各种强化物的好处。公园内每天会有三组共 20 只金刚鹦鹉进行两次飞行。它们从自己的展区出发，飞越“生命之树”近一公里后，会栖息在公园的另一边。一旦到达指定的着落点，它们就会得到各种食物，例如颗粒料、坚果和水果。经过 10 分钟的讲解后，金刚鹦鹉们会根据指令返回到展区，并分别进入各自的笼舍，以此得到一份超值的食物混合物。食物混合物每次都会有变化，一般包括颗粒料、坚果、水果、蔬菜，甚至还有一些人类的健康食品，如燕麦棒、饼干、混合干果等。当吃完食物后，鸟儿就会飞出小笼舍，共同去往一个大鸟笼中。笼内有一张桌子，上面也摆放着水果、蔬菜和其他食物。此外，飞行训练结束后，训练员还会额外添加各种各样的丰容物，从带叶的树枝到隐藏的食物，再到装满各种磨喙物品的大箱子。金刚鹦鹉每天绕园自由飞行两次：之所以能回到原展区，是因为展区内的强化物胜过园内众多其他强化物，包括可随意采食的枝叶、沿途美景，以及途经的树上那些已经被一些金刚鹦鹉学会如何啄食的橡子。

7.2.4 控制

华生发现（正如 Friedman 2005 所引述的）对结果的控制是影响行为的最基本的强化物，而失去控制会惩罚或减少这一行为。在训练动物进入运输笼箱、分配通道和其他封闭区域时所面对的挑战，往往与动物的失控感有关。通过提高动物对环境的控制力，训练员可解决动物园和水族馆中存在的很多串笼问题。例如，串笼产生的问题通常与位移后的结果有关联——进入其内部意味着失去了外出的机会。将动物关在笼舍内就是对它进笼行为的惩罚。如果动物进入笼舍后，既能得到食物，又能允许动物打开门自由进出，未来它进入笼舍的行为很可能就会增加。然而在某些时候，饲养员可能需要把动物锁在笼内。在这种情况下，经过几次重复的进笼和出笼训练后，训练员可以提供更多数量的高价值强化物，以抵消失去外出机会可能带来的厌恶感（图 7.2）。

图 7.2 吉夫斯库动物园的一只黑猩猩在发现它可以通过看向饲养员的动作来控制串门的开闭后，便能安稳地待在通道中。图源：史蒂夫・马丁。

在丹麦吉夫斯库动物园（Givskud Zoo），饲养员想在夜间饲养区通往外展区的分配通道内对黑猩猩（*Pan troglodytes*）进行饲养管理和医疗方面的行为训练。这只黑猩猩曾有过被锁在分配通道内的经历，并在通道内被吹针注射了麻醉剂——这成为对她进入通道行为的惩罚。饲养员为此设计了一个新的训练计划：让黑猩猩"控制"串门。训练员首先分多个小步骤，逐渐强化了优势地位的雌性黑猩猩走进通道的行为。每当动物向通道移动，训练员就用她喜欢的食物来强化相应行为。下一步需要训练员和另一名饲养员参与，给予这只雌性黑猩猩用肢体语言控制串门旁饲养员行为的"权力"。只要黑猩猩一看向饲养员，他就会从串门前退开。但当黑猩猩"允许"饲养员靠近串门时，就会从训练员那里得到高价值的强化物。很快，黑猩猩就能完全走入通道内，并坐在训练员面前，还"允许"饲养员把手放在串门上。当饲养员推动串门时，黑猩猩就会从训练员那里得到一个奖励。如果黑猩猩看向饲养员，他就会后退。通过几次重复，训练就可以将需要强化的行为进展为黑猩猩允许串门关闭。给予黑猩猩控制权的标准也从看向饲养员可以让他后退，进展为黑猩猩走向串门的行为可以作为让饲养员开门的信号。在整个过程中，黑猩猩通过自己的肢体语言保持着对门的控制，这个控制权是一个巨大的强化物，强化了她在串门关闭状态下留在通道内的行为。

上述事件可能会让一些人认为这是由专业训练员在几个星期或几个月内进行的训练过程。事实上，进行训练的人几乎没有训练经验（但是她得到了一位经验丰富的训练员的指导），而且该动物先前也没有任何接受过训练的经历。此外，这仅仅只经过了一次时长 20 分钟的训练！在有史以来的第一次训练中，这只黑猩猩不仅学会了坐在关闭串门的通道里，她还学会了根据指令做出其他三种行为。她学会了在口头指令下展示三个身体部位让饲养员进行触碰："手指、手臂和头"，所有这些都是在 20 分钟的训练中完成的。这是一个极好的例子，证明了当动物能够控制环境时，训练可以取得怎样明显的进步。

7.2.5 训练期间的环境影响

一般来说，训练环节可以在各种不同的环境中开展，从相对安静的室内饲养区域到嘈杂的、存在不可预知情况的训练展示区都可以开展训练。无论在哪里训练，环境中的各种刺激都有可能影响训练，并影响动物参与训练的动机。

来自同种动物的叫声可能会中断一次训练，因为动物会停止它正在做的事情去倾听或与其他动物交流。示警叫声会让动物在训练时逃跑，就像在野外一样，因为示警声可能是捕食者出现的信号。有些动物在看到群体中的其他动物时，会表现出更强的训练动机。但对某些动物来说，在训练过程中看到群体中其他个体可能会分散注意力。训练环境应根据每个动物的行为进行调整，以最大限度地激发动物参与训练的动机。

有些训练员喜欢在安静、受控的环境中进行训练，以减少干扰。这样可使动物和训练员更专注于训练，而不会分心，但事实上这会干扰它们今后的训练积极性和训练表现。因为那些对大多数动物仅算微小干扰的因素，对于一直在非常安静环境中训练的动物都可能会成为巨大的干扰。安静的环境对建立新的行为是有帮助的，动物一旦听到指令就会毫不犹豫地完成某种行为，下一步就应该将这种行为推广到新的环境中，包括陌生人、新的地点和更多的干扰。

7.2.6 强化频率

维持参与训练的动机通常与动物获得强化物的频率有关。强化频率可以被认为是动物在训练过程中每分钟获得强化物的数量。训练员在使用间歇强化程式来塑造各种行为时，如延长目标定位保持时间或保持张嘴行为等，通常会降低强化频率。但如果将强化频率间隔拉得过长或将强化频率降低得过快，就会导致行为崩溃，这种现象称为比率张力（Chance 2014）。

当训练员在塑造一个特定行为时，如果两个渐进步骤间的跨度定得过大，强化频率也会下降。例如，训练动物进入运输笼内，通常需要进行多个步骤、连续的渐进达成式训练。这个训练经常会面临一个关键的节点，就是动物的整个身子都已进入到笼内，但后脚还在外面。在这一节点之前，动物可以毫不犹豫地完成塑行中的每一小步，但现在却停滞不前，不愿意迈出最后一步。如果训练员僵持在“再向前一步”这一问题上太久时间，无论训练员如何给指令或提示，动物都可能失去训练动力而直接离开。在这种情况下，最好的方法是回到先前成功的塑行步骤，并将这一步划分为更小的步骤，以更高的强化频率进行强化。与其等待动物的两只后脚都进入笼内，不如强化那些接近成功的动作，比如抬起一只脚、将脚移向箱内、后脚接触到笼箱内等。塑行中每一步的渐进幅度由动物的训练进度来决定。如果动物训练进度较慢，则可降低渐进幅度，划分为更多更小的步骤，直到它能顺利达成每个动作。通过这种方法，训练员可以建立起行为动机（Mace et al. 1988），这往往有助于动物越过之前停滞不前的那一步。

7.3 双向交流

当代最高水平的训练员全都是擅长观察动物肢体语言的人，并在双方的关系中给予动物强有力的发言权。他们与动物建立了良好的伙伴关系，改变了曾经在动物学界普遍存在的以人占据支配地位为基础的关系。

通过仔细观察动物的肢体语言，训练员可以赋予动物在环境中一定程度的控制权，在这里它的“发言”（通过肢体语言表达）与训练员的声音和动作一样具有意义。训练员给动物发指令，让它表现特定的行为，动物就可以使用肢体语言进行反馈，表明它是否愿意参与训练。如果动物肢体语言显示它没有参与训练的动机，训练员可以改变情境前提或行为结果来鼓励动物，或者停止本次训练，后续再进行尝试。当有明确的指令和行为标准时，动物可能会学得更快，动机也会提高。当动物没有按预期进行学习时，训练员应重新审视情境前提的条件，包括指令、行为标准和强化物。

成功的动物训练员往往是对动物的肢体语言最敏感的人。每当训练员接近动物笼舍时，都会获得一个观察动物肢体语言的重要时机，可借此来确定最适合的接近速度，或判断是否可以靠近动物。很多时候，饲养员往往只顾着向训练区走去，而很少或根本不观察动物的行为可能正在告诉他们什么。和人类一样，每只动物也有自己的私人空间，当它感知到训练员现身的那一刻起，行为反应就开始了。

7.3.1 私人空间

私人空间的概念是由爱德华 T. 霍尔（Edward T.Hall）在他的《隐藏的维度》（*The Hidden Dimension*）一书中提出的。他说："大多数人都很重视自己的私人空间，当他们的私人空间被侵犯时，他们会感到不适、愤怒或焦虑。"（Hall 1966）私人空间在动物中也被视为"逃逸距离"，它可以被看作是动物在某个人或其他动物接近时仍表现出舒适的肢体语言的距离。《舒适区的危机》（*Danger in the Comfort Zone*）的作者朱迪思・巴德威克（Judith Bardwick）将舒适区定义为一个在焦虑中立的状态下运作的行为状态[1]（Bardwick 1995）。我们与动物之间的关系与逃逸距离和舒适区直接相关，并易受当前条件的强烈影响。阿西尼博茵动物园（Assiniboine Zoo）的一头狮子（*Panthera leo*）初次接受行为训练，第一步就是学习触碰目标棒。当训练员将目标棒向前移动时，这只狮子突然开始咆哮，并多次用爪子刨铁丝网进行攻击。但训练员仅仅后退了不到 30 厘米，动物就停止了攻击，平静地坐在训练员面前。短短 30 厘米的距离让狮子在注意力和训练动机上有了天壤之别。

即使训练员与动物之间信任账户值很高，但有一天，在训练员看来没有任何明显原因的情况下，这只动物可能会在其靠近时后退。虽然我们永远不会知道动物在想什么，但我们可以观察动物的行为。当动物的肢体语言表现出不信任或担忧时，训练员应该立刻停止他 / 她正在做的事，并迅速评估当前情况，同时回到动物的舒适区。不论训练员与动物之间的信任账户值有多少，也不论一个人与一只动物在一起的时间有多久，训练员在接近动物时都应该仔细观察它的肢体语言，并且只有在得到动物肢体语言上的允许时，训练员才能进入它的私人空间。如果可以通过它们的肢体语言来控制我们的行为，我们将获得动物的信任，从而改善私人空间或逃逸距离，增大动物的舒适区，并进行更有成效的训练。

即使训练员已经与动物建立了高度的信任关系，但离动物太近也可能成为干扰训练的一个问题。有些动物会专注于训练员的手、目标棒、食物容器等，而不再注意训练环境的其他重要方面。有时候，我们希望动物用鼻子或其他身体部位触碰目标棒。但是如果目标棒离笼网太近，可能会导致动物试图去咬或舔目标棒，而不是将目标棒作为指示物去跟随移动。此外，当动物盯着一个近距离的目标时也会"斗鸡眼"，它可能会看不到环境的其他部分，包括提示和指令。就像你通过"斗鸡眼"看离脸很近的东西时，其他东西都会因失焦变得模糊。训练员在使用提示、指令[2]、目标棒、诱饵棒等工具时，如果这些工具离动物太近也会发生同样的情况。例如在栏杆或笼网附近给出张嘴的手势时，可能会让动物专注于训练员的手，并试图咬或舔舐（图 7.3）。

将手向后移动 8–10 厘米，动物就会得到一个不同的视角，并更有可能根据指令做出期望行为。专业的训练员了解呈现指令及提示的临界距离，以提供清晰明确的沟通方式。

---

1 焦虑会提高表现，但超过一定程度，随着焦虑水平提高，表现会下降。一个人在自认可以控制的环境中经历低水平的焦虑和压力，可以实现稳定的身心表现水平，这就是舒适区。——译者注

2 例如，训练员的肢体提示、手势指令等。——译者注

图 7.3 一次很好的张嘴训练，但如果训练员能将手离开笼网一点，可能会让狮子更好地看清当前环境，包括训练环境和训练指令等。图源：史蒂夫 · 马丁。

7.3.2 共享信息

作为训练员，我们仅将部分信息带入训练中。无论我们在训练计划中投入了多少时间、精力和想法——或者有多少管理者审核过了这项训练计划——动物在当前训练环节中为我们提供的信息，与我们前期为这次训练所准备好的想法内容同等重要。当动物的肢体语言表明另一种训练方法会产生更好的训练效果时，如果训练员能够灵活地改变训练计划，那么最棒的训练就会发生。有些训练员说，他们不想改变训练计划，是因为他们认为这可能会让动物感到困惑，有些训练员计划在原有的基础上再接再厉，还有些训练员认为只要有足够的时间，训练计划就会成功。如果动物愿意参与训练，但训练计划未能奏效，这可能是因为动物已经感到困惑了。继续按这个方法训练可能会让动物产生更多的困惑、沮丧、攻击性，或者直接离开。一个熟练的训练员可通过动物的肢体语言判断什么时候可以按照训练计划进行，什么时候应该放弃原有计划，并开始一个新的训练计划。训练计划应该是动态可变的而非教条主义的。

7.3.3 事件标定讯号

当动物远离训练员或在拥挤嘈杂的环境中可能无法听到训练员的声音时，哨声和响片声就会是一种有效的听觉类事件标定讯号。视觉类事件标定讯号，比如手的动作，甚至是转身或走去某个方向，都可以作为强烈的桥接刺激，可以教会展区内的动物保持在某个特定位置，直到训练员给予一个视觉上的桥接讯号后再移动。当动物靠近训练员，但却无法看向训练员时，比如一只进行背部检查行为的黑猩猩，或是一只海狮将头探入水中而身体还靠近训练员时，触觉类的事件标定讯号就是很好的交流工具。应该使用最适合动物和当前条件的事件标定讯号。

很多训练员都说过这样的话："我尝试利用响片进行训练，但它并没有发挥作用"或者"因为没有响片，所以我们还未开始训练项目"。响片本身并没有魔力，其魔力在于响片声可以准确标定动物的行为，并弥合做出标准行为和滞后出现的强化物之间的时间差。加强行为和结果之间的连接是一种清晰明确的交流，这看起来有助于提高动物理解其行为能产生怎样的结果。以我的经验来看，类似于响片声的事件标定讯号在很多情况下都能发挥巨大的作用。而在某些情况下，哨声、语言、视觉、甚至是触觉类事件标定讯号可能是更好的工具。例如，当训练员隔着笼网 / 栏杆训练大型类人猿或食肉动物时，一些训练者发现语言类事件标定讯号是比响片声或哨声更好的工具。语言类标定讯号可以解放训练员的双手，他们就可以用手握住目标棒，发出手势指令，以及用手提供强化物。此外，如果嘴里不需要含住哨子，训练员就可以在应用事件标定的同时，更容易地发出口令和给予语言提示。

在某些圈子中，训练员在使用标定讯号后并不提供惯有的强化物已成为一种常规程序。例如，动物会按照标准要求执行三个行为，并在每种行为后得到一个标定讯号，但只在完成第三或第四个行为后才得到食物。这是动物园里很常见的强化策略，也是最令动物感到困惑的强化策略之一。我已发现有些动物在这种桥接讯号和强化物非连续配对[1]的训练方式下，常常失去参与训练的动力，表现出对指令的高度异常反应，并出现因挫败感导致的攻击性。当发生这些情况时，训练员往往将训练效果不佳的原因归咎于动物，并给动物贴上分心、冷漠、头脑混乱等标签。通过将责任推给动物，训练员会觉得减轻了自己对这一训练结果的责任，但却错过了如何通过明确的指令交流和高强化频率来提高动物训练动机的宝贵信息。

还有些训练员认为，既然标定讯号已经对行为进行了强化，他们就不必再提供强化物。他们错误地将此称为"可变强化程式"。但是，如果标定讯号是一种有效的条件强化物（根据其自身增加或维持行为的能力证明了这一点），训练员至少应该在桥接的强化强度消失之前一直使用连续强化程式。若在没有使用强化物的情况下给予桥接讯号，在逻辑上可以视作是运行了一次行为消退。正如巴甫洛夫将节拍器的声音与肉末配对，以刺激狗分泌唾液一样，训练者是将标定讯号刺激与强化物（通常为食物）进行配对。当巴甫洛夫不再用肉末强化节拍器声音的作用时，节拍器声作为唾液诱发因素的功能将会消失。同样地，当训练员不再将桥接信号和强化物配对时，动物最终会停止倾听这一标定讯号，而开始关注其他更可靠、更突出的与强化物有关的讯号。通常是训练员的手移向强化物的动作，如手移向食物袋中。这种视觉上的桥接刺激可以起到预期的标定讯号的作用，拉长一点动物留在训练中的时间。然而，最终下来，低强化频率还是会降低动物的训练动机，动物要么转身离开训练，要么表现出攻击性，要么行为反应退回到以前的阶段，直至训练员结束本次训练。

一位长期训练一只雄性西部大猩猩（*G. gorilla*）的饲养员使用标定讯号和强化物非连续配对的训练方式进行了一个小实验。她首先进行了日常的训练，让动物快速连续地做几个行为，每个正确的行为都得到一次响片声，但只有在第三或第四次响片声时才得到食物。这只大猩猩通常是在多次指令之后才做出行为反应，它做了几个正确的动作，也做了几个不正确的动作。训练进行到大约一半时，大猩猩站起来，用尽全身力气去撞击门的顶端，然后跑到了旁边的笼舍中。

---

1 即不是每一次桥接讯号后都给予强化物。——译者注

几周后，同一名饲养员和这只大猩猩做了另一个小实验。这一次，饲养员在每一次桥接刺激后都给予了食物。饲养员甚至觉得这次训练对她来说可能比较困难，因为她以前从来没有把桥接讯号与食物一一配对过。这次训练进行得非常顺利。动物对每一个指令都做出了正确的反应，而每一个正确的反应都会带来一个标定讯号，然后是食物奖励。本次训练一直在进行，饲养员和大猩猩看起来都不想停止训练。高强化频率可以清楚地传达行为与结果的关联性，并提高了大猩猩的行为表现和留在训练中的积极性。

一些饲养员给出的使用桥接刺激后并不会随即给予强化物的最常见的原因中，包括以下错误理由：不去强化每一个桥接讯号会让动物觉得训练更有趣；可变强化程式能建立更稳固的行为；响片声就是强化物，所以不需要第二个强化物；当训练员没有食物时，它可以降低动物因沮丧而产生的攻击行为；这种方式是在告诉动物做得很棒，继续保持。这里面的每一条理由都是没有科学依据的。更详细的讨论详见“错乱的响片”一文（Dorey and Cox 2018；Martin and Friedman 2011）。

7.3.4 提示动作

提示是训练员用来增加动物表现特定行为可能性的一种情境前提刺激。在丹佛动物园（Denver Zoo），一位训练员教美洲豹（*Panthera onca*）翻身，训练方法是训练员跪在笼子前，身体侧向倾斜，头也歪向这一侧，用手部动作示意并引导动物的头部。美洲豹跟随着训练员的肢体语言运动，训练员强化不断接近翻身的行为，直到动物能完全翻过身来。然后训练员开始系统地淡化每一个提示，直到豹子在接收到口头指令“翻”的情况下完成翻身动作。

在夏延山动物园，一位训练员教会了一只沃氏长尾猴（*Cercopithecus wolfi*）在树枝之间双臂摆荡前行，沿着展区的边缘运动，并逐步强化这只动物跟随她沿着展区的隔障移动。许多训练员使用肢体语言，教会了动物张嘴、抬手、从一个区域到另一个区域以及其他各种行为。提示是可以帮助塑行的重要手段。然而，一旦行为达成，提示应尽快淡出。如果不淡化提示，动物的行为将会变得依赖于提示。如果丹佛动物园的训练员没有让提示消失，美洲豹就无法完成这一行为，除非训练员每次都跪下来，倾斜身体，歪着头，并用手比划。随着训练员系统化地让提示淡出，动物会对行为标准、指令和行为结果有更好的理解。归根结底，未来的行为应由过去的行为结果来驱动，而不是受到情境前提的提示来指引，引导这个行为的指令信号应该是经过仔细斟酌的。

食物诱导（baiting），也称食物引导（luring），也是一种提示。许多饲养员会向动物展示食物，诱使其进入临时容置区，或从一个区域移动到另一个区域。食物诱导在建立新行为时可以是一种有用的提示，但如果不尽早从训练计划中消失，食物诱导就会成为不利因素。当动物来到串门前看到已经放在门内地上的食物，这时它可以根据食物的种类和数量决定是否进入临时容置区。如果动物决定留在外面，许多饲养员就会加码，提供更多的食物。这只会将问题复杂化，因为有些动物学会了等待可以获得更多更好的强化物。与所有的强化物一样，食物，尤其是动物最喜欢的食物，应该在动物进入容置区并关上串门后再提供给它。

训练鸟类自由飞行项目的训练员会经常遇到与使用食物诱导策略相关的问题。为了鼓励鹰飞到手套上，许多训练员会向其展示特定的食物，如一小块瘦肉。站在栖架上的鹰可以看到食物，它会根据强化物的类型或数量决定是否飞到手套上。通常情况下，在短暂的拖延等待之后，训练员会一边进行即兴讲解，一边将手伸进食物袋中，再增加一块食物。如果这只鹰拖延的时间更长，训练员往往会提供更多的食物，甚至是鸟儿最喜欢的食物——一整只小鼠（已死亡）。我经常想知道这些鸟儿是否在想，“这些人类可真容易训练啊！”

如果食物诱导有助于鼓励行为发生，那么训练员就应该在这只鹰落在手套上时提供额外的强化物。若在训练的早期阶段，训练员需要用一小块食物当成提示，则应该在手套里藏一些额外的食物。有时，当鹰落在手套上时，可以发现一整只小鼠或其他高价值的强化物作为奖励。由于隐藏在手套里的行为结果（强化物）会促进鸟儿快速飞来，因此食物诱饵就可以完全淡出了。

7.3.5 六合彩大奖

训练员经常说要为一些特别棒的行为表现提供“量级巨大的强化”或“六合彩大奖”。他们希望动物能明白在完成超过期望标准的行为后，就有可能获得大量的食物，从而提高其在后续训练中的表现。然而，情况可能并非如此。塑行的两个重要方面是：在行为的渐进达成过程中，从这一步进展到下一步的流畅度，以及指令—行为—结果这一程序的连贯性。动物享用强化物的时间越久，距离完成下一个行为的时长就越久。例如水獭可以在几秒钟内吃掉一块 3 克的鱼，但如果给它一块 20 克的鱼，它可能需要 10 秒钟才能吃完。这额外的 8 秒钟会打乱训练节奏，导致可能需要将塑行计划退回到之前的塑行步骤，重新让动物获得参与训练的动力，并让整个训练回到正轨。

能使得动物快速地渐进达成目标行为的塑行过程是最为成功的。食物的大小和类型应能让动物快速吃完，以保持动物在渐进达成中流畅的进度，并重点关注行为标准和行为结果。使用大奖作为强化物不仅会扰乱训练流程，而且会分散动物的注意力，因为这需要额外的时间来吃更多的食物，并导致动物更快有饱腹感。这种小分心可能不会一下子毁掉一次训练，甚至不会产生问题，但大奖励可能同样无法在塑行的过程中帮助动物更快更好地学习。最好在训练结束时，使用大奖励和量级较大的强化物来强化动物在训练员离开本次训练时的平静行为。

7.3.6 流畅性和速度

在塑行过程中，大多数训练员都遵循 80% 的规则，即要求每 10 次试验中有 8 次正确的反应（或 5 次试验中有 4 次正确，以此类推），然后再进入下一步，循序渐进直至达成目标行为。有些训练员则以更加主观的方式来看待 80% 规则，例如在进入下一步之前，得让当前行为达到 80% 的完美程度。无论是哪种方式，许多人都遵循一种塑行策略，即在进入塑行的下一步之前，让动物多次完成当前这一步中的正确行为。通过这种方式，训练者将先前强化的行为置于消退状态，并有选择地强化下一个更加接近目标行为的正确的行为反应。

以这种方式进行塑行，最常见的一个问题是训练者对每一步的渐进行为进行了过多重复性的强化。多次重复一个渐进行为会产生强化习惯，从而减慢训练进度，导致从一个渐进行为进展到下一步的渐进行为时变得更加困难。为了创造最佳的塑行流程，训练员应该在动物不加迟疑地完成当前的渐进行为后立即转入下一步。当训练员和动物的步调保持同步时，动物可能只需要完成一次当前行为就可以继续向前推进。如果动物表现出犹豫不决的状态，训练员可以随时重复当前这一步的渐进动作，甚至可退回至先前的步骤，以获得更强的行为动力。

塑行中需要让动物的行为来决定训练员每一步的渐进幅度和推进速度。通过仔细观察，有经验的训练员可以识别出动物个体行为的细微变化，并朝着目标行为去强化每一小步循序渐进的行为。有时，动物可能会表现出更大的进步，这对于训练员来说也会更好辨识。无论哪种情况，训练的速度都是由动物的行为以及训练员的观察力、训练技能共同决定的。

动物的学习速度比大多数训练员认为的要快，通常要比大多数训练员所认为的“舒服”的训练进度都要快要。一个训练员可能认为训练一只灵长类动物接受肌注需要一年的时间，而另一个训练员可能认为只需要两个星期。有些动物学得比其他动物快，有些训练员教得比其他训练员快。然而，认为需要一年才能完成灵长类肌注的训练员，几乎肯定会比认为两周就能完成的人花费明显更多的时间来训练。根据动物的学习进度开展训练是一项宝贵的技能，这需要花费大量的时间和实践才能做到。

7.3.7 加入指令

有些训练员喜欢在动物能以较高的流畅度完成某目标行为后才加入指令。通过这种方式，指令就只与已掌握的目标行为相关联，而不与逐步靠近目标行为的渐进行为相关。例如训练一只长颈鹿走进通道或长颈鹿限位设施（giraffe restraint devise，简称 GRD），可能需要通过食物诱导来完成塑行，这时训练员会站在长颈鹿刚好够不着的地方，手拿饲喂用的枝叶，每当长颈鹿靠近 GRD 一步，就强化一次。经过几次重复后，长颈鹿可能会直接走进 GRD，而不再去看训练员手中的树枝，因为它通过先前的强化经历学习到一旦自己完全进入 GRD 后就可以获得期待的枝叶。现在目标行为已经能完成得很流畅了，是时候帮助动物理解只有在特定条件下进入 GRD 才能获得强化物。然后，训练员开始关联指令，通常会是一种视觉或听觉刺激。训练员可能会在 GRD 旁给出口令“移动”或用手指指向身侧 GRD 的方向，然后长颈鹿进入 GRD 并吃到强化物。当长颈鹿从 GRD 出来后，训练员可以强化动物接近自己的行为，之后再发出进入 GRD 的行为指令。每重复一次时，训练员会从更远离 GRD 一点的地方发出指令，直到她能站在笼舍的另一头发出指令时，动物可以离开她，穿过笼舍，进入 GRD。

有一些训练员则喜欢在塑行过程中加入指令。例如，张嘴行为是先将一个目标物置于动物的鼻子上方，然后将另一个目标物置于动物的下颌处来进行训练的。如果这两个目标物分别是训练员的食指和拇指，那么将食指和拇指逐渐分开的提示将成为张嘴行为的指令。比如在金刚鹦鹉的转身、猎豹的趴卧或其他行为的塑行训练中，一些训练员也会在塑行过程中加入口令或手势指令。

关于到底是在学会了某一目标行为后还是在塑行过程中加入指令，一直争论不休。其实，重要的是要知道每只动物和每个训练员都是不同的个体，而训练条件也是不断变化的，对这个训练员和这只动物有效的方法可能对另一个训练员和另一只动物就无效了。就像大多数有关训练方法的具体问题一样，最好的办法就是由你自己去判断并“尝试一下”。如果它有效，就再做一次。除非涉及动物福利问题，一般而言无须太担心别人说些什么，自己去发现哪种方法最有效就好。

7.3.8 行为结果驱动未来行为

在一些训练员身上可以看到对于科学原理的娴熟并极富艺术感的应用，他们理解驱动未来行为的最重要因素是行为结果而不是情境前提。前情指令只是提示动物获得了一个机会——一个做出特定行为后就能获得强化物的机会。而强化结果才会增加该行为再次发生的可能性。

“邂逅自然公司”的训练员训练一只年轻的灰冕鹤（*Balearica regulorum*）飞行，它需要从一个训练员身边飞到另一个训练员身边，两人相距大约 200 米。在动物吃了训练员手中的食物后，场地另一端的训练员开始呼叫（提示），并发出手势指令示意鸟儿飞回第一个训练员身边。灰冕鹤扒了几分钟草，看了看地面上的东西，再看看身边的训练员，最终才看向了场地另一端的训练员。直到这时动物才准备好接受指令，并迅速向训练员的方向飞去（在过去的两分钟内训练员一直在给予提示和指令）。这种重复的提示和指令对行为没有任何帮助，甚至可能会降低提示和指令的意义，因为它们之后并没有立即跟随着强化结果。

为了解决这种行为上的延迟，同时加强指令与行为间的反应速率，训练员将他们之间的距离缩短到 20 米左右。站在灰冕鹤边上的训练员需要保持不动，以免分散动物的注意力。当鸟儿开始向另一边的训练员飞行时，就发出指令。当灰冕鹤飞到这名训练员身边时，它就会得到强化物，然后重复这一过程，再飞回到另一位训练员身边。训练员们意识到灰冕鹤在准备接收指令前，需要花时间来调查周围的环境。他们还意识到甚至不需要呼唤动物，因为它的强化经历会促使动物从一个训练员飞向另一个训练员。一旦行为能连贯地完成，训练员就可以把指令加到情境前提中去。

即使在最好的状态下，动物也不一定总是能立即对指令做出反应，而这正是体现训练技巧和经验的时候。当动物在指令后没有表现行为时，高明的训练员能读懂动物的肢体语言，并确定动物是否看到了指令。如果训练员确定动物看到了指令，但只是一时分心，她可能会等几秒钟，然后在动物看向她时重新发指令。如果训练员认为动物没有看到指令，即使是在第一个指令之后的一两秒内，她也会立即给出另一个指令。若指令的发出和行为的表现之间缺乏连贯性，可能会削弱刺激控制，促使动物在随机时间点表达行为，并鼓励了动物对指令的反应出现延迟。

一旦动物能在高水平的刺激控制下展现某一行为，这种行为通常会被列入维持程式，即训练员只是偶尔给动物发出指令并强化这种行为，或者将这种行为作为其日常工作的一部分，例如让动物进出展区。也有些训练员每天都会让动物把之前学过的所有动作复习一遍，似乎在担心动物会忘记这些行为。动物对行为的记忆与它们的练习和过去的强化经历是成正比的。它们很少会忘记曾有效强化过的行为，但在某些条件下它们确实缺乏训练动力。当训练员每天过一遍动物全部的行为时，通常是让动物快速、瞬时且连贯地做出多个行为。这种急匆匆地做一遍行为，对饲养或诊疗程序并没有什么用处，甚至可能降低这些重要行为在未来的表现。对于那些为了应用于医疗程序而需要长时间保持姿势的行为，匆匆完成一次训练可能会适得其反。与其在短时间内快速做多个行为，倒不如让动物少做几种行为，但行为能保持较长久的时间，因为前者会降低期望行为的标准。

在行为的维持过程中，有些行为会出现退步，退回到以前的一个节点状态，可能需要进行一些“调整”，使行为恢复到高水平的刺激控制之下。例如，一些动物的行为缺乏流畅性了，有些训练员就趋向于允许动物花费更多的时间去完成动作。比如过去反应迅速的一只灵长类动物现在需要花30秒才能展示它的肩膀，一只熊需要花30分钟或更长的时间才能进入内室等，延迟是动物园训练中的常见问题。

行为表现不佳往往是由于缺乏练习、训练动机不够强或训练员错误地强化了低于标准的行为而造成的。往往训练员会在不知不觉中逐渐降低行为标准。例如，一只曾经在串门拉开后30秒内就可以回到室内的动物，可能会因为被在隔壁展区活动的动物分散了注意力，花了45秒才进屋。第二天，室外阳光明媚，动物躺在柔软的草地上睡觉，所以花费了2分钟时间才回室内。下个星期，动物可能需要10分钟才能从水池里出来并回到室内。每一次，动物进入室内所需的时间都越来越长，饲养员却仍然继续强化该行为，这就会增加行为继续延迟的可能性，甚至变得更糟。同样地，曾经将肩膀靠在笼网上并可以保持3分钟的动物，如果在2分钟后就起身离开，却仍因为“它也努力了”得到了强化。马上，这只动物就可能会在1分钟、再之后30秒就离开，很快这一行为就不再能用于进行药物注射。对于训练员来说，重要的是坚持标准，只强化完全达到标准要求的行为，即使他们不得不利用一整个训练回合，通过渐进达成逐渐延长一个行为的持续时间，以便重建行为保持的时长。

7.3.9 短暂的窗口期

圈养动物的行为反应与野生个体的状态不同，野生动物往往为了获得食物或避免成为其他动物口中的食物而对环境刺激快速反应。想象一下在溪流中捕食鲑鱼的棕熊（*Ursus arctos*），如果它像动物园里的同类那样行动肯定是无法捕到很多鱼的。动物园里的棕熊无法像野生棕熊一样快速行动的唯一原因是动机，而这是通过以往的强化经历产生的。动物园里的棕熊已经知道饲养员至少会把门打开30分钟，而室内可能会有同样类型和数量的食物等着它们去吃，所以有什么好急的呢？如果饲养员打开通往内室的串门，一分钟后就关上，熊不及时进去就会失去获取强化物的机会。通过这种“限期获取”的应对措施（Pierce and Cheney 2013），这只熊就会知道假如门打开时仍待在外面的行为结果是失去吃食物的机会。这种获得食物资源的短暂窗口期将使这只熊在未来更快的行动。在这种情况下，训练员每次的训练环节时长是1分钟，而不是30分钟。

一些饲养员说他们没有时间进行训练，因为他们需要去做其他工作。在某些情况下，训练员只需给动物一个较短的时间窗口来完成行为（限期获取），这可以很简单地就缩短每个训练环节的时间。停在树上的鹰盯着在草地上乱窜的老鼠，在老鼠消失在洞口之前它仅有很短的一个时间窗口来展现自己的捕鼠行为。然而，像其他大多数动物一样，动物园中的鹰同样没有理由去完成这种富有紧迫感的行为，因为它知道食物会一直等在那里，只要它一回到室内就可以吃到。通过减少获取强化物的机会来缩短动物的窗口期，将有助于加快训练的进度，使饲养员有时间去做其他工作。

7.3.10 有一个好的结尾

有些训练回合持续的时间已超过了动物能保持注意力的时长，但训练员仍试图让动物再好好地重复做一次动作，因为训练总是需要以一个“好的结果”来结束。很多训练员都追求以快速的行为反应以及流畅的行为表现来结束一次训练。然而，如果想在每一次训练、面对每一种状态、每一只动物时都能实现这一目标，可以说是完全不切实际的。当动物从训练中离开时，通常就预示着它结束这次训练了。在这种情况下，训练员最好让他（她）的拍档——接受训练的动物，来决定是否结束本次训练。试图让动物再回到训练状态，想让它再重复一次之前成功的行为，可能会破坏训练的进展，因为动物可能会对指令和提示不予理会，行为标准也会受到影响。另一方面，在动物注意力高度集中并对获得强化物表现出很强的积极性时结束训练，也是不明智的。在这种情况下，可能最好的办法就是以一个好的行为表现作为结尾，来结束本次训练，并再提供一些食物、动物喜欢的丰容物，或其他条件强化物，这样即使在你结束训练走开后，也会让动物继续保持活跃。

7.3.11 结束训练的指令

在离开训练区时，一些训练员会给动物加一个“结束”指令，向动物传达本次训练结束的信息。另一些训练员却不知道是否应该使用结束指令。最好的答案是这得“视情况而定”。如果动物对结束指令的反应比较平静，特别是能转身离开训练区，那么结束指令就是有效果的。但如果动物对结束指令的反应具有攻击性，那么最好不要用结束指令，并制定一个计划，以更可取的行为代替攻击行为。

对于一些动物来说，结束训练的指令可能会让动物产生挫败感，最终表现出攻击性。这种攻击性可能是细微的肢体语言，也可能是比较夸张的行为，比如吐口水、撞击隔栅或大声地发出攻击性叫音。日常行为中攻击性较强的动物往往表现得愈发明显。因此通常来说最好是用一种更可取的行为来取代类似以上攻击性的非期望行为，比如鼓励动物平静地坐在笼网前。

几年前，新加坡动物园的一只雄性加州海狮（*Zalophus californianus*）会在训练员发出结束指令时挡住出口通道，并充满攻击性地接近训练员。为了避免被其咬伤，训练员不得不把几条鱼扔进池子里，以鼓励海狮离开通道，跳进水池里去吃鱼。同时，训练员得随身准备一根棍子，以便海狮攻击时可以保护自己。经过一番讨论，训练员制定了一个新的训练计划，包括选择性强化不相容行为（不相容行为的分化强化），即用一半食物进行定位训练，以取代之前的攻击行为，因为这两个行为无法同时进行。他们还改变了结束训练的指令形式，要求动物到特定的位置接受强化。他们首先教海狮游到水池对面远离训练员出口处的一块岩石上。当海狮坐在岩石上时，训练员使用一个可变时长强化程式（variable duration schedule），当海狮停留在石块上时，延长给予强化物之间的间隙时间。然后，训练员向出口走了几步，向海狮扔了一条鱼，以强化训练员向出口移动时动物仍坐在岩石上这一行为。之后，训练员又向出口走了几步，又向海狮扔了一条鱼，然后回到了他出发的地方。他重复这些步骤，直到他可以从大门离开，然后再回来强化海狮的定位行为。很快，结束训练的指令就是去水池对面的岩石上定位，等候训练员走到大门出口处。当海狮一直坐在岩石上时，训练员会折返，再次用不同类型和数量的初级强化物和次级强化物来对这一行为进行强化。

另一家动物园的两头雄狮在训练中表现得非常好，但当饲养员发出训练结束的指令时，这两头狮子开始大声吼叫并用双脚抓挠围杆。这种行为持续了好几年，因为训练员被要求在每次结束训练时都给动物发结束指令。在另一位训练员的建议下，他们制定了一个计划，希望动物用平静的行为回应训练结束的指令，以取代之前的攻击行为。训练员再发出训练结束的指令后，立即给狮子一块食物。在重复几次将结束指令与强化物的关联后，训练员塑造了一个当指令出现时动物处于平静状态下的行为，替换了之前的攻击行为。然后训练员使用了一个可变时长强化程式，以延长狮子保持平静行为的时间。当确保动物可以保持平静行为大约五秒钟，且这一平静行为在刺激控制下已很稳定时，训练员发出指令并开始远离动物笼网，同时在远离的过程中强化狮子的平静行为，并逐步升级远离的距离和平静行为的保持时间。在这一训练中，饲养员最终能在发出训练结束指令后离开训练区，直到完全进入工作间，再回来强化狮子的平静行为。

训练员随后找到了其他强化狮子平静行为的方法。每次在室内开展训练前，他都会在室外展区内放置多个丰容物，并在展区中藏各种食物。当每次训练结束时，训练员会发出结束指令，如果狮子表现出平静的行为，他会打开通往室外展区的串门。在训练结束的指令下，在室外展区中获得不同种类及价值的食物和丰容物会成为狮子在收到训练结束指令时保持平静行为的强化物。

7.4 训练特定行为

7.4.1 目标训练

在动物园，许多训练员教动物的第一个行为就是让它用鼻子或身体的某一部位触碰目标物（图 7.4）。这个目标物可以是一根棍子的末端、绑在棍子末端的球、握紧的拳头，或者训练者可以随意从一个地方移到另一个地方的其他任何物体。动物可以学习用鼻子、手、脚、身体一侧或身体的任何部位来触碰目标物。目标物可以在保护性接触中使用，将其从外部紧挨隔障，而动物则身处隔障内，触碰目标物所指定的位点。使用目标物可以增加动物的靠近行为，给出明确的方向性指令，提供更安全的训练环境。一般来说，目标物给训练者提供一种工具，可以让他们更精确、更方便、更连贯地训练动物移动。当教动物触摸激光点时，激光点也可被用作目标物。但是教动物用鼻子去触碰激光点是很危险，因为这可能会因激光长时间照射动物眼睛而造成伤害，因此绝大多数的训练员习惯教动物用手、脚或手指触摸激光点。

行为保持是目标训练的一个重要部分。训练者使用可变时长强化程式，以系统地教导动物逐步延长行为保持的时间。丹佛动物园的饲养员教一只斑鬣狗（*Crocuta crocuta*）通过笼网用鼻子触碰目标物——手（紧握的拳头）。他们将目标行为的保持时间延长至数分钟。他们在斑鬣狗肩膀靠在笼网的同时，利用这一目标训练让它把头抬起来。此时，斑鬣狗的鼻子触碰在饲养员的拳头上并保持静止不动，兽医就可以从斑鬣狗的颈静脉中完成抽血。许多灵长类动物被要求能握住连接在笼网上的抓扣或是登山扣，以保证在定位时手臂是完全伸展开的。上述目标物的位置可以调整，定位动物的手臂以进行身体检查，同时也可作为一种安全措施，使动物的手远离饲养员。马里兰动物园

（Maryland Zoo）的训练员教会了他们的几只黑猩猩将手臂放在远离身体的位置，这样饲养员就可以在不使用采血套筒的情况下完成抽血（图 7.5）。

图 7.4　一只河马正在接受训练，用鼻子触碰目标物，这通常是行为训练的第一步。图源：史蒂夫・马丁。

图 7.5　马里兰动物园的黑猩猩正在进行伸展手臂并定位保持的训练，这有利于达成进一步的合作行为，如采血训练。图源：史蒂夫・马丁。

仔细观察塑行过程中的行为状态是很重要的。在塑行时，有些动物会试图咬住目标物，还有些则会试图用鼻子或嘴推开目标物。若强化时机不对，动物可能会持续撕咬目标物。精确地把握给予桥接刺激的时机，有助于训练员塑造出动物用各个身体部位温柔地接触并可长时间紧靠目标物的良好行为。

7.4.2 定位训练

一些训练员将目标训练和定位训练区分开来，因为目标物是可移动的，而定位点，正如其名：指固定不动的物体。定位点可以是平台、石头、树、矮桩、一片草地，或者动物可以学习前往的地点，并保持一定的姿势定位不动。在塔科马西北野生动物园（Northwest Trek），一位饲养员训练北美豪猪（*Erethizon dorsatum*）和北美河狸（*Castor canadensis*），当她走近时在树桩上站定不动而不是堵在门口。哥伦布动物园的饲养员训练一只银颊噪犀鸟（*Bycanistes brevis*）从笼子里飞到非洲展区，并降落在展区中间的一棵树上。夏延山动物园的饲养员用激光点训练一只苏门答腊猩猩（*Pongo abelii*）爬到展区中指定的高处。当激光提示消退时，展区中的那个位置就是动物停止攀爬并保持定位的地点，也是动物等待桥接刺激讯号的位置，得到桥接讯号之后，动物就会回到训练员那里获取食物。

7.4.3 医疗和饲养合作行为

在动物园中，动物可以学习的行为范围和数量是没有限制的。几年前人们几乎无法想象的事情，在当代动物园却已很常见。不久前，人们还曾惊讶于灵长类动物可以通过训练将手臂放在采血套筒中，让兽医抽血。而到今天，能主动参与注射、抽血、超声检查等行为的动物数量和类别，已经远超于大多数动物园专业人员的预期。

每个机构，甚至每个训练员，对于这些医疗和饲养合作行为的训练方案是不一样的。在出版刊物、专业会议以及动物园之间分享交流的优秀训练实例已经越来越多，下文将介绍其中的一些训练方法。

7.4.4 注射训练

与训练任何新的行为一样，训练动物参与注射或采血也需要建立一种信任合作关系，在这种关系中，动物拥有选择和控制权。把动物关在压缩笼内并强迫它接受注射，会破坏花了几周时间才建立起来的信任。饲养员把动物关在限位设施中，就剥夺了动物在训练中的选择权和控制权，这往往会降低动物参与训练的动机。除非动物被关在限位设施中的行为能很好地被泛化为进入新环境的行为，否则最好是在门打开的情况下进行训练，让动物有权力离开限位设施。应该用积极的行为结果使动物主动留在限位设施，而不是通过关门和减少进出来实现。让动物选择待在隔离笼里接受训练应该是我们的目标，但这最好是通过给予动物离开的权力来实现。许多高明的训练员都知道，让动物能自主离开时，它就更有可能留下来，并且是当积极的行为结果值得它留在这里时。

训练动物接受注射的第一步是让动物对训练区域、注射器，以及也可能需要对酒精棉签等脱敏。如果动物的肢体语言表现出恐惧，那么涉及对抗性条件作用（counterconditioning）[1]的系统脱敏过程，通常是建立动物对注射器信任的最佳方法。兽医及技术员也可以是对抗性条件作用训练计划中的一部分，以促进彼此间的信任，这对后续开展各种医疗合作行为至关重要。

注射行为的渐进达成训练会因动物不同而有所不同，因为每只动物都有自己的训练经历。大多数注射训练是在保护性接触环境中进行的。即使是较为温顺和易于管控的动物，最好也是透过金属笼网、栅栏或其他一些隔障来训练注射行为，以便让动物有更多的掌控感和离开的权力。此外，金属笼网或其他隔障可为动物提供将身体部位紧紧抵靠的定位点，这可以稳定动物的身体，使注射行为更容易完成。

当动物在训练区表现出轻松自在的肢体语言时，就可以训练抵靠（lean-in）行为。抵靠行为通常从某种形式的目标行为开始，引导动物的头触碰一个位置，使其身体侧面靠近训练隔障。然后训练员可以用手、手指、圆木榫、棒状物或任何其他可以穿过隔障轻触动物的侧面。下面将以木棒为例。有些动物可以接受木棒的触碰，有些则必须先学习将木棒的触碰与正强化联系起来。无论是哪种方式，允许木棒触碰的塑行通常都是从让动物看到和闻到木棒开始的，然后训练者会逐步强化木棒与动物的接近程度。最好的训练方法是教导动物向目标棒移动，而不是训练员将目标棒更靠近动物，因为这样可以让动物有更多的掌控感。在夏延山动物园，训练员教网纹长颈鹿（*Giraffa camelopardalis reticulata*）的肩膀触碰一根长 20 厘米、粗 2.5 厘米的塑料软管，这根软管固定在与长颈鹿肩膀相同高度的隔障内侧。他们用一根长目标棒对长颈鹿进行定位，并引导它用肩膀触碰塑料软管。重复几次后，长颈鹿了解到触碰塑料软管可以获得食物，于是增加了抵靠在软管上的行为。再重复几次后，训练员就将长颈鹿用肩膀抵靠软管的行为泛化到抵靠训练员的手，最终可以抵靠到其他物体上。

通常情况下，最好是先用木棒触碰动物的脖颈或肩膀，然后再沿着动物的身体逐步往下，最终触碰到臀部。如果有些动物对触碰臀部会感到舒适，训练员也可以从那里开始。动物行为将决定触碰的位置和训练的进展速度。训练员如果试图在动物不注意的时候偷偷地用木棒触碰它，就会伤害甚至破坏相互间的信任关系。应始终让动物知道正在发生的事情，当你正在建立条件强化物时，将动物的体验与正强化结合。

一旦动物适应了钝棒（或其他物体）触碰其肩部或臀部时，训练员就可以按照塑行的渐进达成步骤，逐步增加木棒点压动物身体的力度。可以将压力范围值设定在 1—10 之间，10 表示人能点压的最大力度。训练员应先逐步提高木棍对动物肌肉的压力值，每提升一级都给予强化，直到增至第 4 级。在 4 级强度下重复几次后（大约 4–5 次），动物就能理解强化的条件是必须承受 4 级的压力。这时，训练员应将压力降低到第 1 级，并等动物主动侧靠过来对木棒施加压力。这样做可以让动物获得对压力的控制，训练员也可以选择逐级强化动物对木棒施加的压力。

只有当动物主动对木棒施加的压力达到 6–7 级，并且动物的身体能紧靠在笼网上时，才可以引

1　对抗性条件作用指通过强化不相容的或对抗性的反应以削弱或消除不良行为习惯的过程。——译者注

入注射器。向动物展示注射器很重要，就像先前做木棍触碰的塑行时一样。动物能很快学会将抵靠行为从木棍泛化至去掉针头的注射针管，训练员就可以将压力增加到 7–8 级。有些饲养员会在这时增加一个塑行步骤，使用回形针、圆珠笔或其他半锋利的物体，以帮助动物的行为可以泛化到比去掉针头的注射针管更进一步的触感上。也可以使用磨钝的注射针头，但可能比较危险，因为它有可能穿透皮肤而造成更高程度的疼痛，并带来训练上的巨大退步。重要的是要记住，由动物来给予压力，而不是训练者。最后的训练目标是动物主动施加在无针头注射器或其他物体上的压力所引起的不适感，应大于实际注射时针头产生的不适感。无针头的注射器或其他物体所带来的不适感要大于实际注射时针头带来的不适感。

基于上述明确的训练方案和强化结果，接受注射训练后的动物基本可以完成各种实际注射工作。丹佛动物园的训练员教马迪迪伶猴（*Paralouatta Aureipalatii*）接受胰岛素注射，在过去的四年里，它每天都能顺利完成两次注射行为。夏延山动物园的一只眼镜熊（*Tremarctos ornatus*）在注射了很疼的狂犬疫苗后先走开了一下，但是马上又回来再次接受其他的疫苗注射。它也曾接受过徒手注射和保定，但在这些紧张的经历之后，它总是会回到训练者身边进行后续的注射训练。还有很多动物能自愿接受注射并立即回来进行其他更多训练的实例。大多数情况下，这些成功的案例都与高度信任账户、有自主权的动物和稳固的强化经历有关。

7.4.5 采血行为

采血行为的训练方法与教动物接受注射相类似。不同的是，采血训练时，往往需要剃掉采血部位的毛发。让动物对电动剃毛器脱敏，可能比训练注射更有挑战性，当然这两者的塑行过程是相同的。逐渐将剃毛器接近动物来抵抗恐惧反应是一个好的训练办法。每一步递进都应该给予强化物。夏延山动物园的饲养员训练灰熊（*Ursus arctos horribilis*）可以主动将脚放在训练墙的一个窗口处，并允许剃掉脚部的毛发。然后再训练它允许酒精棉签擦拭，并自愿接受从足尖采血，整个训练过程动物都能平静地保持这个姿势。这些训练都在展区的训练墙上进行，并且游客都可以看到。

许多动物，尤其是灵长类动物，在训练采血行为时，会先让它们的手臂穿过一个采血套筒，并抓住套筒远端的销子或螺栓。握住销子给了动物一个目标物，有助于稳定手臂。兽医则可以通过套筒顶部的一个小开口接触动物的手臂。在这个过程中，最关键的是动物能长时间地握住销子。一些训练者强化动物握住销子的行为时，并不设定具体的行为标准，仅靠给动物提供大量的食物。这种“分散注意力训练”只是简单地用食物分散动物的注意力，鼓励其手臂能留在采血套筒内。但训练这一行为的方法应该是制定更明确的方案，包括采用塑行法来延长动物握住销子的时间。在这个过程中，动物要学习到获得强化物是需要以更长的行为保持时间为条件的。

7.4.6 足部训练

对于很多圈养动物，可以主动参与修蹄是一项特别重要的行为。在过去，必须采用麻醉的手段来修蹄，而现在动物能学习主动伸脚让饲养员和兽医开展修蹄这一必要工作。大象和犀牛都能通过训练主动抬脚且能保持很长时间，以便有足够的时间让饲养员进行必要的日常检查和修蹄。基本上所有的动物都能学会自愿参与足部检查，以及各种饲养合作和医疗行为。

就像采血训练一样，有些训练员会简单地让动物从一个桶里取食，同时另一个人让动物抬起腿并进行修蹄或其他工作。如果动物取食动机足够高，那么进食行为可能会分散动物的注意力，使其不太关注人们正对它的脚做些什么。这种方法在某些情况下是可行的，但却不如使用正强化逐步塑行而成的定位保持行为，在行为持续时长和行为的稳定性方面都会逊色。塑行过程可以建立信任并保证行为的连贯性，而分散注意力训练没有建立在渐进达成的基础上，一旦（依靠分散注意力训练而成的）行为出现崩溃，将无法像塑行一样退回到先前的阶段重新进行训练。

夏延山动物园的 16 只网纹长颈鹿（*G.camelopardalis reticulata*）经过训练可以将每只脚抬到一个定位点上，弯曲它们的蹄部，并在饲养员修蹄时保持不动。训练员使用可变时长强化程式，教会动物在训练员或兽医修蹄时，将脚放在定位点上并保持数分钟时间。动物学习到强化的条件是将脚放在特定的地方，并保持一段时间，但这个时长不是固定的。如果训练动物的方式是让它埋头进食以分散注意力，那么它们就不会理解强化的标准，甚至所进行的修蹄工作对它们来说更可能是一种烦扰，就像苍蝇咬它们的腿一样，这可能会给修蹄人员带来危险。

7.5 正确的工具

在动物园里开展行为训练工作，远不止按一下响片并给动物点食物这么简单。现在大多数动物训练员需要在各种训练环境中对多个物种开展工作，并完成高标准的训练目标。为了高质量地完成训练任务，训练员必须对动物行为变化的科学原理有很好的了解，并具有出色的训练技巧和观察技能。

然而，遗憾的是大多数饲养员都是在工作中自学训练技巧，完全没有或者极少得到专业人员的指导。与饲养员每天进行动物训练的场所数量相比，拥有专业行为管理项目的动物机构数量还是很少的。

园长、兽医、动物主管和各种各样的动物管理人员都自夸他们的机构内拥有专业的动物训练人员。然而，他们基于什么样的教育背景、经验或知识来区分专业和普通的动物训练员？如果没有评判训练员的标准，那么“专业”这个词可以用来描述各种各样的训练表现。明确一名专业的动物训练员应该做什么将对整个动物园行业有益。

以下是在“专业级”动物训练员身上经常被观察到的一些重要特质。

使用正强化

使用负强化来教导动物或许可以迅速地完成一些行为，比如用冷水冲犀牛完成串笼，或者用推板驱赶羚羊进内室。但是，专业训练员会明白应用正强化训练的价值所在，即使这可能需要花费更多的时间和精力。

避免惩罚

许多人没有意识到，任何导致动物行为减少的做法都是惩罚，包括罚时出局。专业的训练员会尽可能地避免惩罚，部分原因是他们了解惩罚有潜在的不利影响，比如增加攻击性、使动物对训练不感兴趣、逃避 / 回避人以及对环境的广泛厌恶。专业的训练员能通过有选择性地强化其他行为或不相容行为，以期望行为取代非期望行为。

对行为负责

专业的训练员不归责于动物，他们理解动物的不良表现往往与自己未能有效建立情境前提和明确行为结果有关。

展现灵活性

专业的训练员明白，无论多么努力制定的训练计划都只是明确了一半的信息，另一半信息则来自于动物。根据动物行为及时调整训练计划是一名专业训练员的重要特质。

精心安排情境前提和行为结果

学习过程中，状态瞬息万变，情境前提刺激既能成就也能破坏一次训练。

专业的训练员会仔细评估和调整当前的情境前提条件，以鼓励期望行为的出现，并强化行为结果，激励动物参与学习。

7.5.1 未来可期

现代动物行为训练是科学的行为原理在技能和道德方面的应用。它通过最积极的、干扰性最小的训练策略，改善圈养动物的行为和福利。随着从业人员知识和技能的提高，通过训练的方式让动物自愿参与饲养和医疗工作，从而减少过去因保定和限制动物而带来的压力和危险，动物福利和动物训练这两个领域因而得以共同发展。

训练员曾经使用逼迫、威胁和饥饿的方式来刺激动物改变行为，而现在，训练员通过建立信任关系并赋予动物选择权和控制权来创造动机。通过允许双向交流，训练员赋予动物以肢体语言来“发声”的机会，产生相互影响。

曾经因为动物不愿意进入内室而导致无法准时下班的训练员们，现在可以让动物在任意时间对进出笼舍的指令做出快速反应。曾经被贴上“迟钝、顽固、好斗、无法训练”等标签的动物，现在能对训练员的指令快速做出反应，训练员通过清晰的沟通、情境前提的设置和强化结果，改变了动物的行为，甚至改变了它们的生活。问题行为对于高明的训练员来说意味着机会，他们能够认识到所有行为对动物来说都有特定的意义。只要改变条件，我们就可以用更多的恰当行为取代问题行为。

当游客看到动物园里的动物能够自主地利用感官和演化适应性，以类似于野生同类的方式生活时，他们也能从中受益。通过让动物展示物种特有的自然行为，训练员能帮助人们更好地了解这一物种及其与自然界的关系。通过面向公众展示动物的行为（而不是单用语言讲解行为），提高了饲养员的能力，使他们能够去激发观看了公开展示项目的游客采取关爱和保护行动。

尽管动物训练领域已经有了很大的进步，但仍有很大的发展空间。对于动物园的动物主管、经理、兽医和园长来说，掌握更多动物行为变化的科学原理，并深入了解如何区分普通的、专业的或“艺术家”型的训练员非常重要。深入了解高水平训练员的工作技能，将有助于提高其员工的工作能力，并为动物提供更好的福利。动物园机构中的动物福利水平与动物照管人员的训练技能戚戚相关。

参考文献

Bardwick, J.M. (1995). *Danger in the Comfort Zone.* New York: AMACOM (American Management Association).

Chance, P. (2014). *Learning and Behavior*. Belmont, CA: Wadsworth.

Dorey, N.R. and Cox, D.J. (2018). Function matters: a review of terminological differences in applied and basic clicker training research. *PeerJ* 6: e5621. https://doi. org/10.7717/peerj.5621.

Friedman, S.G. (2005). He said, she said, science says. *The APDT Chronicle of the Dog* (Nov/Dec, Vol XIII, No. 6), pp. 19–26.

Hall, E.T. (1966). *The Hidden Dimension.* Garden City, N.Y.: Doubleday.

Mace, F.C., Hock, M.L., Lalli, J.S. et al. (1988). Behavioral momentum in the treatment of noncompliance. *Journal of Applied Behavior Analysis* 21 (2): 123–141. https://doi.org/10.1901/jaba.1988.21-123.

Martin, S. and Friedman, S.G. (2011). Blazing clickers. Denver, CO: Animal Behavior Management Alliance Conference.

Pierce, D. and Cheney, C.P. (2013). *Behavior Analysis and Learning*. New York, NY: Psychology Press.

8 将训练融入动物饲养

马蒂 · 塞维尼奇 - 麦克菲

翻译：吴海丽　　校对：楼毅，鲍梦蝶

本章主要讨论如何将训练融入动物饲养，并在讨论过程中提出一些切实有效的想法。相比于我说的融入，更确切的说法可能是辨识（日常饲养中的训练内容），因为动物训练始终在发生。事实上，动物的学习不可避免。一位负责的动物园专业技术人员不仅要认识到这一点，而且要根据每一只动物的需求，有计划地引导动物去学习。

8.1 增加认同

无论与动物还是与人互动时，我们都需要灵活开放地应对当前情况和所处环境，并做出适当反应。你需要具备接收信息的能力并对眼前出现的问题做出回应。请记住这一点，接下来我来问你一个问题：

你是喜欢吃有脚指甲的燕麦片，还是喜欢吃有头发的三明治？

那天我去学校接孩子们放学，他们就问了我这样一个疯狂的问题。他们冲进汽车，兴奋地上气不接下气，等待着我回答。

我不知道你会怎么回答这个问题，但我的答案是“都不喜欢”。但他们要求我必须在两者之间做出选择，我感觉自己被逼到了墙角无法脱身，于是开始商量该怎么做选择。我就问他们，有多少个脚指甲，有多少根头发呢？结果发现，他们在玩一个选择游戏，叫作“你宁愿做什么”。你可能会问，这个故事跟将训练融入动物饲养有何关系。似乎很多时候，训练机会就像“你宁愿做什么”游戏中不受欢迎的选项一样摆在一个团队面前。“我们要训练动物”常常会带着令人窒息的兴奋突然出现在一个团队中，并期望每个人都神奇地想要一起实现这个愿景，否则就要担心自己有可能无法成为团队的一员。然而恰恰可能与此相反，当你跟团队提出新的训练想法时，可能会遭遇各种各样的反应，因为大家不可避免地具有不同的训练经验、对计划变更的适应程度，甚至包括对同事或管理层的信任度也不同。当听到新的训练目标时，一些人可能也会感觉被逼到角落里，不确定、不知情或害怕；随即，他们可能会试图拒绝改变或讨价还价。也可能有一些人会很兴奋地参与其中，但又不确定这对他们来说意味着什么，还有些人可能会对此无比狂热。有些人可能想要参加，但觉得训练是一场个人的探索，想要按照自己的想法参与其中。无论如何，如果从训练计划开始，团队内部就缺乏明确的方向和建议，可能会导致参与训练的人和 / 或接受训练的动物都感到迷茫，最终造成计划的失败。

当训练一个行为时，我们面对这些动物，了解它们当前的状态，并引导它们渐进达成目标行为。同样的方法也适用于人，我们基于每个人的状态，引导一个团队共同往前走，直到达成目标。在许多情况下，训练的成功更多地取决于人员的支持，而不是动物的参与性。要求所有人作为一个团队全身心地参与训练，有时感觉就像让某人咬一口夹着头发的三明治一样为难。这一点可在西蒙·斯涅克（Simon Sinek）的《从“为什么”开始》（*Start with Why 2009*）一书中找到答案，来解决整个团队的这种感觉。斯涅克相信这样一种哲学思想，即人类的灵感来源于要做一件事情的理由，而不是如何做或做什么。这也适用于动物园的专业饲养人员，因为他们的认同感以及训练灵感直接关乎他们对自己动物的关爱与福利。当引入新的训练目标时，通过让大家多思考“为什么”制定这样的训练目标，而不仅仅是他们要“如何”训练甚至“哪些”是必须要做的，管理者可以有效地使每一名饲养人员在理解的基础上认同目标。无论是对于你所开展的训练工作、你选择的训练目标，或是招募并培训一个训练团队去实施训练计划，都可以从“为什么”开始，并将这种动力当作指导原则，同样也可作为持续评估的标准。

8.2 从评估开始

制定一个训练计划和方案前，需要认真审视自己的训练团队、动物情况、训练设施、物资及训练计划愿景。在这本书中，你会发现有关评估动物学习和训练的各个方面的指导，但本章将重点介绍如何培训团队的成员，以使得他们可以成功开展训练计划。

差距评估是最简单的形式，它是识别你所处的现状，并将其与你想达到的理想状态（你的愿景）进行比较的过程。两者间的差距，需要用新的训练员、新的训练技巧、明确的工作时间、设施改建以及满足目标所需的其他任何东西来填充。因为训练计划所涉及的是一个个鲜活的生命，所以计划必须是动态且灵活的。

8.2.1 员工评估

评估员工当前的工作能力时，应包括他们在动物训练方面的个人技能。你必须考虑到一名饲养员沟通交流和分享想法的能力，以及塑行能力。你可能还需要考虑进行团队评估，其中应包括以下内容：了解团队动态，团队中正式 / 非正式的领导者，团队的应变能力，训练方法是否一致（既包括个人自身的一致性，也包括团队所有人员之间的一致性）；是否曾经在职业生涯中应用富有革新精神的技术去评估并成功解决了动物福利问题。

团队中最富有挑战性的是这两类人，一类是与整体训练愿景不一致的人，另一类是训练技术并不像自己想象的那样娴熟的人。假如你面对的是前者，应对方法很简单，这类容易令人不快的饲养人员会持续降低团队的训练效率，应该引导他们去尝试其他更能满足他们兴趣所在的工作；假如你面对的是后者，这类人自认为有高超的训练技能，他们很难自己发现可以提高训练技能的机会，也很难听取他人的建议。为他们创造自我评估的机会，以团队的形式回顾训练，以及将训练过程录像，有助于让这类工作人员更真实地了解自己的训练能力。然而一些人总沉迷于讲述自己的伟大故事，即使有大量证据显示日常训练毫无进展，或通过视频看出他们在训练期间表现平平，他们也总能为自己糟糕的表现找到很多借口。管理团队时，很重要的一点就是要清晰地传达你对提升技能的期望，即使有些人可能会不断争辩说他们已经具备了这些技能。当领导一个团队时，提供足够的机会，选择清晰明确的、效果可衡量的技能，让团队成员去实践并专注于此是很重要的——尤其是在相关技能薄弱的情况下。在某些情况下，让“难以进步”的人参加外部培训课程，让他们所尊敬的人亲自指导训练中的实践操作，这可能会有助于提高员工的个人专业技能。

除了评估团队成员（图 8.1）及运行整个团队之外，展望团队的未来潜力也很重要。假如你有管理团队的经验，就可准确地预测团队成员学习全新技能或协作完成目标任务的能力。通过评估，你可以决定是否调整训练目标或训练时间表。例如，假设你想训练同一家族群的西部低地大猩猩（*Gorilla gorilla*）接受心脏超声检查，但它们不愿意分开去单独接受训练。兽医计划在未来的四个月内，对这个家族群中的两只成年个体做超声检查，以监测它们服用新药的疗效。

图 8.1　饲养员正在看团队内另一名队员训练亚洲象（*Elephas maximus*）。图源：丹佛动物园。

首先，你可以利用员工差距评估信息（包括个人和团队的评估）确定成功对每只大猩猩进行心脏超声检查所需的训练时间。如果你发现团队人员对训练计划持不接受态度或者训练技能并不熟练，则可能需要 6–8 个月才能实现训练目标。如果加上你对团队未来潜力的评估，发现他们在获得足够的培训后可以接受这一训练目标，并且 / 或者团队中的每一个人都有该方面的训练天赋，那么你可以把训练时间从之前的 6–8 个月缩短到 3–6 个月，甚至更短。这种差距评估可以帮助你有效地管理并预判训练项目中所有团队成员的能力。

通过差距评估了解团队的训练技能和工作态度是“与团队共同前行的第一步”，也是让团队成员达到你期望目标的必要步骤。你的团队可能一开始并不赞成将某个训练整合到动物饲养中，但有了对个人和团队的评估，你可以通过为团队制定初步的策略方案来帮助他们达成训练目标。这类差距评估的结果可以帮助你做出关键决策，例如首先接触什么团队或团队成员，或者使用什么团队或团队成员，以及应该采用哪些训练方法。

8.2.2 组建成功的训练团队

在将训练融入动物饲养时，创造有利于做出改变的环境，能让训练员有信心实现训练目标，这是至关重要的。科维（Covey 2004）讨论了如何提高领导技能去创造一个动态环境，他将其分为七个习惯。其中，习惯五是“知彼解己（先理解对方，再寻求被对方理解）”。当你与训练团队讨论任何重大改变时，无论是训练还是其他工作，请记住这个宝贵的“习惯”。你渴望能分享你所有宏大的想法，但请记住这个建议：和别人第一次交谈时，暂缓分享自己的观点和意见，不要急于马上得到回答。虽然你很想要清晰地阐述训练目标，但如果对方觉得你已经自己做主决定了一个方向，这可能会阻碍你去接收他人的想法和意见，以及 / 或者彼此之间开诚布公地交流观点。相反，在训练初期，要让团队成员参与讨论，让他们因这一想法感到兴奋不已。正因为他们是将想法变成现实的实施者，你需要让他们感到自己是参与项目决策的一份子，可以对想法造成影响。要确保你制定的训练目标有亮点，并与团队分享，以便他们可以构想未来，先不要去阐述你脑中可能已经构思好的细节。这一方案很简单：先从斯涅克的“为什么”来引导，然后用科维的第五习惯来倾听。

一旦你清楚地阐明训练目标，就要让团队来启发你。你的想法是否能成为工作框架并不重要，因为无论采用哪种方式，都能提升团队成员的参与度。

征求真实的想法和意见可能并不像简单地提出要求那么容易。对整个团队的信任程度和成员的个人性格会影响他们分享自己想法的意愿。对于整体信任度较低的团队，你可能需要花一些时间与团队成员单独沟通，而非小组讨论的形式，以得到成员真实的想法。你还应该为项目的实施做好准备，低信任度团队的项目实施周期会比高信任度的团队长。

相比低信任度的团队，高信任度团队可能会更快地接受新的训练计划，训练进度也更快。我曾经分析了团队信任度两极化的队伍，发现他们的训练过程和训练结果会截然不同。一个正在训练普通斑马（*Equus quagga*）的团队，成员间彼此的信任度很低，以至于每做一个决定都非常的审慎。他们会相互猜疑，同时训练方法也不一致，因为他们很难坚持他们做出的决定。虽然在训练上花了很多时间，但进度推行得很慢，这让团队成员很沮丧。相比之下，另一个训练非洲河猪（*Potamochoerus porcus*）的团队则具有很高的信任度，他们会将做出的决定坚定执行下去。成员间彼此信任，即使整个团队并不都在训练现场，也能统一贯彻先前做出的决定。他们重视的是所有人向动物传递的动作应保持一致性，而不是看重个人对动物的期望。因此，这个团队和非洲河猪在训练中快速推进，并不断制定新的训练目标。总而言之，高信任度不仅使团队实现训练目标，而且还能应对各种挑战，而这样的挑战往往会使低信任度的团队陷入瘫痪并无法继续工作。

你可能还会发现，团队中的某些成员会是性格偏内向的人，与其他团队成员相比，他们对彼此间分享信息的意愿 / 需求可能会有所不同，因为团队通常都是由外向型的人来主导的。如果你可以提前向团队提出问题，让他们有时间来思考，并允许成员在讨论会之前以便签的形式表达他们的想法，或在举行人员较多的大型讨论会之前先以小组形式交流讨论，可以提供一个人人都有发言权的平等环境。凯恩（Cain 2012）讨论了内向型人格的偏好。这是一本很棒的书，通过这本书可能会让你以新的方式解决问题，同时挖掘团队创造力。

关键是在征求每个人的意见和让每个人都能参与其中时，你可能需要调整领导风格，以满足团队中每一成员的需求，倾听他们内心的想法。如果你对待团队采取的是“我是领导，必须按照我说的做”的方式，那么团队成员可能会当你在场时表现出参与训练的积极性，但当你不在时，他们可能无法坚持训练下去。你要让团队中的每个人都感到他们能从训练计划的成功中获益，要做到这一点，唯一的方法就是让他们感受到一种主人翁意识，而这种主人翁意识来自于他们从一开始就协助构建了训练计划。

8.2.3 推进训练工作

根据团队成员对训练目标的初步反馈，你需要制定一个可衡量的向前推进的训练计划。这些计划应包括非常明确的预期，即谁将在什么时候做什么。初始计划可能集中于为后续的训练项目奠定基础，包括查阅先前的训练记录、观察当前的动物行为、查阅待训练物种的相关文献，例如涉及训练设施的设计及 / 或训练技术等方面的相关资料。

8.2.4 面对阻力

影响训练顺利开展的阻力可能是多方面的，一些人认为训练是在操纵动物，会改变动物的野生状态，一些人认为训练会剥夺动物的食物或使用让动物感到厌恶的训练技术，因而降低动物福利；还有些人认为训练占用了一天中太多的时间。当遇到这种阻力时，不要急于对这些观点做出回应，即便你持完全相反的意见，也要学会倾听。你要记住，每个人都会参考各自不同的经历和经验。一个人对训练的定义和训练经历可能与你完全不同。参与到关于这些担忧的讨论中去、探讨开发训练项目的意图和如何衡量成功，都将大有裨益，因为这样可以减轻一些担忧，并允许人们对这些担忧畅所欲言。

讨论训练对动物福利潜在的积极影响，将有助于训练计划的展开。理解如何塑造动物行为和团队行为，可开拓团队成员的思路，让大家了解无论你是否拥有一个正式的训练计划，我们所照顾的动物总是不断在学习，并对环境做出反应。作为一名管理者，你的工作就是要为动物和团队成员创造一个良好的训练氛围，助其成功。对于一些对正式训练有抵触心理的人而言，认可他们正在做的所有与训练相关的、但尚不能称为正式训练的工作，可能会帮助他们接受一个更有条理的训练项目。然后，他们可能会看到，对目前的实际工作而言，一个更加有条理的训练方案并不会造成什么大的改变。

8.2.5 意识是关键

如果成功克服了上面所提到的阻力，团队成员就可能会开始看到训练如何成为一种工具，帮助动物达成期望行为，并帮助他们解决在自己饲养的动物身上可能出现的非期望行为。动物总是不断在学习，有时它们的学习方式可由饲养员来引导，但动物也能通过环境中的其他因素进行学习，比如喂食器、社群和游客等。例如，当饲养员给同一展区内的其他动物进行食物丰容时，一群火鸡

（*Meleagris gallopavo*）却变成了“攻击人”的火鸡。通过问题解决讨论环节以及对动物训练记录的回顾，饲养员们发现原来是他们自己在无意中训练了火鸡的“攻击”行为。通过问题解决讨论分析，他们发现饲养员在拿着用于丰容的食物筒穿过展区时，会沿途掉落少量颗粒饲料。火鸡在吃了这些食物后，就将颗粒料与饲养员联系起来，然后开始跟随饲养员。后来，饲养员将食物筒换成了其他不会掉落颗粒料的容器，但火鸡却仍然跟随饲养员，期待能获得食物。当它们无法获得食物时，火鸡开始啄一些走得较慢的饲养员的腿，饲养员因此跳起来，一些颗粒料从容器中掉落出来，首先去啄饲养员腿的火鸡因此得到了食物（也就是奖励）。最终，当饲养员再穿过展区时，这些火鸡开始对饲养员穷追猛打，毫不留情地啄他们的腿，导致饲养员认为它们变成了“攻击人”的火鸡。考虑到每次穿过展区的饲养员数量不同，以及思考到火鸡如何在持续地获得它们想要的结果（啄腿以获取食物），发现这一问题花了一些时间。饲养员训练火鸡去啄他们的腿，火鸡则训练饲养员“跳舞”。在经过了问题解决环节后，饲养员通过训练火鸡的不相容行为（当他们进入展区时，火鸡站在喂食器前，啄食里面的颗粒料）来纠正这一行为。最终，饲养员可以平安无事地进入展区。经过了问题解决环节，当这些情况以文字的形式清晰地呈现之后，这个火鸡案例的问题原因对我们来说似乎显而易见，但其实我们只是事后诸葛亮罢了。然而，还有许多非期望行为都是在不经意间形成的。通常，当动物出现不受欢迎的行为时，这些动物都会被贴上某种标签，当作带有“行为问题”的动物。动物总是在学习，无论是期望行为还是非期望行为，都是由我们当前的饲养管理方式所塑造的。当你承担着照顾动物的责任时，就需要对动物的行为负责，要明白：不论你是否认为自己是一名训练员，你都在训练着动物的各种行为。

关于问题解决这个话题，有必要指出的是，在将训练融入饲养管理的项目中，训练只是众多处理问题的工具之一。当进入问题解决环节时，训练可能是解决方案中一个有用的工具，但也可能不是。团队应始终做到放宽眼界，开放性地采取各种方法来尝试解决问题，以获得最佳结果。

8.2.6 福利问题

当因为食物数量或训练方法出现有关动物福利的讨论时，要意识到这些讨论可能会变得很情绪化。不要仅仅因为这些讨论可能让人不舒服就避而不谈。即使有些人的知识和/或经验与你并不一致，但也要给予他们表达自己感受和担忧的空间。重要的是应开诚布公地讨论这些内容，这样你就能知道整个团队对训练的感受。将讨论的重点聚焦在动物福利上，更不要说即便你不允许对此进行公开探讨，大家也会在私下议论纷纷，而这将会损害后续的训练计划。

8.2.7 投入的时间

毫无疑问，以上关于有效开展训练的建议，很多都需要耗费一定时间，当然，时间是我们所拥有的最宝贵的东西之一，应好好加以利用。前期在规划训练项目上花费时间可以避免后期花费在解决各种麻烦上的时间。时间是管理者或训练人员反对一起开展训练计划的最主要原因之一。训练必须花费时间——这一点是绕不开的。你需要现实地考虑时间问题，要做好心理准备，在需要即时变化调整的训练进程中有效地调动团队成员需要花费大量的时间。从长远来看，大多数情况下，在初期计划一个训练项目时所投入的时间，最终都将节省未来的时间及其他资源。

训练所花费的时间可能不尽相同，具体取决于动物个体和训练人员。虽然训练前期需要花费大量的时间和精力，但是行为训练方法对于未来的日常饲养管理、非常规饲养程序，诊断治疗，训练个别动物做出附加行为的能力，以及应急事件响应等方面都会得到巨大回报。例如，训练一群生活在大型混养水族缸中的大西洋牛鼻魟（*Rhinoptera bonasus*）游到一片恰好在水面以下（贴近水面）的栅格平台上进行日常饲喂。训练这一行为使水族馆的饲养人员可以定期近距离观察动物。该平台还可以很轻松地抬至水面，以便在必要时接触动物进行身体检查和其他工作。经过一次诊疗后，这些牛鼻魟仍然会非常乐意游回平台接受喂食。训练这一行为，为动物饲养带来了新的契机，而这在训练之前是不可能实现的。

在另外一个团队的训练中，起初训练进展缓慢，但在做了简单改变后，就取得了巨大进步。训练目标是将一只非常大的美洲鳄（*Crocodylus acutus*）从水池转移到后场，期间必须穿过展区中一个无水的走道。因此，团队只能在早上游客还没到来之前开展训练。团队每周开展两次训练，一个月后，鳄鱼几乎没有任何进步，每次训练环节的时间也很长，因为需要等动物做出反应。当将训练时间调整到下午后，经过一天阳光的照射已经让动物变得暖和舒适，训练进度就变得非常快了。团队利用了物种的生物学特性，打破原有的时间限制，从而提高了训练效率。

总之，训练计划和目标应根据实际情况制定，并根据动物的需求进行优先级排序。你可能无法一次性完成你和你的团队最初制定的所有训练项目。对于任何额外的训练需求，永远要考虑到人们的日常工作量，他们还有多少能力去做这件事，以及每个团队成员在给定时间内可以进行多少训练调整。缓慢但持续的进步，比初期快速推进、然后看着训练效果随时间推移而退步要好，因为这样的训练从一开始就缺乏稳扎稳打，没有一个稳固的基础。

8.3 明确团队理念和预期目标

8.3.1 理念

前面提到过，我们对训练有不同的定义，对训练动物时应运用哪些方法也有不同的想法。最佳做法是讨论并撰写一个适合本团队及所负责动物的训练纲领性文件。这一文件也将成为团队的训练理念，并且应是“与时俱进”的，可以根据实际情况持续更新和更改，并作为员工培训的参考资料，基于此开展讨论并选择合适的训练方法。这就意味着，训练纲领中也应包含有训练的预期目标。例如，你的目标是将训练融入所有动物的日常饲养中，而不仅仅是某些特定物种，这些也应纳入文件中。如果你所采用的方法中最首要的就是正强化训练，那么这一点也应在文件中加以明确。

由团队成员共同讨论明确训练宗旨的重要性以及具体内容，是影响训练项目成功和提高动物福利的关键因素。在日常实践中，很多时候团队成员都会自己选择与动物相处的方式。你的训练纲领只负责指导如何最有效地做出决定并彼此沟通交流。并不是每一个人都会同意训练纲领和训练计划所坚持的选择，这是在预料之中的。作为团队的管理者，你所面临的最大挑战是如何领导团队，可以让团队成员在组会讨论时畅所欲言，提出自己对训练计划的疑问之处，但即使最终方案与个人的想法相左，他们也可以始终按照整个团队认同的训练计划，用统一的方法进行训练，保持一致性。

训练计划的成功与否主要取决于每一位团队成员是否都能在无人关注的情况下按方案落实。团队成员对训练理念的认同要比在讨论会上“点头同意”更为深刻：要让每一位训练员意识到自己是团队中必不可少的一部分，并能相信团队，遵守训练理念，保持训练一致性。然而，有些训练员可能会逐步转回之前的训练方法，因为这能让他们感到更舒服和 / 或更自信。例如，团队决定采用正强化训练，但个别训练员却重新开始使用以往的训练方法，用厌恶刺激来激发动物行为，尽管个别人做出的选择看起来只是稍微地偏离了既定路线（改变他们的身体姿势），但这一点改变就可能会削弱动物与训练员之间的信任，也可能完全改变训练计划的进程。

训练纲领中还应涵盖由谁负责训练哪只动物以及训练时间表。文件中应明确以下问题，包括：

- 不同分工的员工在训练计划中扮演的角色（图 8.2）？
- 在参加训练前，需要掌握多少动物自然史 / 行为知识，与训练理论相关的知识 / 技能，以及对训练安全的认知？
- 由谁来培训员工，如何培训？

当介绍这类说明文件的必要性时，要重点解释它如何成为团队成员（包括你自己）之间沟通交流的工具。拥有一份概述训练目标的书面纲领性文件为团队提供了一个工具，有助于团队成员互相了解自己及队友应当达成的预期目标。

图 8.2　动物园的专业人员训练亚洲象（*Elephas maximus*）自愿接受足部激光治疗。图源：丹佛动物园。

8.3.2 预期目标

在新的训练计划中，团队中的每一个人都应该清楚自己的角色，以及应承担的任务。讨论或提供一份书面解释，明确个人工作职能中涉及训练的部分，或是在工作日程表中写明开展训练的时间，将有助于团队成员了解预期目标。常见的做法是除却日常的持续指导和反馈，应在来年计划中提供具体的、可衡量的、书面的员工考核目标，以及对员工过往表现的反馈。预期目标应包括具体内容，如“比尔需要完成：在日常串笼的操作流程中，每周让所有有蹄类动物穿过三次地秤；每月称重并记录所有动物的重量；在月度训练组会上回顾训练进展”或“凯莉需要完成：训练呼名‘纽扣’的河马进行长牙修磨，计划完成时间为 1 月 15 日，需要在 10 月 1 日将训练计划提交给训练主管进行审核，应将所有的训练资料及重要进展录入饲养日志管理系统中。为了达到训练目的，另一训练员珍妮佛也应能够完成脱敏训练，并能通过发出指令成功完成河马的牙齿锉磨。”

如果一个团队或管理者从未设定书面的预期目标，训练员们会认为管理者可能会监控一切或干涉过多，因此在训练初期缩手缩脚、迟疑不决。如果此时还让一个不在管理岗位的人负责监管一个训练项目，则会让训练项目更难推行。但有明确的训练目标，将可以让所有人感到更加轻松自在。例如，有些团队成员愿意花所有的时间去训练动物并与动物进行互动，而有的成员却不希望花费时间去训练或与动物互动，明确训练目标可以让所有人的训练步调保持一致。在最终达成遵循训练理念的书面训练目标时，也能产生巨大的成就感。

在不同机构，随着训练团队及物种的变化，训练纲领文件和计划也会有所不同。单次训练的时长，每日应训练几个回合，也没有一个固定的答案。例如，一个训练团队负责灵长类动物、食肉动物和鸟类的日常饲养，因场馆设施允许他们能随时接触动物，他们可以设定广泛的训练目标，并且在一周内可以针对每只动物个体开展多次、多样化的训练。相比较之下，另一个训练团队负责多群有蹄类动物，这些动物白天都在热带稀树草原环境下的“室外”展区，只有在早晨外放之前或傍晚回到内舍后，才能接受训练，所以他们无法制定很多训练目标，实现目标行为的用时也可能会更长。而对于一群生活在室外环境中的鳄鱼，当天气暖和时，可以利用喂食时间更加频繁的开展训练，而当气温降低时，动物的进食次数会变少，训练频率也会相应减少。这种情况就可能需要随季节制定周期性变化的训练计划。

8.3.3 书面目标

将训练计划融入饲养管理的理想目标是大家将训练视为机构中所有动物个体日常饲养的组成部分。所有团队成员都必须清楚了解应针对每一只动物开展何种训练。一份书面的目标行为列表不仅可以提供明确的方向和预期效果，还可作为沟通工具促进训练计划的实施。在制定一只动物个体的目标行为列表时，你应该考虑到动物的日常饲养、非常规饲养程序和医疗护理中所需要的各类行为。行为列表需要综合评估现有资源、人员健康与安全、动物安全，合理平衡各要素，重点兼顾机构情况及动物个体的需求。

应用问题清单来指导团队成员实现一系列目标可能对你有所帮助（Mellen and MacPhee 2012）。

一些问题示例如下：

- 该动物个体的日常生活是怎样的？
- 该动物需要参与哪些常规的饲养流程？
- 每年体检都需要哪些流程？
- 这一物种有哪些常见健康问题需要日常监测？

通常，最初的问题清单可能会很长，令人却步。对清单进行优先排序将有助于减少目标行为的数量，使训练团队更加从容应对。

注意：在未与团队明确训练目标并就训练方法达成一致的前提下，有些人可能就会迫不及待地开始训练，特别是对于那些对训练特别感兴趣的人。当这一情况发生时，可能会训练一些对日常饲养并不一定有用的行为，因此浪费时间等宝贵资源，也不利于提高整体的动物福利。最坏的情况是，尽管团队成员是出于善意去训练“目标列表”之外的行为，但实际结果是，在整个训练计划中，这些有可能最终成为具有安全隐患的行为和/或非期望行为。例如，一名饲养员尝试在非保护性接触的情况下，在笼舍内直接训练一匹亚成体的雄性斑马来接近她，目的是可以触碰它的头、鬃毛和脖子，以便于日常的饲养管理。尽管这一行为在短期内似乎是有用的，但随着这只雄性斑马年龄的增长，当它在饲养员工作时仍喜欢接近人，就会带来很多安全问题。结果，它被其他饲养员认定是一只爱骚扰人的或有攻击性的动物，但这一切都源于它曾被训练接近人，并非它真实的个性。制定行为列表，训练员们就可以据此开展工作，将时间精力投入到适合于特定动物个体的行为上，这既利于安全保障也有益于长期的饲养管理。

目标行为的确定，不仅要考虑这些行为对动物的直接影响，还要基于长远的训练预期和将来的训练计划，考虑对动物的长期影响。在某些情况下，你可能没有现在必须满足的特定行为需求，但你可以训练某些行为，为将来可能出现的需求奠定基础。例如，训练动物从一个点移到另一个点、定位，或进行目标训练，可以成为你今后或许期望达成的许多其他行为而迈出的有用的第一步。

当在整个机构层面制定训练目标时，特别是需要兽医参与的训练项目，可能最有效的方法是制定训练的优先顺序，并提出如下问题：

- 哪些动物是我们不希望将其保定或限制的？
- 训练哪些行为最有利于我们机构的动物？

这些问题能为制定新的训练计划提供一些非常有用的参考意见。

请记住，即使对于大的动物饲养机构而言，将训练融入每一只动物的饲养管理中也是头等大事，并且应为所有圈养动物个体制定具有优先排序的行为训练计划。

8.4 员工培训

几年前，我参加了“自由创新科技”（Eclectic Science Productions）首席执行官鲍勃·贝利（Bob Bailey）的一场动物训练讲座。他曾提到一句让人印象深刻又非常真实的话：“训练简单，但不容易”。我从多个角度反复思考过这句话，发现在制定员工的培训计划时，这一句话尤为正确。假如你想学车，通常会从熟悉且行人较少的社区公路开始，以学习基础技能并建立自信心。这与暴风雪中行驶在陌生、拥堵的城市高速公路上的感觉完全不同，尽管这两种场景都可以称为驾驶。驾驶可以很简单，也可以非常不容易。那么该如何培训动物园专业人员的实践技能以应对各种他们可能遇到的复杂情况呢?

我刚开始训练时，接到的第一个任务是训练一只大西洋海象（*Odobenus rosmarus*）的特定行为。因为我能够把注意力集中在一头海象身上，所以它很快完成了指定的动作。现在将这段经历与另一段相比，在另一段经历中，我同时训练五只海豚，并需要处理这一群体同步行为所有复杂的细微差别。训练一只海象就像在社区公路上开车，而训练一群海豚就像是技术熟练以后在暴风雪中驾驶一样。

同所有技能的学习方式一样，训练员必须练习、练习再练习。作为团队领导者，你的任务是在学习训练的初始阶段为成员寻找或创造多个机会，类似于创建前面所提的“社区公路”，然后再到更具挑战性的场景中寻找或创造额外的附加机会，直到团队成员能够自信地在“暴风雪中的高速公路”上驾驶。

8.4.1 知识 / 术语

了解所训动物的物种自然史和个体经历是动物园专业人员踏上训练之旅的第一步。为员工提供获取这些知识的途径和资源，使他们熟悉自己的角色和预期目标，这对他们未来的成功起着至关重要的作用。除了学习理论知识外，花时间观察动物在各种不同情况和环境下的行为也非常重要。通过观察将有助于更广泛地了解动物的行为和身体能力。

掌握动物学习理论的基本原理能帮助你的团队理解他们现在或将要与动物们一起做的事。你可以直接提供相关训练资料给团队成员去阅读学习，或者以小组形式分享资料。围绕理论的实际应用，即“如何实际操作”展开讨论也很有必要。将理论转换为实际应用，将加深对动物学习理论的理解，并提高团队对信息的吸纳。

围绕理论开发出一种通用语言，确保每个人在进行动物训练的正式讨论及日常沟通时可以保持表述上的一致。你需要创建一个可供团队使用的表述“词典”，或是常用的术语清单及其含义对照表（参见术语表）。动物训练术语清单内容的多少可能会各有不同，并不会有一个最佳的清单。最佳的术语清单应是符合所处社会环境、所在机构，以及与所训练物种相关专业标准相一致的。所使用的术语应可以让团队成员之间以及同行之间进行准确的交流。如果这些因素都能实现，那么这个术语清单就是恰当的。

使用便于查询的通用术语是最佳做法，但领导者需谨防大量模糊的团队术语有可能带来的低效率问题。不明确或不必要的术语会妨碍对当前训练的讨论，将团队困在语言的泥沼之中，这时术语反而会变成一个麻烦，阻碍整个团队完成训练目标。

常用的有助于你和团队成员的培训方法主要包括观察、专业培训及实际应用这三方面。若能观摩学习其他人的训练，之后对目标行为的训练时机、技巧、塑行步骤等内容进行讨论，这些都是非常有价值的。顶级运动员会花大量的时间回顾和研究比赛录像，无论是自己团队还是其他团队的录像，他们都会从中观察并加以学习。借鉴专业运动员的经验也许可以帮助团队发挥最大的潜力。确保你的团队成员了解动物训练的最新研究动态和发表的论文，并鼓励他们多与其他机构的同行交流讨论动物训练问题。让你的团队成员有机会训练他们通常没有机会去接触的动物个体或物种。当然，所有这些都必须先考虑动物和人的安全，以及所训练动物的福利状态。总之，要想成功完成训练，就必须提前计划和制定好所有内容。

8.4.2 观察

训练是将观察和把握时机相结合的一种技能。要想把动物训练好，事先需要知道你希望动物表现出什么行为，并在动物做出这种行为时迅速做出反应。在训练动物之前，新手应多观摩经验丰富的训练员的训练实践，学习他们观察和识别动物行为的能力，以及对动物行为做出回应的时机把握。除了观摩训练员，团队成员还应观察将要训练的动物，观察它的活动方式，以及了解动物的行为动机。

在学习过程中，观察他人的训练是非常重要的。观察一个训练回合中的所有细节都会很有用，包括学习训练时站立的位置，身体姿势，如何解读动物的行为，采用何种安全防范措施，强化的时机、如何给予强化物、被强化的是哪个行为，如何开始及结束一个训练回合，如何利用各种训练工具，以及其他所有你看到的或在训练结束后询问的内容。如果训练员经验丰富且不会被分散注意力，以及在确保安全的前提下，他们可以在训练过程中进行交谈并解释正在进行的训练工作。

当一个新手首次开展训练时，可以选择先给指令让动物做一些先前其他训练员训练过的行为。这为其提高安全意识、掌握观察技能、把握训练时机、熟悉给予食物奖励和训练工具使用等方面提供了锻炼机会。当新手对已经训练成功的行为进行实战训练，从中获得了自信、训练技能有所提高时，就可以着手去训练新行为了。

最好为新手先挑选一些行为去做训练，这可以为其创造成功训练的机会。快速制胜有助于自信心的树立，也有助于应对以后可能出现的更为困难的情况。理想状况下，让新手在首次训练前写一份训练方案，以明确第一个以及随后几个训练回合中想要强化的行为。这将有助于训练新手把期望行为更形象地表述出来，帮助他们在训练时更好地把握强化时机。这份训练步骤也便于指导人员了解在训练过程中自己应对哪些环节进行辅导。

8.4.3 指导训练员

很多训练员不喜欢被人观摩和指导，尤其是一些新手。让他们适应指导和观摩可能需要一个过程。这一适应过程并没什么大不了的，是每个人的必经之路。让大家快速适应的办法是提前讨论指导步骤。讨论训练的学习方式和指导的预期效果可以让人放松下来。制定出一套统一的指导模式也会很有帮助。例如，在每次训练前，简要地聊一下需要强化的目标行为是什么、行为表现的样子是怎样的。此外，还可以讨论如果指导者看到安全隐患或想到一个对本次训练特别重要的建议时，可以怎么做。训练结束后，新手可以先进行简短的训练总结，谈谈他们认为哪里做的好，哪里和他们本身设想的不一样。指导人员可以跟进他们认为做得好的地方，提出一些问题，以及能尝试哪些不同的选择。让新手首先分享，可以让他们自我解读，下一步计划做哪些改变，这将减轻由他人列出问题时可能造成的尴尬。起初这种讨论可能会比较冷场，但经过一段时间后，这种讨论就可以成为团队文化的一部分。训练前后的交流要保持简短，但如果时间允许，也可让其他团队成员参与讨论。可能较难说服一些团队去坚持这种沟通，但若将这种工作方式继续下去，即使一开始大家不是主动开始交流讨论的，这一做法也会很快成为一种“我们团队的工作方式”，大家会开始给出各种观点和意见。

8.4.4 保证训练员与动物行为的一致性

仅安排一名训练员来塑造一个行为可以最理想地保持训练的一致性；然而动物可以从不同的训练员那里学到不止一个行为。团队成员之间需要加强沟通与交流，以确保不会让动物感到困惑。

有时可能需要多人参与塑造动物的同一个行为。也有时，多名训练员会与一群动物共同工作。尽管训练可能涉及多人以及多只动物，但整个团队应遵循同一个训练方案。在这些情况下，应再次强调，沟通交流对于动物保持学习的一致性至关重要。

一致性是训练计划的基石，一致性的沟通和反馈确实需要花费更多的时间，在开始时确实会令人感到气馁，但是沟通交流和问题反馈非常值得去做，会对训练计划产生重要影响。除训练回合前后的小组会议之外，可以提供一份书面的训练指令、行为标准和训练流程，供所有团队成员去遵守，这将有助于保持一致性。此外，支持上述书面内容的照片或视频也能提高团队对训练理念的可视化认知。这种类型的文件对于确保所训行为的完整性[1]是极为重要的，同时也是培养新手的有效工具。

若训练项目是全新的，每个人都是重新开始：所训动物从未接受过训练，训练过程和方法对所有人也都是全新的，负责的训练员也觉得缺乏相关训练经验。此时，根据训练目标，团队成员可能必须要去咨询其他机构的训练人员，以便在正确的道路上起步。除此之外，一些团队如果认为可以完成训练目标，那么他们的关注点就放在提高训练技能和训练进展上。还有些团队领导者的训练经验可能比不上团队中的一些人，但这并不会削弱领导者设定训练目标、观察训练过程、追求团队一致性以及保持训练重点和进展的能力。人无完人，比起那些害怕“暴露弱点”而在没有得到所需信息就做决定的领导者，好的领导者应该清楚自己的能力范围，并在制定目标时适当咨询其他人的意见。

8.4.5 磨炼技能

格拉德威尔（Gladwell 2008）总结了成为某一学科领域专家的基本观念。关于构建专业知识，有一个主题被反复提及，那就是要想掌握专业技能，就必须练习，并且只做少量练习是远远不够的。而要精通任何一项技能，则至少要花10000个小时进行专注、有目的的练习（Gladwell 2008）。同样地，在动物训练领域，不管是团队领导还是团队成员，要想成为该领域专家也需要花很多时间专注且有目的的练习。这就像运动员通过锻炼来发展特定的肌肉群或提高某项细微技能一样，你也需要集中精力针对某些特定项目不断练习。如果你或你的团队有使用哨音作为标定讯号的经验，则需要花费

---

1 包括指令保持一致，并按照统一的行为标准依照流程逐步达成符合训练目标的期望行为。——译者注

时间练习其他桥接刺激，如事件标定，语言标定，触觉标定及其他适合所训动物的标定讯号，并且这不仅仅是通过几次训练练习，而是需要进行长时间的训练，直至可以得心应手地运用多种桥接刺激来实现训练目标。

不管采用哪种训练方法，所有需要的技能都必须在动物不在场的情况下多练习：这会对训练产生影响。例如，如果有一项训练技能是需要精准地把一个肉丸投掷到一定距离，团队中的成员们应该练习在某一特定时间内将肉丸投进一个小桶里的能力。这种团队一致性的精准度对于同时训练动物很重要。例如，一名团队成员没有投准，他训练的动物就会去追逐这个肉丸。在社群训练中，这一失误可能引发混乱，因为这可能引起训练区内其他动物的注意，它们很可能也去追肉丸。更进一步的例子，有一群虎（*Panthera tigris*）需要分别停留在展区内各自的一块区域内，以便让遥控门安全关闭。控制它们的唯一途径是从展区上方的高塔上投掷肉丸来使每只虎定位。为强化虎待在合适位置的这一行为，训练员拥有较高的投掷精准度是非常重要的。若训练员的投掷精准度很低，就会出现虎争抢食物的局面，或是在遥控门移动的时候，引得虎离开展区中的安全位置。在这个例子中，动物园的技术人员认真对待他们的训练工作，并为他们的命中率感到自豪，因而做到了非常精准的肉丸投掷。

即使是在非训练时间，你也可以锻炼自己的大脑，回顾自己或者他人的训练过程，锻炼正确使用桥接刺激的时机。发挥你的创造力，开发出适合自己的游戏方式，锻炼对强化时机的准确把握，例如使用多彩发光儿童玩具、电视节目或随机播放的音乐。你可以去练习标定玩具的某一颜色，也可以标定电视中重复出现的动作或词语。你可以与团队成员玩训练游戏，并只通过事件标定讯号（哨声或响片声）进行交流，这是很棒的练习，也非常有趣。当然你也可以在家训练你的宠物。在与动物进行实际的训练之前，应尽一切努力先练习这些桥接技能。创造一个轻松、自在的训练游戏，保持学习氛围的温馨和愉悦，最大限度地减少大家对表现不好或难堪的担心。给出一些好想法，让团队成员可以自己在家做练习，或让他们分享自己的技能训练游戏，可以让团队成员更好地自主学习，并给那些特别担心在别人面前展示的人提供可以放松地提前练习的机会。无论某些训练员的训练技能多么娴熟，这些游戏都很有用，可以很好地提高一个团队整体的训练技能。

除了练习行为标定的时机外，积累其他训练工具的使用经验也会很有帮助。如果佩戴或使用某些物品或操作某些设施，如喂肉棒、目标物、食物桶、限位栏、运输箱门和/或其他任何物品、设施之前，都应首先在动物不在场的情况下进行练习、积累经验。需要在动物不在场的情况下，弄清楚门的锁定方式、限位栏移动时会发出的声音，以及如何持握目标棒。

另一个提高技能的方式是先让一个动物习得的行为消退，然后再重新训练，或是改变一个行为的指令。花时间练习以上任何一种技能，尤其是你或你的团队从未接触过或尝试过的细节点，对于提高训练技能都很重要。

你可能会开展训练很多年，但训练技能实际上却毫无精进。如果你并没有持续给自己增加挑战，水平停滞这一现实是毋庸置疑的。有时候，动物似乎会在训练中达到一个停滞期，看上去是不再继续学习。但这种缺乏持续进步的原因很可能是训练计划或训练员已经“没有新意”了，不再有趣，也无法吸引动物。造成这点的原因主要有：训练目标不明确、对动物没有吸引力，或缺乏新目标，设定了不切实际的训练完成时间，害怕变化、训练员缺乏创造力，以及其他许多可以理解的原因。

不管是什么原因，都需要让你的训练计划朝着积极的方向发展。这里列出了一些想法，你可以试着这么做：

● 如果时间有限，可做一些细微的改变，如改变一个行为的指令，或者使用新的桥接刺激。每天利用少量时间以团队形式集体回顾一页的训练计划或学习某本书中的一个章节。

● 让团队成员参与训练目标的定期检查，评估训练进展，可以添加一些新目标或对所训行为做出一些变化，也可以替换现有目标。

● 让团队成员进行自我评估，反思并思考提高个人技能的方法，每个人都可以分享一些看过的认为对团队有帮助的参考资料（书或视频）。

● 在组会上分享训练进展或目前遇到的障碍，是获得他人建议和相互启发的一种好方式。这使得团队成员可以去尝试其他人曾成功运用过的训练技术。鼓励团队组织开展问题解决环节，也可更好地集思广益。另外，还可以考虑邀请团队之外的专业技术人员，拓宽全新思路。

● 特邀一位专业嘉宾或训练顾问来进行一次讲座或回顾整个动物训练方案，这可以对当前所持观点进行令人兴奋的对话和讨论。重要的是要有一个稳定的训练项目可供讨论，要有一位足以把控话题并能促进正向讨论的领导者。

“磨炼技能”的主要目标是让团队保持高度的参与度和适应性，这有助于团队成长，也可保持团队成员学习和参与训练程序的热情。借由这些条件，训练员不仅能提高训练敏感度，也能做到艺术性地开展训练，学习如何塑行，甚至还会因此了解到动物朝着他们期望的方向去完成目标行为需要付出多少努力，而且他们还能学会更早发现非期望行为的“前兆”，以及学到如何在训练时间过久之前，适时终止训练。

8.5 积极训练

训练项目中也可以注明训练频率及动物的参与度，但事实上训练员或动物都有可能因为缺乏训练积极性而未能按计划开展训练。若出现这种情况，可能导致训练计划对训练员和动物来说都变得无效了。

当训练员只要求动物复习以前训成的行为却不训练新动作时，就会出现这种情况。训练时，如果动物可以按要求做对所有“正确”的反应，可以让训练员获得很大的成就感，但如果由于缺乏练习而使动物做对新动作的完成质量减退，会让训练员丧失这种成就感，这种感觉可能会误导训练人员。

另一种情况是，当团队成员对动物应展现出的行为的期望值降级时，大家会对训练计划感到自满，并因此让一份训练计划变得无法发挥应有的作用。结果就是动物的行为无法达到预期标准。例如，在训练初期，动物在训练中已经可以完成将特定的身体部位定位在特定的位置，并在规定的时间内保持不动。随着训练计划的推进，仅出于训练员自身的想法，团队成员期望动物“保持”这种行为的时间可能会越来越短。结果导致动物现在的行为无法再保障对其身体部位进行全面的检查，而这种检查恰恰是训练这一行为的初衷。

为了避免出现这种不愉快的结果，负责人应该要求团队成员在每一次的训练中谨记目标要求，并通过鼓励团队成员为“日常”每一回合的训练都设定目标来加强这一习惯。这应该成为一种惯例，即使不是针对新行为的逐步塑行训练，也要保持这个习惯。那该如何做呢？例如，可以制作一些保育卡片，每月从卡片中挑选几种行为进行日常训练，就像从一副扑克牌中抽取几张牌。卡片上可能写着“这只猴子的左脚脚趾之间有一个小伤口”“需要徒手持握住这只动物，进行仔细检查”“该动物需要做耳部脓液引流”或“需要收集样本”，等等。这些卡片可以是记录动物过去发生过的情况，也可以是创造性地对未来可能出现情况的应对想法。这些训练项目的成果可以在团队组会上进行分享。这种方式可以赋予团队新的挑战，让他们有针对性地训练某一只动物，获得未来可能被用到的行为。

如果你注意到多次训练中都安排的是之前已经完成训练的行为，则可能表明：未明确新的训练目标，训练员不知道如何开展新的训练，担心不知道接下来该如何训练，也可能是不知道怎样在一个训练回合中合理安排各项行为的训练时间。如果是上述任何一种情况，作为团队负责人，与培训新手一样，你也应该创造实践机会来不断增强团队成员的自信心及提高个人训练技能，随着时间推移，团队成员会越发自信。同时你也可以示范在一个训练回合中如何最佳地安排各项时间，这也会对大家很有帮助。例如，在每个训练回合刚开始时，动物的注意力最集中，可尝试新行为的塑行或进行更具挑战性的训练，那么会产生更快、更成功的训练效果，将动物先前已经习得的行为或更有自信完成的行为保留到每个训练回合的后期，因为这时它的注意力已经不断减弱。

由于每个团队成员、每只动物和具体的训练情况都是不同的，所以团队负责人得充分了解训练计划为什么会变得“丧失新意”。最重要的是保证对每一次训练的时间都能做出合理的安排。通过努力让团队成员专注于自己的训练，并谨记行为标准，为动物及整个团队创造出良好的训练氛围，促进双方不断学习提升。

8.5.1 何时达成目标行为?

这个问题似乎很容易回答……当动物在刺激控制下做出相应行为时、当动物听到摇铃声可以离开展区回到内舍时、当动物自愿抽血时或能接受修蹄时。实际上，答案也可以更复杂。为了使训练的行为对动物福利产生最大的积极影响，它需要满足该动物的操作或饲养需要。在一开始制定训练计划时，就需要对这种需求进行充分阐释。训练团队应尽可能预测动物在操作或训练时可能出现的变化，这样就可以制定计划、未雨绸缪。

例如动物进出笼舍的问题，应考虑到是否需要动物可以在一天中的任何时间都能按照要求进入 / 离开展区，是否需要任何一名负责该动物的饲养人员都能做到？动物在进出笼舍时是否得遵守某种社群内的等级秩序？在紧急情况下，即使环境中存在很多干扰因素，动物是否能立即离开展区？

饲养或医疗行为（图 8.3）是否需要在一周内的任何时间、在多个不同的地点进行训练，是否需要不同的兽医 / 技术员参与，并应由不同饲养员开展训练？是否有专门的训练设备？团队和受训动物能否方便地使用这些训练设备？这些不仅需要确定预期目标，也应明确限制因素。

图 8.3 医疗训练——训练非洲狮（*Panthera leo*）自愿接受注射。图源：丹佛动物园。

你可能会发现在塑行中的某些节点，动物的行为会停滞不前。训练员会意识到正在训练的行为存在一定的退行风险。此时，可以考虑引入新的训练设施或是让新的饲养员、兽医或技术员加入训练。所有新行为的塑行最初都会有一定程度的回退，应将其视为塑行过程的一部分。领导者需要帮助他们的团队认识、接受训练中的这些阶段，并越过难关，实现他们的目标并达成期望行为。可以通过计划后续的训练步骤，或召开组会，以及持续跟进训练的方式，来协助他们实现训练目标。

在训练过程中可能会出现一种现象：一些团队成员对他们训练的动物和所训的行为产生强烈的占有欲。如果这个训练员更关注自己的需求，而非动物的需求，这种主观感受将会阻碍整个团队的训练进度。防止发生这种现象的办法是将训练目标集中在动物需求上，集中在如何最好地为动物服务和哪些行为可以实现最佳的动物福利上。团队负责人在平衡人与动物之间的积极关系时不要允许这样毫无益处的越界。

不断重新关注训练目标可以确保那些需要治疗的动物得到相关行为的训练，以便最终能使它们切实且高效地接受医疗诊治。当动物需要紧急的医疗护理时，可能来不及开展“完整的行为训练”。这时可能需要利用某些处于退行状态的行为[1]，以确保动物先获得所需的医疗护理。如果动物在没有正确达成目标行为之前被触发了一个未完成动作，或是触发了一个退行行为，那就可能产生额外的行为消退情况，这可能使得按照训练方案标准重新训练期望行为变得困难。动物行为是否会进一步消退取决于为了实现医疗护理需要怎样的行为，以及团队成员和动物之间的信任度是否足以让动物可以展现行为。在动物需要立即进行治疗时，团队必须仔细审视动物的过往经历，是利用未完成行为或退行行为来满足医疗需求，还是使用物理或麻醉保定而破坏当前的信任关系，要通过评估二者的风险和收益来决定。

---

1 这里是指当前的行为低于预期行为标准要求。——译者注

将动物转移到新的机构或面对新的动物园 / 水族馆的饲养员，对动物和工作人员来说都是一种挑战和压力。当转移或接收动物时，最好提供或让对方提供动物行为训练方面的记录和详细信息。这些可帮助新的团队重新训练因动物转移而可能出现消退的行为。有关之前动物训练的任何视频也会非常有帮助，以确保尽可能减少造成动物（以及训练人员）的学习中断。尽可能多地提供与动物及其训练相关的过往信息（如熟悉的工具等），都可能会非常有助于减少所有相关方的焦虑。

8.6 设施

设施的设计应切实符合动物饲养需求，这将非常有助于安全、有效地完成行为训练目标，甚至产生完全不同的效果。例如，训练大型鳄类经水路穿过不同笼舍，所需的时间可能远远少于训练它们在陆地上完成串笼。或是训练网纹长颈鹿（*Giraffa reticulata*）进入限位栏笼，如果限位笼的底面与地面保持水平，而不是那种长颈鹿需要抬腿跨越的设施，对于一些长颈鹿来说就会有很大不同，它们可以每天从容地走进限位笼，而不必在临门一脚上畏缩不前。设计设施时，在过程中考虑到动物训练的要求，这一点越来越普遍。如果设施设计得很巧妙，动物们就能轻易地穿过特定设施、通过门、进入限位栏，靠近训练墙，这样既省时省力，也明显降低了动物的压力，对所有训练人员和动物也都更加安全。但设施也需要随时更新改造，便于给动物提供更舒适的体验和便利。基于物种、个体性格以及其他各种因素，设施设计将决定着某一环境是有利于动物的训练还是带来阻碍。在设施的方案设计基础上，还应特别注意训练员应在的位置、他们在设施周围如何移动、可能产生的噪声、在哪里安置训练装置，以及他们在动物生活空间（设施）中可能使用的其他环境刺激。通过观察动物在全天中以及在不同环境下的行为，有助于训练团队识别动物处于放松状态的行为特征，但这并不意味着动物得在空无一物的环境中训练，也不是说动物不需要对环境刺激脱敏或习惯化。许多动物可以很容易地接受各种动作、声音、气味和新奇事物，保持平静并专注于训练。因此有必要去了解动物个体的需求以及周围环境对动物学习能力的影响。

当给动物及其生活环境（设施）引入任何新物品时，都得小心谨慎。某些配合饲养管理的特定行为可能需要某种设备，以便训练和最终实现行为。不同动物个体对同一物品也会有不同的反应。例如，开始给一群大猩猩身上涂超声凝胶时，一只大猩猩欣然接受，一只躲开了，一只在接受之前观察了很长时间，另一只却在不停地吃涂在它身上的凝胶。训练前要与兽医认真沟通交流，尽可能多地了解兽医的需求以及对所需行为的描述，以便于为动物建立合适的训练计划。如果可以，最好把自己放在动物的位置上，亲自体验完成目标行为所需的训练设备和要求，这对训练将助益良多。你最好试着慢慢走进限位栏，尝试 X 光和超声检查的仪器，踏上秤台等，这么做能让你更了解训练目标及制定合理预期的训练计划。考虑以下问题：限位栏中的光影问题？打开 X 光机时是否有闪光或嗡嗡声？在超声检查时，动物的皮肤会感受到多少压力（图 8.4）？秤台是否滑的站不住？是否会发出声音或摆动？目标棒是否会被动物拖拽？让动物触碰目标物是否足够安全？第一个去寻找这些问题答案的，不应是准备接受训练的动物。另外，仪器上沾着的药物气味或其他动物的气味也会分散动物的注意力，所以也要考虑到嗅觉信息。训练团队有责任在动物之前尽可能多地去了解训练涉及的各种要求。动物远比你和你的团队敏感得多，但提前进行这些工作仍然会很有帮助。

图 8.4 通过训练，独角犀（*Rhinoceros unicornis*）可经直肠超声检查进行生殖监测。图源：丹佛动物园。

了解他人已经成功使用过的设施设计可以事半功倍。学习其他机构的设施设计及训练经验，可以省时省钱。大多数人都非常愿意分享这些信息，如 ZooLex 网站（www.zoolex.org）上就有很多关于设施设计的信息。例如限位栏和运输笼箱，有些动物可能更容易进入不会遮挡视线的网笼中，而有些动物则恰恰相反。有些设施制作起来并不昂贵，但却能满足动物和训练团队的日常需求。例如，前面所提及的大西洋牛鼻鲼的栅格平台就是在当地一家五金店买的，很平价，也易于安装。另外，还有个团队为有蹄类动物制作了一个木制的训练墙，这个设计对动物来说非常有用，他们称之为“汽水摊”[1]。这个团队还设计了更昂贵一些的内置限位槽，在训练项目中，有的需要使用到“汽水摊”，有的需要使用到内置限位槽，两种设施同等重要。此外，还可以创造性地利用现有的展区空间，如打开一部分围网或透过笼舍的门板进行训练，但前提是这样做不会破坏隔障的完整性。还有很多其他的设施应用“诀窍”，可以促进动物训练。

不要忘记我们机构中那些小型动物（图 8.5）。考虑到一些必要的训练项目以及行为需求，这类动物也会从合理的设施设计中受益。人们总是很想徒手抓控小型动物，用手直接改变它们的身体姿势，或是轻率地忽视代表这类动物处于压力状态下的行为迹象，因为小型动物很好控制，什么都不用做比花费时间去训练容易很多。一般来说，我们可以通过视觉障碍为动物增加环境的复杂度，或通过训练动物行为如定位、串笼或进运输笼箱等提升管理水平并提高动物福利。举一个为群养动物提供良好环境的例子，在混养多个物种的一个小展缸内，饲养着一群云纹蛇鳝（*Echidna nebulosi*），其中有一条比其他个体大很多，出现这种情况的原因是在进食时间中，它在整个社群中占据支配地位，所以能吃到更多的食物。为了解决这个问题，富有创造力的水族馆团队并排安置

1 类似流动摊位，比喻便于移动和搭建的设施。——译者注

了一组由透明管道做成的喂食点，蛇鳝能够自由地游进管道中觅食，这就给它们提供了平等的进食机会。因为食物摄入比较均衡，最终这个展缸中的云纹蛇鳝体型大小都变得差不多了。

图 8.5　小型物种的训练：饲养员同时对两只亚洲小爪水獭（*Aonyx cinereus*）进行目标训练。图源：丹佛动物园。

无论新设施看起来有多漂亮或实用，都需要给动物足够的时间，并且以合理的方式将新设施引入它们的生活环境中，才能使其成功发挥作用。我们的目标是让动物感到放松，并乐于在这些区域接受新的学习 / 训练。格兰丁（Grandin）等（1995）讨论了动物设施的应用以及动物对新设施的首次接触如何影响未来的学习和训练。如果有一只动物刚来到你所在的机构，当初次体验新的设施时，就被关在内舍的限位栏中，可能会导致长期的问题，影响后续该动物个体在内舍的放松程度。合理规划动物如何与所有设施的每一部分积极互动，特别是它的初次体验，将有利于未来饲养工作的开展。

持续评估设施的使用情况是很重要的。例如，最初限位设施或运输笼箱被当作训练空间，是为了以更安全的方式接触动物，但随着训练技术无意中的改变，训练员可能从一开始温和的限位发展到完全限制动物，或者用“哄骗”的方式让动物达成训练目标。尽管训练员认为这个训练仍是正强化，因为他们提供了食物，但他们在无意间也可能使其他动机因素开始发挥作用。假如动物无法离开或选择不参与训练，那它们在这个训练回合中就不是完全自愿的。因此，团队成员要充分认识到在训练过程中会发生什么以及如何使用特定设施。

总的来说，设施的设计和使用需要为团队成员和动物创造一个舒适、安全、自信的环境。但没有任何设施是完全安全的，所以团队成员应预先接受安全培训（详见第 13 章）。团队成员还应进行设施操作培训，培养自身能力，使其有信心完成训练项目。这也将为团队制定最合理的训练决策以及为动物的学习夯实基础。

8.7 关系与目标

团队成员与动物个体之间的关系和过往经历可能是影响塑行进展速度或塑行效果的最主要因素之一。在与动物每一次互动时，保持相互信任的关系都是重中之重。在一些情况下，训练员不得不利用很少的训练时间来快速实现某些饲养管理目标。基于训练人员和动物之间积极的关系，饲养员也许可以触摸或检查一个新伤口；甚至给一个长期接受训练的动物进行注射等。例如，给一只马来貘（*Tapirus indicus*）挠几下痒，它就会躺倒并保持不动，这时继续挠痒，另一位饲养员就能从它的腿上完成抽血。这些成果都很好地说明了饲养员 / 动物之间的关系会对一只动物的饲养管理带来明显助益（详见第 9 章），绝不应该被低估；然而，由于在上述以及其他类似情况下，动物的行为非常依赖于特定的饲养员 / 动物的信任关系，而非在刺激控制下完成，因此不能认为这种行为是可靠的或训练到了足以满足饲养要求的程度。饲养员与动物的良好关系以及随之影响到的动物行为，可作为饲养管理的基础。可以重新训练这一行为，通过引入正规的指令，将行为与指令相关联，同时采取其他步骤，使得所有团队成员都能通过指令成功让动物展现该行为。通过一系列的过渡，可将一些有利于动物饲养、但从前只能通过特定饲养员或特定条件才能实现的行为，转变为所有团队成员都能通过指令完成、可靠性高的行为，从而满足更多的动物饲养需求。

8.7.1 个人想法

负责或参与训练项目时通常会面临一些充满挑战性的争论。饲养管理训练是照管动物工作的一部分，一些人认为这属于非常个人化的工作。它涉及动物福利相关的众多因素：如饲喂、互动、医疗需求，以及其他日常饲养管理需要和减少动物压力。要想成功完成训练，需要就训练目标和训练方法达成一定的共识，以保持一致性。这种做法可以让大家自然而然地开始共同讨论哪些内容是他们认为对动物最好的。定期安排组会、设立问题解决环节。明确沟通交流的模式，都有助于将大家的话题引到合理的问题讨论上，并促进更为开放的讨论。希思等（Heath and Heath 2011）讨论了改变人们的观点所需要面对的困难。他们提出了一个观点，即人们在面对关心的事项时，情绪比知识更能左右你的决定。重要的是要认识到，当你需要每个人都参与到训练计划中时，仅仅列出一份清单，说明什么该做什么不该做，可能并不会影响团队成员的想法。如果你想影响团队成员的决定，可能得深入了解他们关注的内容以及其中涉及的情感因素。

8.8 小结

动物训练项目的成功实施离不开训练计划、员工培训、设施设计、持续跟进和领导力等各方面的投入。我们尚未确定或衡量这些训练计划不同方面中的哪些途径对我们的动物更有利。本章节的主要目的是作为一份参考资料，用以启动或重启一项由你参与或领导的训练计划。

参考文献

Cain, S. (2012). *Quiet: The Power of Introverts in a World That Can't Stop Talking.* New York: Crown Publishers.

Covey, S.R. (2004). *The 7 Habits of Highly Effective People: Restoring The Character Ethic.* New York, NY: Free Press.

Gladwell, M. (2008). *Outliers: The Story of Success.* USA: Little Brown and Company.

Grandin, T., Rooney, M.B., Phillips, M. et al. (1995). Conditioning of nyala (*Tragelaphus angasi*) to blood sampling in a crate with positive reinforcement. *Zoo Biology* 14: 261–273.

Heath, C. and Heath, D. (2011). *Switch: How to Change When Change Is Hard.* Waterville, ME: Thorndike Press.

Mellen, J. and MacPhee, M. (2012). Animal learning and husbandry training for management. In: *Wild Mammals in Captivity: Principles and Techniques* (eds. D. Kleinman, K. Thompson and C. Kirk Baer), 314–328. Chicago, IL: University of Chicago Press.

Sinek, S. (2009). *Start with Why: How Great Leaders Inspire Everyone to Take Action.* New York, NY: Portfolio.

9 我们和它们——作为学习事件的人与动物的互动

杰夫·霍西，维基·A. 梅尔菲

翻译：刘媛媛　　校对：王惠，施雨洁

9.1 引言

直到20世纪80年代中期，关于动物园动物对人所做出的反应还没有系统的研究，而轶事报道往往集中在游客引发的负面互动上，比如逗弄、用棍子戳、投喂不恰当的物品，有时甚至更糟（Stemmler-Morath 1968；Hediger 1970）；或者反过来，动物把游客当作刺激来源（Morris 1964）。一种假设认为动物园里的动物可能会因为人工育幼等过程形成“缺损印记”[1]，导致动物自认为是人类（Morris 1964）；在动物园正常开放时间内，只要游客处在栏杆外面的参观区内，则动物们可能会无视或忽略他们（Snyder 1975）。这些观点应该放在当时的背景下来看：以现代的标准，彼时的笼舍小且单调，而且在很多情况下，与今天相比，动物园允许公众更近距离地接触动物（见第9.4节）；那时更多的动物都是人工育幼长大的（Morris 1964）；与现代生物学相比，当时流行的丁伯根—洛伦兹学派解释动物行为的理论框架更多是以驱力—本能概念为主导。不过，这些观察隐含着这样一种假设：动物在动物园环境中学会了对人做出新奇反应。

40年过去了，动物园的圈舍环境和饲养管理已经发生了巨大变化；所以，我们希望，游客行为也该有所改变。很少有实证研究系统地调查动物园普通游客面对动物时的行为。相反，研究通常倾向于量化和改善“不良访客行为”（例如，Kemp et al. 已投稿，Parker et al. 2018）。同样地，我们知道一些动物园游客的行为对动物会产生消极影响，但从动物园游客群体来看，这些行为的性质、频率、持续时间和效价[2]是什么，以及是否发生了变化，都不得而知。在人类支配的环境中，与人类的接触为圈养动物提供了全新的学习情境，这一基本假设仍然合理有效，随着对动物园动物的系统性研究不断增多，相较于以前，我们可以更详细地研究这一问题。一个好的出发点是要认识到动物园中人与动物互动（human-animal interactions，简称HAI）领域中的两种“二分法”：第一种，动物从熟悉的人（尤其是饲养员）那里所学习到的行为反应很可能不同于从陌生人（比如游客）那里所学到的，特别是它们与熟悉的人有更多的接触和重复的互动，这使得一种关系（人与动物的关系）得以建立。第二种，人与动物之间的互动可能是直接互动，在这种情况下，观察者可以识别出一个发起互动的行为和它引发的一个行为反应；这类互动也可能是间接的，从某种意义上说，这时动物是针对有人在场的整体情境做出反应，但却没有可见的互动发生。尽管我们在这里将上述观点称为“二分法”，但重要的是认识到二分法一词在这里是用来帮助理解的，而且在现实中，这两者都是互动关系这一连续域值的两极。因此，对动物来说，有些人比如兽医，可能比游客和动物更熟

---

1 指动物或人因敏感期学习过程存在缺陷，导致跟随反应和依恋反应不对同类而转向异类。——译者注

2 行为结果的价值。——译者注

一点，但却没有达到饲养员与动物之间的那种熟悉程度。同样，饲养员进行常规的饲养程序时可能会无意中向动物发送一些直接的讯息，然后动物就会对此做出反应。我们可以根据这些要点绘制出一个表（表 9.1），用作本章讨论内容的指南。

包含人类因素的情境，可能为动物园的动物提供各种学习机会。人类面对动物时所做的行为被认为是动物学习进程的一部分，而不同类群的人可被视作影响动物学习进程的一个变量。 表 9.1

互动类型	人的类型	
	熟悉的人	陌生人
间接互动	饲养员观察动物 饲养管理内容，包含丰容、清洁和饲喂	游客在展区外参观“驻足观看”
直接互动	持控和捕捉 健康检查和兽医治疗 训练 教育活动	互动类教育活动 一日饲养员

9.2 学会区分不同人群

对于许多动物能学会辨识不同人的说法，家里养过伴侣动物的人都应该不会感到意外。当我们探讨动物园的动物是否学会区分人的时候，我们应该探求的问题是它们是否能学会区分熟人和陌生人，以及是否也能区分出不同的类别或人群。回答这个问题具有理论意义，因为答案能告诉我们不同动物的辨识和分类能力；它还更具有应用价值，因为答案还可以帮助我们理解动物园动物对游客呈现出的五花八门的反应。

有很好的经验证据表明，无论是农场动物（Boivin et al. 1998；Rousing et al. 2005）、实验室动物（Davis 2002），事实上，还包括动物园的动物（Mitchell et al. 1991；Martin and Melfi 2016），都能学会区分熟人和陌生人。一项针对动物园动物的研究发现，与陌生人相比，很多物种更有可能接近熟人，即使这两类人穿着相似，身处相同环境（比如打扫笼舍）（Martin and Melfi 2016）。农场动物能区分不同人群，是因为它们学会识别人们行为和服装的差异（Munksgaard et al. 1997）。谷田和长野（Tanida and Nagano 1998）也认为农场动物（仔猪）可以通过视觉、听觉和 / 或嗅觉线索区分人。所以动物园的动物无论是作为一个群体或这个群体中的一些物种 / 个体，推断它们也能学会利用这些相同的线索区分不同类别的人，也是很合理的。研究发现农场动物可以从以前和人的接触经验中学习区分不同的人（de Passillé et al. 1996；Munksgaard et al. 1997；Csatádi et al. 2007）。在农场中，动物和熟悉的人之间经常发生无隔障操作或少量身体接触，而动物园的笼舍和饲养管理通常是为了避免和 / 或限制动物园饲养员和动物之间的无隔障操作和身体接触；不过也有例外，比如人工育幼。这意味着对于动物园里的动物来说，饲养操作程序并不是了解人类的好途径，因为操作并不频繁。同样的理由也可以用来说明，由于动物园中饲养操作及身体接触的不频发性，如果真的发生了，这可能代表一个重要的学习机会。很可能动物通过其他类型的互动也能学会区分不同类别的人。例如，通过不同人群在饲养管理上提供的参与度和结果，动物可能在与人类的间接互动中进行学习。例如，梅尔菲和托马斯（Melfi and Thomas 2005）观察到，动物园饲养的东黑白疣猴（*Colobus guereza*）能够辨别笼舍前的三类人，并因人而异做出不同的行为：负责动物日常饲养管理的饲养员、穿着同样制服的饲养员/动物园工作人员但不负责它们的饲养管理、动物园游客（这些人不穿制服！）。有趣的是，这项研究发现，在启动一项有助于健康检查的训练计划后，动物面对各类人群的行为比率显著下降。作者认为东黑白疣猴已经认识到，在训练过程中对人做出行为比在训练之外更有效，因此，一旦启动训练计划，针对各类人群的行为比率就下降了。

野生动物也可以区分不同的人，例如喜鹊（*Pica pica*）能识别曾经接近过自己巢穴的人，并对他们做出攻击反应，而对没有接近过它们巢穴的人则不会这样（Lee et al. 2011）。在萨克拉门托动物园（Sacramento Zoo），雄性金腹白眉猴（*Cercocebus chrysogaster*）尤其针对成年男性游客做出示威行为，但很少针对婴儿、老年男性和女性，而雌性金腹白眉猴对女性游客的示威行为是对男性的两倍（Mitchell et al. 1992）。当然，这些行为可能是具有物种特异性的反应，也许是与动物相同年龄和性别的人类触发了它们的识别反应；但也可能是基于与特定人群先前的接触经历，因为研究还发现，成年男性和小男孩对雄性金腹白眉猴的侵扰多于女性。金腹白眉猴似乎只对特定类别的人有反应，区分不同人群是基于一些视觉和行为线索，但在前面的例子中，喜鹊则是仅通过明显的面部特征来区分不同的人。农场动物也能够根据面部特征认人（猪：Koba and Tanida 2001；奶牛：Rybarczyk et al. 2001；马：Stone 2010）。有趣的是，野生的短嘴鸦（*Corvus brachyrhynchos*）会对着那些戴着“危险”表情面具的人鸣叫和围攻，而不考虑他们的年龄、性别、体型或外表，但对那些戴着“中性的、无明显表情”面具的人则不会这样（Marzluff et al. 2010）。西诺（Sinnot）等（2012）向各种动物园动物（灵长类动物、食肉动物、有蹄类动物和鸟类）展示了可怕的面具（吸血鬼面具），并与不可怕的面具（比尔·克林顿的面具）进行了比较，只在灵长类动物中发现了对可怕面具表现的厌恶反应。因此，辨识人脸的恐怖表情可能是一种条件反应，但也可能反映出潜在的认知能力或动物分类学上的差异。无论如何，这一方面还有待进行更多的研究。

9.2.1 熟悉的人

有趣的是，迄今为止，大多数关于动物园中人与动物互动的研究都集中在与陌生人——动物园游客的互动上（见第 9.4 节）。而大部分来自动物熟悉的人（包括饲养员和其他花费大量时间与动物园动物互动的园内专业人员）的影响，很大程度上尚未得到研究。这些熟悉的人在动物园动物的生活中无处不在，所有动物园中都存在这样的人，因为这些人在创造和维护动物园良好动物福利中不可或缺。然而，这些人主要还是被看作给动物提供照顾的人，而他们在动物园动物的学习中作为人这一因素所产生的影响却鲜有顾及。

在动物园动物生活中，动物熟悉的人是那些经常与之互动并在它们的生活中发挥作用的人。其中，不同的人与动物进行直接或间接互动的频率可能各不相同；但在本书中，重点强调的是所有这些互动都为动物提供了学习的机会。对动物园的动物来说，最熟悉的人可能就是它们的饲养员，在畜牧业通常被称为畜牧工人。对畜牧工人的研究发现，熟悉的人和他们所照顾动物之间的互动可以对这些动物产生重要影响。在农场环境中，人与动物之间的积极互动与提升产量和改善福利呈正相关，衡量指标是生长速度和生育力提高以及发病率降低（引自综述 Waiblinger 2019）。因此，动物园专业人员对动物的照顾也会产生深刻的影响就不足为奇了（引自综述 Ward and Sherwen 2019）。

据报道，动物园里的动物辨识不同熟人的能力很强。对特定人的识别是通过动物对这些人的特定（积极或消极）行为反应来证明的，一些报告称，这种对饲养员个人的识别和特定反应在饲养员与动物分开多年后仍然可以看到。遗憾的是，动物在辨别熟人能力上所表现出来的复杂程度，如上文中的例子，大部分都仅是轶事报道。然而，也有少数实证研究观察了动物园里的动物如何区分不同的熟人。例如，正如前面所描述的，动物园的动物被观察到可以区分日常照顾它们的饲养员和动物园的其他工作人员（Melfi and Thomas 2005）。这些数据表明，动物园的动物能够区分那些为其提供日常照顾的饲养员与那些来得少的饲养员，或从事其他工作的动物园专业人员，例如兽医、研究人员和其他身着制服的工作人员。有一点是清楚的，动物园里的动物学会了区分这些人，这表明动物和这些人之间发生的互动可能存在差异，这会影响到彼此之间是形成积极的、中性的还是消极的关系（Hosey 2008，2013）。这些人与动物园动物之间互动的属性、频率及类型都会为动物提供丰富的学习机会。

在动物园中，动物熟悉的人群可以为它们创造激发学习机会的生活环境。通过永久或临时的笼舍设计和设施变更（参见第 5 章）、日常的饲养管理工作、提供丰容（参见第 6 章），当然还有正式的训练项目（本书的主题），动物园饲养员为动物提供着各种学习机会。例如，沃德和梅尔菲（Ward and Melfi 2013）发现是否接受过正强化训练影响着动物对其他非训练行为的反应速度。他们观察到，比起未经训练的同类，经过正式训练的动物对新指令的反应更快。作者认为，在正强化训练中通过规律和持续的互动，建立了人和动物的积极关系，因而产生了上述结果。有些学习机会可能并不是正向的。动物也许会借此学习到避开与熟人的某些互动是值得的，因其可能与负面的后果相关联。一般来说，兽医的探访必不可少，但有时，健康护理会伴随着一些令动物不适的程序，包括接种疫苗和被保定进行体检。这些与熟悉的人之间的消极互动，已经通过动物训练项目发生了巨大转变，训练的目的是确保动物和人都能了解到在这些消极互动过程中会发生什么，从而改变他们对这些过程的看法（参见第 11 章）。

学习的一个关键过程是人与动物关系的发展；这种发展依赖于动物与人从各种互动中双向学习到对方有何期望。如果这些互动通常是积极的，那么动物很可能学会相应地做出反应，并形成积极的人与动物的关系。更进一步，随着彼此积极互动，双方都学会期待积极的情感体验，人与动物的关系就得以发展确立。许多动物园饲养员都曾描述过人与动物之间的关系（Hosey and Melfi 2012）；但却很难确定动物是否有任何的情感体验。大多数对于互动中的情感体验的描述都是趣闻轶事，例如动物会寻求与熟悉的人互动（例如，Masson and McCarthy 1996；图 9.1）。

图 9.1　饲养员与动物之间的互动，各种不同的互动方式可能会对他们彼此都产生影响，并且可能由任何一方发起。图源：凯瑟琳娜·赫尔曼。

9.3　陌生人

动物园动物遇到的大多数人对它们来说都是陌生人，也就是说，动物要么以前没有见过他们，或者没有机会与其中任何一个人建立关系。由于陌生人数量多（动物园里每天可能有几千人）、出现时间长（每天长达 8 个小时或以上），因此这些人代表着一系列刺激，动物可以对此做出反应，我们认为这些动物同样可以学习了解这些人的不同特征，并因人而异做出相应反应。然而，我们看到的针对陌生人的行为，或看似是对他们的反应，大多仅能被推断为学习的结果。首先，我们并不确定动物园的动物从这些陌生人身上学习之前，它们的初始行为是怎样的。借助与野生个体的比较可能会有帮助，但这些动物以前也几乎肯定接触过陌生人，只是可能与动物园内动物所遇到的人在数量和情境上都有所不同。其次，据我们所知，还没有哪项研究把陌生人作为引发动物学习的自变量进行探讨。因此，虽然我们看到当有人在场时，动物似乎做出了一些习得反应，但我们却没有看到形成这些行为反应的过程。因此，也有可能我们看到的一些反应或区别对待不同人群的行为只是物种特有的行为，并非经由学习产生；一个例子是章节 9.2 中提到的金腹白眉猴对男性和女性游客的不同反应。了解这一点可能很重要，即行为反应在多大程度上是学习的结果？无论是出于动物福利的原因（例如，为了改善福利，改变动物对人群的厌恶反应）还是因为保护的原因（例如，把计划放归野外的动物对人类的反应调整为更“野生型”的状态）。

记住这一点，我们可以列出一些当陌生人在场时，动物园动物可能会做出的行为，以及对导致这些行为的学习过程的推断（表 9.2）。很少有针对这些行为的系统研究，也从未将这些行为的出现作为动物的一个学习过程开展研究。

能观察到的动物园动物在陌生人面前的行为，以及导致这些行为的学习过程推断 表 9.2

观察到的行为	推测的学习过程
习惯人；忽略人；很少或完全注意不到人。	习惯化
向人索要食物； 试图与人互动； 把人当作正向刺激和潜在的“丰容”资源。	经典条件作用
回避人并且不在公共区域出现； 躲藏； 攻击性增加。	操作性条件作用
对不同类别人群表现不同：饲养员相较于游客，男人相较于女人，孩子相较于成年人，等等。	辨别学习

9.3.1 学习忽视游客

人们普遍假设动物不理会动物园的游客，据称，绝大多数人都注意到，当我们走过或者站在那里看着它们时，许多动物似乎都没有注意到我们。所以我们应该问问，动物园里的动物是否真的不理会游客，如果确实不理会的话，这是否是动物学习的结果。许多实证研究调查了动物园动物对人的反应，包括它们对面前安静伫足的游客的反应，也观察了它们对吵闹的、活泼好动的游客，或试图与动物互动的游客的反应。其中有些研究记录到动物对游客要么兴味索然，要么毫无反应。例如，初（Choo）等（2011）发现新加坡动物园的婆罗洲猩猩（*Pongo pygmaeus*）随着在场游客不同以及游客行为的不同，确实表现出了一些行为变化，但这些行为上的变化远没有预期的那么明显，对此研究人员推测可能是由于这些猩猩已经对人类习惯化。同样，舍温（Sherwen）等（2014）发现，在要求游客减少喧哗后，并没有观察到细尾獴（*Suricata suricatta*）对游客的反应发生变化，这再次说明其原因可能是动物的习惯化。伯勒尔和阿尔特曼（Burrell and Altman 2006）报告说，他们观察的目标动物棉顶狨（*Saguinus oedipus*），正是因为习惯了游客，动物园不得不将它们从一个步入式自然展区转移到更小的笼舍。另外，还有几项研究表明，不论是否有游客在场，猫科动物的行为都没有什么变化（例如，O'Donovan et al. 1993；Margulis et al. 2003）。因此，动物园里的一些动物似乎确实不理会游客；或者至少有游客在场时没有表现出行为变化。这是因为动物的习惯化吗？

习惯化通常被定义为“由于刺激重复发生但并没有伴随任何形式的强化，导致某一反应相对持久性地减弱”（Hinde 1970）。当然，在实验室之外，通常很难准确地知道动物习惯化的是哪种刺激，所以在这些情况下，我们有时会对定义进行些许调整。例如，在为了研究目的而使灵长类野生动物习惯化的背景下，图汀和费尔南德斯（Tutin and Fernandez 1991）将习惯化定义为“野生动物接纳人类观察者作为其环境中的自然元素”，这种根据结果而非过程而做的定义，可能更接近我们说动物园动物对游客习惯化的意思。不过，总的观点是，通过反复、无强化的暴露于动物园游客面前，动物最终会失去对人的恐惧反应、观察注视、回避或惊吓行为。一些证据支持这一观点，但也有一些研究表明，动物园动物确实会对陌生人做出反应（通常是厌恶反应）（Hosey 2000，2013）。对于这种明显的矛盾性，我们至少可以提出两种解释。一种是已经发生了习惯化，但不完全，所以对陌生人这一刺激的反应仍然存在，但强度较低。例如，格莱斯顿（Glatston）等（1984）在一项关于棉顶狨的研究中发现，那些以前未被展出的动物在被转移到展区一年后，仍然会对公众表现出很强烈的厌恶反应。另一个解释是，陌生人实际上代表了一系列刺激，动物对这些刺激的适应速度会有所不同。如果假设动物对人的存在比对游客噪声的习惯化更快，这可能就有助于解释为什么有些动物对吵闹的游客比对安静的游客反应更加强烈（Quadros et al. 2014）。有时，我们也会看到一些“去习惯化”的现象：在大多数情况下都会忽视游客的动物，会在某个特殊情况下对游客表现出厌恶反应。例如，福塔野生动物园（Fota Wildlife Park）的猎豹（*Acinonyx jubatus*）只有在游客跃入隔离带这种少数情况下才会有反应（O 'Donovan et al. 1993）。

针对动物园动物，目前已开展了对丰容（例如，Anderson et al. 2010）、饲养管理和兽医流程（例如，Calle and Bornmann 1988；Phillips e al.1998）的习惯化研究，但显然这些都不是对游客反应的研究。与动物园里的动物反复见到游客相类似的情况是野生动物也会碰到研究人员和观光客，显然，这同样导致了很多物种的习惯化，如在旅游景点的棕熊（*Ursus arctos*）（Herrero et al. 2005）和藏酋猴（*Macaca thibetana*）（Matheson et al. 2006）。事实上，为了有助于开展研究工作，经常会刻意让野生动物对研究人员的存在习惯化（Williamson and Feistner 2011），因为这样可以增加看到目标对象的机会，更好地识别个体，了解不同动物个体间的关系，并减少观察者对自然行为的任何影响（Goldsmith 2005）。出于同样的原因，我们可以考虑鼓励动物园动物的习惯化，但在提出任何建议之前，我们需要更多信息来了解习惯化的代价。对野生种群来说，习惯化将导致动物付出的代价包括从人类感染疾病的风险增加，以及动物将这种习惯化扩大至其他人（非研究人员），使它们容易被猎杀或受到其他人类威胁的影响（Goldsmith 2005；Williamson and Feistner 2011）。习惯化对动物福利的其他影响尚不明确。野生白喉卷尾猴（*Cebus capucinus*）（Jack et al. 2008）和野生大猩猩（Shutt et al. 2014）粪便中的皮质醇水平在（对人类的）习惯化组中比非习惯化组或不太习惯化组中更高，这意味着习惯化的过程会给动物带来一些压力。

9.3.2　学会利用游客作为刺激来源

在关于动物园动物对游客反应的研究中，有一小部分的结果可以解释为动物从与游客的互动中获得了某种刺激。也有一些关于动物发明各种方式与游客互动的轶事，这些互动有时还会对游客造成伤害。所有这些都表明，在一些情况下，与人类互动可以给这些动物丰容。原则上，没有理由说人与动物互动不能成为圈养动物的一种丰容方式（Hosey 2008；Claxton 2011），并且一些研究表明，与熟悉的人增加互动确实可以被视作是一项丰容（例如，Baker 2004；Carrasco et al. 2009）。不过，动物园动物对游客的反应在多大程度上可以被视为丰容仍是一个有争议的问题，因为这些观察到的结果通常不是丰容计划的一部分，而且对行为变化的解释往往是“打哪指哪”，而不是基于预先设置的变量。

50 年前，德斯蒙德·莫里斯（Desmond Morris）以伦敦动物园为例，讲述了那里的动物与游客的各种日常互动，并将其解释为动物在原本枯燥的动物园生活中为了增加更多刺激所做的努力

（Morris 1964）。其中包括在地上砰砰跺脚，显然是为了引起人们的注意；朝游客撒尿、扔屎；以及索求抚摸，然后再去咬抚摸它的人等各种行为。20 世纪 60 年代，切斯特动物园的黑猩猩明显变得擅长向人类扔土块（Morris and Morris 1966）。大家很容易认为在现代动物园的笼舍里，应该不会再看到动物们那些明显为了改善无聊、单调的笼舍生活而做的努力，但实际上我们也不知道真实的情况是否如我们所想；事实上，在一家巴西的动物园里，一只雄性埃及狒狒（*Papio hamadryas*）从一个老式的小笼子转移到一个更大、更自然的笼舍后，向游客扔粪便的次数却增加了（Bortolini and Bicca-Marques 2011）。此外，据报道，富鲁维克动物园（Furuvik Zoo）的一只黑猩猩将石头储存起来，用作将来投向游客的炮弹（Osvath 2009）。

动物园动物也学会了更多与游客温和互动的方式。其中之一便是索取食物。在墨西哥城动物园（Mexico City Zoo），福（Fa 1989）发现圈养黑脸绿猴（*Chlorocebus sabaeus*）在找寻并吃掉游客投喂食物上所花费的时间与游客数量之间存在明显正相关。切斯特动物园的黑猩猩会与游客互动，并发展出一系列互动形式，其中很常见的就是乞食，有时会以黑猩猩得到食物而告终（Cook and Hosey 1995）。众所周知，乞食行为在熊身上特别常见，该行为似乎与刻板行为相互关联（Van Keulen-Kromhout 1978；Montaudouin and Le Pape 2004）。

其实以我们现在对丰容这个术语的理解，这些行为都不能算作丰容，然而，动物学会了做这些事情，就说明这些行为会给它们带来好处。某种程度上可以把这些行为视作条件反射，尽管这些还只是推论，但至少在灵长类动物乞食的例子中，该推论可能具有参考性，因为这表明了动物理解自己在如何影响人类的行为（Gómez 2005）。然而，这些行为的强化物可能是动物们看到人类对特定行为的反应（例如，在被扔粪便之后），或是偶尔得到的食物。然而，有几份报告显示，动物似乎会出于自身意图而找陌生人互动；换句话说，人与动物的互动本身就具有强化效果。

其中一个例子是阿德莱德动物园（Adelaide Zoo）中一只名为克劳德的长嘴凤头鹦鹉（*Cacatua tenuirostris*）。在游客特别多的日子里（周末或公共假期），90% 的时间它都在笼舍参观面，并做出一些在游客少的日子里（工作日）不会出现或很少出现的行为，如用喙亲游客脸、说人话，并始终面朝游客（Nimon and Dalziel 1992）。作者的结论是，人的存在强化了克劳德。另一个例子是安特卫普动物园（Antwerp Zoo）一只名为伊莎贝尔的雌性东部低地大猩猩（*Gorilla gorilla graueri*），与群体里的其他大猩猩不同，当游客出现时伊莎贝尔会靠近观察窗，似乎寻求眼神接触，并模仿人说话时嘴巴的开合（Vrancken et al. 1990）。在这两个例子中，动物都是在以人类为中心的环境中饲养的，这只凤头鹦鹉以前是宠物，而大猩猩是人工育幼长大的，我们可以推测，动物已经学会去获取某个它们曾熟悉的人的关注，现在这一行为泛化到了陌生人身上。

如果动物与人类互动的机会确实对动物有强化效果，当发生直接互动（非间接互动）时，我们期望可以看到最有力的证据来证实此项推断。不幸的是，现在还很少有实证证据能告诉我们这一点。在儿童乐园，被游客抚摸的山羊和猪似乎并没有得到丰容效果（Farrand et al. 2014）。不过据报道，宽吻海豚（*Tursiops truncatus*）在人下水与它们互动并触摸它们后，其玩耍行为会增加（Trone et al. 2005），并且在行为展示之后也是如此（Miller et al. 2011），这可以解释为人和动物互动对动物有正向刺激效果。

9.3.3 学习回避游客

大型自然风格展区的一个可能后果是，游客没那么容易看到生活在其中的动物。由于游客到动物园就是为了看动物，要是动物不容易被看见，可能就会有问题，动物园试图以一种不损害动物福利的方式来解决这个问题（Bashaw and Maple 2001；Kuhar et al. 2010）。看不到动物可能仅仅是展区的大小和地形造成的，与动物的行为无关；或者是因为动物喜欢待在特定的区域，与是否有游客在场无关。但也有可能是因为动物已经认识到它们可以避开游客，从而回避游客以及他们的行为带给自己的压力。例如，亚特兰大动物园的大猩猩似乎对特定类型的栖架有偏好，如果这些栖架位于展区中较隐蔽的位置，那么这些动物也就不太容易被看到（Stoinski et al. 2002）。事实上，大猩猩在熟悉和陌生展区之间的交替展示，将增加它们在陌生展区的可见性（Lukas et al. 2003）。当动物从“传统式”的小型笼舍转移到更大、更自然的展区时，对动物园游客的厌恶反应确实会减少（Ross et al. 2011），但似乎没有特别的证据表明，发生这种情况是因为动物选择让自己不容易被人看到。此外，散放区的动物可能更显眼，但这似乎也取决于物种（Sha et al. 2013；Schäfer 2014）。不过，它们大概是在学习了解游客的一些情况，或者探究它们在自身可见性和与游客互动性方面拥有多大程度的选择权。

关于人与动物直接互动的研究，对后一种解释的支持度有限。当给生活在触摸区的绵羊和山羊提供一个躲避空间时，它们对游客展现出的非期望行为[1]会明显减少（Anderson et al. 2002）；类似地，海豚伴游项目中的海豚（*Delphinus delphis*）在游客进入水池后，会增加对躲避空间的利用（Kyngdon et al. 2003）。在这些案例中，动物似乎已经学习到如果自己不想与人类互动，躲避空间可以为它们提供庇护。

9.3.4 流动访客与动物的互动

随着互动教育体验（interactive educational experience）（通常也被称为“近距离接触” encounter）的广泛普及，游客与动物园动物的互动越来越亲密。尽管不同动物园和不同动物所提供的互动教育体验差异很大，但通常都包括但不限于以下一些特征：动物和陌生人距离很近；通常是安排在常规不允许陌生人进入的非展示区（后台）；或是将体验活动时间安排在动物园闭园后；动物经常被鼓励与这些陌生人互动（图 9.2）。这些体验活动要求动物学会在一系列新的情境条件下与各种人近距离互动，以及 / 或者做出一些以前只有在熟悉的人面前才会做出的“正常”行为。到目前为止，这些体验活动对参与动物的日常行为和福利的影响如何，我们还知之甚少。对于教育活动中的项目动物，上述这些可能会被认为是常规要求（参看第 10 章）；例如，项目动物需要经常接受各种训练，以便它们在一些不熟悉的环境和可能发生意想不到事件的情况下也可以与陌生人互动。让动物习惯这些情况或训练它们在上述条件下参与互动的各种方法已有发表（参见第 10 章）。例如，动物可

1 该研究中的非期望行为是指对游客展现出的攻击性及回避性，包括直立起身体、试图冲撞、跺脚、甩头、喷鼻、僵硬不动等行为。——译者注

能会被提供食物，以鼓励它们接近陌生人，或进入有陌生人在附近的空间。这些互动教育体验提供了学习机会，这可能需要动物们要么去接受更广泛的人群类型，要么扩大自己的活动和栖息范围，或是延长自己的活跃时间，以满足与陌生人互动或保持活跃的园方期望。

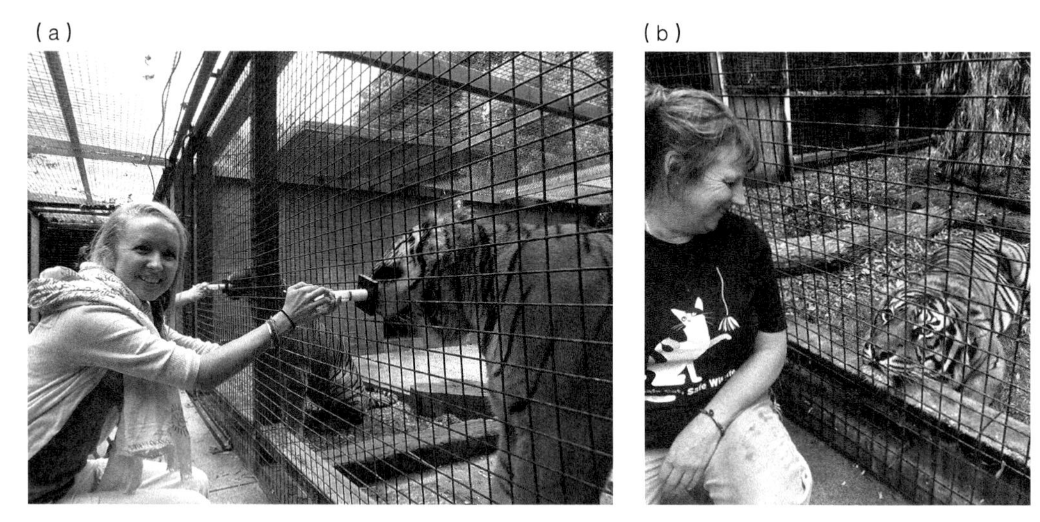

图 9.2 动物园游客与苏门答腊虎的付费互动（a），同一只苏门答腊虎主动与自己的饲养员互动（b）。图源：（a）维基·梅尔菲，（b）希拉·罗（Sheila Roe）。

9.4 讨论与结论

总之，人们为动物园动物提供了很多学习机会，无论这些是直接还是间接互动的结果。不幸的是，对于动物园内丰富多样的、动物与其所熟悉的人之间发生的互动，仅有个别已发表的实证数据研究对其进行了详细阐述；相反，该领域的数据大多来自对游客的研究。动物园游客与动物之间的互动可能会根据当时的情境有所不同。这一领域的大多数研究都是在“伫立静观”的展区上进行的，并且结果大多是负面的。而在动物园提供的很多其他互动项目，从食物饲喂体验到互动教育体验中，游客—动物互动所带来的影响还没有得到很好的研究。最令人惊讶的是，动物园工作人员给动物提供的互动可谓无处不在，但却完全被忽视了；只有屈指可数的研究表明，这些互动为动物提供了积极的学习机会。

我们在这一章中，仅限于把人群分为动物熟悉的人和对动物来说的陌生人进行讨论，但很可能有些动物能够在这些类别中进行更复杂的区分。毫无疑问，作为研究人员，我们觉得有必要在这一领域进行更多的研究！我们认为这将不仅为认知领域提供有趣的见解，而且还能提供重要的信息，以促进基于科学实证的动物园动物管理。如果能更好地了解不同物种区分各类人的能力，那将是特别有趣和有帮助的。尽管在这一领域已有关于鸟类的可靠研究，但认知辨别任务的研究在很大程度上还是由灵长类动物主导。当然，动物园拥有许多不同物种，因此更好地了解其他类别的动物以及其他更多物种是否能够区分熟悉的人和陌生人，对于动物园工作也是非常重要的。从截至目前对那些被普遍遗忘的动物类群进行的有限的认知研究来看，鱼类和爬行动物同样表现出了认知复杂性（参见本书中由布格哈特和布朗撰写的相关动物类群的专栏文章），这也让我们推测，这些类群也可能会敏锐地辨识出不同人。我们的工作模型（Hosey 2008）预测，熟悉的人比陌生人更受动物喜欢，但需要记住，这些被我们遗忘的动物类群对世界的感知可能会与其他类群的动物有所不同。例如，为黄腹水石龙子（*Eulamprus heatwolei*）提供一个新的环境，从以哺乳动物为中心的观点来看，这通常被认为是一个积极的改变，并且确实包含了丰容概念下的许多工作，但黄腹水石龙子却被观察到皮质醇水平和呼吸频率升高，这些都代表动物因此承受了压力（Langkilde and Shine 2006）。要将这项研究提升到一个全新的水平，可能需要涵盖调查动物与人类之间的互动及其对动物的影响；动物能从这种与人类的互动关系中学到什么，以及对动物园动物管理的影响。例如，有许多趣闻轶事也可以用来丰富研究思路，比如动物园动物会学习了解人与人之间的互动，并导致它们也会区别对待这些人。例如，当某个人在场时，动物会忽略另一个人提供的指令；当动物主管在场时，会忽略饲养员给出的指令，除非主管也认同饲养员的指令，并与饲养员一起，鼓励动物遵从饲养员发出的指令。如果我们所照顾的动物真的能理解动物园工作人员之间的关系，并且这一因素影响到对它们的日常管理，那可能真的需要改变我们对动物认知能力的看法，同样需要改变的，可能还包括我们自己与同事相处时的言行举止。

参考文献

Anderson, C., Arun, A.S., and Jensen, P. (2010). Habituation to environmental enrichment in captive sloth bears – effect on stereotypies. *Zoo Biology* 29: 705–714.

Anderson, U.S., Benne, M., Bloomsmith, M.A., and Maple, T.L. (2002). Retreat space and human visitor density moderate undesirable behavior in petting zoo animals. *Journal of Applied Animal Welfare Science* 5: 125–137.

Baker, K.C. (2004). Benefits of positive human interaction for socially housed chimpanzees. *Animal Welfare* 13: 239–245.

Bashaw, M.J. and Maple, T.L. (2001). Signs fail to increase zoo visitors' ability to see tigers. *Curator* 44: 297–304.

Boivin, X., Garel, J.P., Mante, A., and Le Neindre, P. (1998). Beef calves react differently to different handlers according to the test situation and their previous interactions with their caretaker. *Applied Animal Behaviour Science* 55: 245–257.

Bortolini, T.S. and Bicca-Marques, J.C. (2011). The effect of environmental enrichment and visitors on the behaviour and welfare of two captive hamadryas baboons (*Papio hamadryas*). *Animal Welfare* 20: 573–579.

Burrell, A.M. and Altman, J.D. (2006). The effect of the captive environment on activity of captive cotton-top tamarins (*Saguinus oedipus*). *Journal of Applied Animal Welfare Science* 9: 269–276.

Calle, P.P. and Bornmann, J.C. II (1988). Giraffe restraint, habituation and desensitization at the Cheyenne Mountain Zoo. *Zoo Biology* 7: 243–252.

Carrasco, L., Colell, M., Calvo, M. et al. (2009). Benefits of training/playing therapy in a group of captive lowland gorillas (*Gorilla gorilla gorilla*). *Animal Welfare* 18: 9–19.

Choo, Y., Todd, P.A., and Li, D. (2011). Visitor effects on zoo orang-utans in two novel, naturalistic enclosures. *Applied Animal Behaviour Science* 133: 78–86.

Claxton, A.M. (2011). The potential of the human-animal relationship as an environmental enrichment for the welfare of zoo-housed animals. *Applied Animal Behaviour Science* 133: 1–10.

Cook, S. and Hosey, G.R. (1995). Interaction sequences between chimpanzees and human visitors at the zoo. *Zoo Biology* 14 (5): 431–440.

Csatádi, K., Ágnes, B., and Vilmos, A. (2007). Specificity of early handling: are rabbit pups able to distinguish between people? *Applied Animal Behaviour Science* 107: 322–327.

Davis, H. (2002). Prediction and preparation: Pavlovian implications of research animals discriminating among humans. *ILAR Journal* 43: 19–26.

de Passillé, A.M., Rushen, J., Ladewig, J., and Petherick, C. (1996). Dairy calves' discrimination of people based on previous handling. *Journal of Animal Science* 74: 969–974.

Fa, J.E. (1989). Influence of people on the behaviour of display primates. In: *Housing, Care and Psychological Well-being of Captive and Laboratory Primates* (ed. E.F. Segal), 270–290. Park Ridge, USA: Noyes Publications.

Farrand, A., Hosey, G., and Buchanan-Smith, H.M. (2014). The visitor effect in petting zoo-housed animals: aversive or enriching? *Applied Animal Behaviour Science* 151: 117–127.

Glatston, A.R., Geilvoet-Soeteman, E., Hora- Pecek, E., and van Hooff, J.A.R.A.M. (1984). The influence of the zoo environment on social behavior of groups of cotton-topped tamarins, *Saguinus oedipus oedipus*. *Zoo Biology* 3: 241–253.

Goldsmith, M.L. (2005). Habituating primates for field study: ethical considerations for African great apes. In: *Biological Anthropology and Ethics: Form Repatriation to Genetic Identity* (ed. T.R. Turner), 49–64. Albany, NY: State University of New York Press.

Gómez, J.C. (2005). Requesting gestures in captive monkeys and apes: conditioned responses or referential behaviours? *Gesture* 5: 91–105.

Hediger, H. (1970). *Man and Animal in the Zoo*. London: Routledge & Kegan Paul.

Herrero, S., Smith, T., DeBruyn, T.D. et al. (2005). From the field: brown bear habituation to people – safety, risks and benefits. *Wildlife Society Bulletin* 33: 362–373.

Hinde, R.A. (1970). *Animal Behaviour: A Synthesis of Ethology and Comparative Psychology*. New York: McGraw Hill.

Hosey, G. (2008). A preliminary model of human-animal relationships in the zoo. *Applied Animal Behaviour Science* 109: 105–127.

Hosey, G. (2013). Hediger revisited: how do zoo animals see us? *Journal of Applied Animal Welfare Science* 16: 338–359.

Hosey, G. and Melfi, V. (2012). Human-animal bonds between zoo professionals and the animals in their care. *Zoo Biology* 31: 13–26.

Hosey, G.R. (2000). Zoo animals and their human audiences: what is the visitor effect? *Animal Welfare* 9: 343–357.

Jack, K.M., Lenz, B.B., Healan, E. et al. (2008). The effects of observer presence on the behaviour of Cebus capucinus in Costa Rica. *American Journal of Primatology* 70: 490–494.

Koba, Y. and Tanida, H. (2001). How do miniature pigs discriminate between people? Discrimination between people wearing overalls of the same colour. *Applied Animal Behaviour Science* 73: 45–56.

Kuhar, C.W., Miller, L.J., Lehnhardt, J. et al. (2010). A system for monitoring and improving animal visibility and its implications for zoological parks. *Zoo Biology* 29: 68–79.

Kyngdon, D.J., Minot, E.O., and Stafford, K.J. (2003). Behavioural responses of captive common dolphins *Delphinus delphis* to a 'swim-with-dolphin' programme. *Applied Animal Behaviour Science* 81: 163–170.

Langkilde, T. and Shine, R. (2006). How much stress do researchers inflict on their study animals? A case study using a scincid lizard, *Eulamprus heatwolei*. *Journal of Experimental Biology* 209 (6): 1035–1043.

Lee, W.Y., Lee, S., Choe, J.C., and Jablonski, P.G. (2011). Wild birds recognize individual humans: experiments on magpies, *Pica pica*. *Animal Cognition* 14: 817–825.

Lukas, K.E., Hoff, M.P., and Maple, T.L. (2003). Gorilla behaviour in response to systematic alternation between zoo enclosures. *Applied Animal Behaviour Science* 81: 367–386.

Margulis, S.W., Hoyos, C., and Anderson, M. (2003). Effect of felid activity on zoo visitor interest. *Zoo Biology* 22: 587–599.

Martin, R.A. and Melfi, V. (2016). A comparison of zoo animal behavior in the presence of familiar and unfamiliar people. *Journal of Applied Animal Welfare Science* 19 (3): 234–244.

Marzluff, J.M., Walls, J., Cornell, H.N. et al. (2010). Lasting recognition of threatening people by wild American crows. *Animal Behaviour* 79 (3): 699–707.

Masson, J.M. and McCarthy, S. (1996). *When Elephants Weep: The Emotional Lives of Animals.* New York: Delta Publishing.

Matheson, M.D., Sheeran, L.K., Li, J.-H., and Wagner, R.S. (2006). Tourist impact on Tibetan macaques. *Anthrozoös* 19: 158–168.

Melfi, V.A. and Thomas, S. (2005). Can training zoo-housed primates compromise their conservation? A case study using Abyssinian colobus monkeys (*Colobus guereza*). *Anthrozoös* 18 (3): 304–317.

Miller, L.J., Mellen, J., Greer, T., and Kuczaj, S.A. II (2011). The effects of education programs on Atlantic bottlenose dolphin (*Tursiops truncatus*) behaviour. *Animal Welfare* 20: 159–172.

Mitchell, G., Herring, F., and Obradovich, S. (1992). Like threaten like in mangabeys and people? *Anthrozoös* 5: 106–112.

Mitchell, G., Obradovich, S.D., Herring, F.H. et al. (1991). Threats to observers, keepers, visitors, and others by zoo mangabeys (*Cercocebus galeritus chrysogaster*). *Primates* 32: 515–522.

Montaudouin, S. and Le Pape, G. (2004). Comparison of the behaviour of European brown bears (Ursus arctos arctos) in six different parks, with particular attention to stereotypies. *Behavioural Processes* 67: 235–244.

Morris, D. (1964). The response of animals to a restricted environment. *Symposium of the Zoological Society of London* 13: 99–118.

Morris, D. and Morris, R. (1966). *Men and Apes*. London: Hutchinson.

Munksgaard, L., de Passillé, A.M., Rushen, J. et al. (1997). Discrimination of people by dairy cows based on handling. *Journal of Dairy Science* 80: 1106–1112.

Nimon, A.J. and Dalziel, F.R. (1992). Cross- species interaction and communication: a study method applied to captive siamang (*Hylobates syndactylus*) and long-billed corella (*Cacatua tenuirostris*) contacts with humans. *Applied Animal Behaviour Science* 33: 261–272.

O'Donovan, D., Hindle, J.E., McKeown, S., and O'Donovan, S. (1993). Effect of visitors on the behaviour of female cheetahs Acinonyx jubatus. *International Zoo Yearbook* 32: 238–244.

Osvath, M. (2009). Spontaneous planning for future stone throwing by a male chimpanzee. *Current Biology* 19 (5): R190–R191.

Parker, E.N., Bramley, L., Scott, L. et al. (2018). An exploration into the efficacy of public warning signs: a zoo case study. *PLoS One* 13 (11): e0207246. https://doi.org/10.1371/ journal.pone. 0207246.

Phillips, M., Grandin, T., Graffam, W. et al. (1998). Crate conditioning of bongo (*Tragelaphus eurycerus*) for veterinary and husbandry procedures at the Denver Zoological Gardens. *Zoo Biology* 17: 25–32.

Quadros, S., Goulart, V.D.L., Passos, L. et al. (2014). Zoo visitor effect on mammal behaviour: does noise matter? *Applied Animal Behaviour Science* 156: 78–84.

Ross, S.R., Wagner, K.E., Schapiro, S.J. et al. (2011). Transfer and acclimatization effects on the behaviour of two species of African great ape (*Pan troglodytes* and *Gorilla gorilla gorilla*) moved to a novel and naturalistic zoo environment. *International Journal of Primatology* 32: 99–117.

Rousing, T., Ibsen, B., and Sørensen, J.T. (2005). A note on: on-farm testing of the behavioural response of group-housed calves towards humans; test-retest and inter-observer reliability and effect of familiarity of test person. *Applied Animal Behaviour Science* 94: 237–243.

Rybarczyk, P., Koba, Y., Rushen, J. et al. (2001). Can cows discriminate people by their faces? *Applied Animal Behaviour Science* 74: 175–189.

Schäfer, F. (2014). To see or not to see: animal-visibility in Apenheul Primate Park. *International Zoo*

News 61: 5–20.

Sha, J.C.M., Kabilan, B., Alagappasamy, S., and Guha, B. (2013). Benefits of naturalistic freeranging primate displays and implications for increased human-primate interactions. *Anthrozoös* 26: 13–26.

Sherwen, S.L., Magrath, S.J.L., Butler, K.L. et al. (2014). A multi-enclosure study investigating the behavioural response of meerkats to zoo visitors. *Applied Animal Behaviour Science* 156: 70–77.

Shutt, K., Heistermann, M., Kasim, A. et al. (2014). Effects of habituation, research and ecotourism on faecal glucocorticoid metabolites in wild western lowland gorillas: implications for conservation management. *Biological Conservation* 172: 72–79.

Sinnot, J.M., Speaker, H.A., Powell, L.A., and Mosteller, K.W. (2012). Perception of scary Halloween masks by zoo animals and humans. *International Journal of Comparative Psychology* 25: 83–96.

Snyder, R.L. (1975). Behavioral stress in captive animals. In: *Research in Zoos and Aquariums*, 41–76. Washington DC: National Academy of Sciences.

Stemmler-Morath, C. (1968). Ultimate responsibility rests with the keeper. In: *The World of Zoos* (ed. R. Kirchshofer), 171–183. London: Batsford Books.

Stoinski, T.S., Hoff, M.P., and Maple, T.L. (2002). The effect of structural preferences, temperature, and social factors on visibility in Western lowland gorillas (*Gorilla g. gorilla*). *Environment & Behavior* 34: 493–507.

Stone, S.M. (2010). Human facial discrimination in horses: can they tell us apart? *Animal Cognition* 13: 51–61.

Tanida, H. and Nagano, Y. (1998). The ability of miniature pigs to discriminate between a stranger and their familiar handler. *Applied Animal Behaviour Science* 56 (2–4): 149–159.

Trone, M., Kuczaj, S., and Solangi, M. (2005). Does participation in dolphin-human interaction programs affect bottlenose dolphin behaviour? *Applied Animal Behaviour Science* 93: 363–374.

Tutin, C.E.G. and Fernandez, M. (1991). Responses of wild chimpanzees and gorillas to the arrival of primatologists: behaviour observed during habituation. In: *Primate Responses to Environmental Change* (ed. H.O. Box), 187–197. London: Chapman & Hall.

Van Keulen-Kromhout, G. (1978). Zoo enclosures for bears. *International Zoo Yearbook* 18: 177–186.

Vrancken, A., Van Elsacker, L., and Verheyen, R.F. (1990). Preliminary study on the influence of the visiting public on the spatial distribution in captive eastern lowland gorillas (*Gorilla gorilla graueri*). *Acta Zoologica et Pathologica Antverpiensia* 81: 9–15.

Waiblinger, S. (2019). Chapter 3. Agriculture animals. In: *Anthrozoology Human–Animal Interactions in Domesticated and Wild Animals* (eds. G. Hosey and V. Melfi), 32–58. UK: Oxford University Press.

Ward, S.J. and Melfi, V. (2013). The implications of husbandry training on zoo animal response rates. *Applied Animal Behaviour Science* 147: 179–185.

Ward, S.J. and Sherwen, S. (2019). Chapter 5. Zoo Animals. In: *Anthrozoology Human–Animal*

Interactions in Domesticated and Wild Animals (eds. G. Hosey and V. Melfi), 81–103. UK: Oxford University Press.

Williamson, E.A. and Feistner, A.T.C. (2011). Habituating primates: processes, techniques, variables and ethics. In: *Field and Laboratory Methods in Primatology: A Practical Guide* (eds. J.M. Setchell and D.J. Curtis), 33–49. Cambridge: Cambridge University Press.

专栏 B1　动物园里的大象训练

格雷格 · A. 维奇诺

翻译：陈足金　　校对：鲍梦蝶，楼毅

训练已深深根植于动物园大象的饲养管理中。至少在美国，如果不依赖大量的训练来照顾它们是不可想象的。事实上，大象仍是北美动物园与水族馆协会中唯一在认证标准里特别提及的动物，其中就包括训练方法及成果评价（Association of Zoos and Aquaria 2018）。虽然现在动物园的动物训练已经很普遍，但因为大象训练涉及的特殊细节，使其成为所有圈养物种管理中最独特，同时也可以说是一项必需的规范。

在动物园里，成年象所展现的个头和力量可以十分简单明了地说明，为什么训练对于有效管理这一物种是至关重要的。训练可以从最基本的大象转运需求（从一处转移到另一处），到更为复杂的，如伤口治疗、妊娠监测等医疗管理需求，避免了这些程序中麻醉大象会带来的高风险（Fowler et al. 2000）。动物园大象的日常操作规程中往往包含了高水平的训练。作为长寿动物，训练不仅可以为大象提供心智上的刺激，还能为老年疾病的护理提供帮助。对于动物园中的大象，训练可以成为一种替代型挑战，就像它们在野外要面对的挑战一样，需要运用问题解决能力去完成，这些行为将有助于大象的生活，赋予了大象控制环境能力。对此，可能最合乎逻辑的论点就是，大象在动物园里常常会面对很多野外并不存在的情况，其中一些必须经由人类来推动解决。动物园的大象训练在不断发展，一些积极的动物福利措施已经同训练联系了起来。例如，格列柯（Greco）等（2016）发现大象展示刻板行为的时长与它们和饲养人员一起进行正强化训练的时长呈负相关性。结果显示，将越多时间用于正强化训练，大象就越少出现刻板行为。将动物园圈养象的训练作为其饲养工作的基本组成，将能持续扩展我们的认知，了解如何将这个物种照顾到最好。

可以看到，过去 20 年里动物园的大象饲养管理发生了巨大变化，其中最显著的就是正强化训练和保护性接触带来的影响。在训练方法的基础框架里，正强化是一种操作性条件作用，在大象成功展示期望行为（对训练员的指令的正确反应）时会得到奖励（Daugette et al. 2012）。此概念跟以前大象训练中最常用的“正惩罚”完全不同。在人象共处的最初几个世纪里，正惩罚主宰着大象的管理，主要依靠在大象未能执行指令后施予厌恶性刺激来改变其行为（Hockenhull and Creighton 2013）。已有文献对这两种完全相反的方法的有效性、可靠性、可行性进行了论述（Ramirez 1999），在这里仅简单定义两者在大象训练史上的角色地位。“保护性接触”（见 B1.1）和“自由接触”（见 B1.2）是描述人与大象是否共处同一空间的两个相反的术语。保护性接触要求人与大象之间始终通过隔障（横向或竖向的栏杆）分隔开来“保护”着，鉴于其在物理空间上的分隔属性，已被看作是正强化训练的组成部分。而与之相反的，自由接触是指大象和人共处同一空间，并且通常需要采用正惩罚的训练方法。对两种模式的争论在于，保护性接触是基于信任和主动（因为一头大象能轻易地走开，而不用接受惩罚或奖励），而自由接触要求一种支配 / 顺从关系。自由接触的支持者争辩说对于一些会让大象感到不舒服的治疗，如果任由动物来选择是否参加，他们将无法妥善地饲养照顾大象。保护性接触和正强化训练的支持者认为不仅要增加动物的选择权，还要建立一种信任关系，依靠奖励来鼓励动物参与，以此提高治疗效果（Ramirez 1999）。这两种训练方法的根本原则都是基于根深蒂固的训练理论体系，必然在两边都有基于训练结果的论据。不过，公众对基于惩罚而非奖励的训练方法的接受程度确实正在逐渐降低。

图 B1.1　饲养员在保护性接触管理体系下为亚洲象（*Elephas maximus*）提供足部护理的一个例子。在保护性接触中，动物与饲养员之间也会有不同程度的身体接触。在这个示例中，大象与饲养员双方仍有一定的身体接触。图源：叶伦・史蒂文斯。

图 B1.2　饲养员在自由接触管理体系下执行饲养任务的一个例子；自由接触表示动物和饲养员共处同一空间。这个示例中，饲养员正在给一头幼象冲澡。图源：叶伦・史蒂文斯。

另一个更显著的转变是，动物园中出于表演目的或其他与大象医疗管理、饲养操作无关的训练已经在慢慢减少。20 年前，大多数美国动物园的圈养象每天至少有一场展示节目。这些展示有很多共同点，强调力量（例如，搬运原木、举重）、灵活（例如，两条腿站立或坐着）、平衡（例如，站在小平台上），以及展示与训练员的关系。这些节目通常会传递大象的自然史信息、独特的生理特性，强调这个物种的智慧和学习能力。对于很多游客来说，这是他们第一次在动物园里看到大象训练，从表面上看这些跟马戏团里的大象表演没有太大不同。一旦正强化和保护性接触成为常态，这些展示要么会从动物园消失，要么由突出野生象困境的保护教育类展示所代替。有很多训练项目陆续被取消，直至将“不”字也从训练术语中删除。这不是为了避免人象交流过程中的“拟人化”，而是提醒训练员，大象不再需要理解它们不能做什么，而只需要知道它们能做什么。这一转变让我们更多地期待动物园大象可以自己做出哪些决定，而不是我们如何替他们决定，从而越来越注重允许这些动物在它们的环境中做出选择。

当然，与动物园中其他动物的训练计划一样，大象管理需要训练员、管理人员、兽医和研究人员之间开展几乎前所未有的协作与配合。稳健、高效的训练计划为大象提供了参与自身护理的可能性，使其水平有一天可能超过上述的目标和益处。随着大象训练的发展，对大象病程变化和疾病传播的了解无疑也会向前迈进（Magnuson et al. 2017）。大象是世界上社会关系最复杂的动物之一，随着护理人员对其认知能力的深度探究，也将促使人们愈发着眼于教育推广（Carey 2018）和在动物园游客中以保护为导向进行文化传播。未来，动物园的大象可能会接受训练，识别代表着不同选择物的各类符号，以此选出自己喜欢的日常操作，这将与一些大猿中现已开展的训练完全一样（Savage-Rumbaugh et al. 2001）。即使是一头大象有意愿参与活动，他（或她）也可以通过与训练员交流表达自己的选择。随着世界动物园持续致力于保护和欣赏自然，立足于有效提升动物福利的大象训练工作，将在其中发挥至关重要的作用。

参考文献

Association of Zoos and Aquariums (2018). Accreditation Standards and Related Policies. https://www.speakcdn.com/ assets/2332/aza-accreditation-standards. pdf. p. 64–68.

Carey, J. (2018). Animal cognition research offers outreach opportunity. *Proceedings of the National Academy of Sciences of the United States of America* 115 (18): 4522.

Daugette, K.F., Hoppes, S., Tizard, I., and Brightsmith, D. (2012). Positive reinforcement training facilitates the voluntary participation of laboratory macaws with veterinary procedures. *Journal of Avian Medicine and Surgery* 26 (4): 248.

Fowler, M., Steffey, E., Galuppo, L., and Pasoe, J. (2000). Facilitation of Asian elephant (*Elephas maximus*) standing immobilization and anesthesia with a sling. *Journal of Zoo and Wildlife Medicine* 31 (1): 118–123.

Greco, B.J., Meehan, C.L., Miller, L.J. et al. (2016). Elephant management in North American Zoos: environmental enrichment, feeding, exercise, and training. *PLoS One* 11 (7): e0152490. https://doi.org/10.1371/ journal.pone.0152490.

Hockenhull, J. and Creighton, E. (2013). Training horses: positive reinforcement, positive punishment, and ridden behavior problems. *Journal of Veterinary Behavior* 8 (4): 245.

Magnuson, R.J., Linke, L.M., Isaza, R., and Salman, M.D. (2017). Rapid screening for mycobacterium tuberculosis complex in clinical elephant trunk wash samples. *Research in Veterinary Science* 112: 52–58. https://doi.org/10.1016/j.rvsc.2016.12.008.

Ramirez, K. *Animal Training* : *Successful Animal Management Through Positive Reinforcement*, vol. 1999. Chicago, IL: Shedd Aquarium.

Savage-Rumbaugh, Shanker, S.G., and Taylor, T.J. (2001). *Apes*, *Language*, *and the Human Mind.* Oxford University Press.

专栏 B2 缅甸半圈养亚洲象种群中人与象之间的交流

钦 · U. 马尔

翻译：雷钧　　校对：刘霞，崔媛媛

由于数个世纪以来与人类亲近的传统，亚洲国家的圈养象现在通常被认为是“家养的”或“驯服的”象。从 19 世纪开始，缅甸的象就被用于伐木采运作业，在那里，象对大英帝国来说是非常有用的（Saha 2015），特别是将其用于公路和铁路建设，以及在复杂地形中对人和货物进行运送（Bryant 1993）。早些时候，用于木材业的圈养象种群是通过捕获野生象来补充的，再加上这些象繁殖的后代，圈养工作象的数量慢慢增加。在圈养象数量增加的同时，有关大象的兽医知识、训练和饲养管理水平的提高也帮助维持了大象的健康和繁殖能力。大多数传统驯象师来自缅甸少数民族克伦族和坎底掸族，他们对大象的管理、驯服和饲养有着深入的了解（Saha 2015）。

缅甸是世界上圈养象种群数量最多的国家，大约有 5500 头亚洲象（*Elephas maximus*）；大多数圈养象仍在木材行业工作。这些圈养象还被用于森林巡护、旅游、运输，或进行专门训练用来驱赶野象（称为“kunkies”）。按照传统，每只象从小就被指定的象夫（骑象人，见图 B2.1）照顾，直到象夫退休，象夫每天都和大象进行互动。根据记录，木材业工作象的寿命是动物园里同类的两倍，野生象的平均寿命是 56 岁，而动物园圈养象的平均寿命是 16.9 岁（Clubb et al. 2008）。此外，圈养环境出生的木材业工作象比野外捕获的工作象具有更高的适应能力和生存能力（Mar 2007）。

图 B2.1　根据缅甸和其他大象栖息地国家的历史传统，大象从幼年时就会和象夫（通常是年轻人）配对，目的是让象夫和象形成终生的合作关系。图源：叶伦 · 史蒂文斯。

缅甸工作象的管理

缅甸近 47% 的面积被森林覆盖，是东南亚大陆最大的森林国家之一。自 1856 年以来，缅甸实行选择性采伐，称为缅甸（可持续）选择采伐体系（Myanmar Selection System，MSS），在这个体系中，成熟的树木被有选择地采伐，采伐间隔期为 30 年。缅甸（可持续）选择采伐体系使用大象来工作，被认为有助于可持续的森林管理和维持采伐点的生物多样性（Khai et al. 2016）。

在 4 岁时，所有圈养出生的幼象，也包括年龄未知、肩高达到 1.40 米（4.6 英尺）的亚成体象，都会在凉爽的季节（11 月至 1 月）断奶并接受驯服 / 训练（Gale 1974）。一般来说，5 到 17 岁、经过训练的象会被当作“行李搬运象”使用，训练会一直进行下去，直到它们熟悉了口令，并习惯佩戴伐木采运作业或托运行李时用的绑带和脚链。通常人们认为大象在 17 岁时成年。在工作象群中，每只象一般由两名象夫来控制。对任何发情狂暴期的成年公象和一些有攻击性或性情多变的大象都会额外指派一名持矛的象夫（www.myanmatimber.com.mm）。工作象会在 55 岁时退休，将大部分时间用来散步和觅食，由一名象夫来照顾它们的健康。一些公象在退休后会参与繁殖幼象。

在夜间，工作象可能会在无人监督的情况下去附近的森林里和家族群一起觅食，在那里它们会遇到其他被驯服的同类和野生的同类。工作象也是由成年公象和母象以及不同年龄的幼象组成的混合象群，模仿了野生象群的社群结构。

包括缅甸在内的亚洲地区，对大象进行传统饲养管理的主要特点是人与象的亲密接触；和动物园里的自由接触式饲养管理有一些相似之处（Mar 2007；Kurt et al. 2008）。这种管理的基本原理是，一名训练员 / 象夫通过占据支配地位来控制大象（Montesso 2010），使用负强化和正强化训练来训练大象的行为。

驯服

在过去，人们出于各种目的使用的大象多是从野外捕获并驯服作为役用动物的。驯服新捕获动物的唯一方法就是摧毁它的灵魂（伐枷），让它们顺从于人类。由于前期与人类的负面经历，相较于圈养环境出生的大象，野外捕获的大象需要更多的时间来驯服。因此，伐枷（摧毁象的灵魂）的过程无疑会给其带来压力，损害动物的福利，尤其是在驯服的最初几天。在现代，大象被视为受国际法律保护级别最高的旗舰物种。许多国家现在禁止从野外捕捉亚洲象和非洲象（*Loxodonta africana*），因此大多数亚洲国家的圈养象都是在人工饲养环境下出生的。圈养出生的幼象从小在人类主导的环境下成长，它们从出生起就处于半驯服状态，因此传统的驯服方法是不必要的。由于信任和彼此的感情应作为大象和训练员关系的基础，所以不鼓励使用可能伤害动物的象钩或尖钉。

在缅甸，驯象的第一步是象夫要有意识地扮演象群中的头领角色。一旦认为大象接受了象夫的支配地位——允许象夫骑在自己的颈部，随后就可以通过正向的互动来营造一种信任和积极的关系。这可能需要 8-10 年的时间，包括带大象去觅食地点、用手喂食、与大象玩耍和洗澡等活动。

在缅甸国家木材公司（Myanma Timber Enterprise，MTE），每年大约有 70—100 只年满 4 岁的圈养幼象在接受训练。使用以下三种方法中的一种对半驯服的幼象进行训练：

1）双侧挤压夹栏（双侧可移动挤压栏板）或单侧挤压夹栏（单侧可移动挤压栏板）：这种方法对训练员来说有很大的安全余地，但当幼象冲撞围栏时可能会对幼象造成伤害。

2）吊栏（cradle）：这种方法对幼象和训练员都更安全，因此更多人使用这种方法。训练员可以让受训的幼象在吊栏中自由移动而不会使其受伤，除了一些绳子造成的皮肤擦伤（Oo 2010）。

3）夹栏和吊栏结合使用。

驯服的主要目的是训练幼象理解和服从常见的命令，如停下、过来 / 移动、跪下、躺下和后退。也会使幼象和象夫之间形成亲密的关系。动物园中对象进行训练是以一系列活动为目标导向的，包括喂食、锻炼、训练以及丰容（详细资料参阅 Stevenson and Walter 2006；Greco et al. 2016），而在缅甸，幼象训练的重点在于自由接触条件下能用于木材采运作业这一期望行为。根据幼象对指令做出的行为反应，将正强化和负强化结合使用，通过强迫的手段使幼象服从所要求的指令，而当幼象做出期望行为后则会给予奖励。驯服过程需要 21—30 天。

缅甸的成年象需要通过训练接受戴上和取下脚镣、接受被人骑在颈部和背部、接受戴着脚镣行走、接受跪下让人骑乘，以及完成诸如举起、推动和拖动这样的任务。这些训练大部分是通过脱敏来实现的，即训练员逐渐降低大象对各种工作流程的负面体验。大象会进行一系列（高度重复）的训练。在训练过程中，象夫应考虑到动物的本能和生物学特性，但也要考虑到其中的个体差异，这些个体差异可能会影响其学习能力（McGreevy and Boakes 2007）。

小结

在亚洲，大多数圈养象在成年之前都要经历驯服过程。在过去的十年里，动物福利科学的进步，以及对圈养象基本需求更深层次的了解，使得驯服大象的方法有所改良。缅甸的圈养象没有受到特定的限制性压力源的影响，比如活动受限、回退空间减少、被迫接近人类、进食机会减少，或者像动物园里的大象那样以非正常的社群结构饲养，但它们确实会遭受与工作和气候相关的压力。需要进行更多的研究来探索最有效的使这些象变得驯服的方法，使得它们可以良好地生存和繁衍下去，而无需在驯服操作中遭受持续的创伤影响。

参考文献

Bryant, R.L. (1993). Forest problems in colonial Burma: historical variations on contemporary themes. *Global Ecology and Biogeography Letters* 3 (4–6): 122–137.

Clubb, R., Rowcliffe, M., Lee, P. et al. (2008). Compromised survivorship in zoo elephants. *Science* 322 (5908): 1649–1649.

Gale, U.T. (1974). *Burmese Timber Elephant. Trade Corporation.*

Greco, B.J., Meehan, C.L., Miller, L.J. et al. (2016). Elephant management in North American Zoos:

environmental enrichment, feeding, exercise, and training. *PLoS One* 11 (7): 26.

Khai, T.C., Mizoue, N., Kajisa, T. et al. (2016). Effects of directional felling, elephant skidding and road construction on damage to residual trees and soil in Myanmar selection system. *International Forestry Review* 18 (3): 296–305.

Kurt, F., Mar, K.U., and Garai, M. (2008). Giants in chains: history, biology and preservation of Asian elephants in Asia. In: *Elephants and Ethics: Toward a Morality of Coexistence* (eds. C. Wemmer and C.A. Christen), 327–345. Marryland, USA: The John Hopkins University Press.

Mar, K. (2007). The demography and life history of timber elephants of myanmar. PhD thesis. University College London.

McGreevy, P.D. and Boakes, R.A. (2007). *Carrots and Sticks: Principles of Animal Training.* Cambridge, UK: Cambridge University Press.

Montesso, F. (2010). The horse. In: *The UFAW Handbook on the Care and Management of Laboratory and Other Research Animals* (eds. R.C. Hubrecht and J. Kirkwood), 525–542. Wiley Blackwell.

Oo, Z.M. (2010). The training methods used in Myanma Timber Enterprise. *Gajah* 33 (33): 58–61.

Saha, J. (2015). Among the beasts of Burma: animals and the politics of colonial sensibilities, c. 1840–1940. *Journal of Social History* 48 (4): 910–932.

Stevenson, M. and Walter, O. (2006). *Management Guidelines for the Welfare of Zoo Animals. Elephants*, 2e, 1–219. British and Irish Association of Zoos and Aquariums.

专栏 B3　大象认知能力概述

萨拉 · L. 雅各布森，乔舒亚 · M. 普洛特尼科

翻译：杨青　　校对：崔媛媛，刘霞

尽管数十年来行为学领域已经对大象的行为进行了广泛的研究（Douglas-Hamilton and Douglas-Hamilton 1975；Poole 1996；Moss et al. 2011），但是人们对大象认知的了解还很少，尤其与广泛研究的非人灵长类动物认知的了解相比（Byrne et al. 2009；Irie and Hasegawa 2009；Byrne and Bates 2011）。但是，近些年关注野生象和圈养象的研究人员在象科动物的社会认知和物理认知能力方面取得了长足的进步，这些研究主要侧重于非洲草原象（*Loxodonta africana*）和亚洲象（*Elephas maximus*）。

大象认知的感觉通道

研究在演化上不同于人类的物种的认知是一项挑战，因为在实验设计中必须考虑到这些物种的感官与人类感官的种种不同（Plotnik et al. 2013）。研究动物认知的实验设计主要是基于动物应用视觉能力做出各种决定，这可能是由于该领域的研究重点是依靠视觉的物种，例如灵长类动物（Tomasello and Call 1997）和鸟类（Emery 2006）。第一批针对大象的实验研究中，有两项实验研究了它们的视觉辨别能力（Rensch 1957；Nissani et al. 2005），但结果表明，大象的视觉辨别能力因实验对象而异。最近，一群野象显示出它们会通过看到的服装颜色对不同部族的人进行辨别（Bates et al. 2007）。这显示出大象可以应用视觉能力来做决定，但可能没有利用嗅觉和听觉能力那样多（Plotnik et al. 2014）。

大象可以在很宽的音域内发出许多不同的声音，并具有敏锐的感知系统，可以探测到这些声音（Poole et al. 1988；Langbauer 2000；O'Connell-Rodwell 2007）。具体而言，研究显示非洲象可以区分它们所熟悉的和不熟悉的次声波（O'Connell-Rodwell et al. 2007），并在 1 公里以外都能识别出不同大象个体的声音（McComb et al. 2003）。非洲象还能够通过声音的不同来区分人类的部族、性别和年龄（McComb et al. 2014）。大象也有复杂的嗅觉系统（Shoshani et al. 2006）。针对大象嗅觉辨别能力的研究表明，它们能区分不同的人类部族（Bates et al. 2007），以及离散的化合物[1]（Rizvanovic et al. 2013；Schmitt et al. 2018），在样本匹配范式[2]实验中进行气味匹配（von Dürckheim et al. 2018），并能发现 TNT 的存在（Miller et al. 2015）。普洛特尼科等（2014）发现，亚洲象可以使用嗅觉线索寻找食物，并排除无用的选择，但不能使用声音线索寻找到相同的食物。

1　嗅闻植物的化合物选择喜好的食物。——译者注

2　是指将样本（sample）和与之相一致的刺激进行匹配（match），例如：样本是一个桃子照片，配对刺激里面有桃子、梨子和苹果的照片，桃子和桃子的图片具有一致性。在该项关于气味匹配的研究中，大象可以在提供的多个气味样本中选择出与目标样本相匹配的一个。——译者注

这一证据表明，大象是通过多种感官的互补来探索世界的，这将是未来认知实验设计的重要考虑因素。

社会认知

大象是社群动物，其复杂的分离 – 聚合的社群结构表明，它们的认知能力经过不断演化，以维持牢固的社群关系（Payne 2003）。在非洲草原象种群中进行的行为学研究极大地帮助了我们对该物种社会认知能力的了解。从这些研究中，我们知道大象能辨识出社群同伴的声音（McComb et al. 2003）和气味，以及基于自己的位置追踪其他大象的位置（Bates et al. 2008）。长期的行为学研究还描述了象与象之间的信息交换水平（Lee and Moss 1999），并假设由于大象的长寿和成长缓慢，知识有可能发生社会性迁移，但这一假设尚未得到明确检验。对于大象突出的社会认知能力，也已经在更为可控的圈养环境中进行了测试。普洛特尼科等（2006）证明大象具有镜像自我识别能力（图 B3.1），这是一种与自我意识相关的能力，在人类儿童的成长过程中，自我意识与同理心和同情心一起发展形成（Zahn–Waxler et al. 1992）。另一项研究表明，大象能够安慰处于痛苦中的其他大象（Plotnik and de Waal，2014），将这两项研究结果结合，表明大象的社会理解能力可与大猿相媲美。大象还能够在复杂的任务中进行合作，在这些复杂任务中，大象必须认识到同伴的角色，从而协调分工和获取食物（图 B3.2；Plotnik et al. 2011）。

图 B3.1　泰国清莱的金三角亚洲象基金会（Golden Triangle Asian Elephant Foundation），一只大象“唐末”检查自己在镜子中的影像。图源：乔舒亚 · 普洛特尼科。

图 B3.2　泰国南邦府的泰国大象保护中心（Thai Elephant Conservation Center）内的两只大象在合作，共同把一张有食物奖励的桌子拖过来。图源：乔舒亚·普洛特尼科。

物理认知

还有的研究关注大象的物理认知能力，即它们对空间、物体和因果关系的认知。例如，在干旱期间，野生象会长途跋涉去往存续的食物来源地和水源地，研究人员通过追踪大象，对它们的空间知识进行了研究（Mosset al. 2011）。好几项实验都发现，大象具有辨别食物（可觅食）量的能力（Irie-Sugimoto et al. 2009；Perdue et al. 2012；Irie et al. 2018；Plotnik et al. 2019），会计算食物量的总和（Irie and Hasegawa 2012），并理解手段和目的之间的关系（Irie and Hasegawa 2012）。与许多灵长类动物不同，大象的工具使用能力并未得到广泛认可，这种能力被认为是物理认知发展的重要组成部分（Byrne 1997）。大象的摄食生态中可能不需要采掘式的觅食技巧，正是这种技巧导致灵长类动物去使用工具，也许是大象高度灵巧的象鼻充当了它们的工具。人们发现野象会使用树枝进行身体护理，例如抓挠瘙痒（Chevalier-Skolnikoff and Liska 1993），这让人们开始对圈养环境中的亚洲象开展对照实验。实验观察到，在给受试大象提供树枝后，大象会对树枝进行改进，用来拍打苍蝇（Hart et al. 2001）。另一项实验观察到大象将食物吹到它们能触及的范围内，作者认为这可能表明大象将空气用作工具（Mizuno et al. 2016）。一项研究还展示了大象强大的问题解决能力，实验观察到一只圈养象将塑料方块用作垫脚工具，以获取够不到的食物（Foerder et al. 2011）。

大象研究的意义和未来方向

从理论和实践的角度对大象的认知能力进行研究非常重要。大象已演化出类似灵长类动物的认知能力，但大象和灵长类动物在演化之路上却相去甚远，进一步的比较研究可以为各种智慧物种在物理认知和社会认知特征方面的趋同演化提供重要信息。但是，未来有关大象认知的研究应关注实验设计，要认识到大象在听觉和嗅觉上的能力，这样在进行比较研究时才不会忽略物种之间的感官差异。对大象认知能力的了解，还可以帮助制定适用于三种濒危大象的管理和保护手段（Mumby and Plotnik 2018）。最后，有关大象强大的物理认知和社会认知能力的信息，尤其是那些和人类相类似的认知能力，也可以成为鼓励公众更多参与大象保护工作的重要教育工具。

参考文献

Bates, L.A., Sayialel, K.N., Njiraini, N.W. et al.(2007). Elephants classify human ethnic groups by odor and garment color. *Current Biology* 17 (22): 1938–1942. https://doi.org/10.1016/j.cub.2007.09.060.

Bates, L.A., Sayialel, K.N., Njiraini, N.W. et al. (2008). African elephants have expectations about the locations of out-of-sight family members. *Biology Letters* 4 (1): 34–36. https://doi.org/10.1098/rsbl.2007.0529.

Byrne, R.W. (1997). The technical intelligence hypothesis: an additional evolutionary stimulus to intelligence. In: *Machiavellian Intelligence II*, 2e (eds. A. Whiten and R. Byrne), 289–311. Cambridge University Press.

Byrne, R.W. and Bates, L.A. (2011). Elephant cognition: what we know about what elephants know. In: *The Amboseli Elephants*: *A Long-Term Perspective on a Long-Lived Mammal* (eds. C.J. Moss, H. Croze and P.C. Lee), 174–182. University of Chicago Press.

Byrne, R.W., Bates, L.A., and Moss, C.J. (2009). Elephant cognition in primate perspective. *Comparative Cognition and Behavior Reviews* 4: 65–79. https://doi.org/10.3819/ccbr.2009.40009.

Chevalier-Skolnikoff, S. and Liska, J. (1993). Tool use by wild and captive elephants. *Animal Behaviour* 46 (2): 209–219. https://doi.org/10.1006/anbe.1993.1183.

Douglas-Hamilton, I. and Douglas-Hamilton, O. (1975). *Among the Elephants*, 285. London: Collins.

von Dürckheim, K.E.M., Hoffman, L.C., Leslie, A. et al. (2018). African elephants (*Loxodonta africana*) display remarkable olfactory acuity in human scent matching to sample performance. *Applied Animal Behaviour Science* 200: 123–129. https://doi.org/10.1016/j.applanim.2017.12.004.

Emery, N.J. (2006). Cognitive ornithology: the evolution of avian intelligence. *Philosophical Transactions of the Royal Society*, *B*: *Biological Sciences* 361 (1465): 23–43. https://doi.org/10.1098/rstb.2005.1736.

Foerder, P., Galloway, M., Barthel, T. et al. (2011). Insightful problem solving in an Asian elephant. *PLoS ONE* 6 (8): e23251. https://doi.org/10.1371/journal.pone.0023251.

Hart, B.L., Hart, L.A., McCoy, M., and Sarath, C.R. (2001). Cognitive behaviour in Asian elephants:

use and modification of branches for fly switching. *Animal Behaviour* 62 (5): 839–847. https://doi.org/10.1006/anbe.2001.1815.

Irie, N. and Hasegawa, T. (2009). Elephant psychology: what we know and what we would like to know: elephant cognition. *Japanese Psychological Research* 51 (3): 177–181. https://doi.org/10.1111/j.1468-5884.2009.00404.x.

Irie, N. and Hasegawa, T. (2012). Summation by Asian elephants (*Elephas maximus*). *Behavioral Science* 2 (2): 50–56. https://doi.org/10.3390/bs2020050.

Irie, N., Hiraiwa-Hasegawa, M., and Kutsukake, N. (2018). Unique numerical competence of Asian elephants on the relative numerosity judgment task. *Journal of Ethology* https://doi.org/10.1007/s10164-018-0563-y.

Irie-Sugimoto, N., Kobayashi, T., Sato, T., and Hasegawa, T. (2009). Relative quantity judgment by Asian elephants (*Elephas maximus*). *Animal Cognition* 12 (1): 193–199. https://doi.org/10.1007/s10071-008-0185-9.

Langbauer, W.R. (2000). Elephant communication. *Zoo Biology* 19 (5): 425–445. https://doi.org/10.1002/1098-2361 (2000)19:5<425::AID-ZOO11>3.0.CO;2-A.

Lee, P.C. and Moss, C.J. (1999). The social context for learning and behavioural development among wild African elephants. *Mammalian Social Learning: Comparative and Ecological Perspectives* 72: 102.

McComb, K., Reby, D., Baker, L. et al. (2003). Long-distance communication of acoustic cues to social identity in African elephants. *Animal Behaviour* 65 (2): 317–329. https://doi.org/10.1006/anbe.2003.2047.

McComb, K., Shannon, G., Sayialel, K.N., and Moss, C. (2014). Elephants can determine ethnicity, gender, and age from acoustic cues in human voices. *Proceedings of the National Academy of Sciences* 111 (14): 5433–5438. https://doi.org/10.1073/pnas.1321543111.

Miller, A.K., Hensman, M.C., Hensman, S. et al. (2015). African elephants (*Loxodonta africana*) can detect TNT using olfaction: implications for biosensor application. *Applied Animal Behaviour Science* 171: 177–183. https://doi.org/10.1016/j.applanim.2015.08.003.

Mizuno, K., Irie, N., Hiraiwa-Hasegawa, M., and Kutsukake, N. (2016). Asian elephants acquire inaccessible food by blowing. *Animal Cognition* 19 (1): 215–222. https://doi.org/10.1007/s10071-015-0929-2.

Moss, C.J., Croze, H., and Lee, P.C. (eds.) (2011). *The Amboseli Elephants: A Long-Term Perspective on a Long-Lived Mammal*. University of Chicago Press.

Mumby, H.S. and Plotnik, J.M. (2018). Taking the elephants' perspective: remembering elephant behavior, cognition and ecology in human-elephant conflict mitigation. *Frontiers in Ecology and Evolution* 6 https://doi.org/10.3389/fevo.2018.00122.

Nissani, M., Hoefler-Nissani, D., Lay, U.T., and Htun, U.W. (2005). Simultaneous visual discrimination in Asian elephants. *Journal of the Experimental Analysis of Behavior* 83 (1): 15–29. https://

doi.org/10.1901/jeab.2005.34-04.

O'Connell-Rodwell, C.E. (2007). Keeping an "ear" to the ground: seismic communication in elephants. *Physiology* 22 (4): 287–294. https://doi.org/10.1152/physiol.00008.2007.

O'Connell-Rodwell, C.E., Wood, J.D., Kinzley, C. et al. (2007). Wild African elephants (*Loxodonta africana*) discriminate between familiar and unfamiliar conspecific seismic alarm calls. *The Journal of the Acoustical Society of America* 122 (2): 823–830. https://doi.org/10.1121/1.2747161.

Payne, K. (2003). Sources of Social Complexity in the Three Elephant Species. In: *Animal Social Complexity: Intelligence, Culture, and Individualized Societies* (eds. W. de FBM and P.L. Tyack), 57–86. Harvard University Press.

Perdue, B.M., Talbot, C.F., Stone, A.M., and Beran, M.J. (2012). Putting the elephant back in the herd: elephant relative quantity judgments match those of other species. *Animal Cognition* 15 (5): 955–961. https://doi.org/10.1007/s10071-012-0521-y.

Plotnik, J.M., Brubaker, D.L., Dale, R., Tiller, L.N., Mumby, H.S., and Clayton, N.S. (2019). Elephants have a nose for quantity. *Proceedings of the National Academy of Sciences*, 116 (25): 12566–12571. https://doi.org/10.1073/pnas.1818284116.

Plotnik, J.M. and de Waal, F.B.M. (2014). Asian elephants (*Elephas maximus*) reassure others in distress. *Peer J* 2: e278. https://doi.org/10.7717/peerj.278.

Plotnik, J.M., de Waal, F.B.M., and Reiss, D. (2006). Self-recognition in an Asian elephant. *Proceedings of the National Academy of Sciences of the United States of America* 103 (45): 17053–17057. https://doi.org/10.1073/pnas.0608062103.

Plotnik, J.M., Lair, R., Suphachoksahakun, W., and de Waal, F.B.M. (2011). Elephants know when they need a helping trunk in a cooperative task. *Proceedings of the National Academy of Sciences of the United States of America* 108 (12): 5116–5121. https://doi.org/10.1073/pnas.1101765108.

Plotnik, J.M., Pokorny, J.J., Keratimanochaya, T. et al. (2013). Visual cues given by humans are not sufficient for Asian elephants (*Elephas maximus*) to find hidden food. *PLoS ONE* 8 (4): e61174. https://doi.org/10.1371/journal.pone.0061174.

Plotnik, J.M., Shaw, R.C., Brubaker, D.L. et al. (2014). Thinking with their trunks: elephants use smell but not sound to locate food and exclude nonrewarding alternatives. *Animal Behaviour* 88: 91–98. https://doi.org/10.1016/j.anbehav.2013.11.011.

Poole, J. (1996). The African elephant. In: *Studying Elephants* (ed. K. Kangwana), 1–8. African Wildlife Foundation.

Poole, J.H., Payne, K., Langbauer, W.R., and Moss, C.J. (1988). The social contexts of some very low frequency calls of African elephants. *Behavioral Ecology and Sociobiology* 22 (6): 385–392. https://doi.org/10.1007/BF00294975.

Rensch, B. (1957). The intelligence of elephants. *Scientific American* 196 (2): 44–49.

Rizvanovic, A., Amundin, M., and Laska, M. (2013). Olfactory discrimination ability of Asian elephants (*Elephas maximus*) for structurally related odorants. *Chemical Senses* 38 (2): 107–118. https://doi.org/10.1093/chemse/bjs097.

Schmitt, M.H., Shuttleworth, A., Ward, D., and Shrader, A.M. (2018). African elephants use plant odours to make foraging decisions across multiple spatial scales. *Animal Behaviour* 141: 17–27. https://doi.org/10.1016/j.anbehav.2018.04.016.

Shoshani, J., Kupsky, W.J., and Marchant, G.H. (2006). Elephant brain. *Brain Research Bulletin* 70 (2): 124–157. https://doi.org/10.1016/j.brainresbull.2006.03.016.

Tomasello, M. and Call, J. (1997). *Primate Cognition*. Oxford University Press.

Zahn-Waxler, C., Radke-Yarrow, M., Wagner, E., and Chapman, M. (1992). Development of concern for others. *Developmental Psychology* 28 (1): 126–136. https://doi.org/10.1037/0012-1649.28.1.126.

专栏 B4 海洋哺乳动物训练

萨布里纳 · 布兰多

翻译：刘媛媛　　校对：王惠，施雨洁

行为训练对圈养海洋哺乳动物有很多好处，应该成为其专业饲养管理计划的一部分。训练可以辅助每日的饲养流程和常规的管理程序，并允许动物参与研究、教育和保护项目。训练和动物学习从更广泛意义上来看，也为动物提供了更复杂的环境。例如，可以给动物提供选择，为其展示代表不同玩具或活动的照片（不同的刺激），然后它们可以从中进行选择（见图 B4.1）。此外，可以训练动物表达自己更喜欢什么，而不是由训练员替它们做所有的决定。又比如，可以通过训练，让动物学习按下与不同的人或动物有关的操纵杆，以表明它们想与谁共度时光（Adams and MacDonald 2018）。这项技术也可以用来让动物选择不同强化物（见图 B4.2）（Fernandez et al. 2004；Gaalema et al. 2011）、丰容物（Bashaw et al. 2016；Fay and Miller 2015；Mehrkam and Dorey 2014，2015），甚至也可以在丰容和训练之间做出选择（Dorey et al. 2015）。本节专栏将对海洋哺乳动物训练的案例和选择机会进行简短概述。

图 B4.1　可以为圈养海洋哺乳动物提供选择；在这个例子中，动物们已经学会从两个不同活动对象中做出选择，这些对象以不同的照片展示。图源：萨布里纳 · 布兰多。

图 B4.2　训练方案可以设置为让动物自己选择成功完成一个行为后愿意接受哪种强化物。在这张照片中，海豚正在两个不同的“浮标”之间进行选择。图源：萨布里纳·布兰多。

如今，许多不同物种的海洋哺乳动物都会通过接受正强化训练，主动配合日常饲养管理（例如，健康问题诊疗，如训练海狮和海豹接受滴眼药水以治疗白内障：Colitz et al. 2010；Gage 2011），以及主动配合完成研究、教育和保护项目（Kuczaj and Xitco 2002 综述；Brando 2010）。最初，海洋哺乳动物的训练是由娱乐产业推动的，让这些动物在电影和电视剧中配合出演。位于佛罗里达州的海洋工作室（现在的海洋世界），从 1938 年开始饲养宽吻海豚（*Tursiops truncatus*），成为首批圈养鲸豚类和鳍脚类动物的“大型海洋馆”之一（Marineland 2018）。当时，成立该机构的目的是为电视剧和电影拍摄水下镜头。因此，海豚会被训练去表演许多在野外看不到的行为，如跳过一个悬挂在水面上的圆环，或跃出水面去接触一个球，或与训练员一起表演，如骑在动物的背上，一起跃过围绳。除了这些行为，该机构也会展示海洋动物的自然行为，如一些跃出水面的动作，包括腾跃、旋转、在水面层快速游动和翻跟头。所有这些行为，无论是自然的还是非自然的，都是由训练员基于持续的训练塑行而成的。

训练保障

一些动物个体和 / 或特定物种，如北海狮（*Eumetopias jubatus*）和北极熊（*Ursus maritimus*）可能都很危险，因此为了所有人员的安全，可以使用保护性接触方式进行训练。例如，北海狮可以选择部分区域开口的“训练墙”进行训练（见图 B4.3），它可以背靠在训练墙上，露出后肢采集血液样本。当海狮离开定位点或转向训练员时，训练墙可以给训练员更多的时间后退。与海象（*Odobenus rosmarus*）或虎鲸（*Orcinus orca*）等大型海洋哺乳动物进行非保护性接触时，可能需要多个训练员一起工作，以保证安全。因此，这些人在训练时要互相照看，以确保任何一名训练员不会置身于动物和水之间，动物在训练回合中存在的潜在反应，使这个位置变得危险。

图 B4.3　在动物可能带来危险的情况下，安全起见（也是必要的），需要在保护性接触的情况下进行训练；使用一道隔障在空间上把动物和训练员隔开。图源：罗伯特·范·希（Robert van Schie）。

在岸上和水下都可以使用声音指令、视觉指令和触摸来促进各种行为。所选择的刺激应该符合所训行为的需要。例如，声音和一些视觉刺激可以从较远距离被识别。在不被现场公众看到时，水下的声音，如电子音、语句，甚至乐器音，也可以在训练展示过程中作为提示行为的指令。带有各种符号的互动屏幕效果很好，其中一些可以被回声定位激活，给予动物选择机会，要求训练员提供自己更喜欢的强化物（Starkhammar et al. 2007）。

大多数海洋哺乳动物的食物提供方式与动物园饲养的其他物种有很大不同。生活在动物园里的动物，如熊、大象、灵长类动物、鹦鹉和其他物种，大多可以在一天中有多次觅食机会，并且动物园会使用多种不同的方式提供和分配食物，如分散投喂、益智取食器、或在笼舍中提供其他进食机会。然而，大多数海洋哺乳动物，如海狮、海豹和海豚，几乎所有的食物都在训练和展示中从训练员的手上获取，因此它们的进食依赖于成功参与训练和展示活动。仅有很少量的食物是通过丰容或冰冻“零食”提供的。“自由进食时间”是指不涉及任何行为训练，只是将一部分食物喂给动物。在“自由进食”期间，这些动物大多被“定位”在训练员面前，然后被投喂食物，这些流程是海洋哺乳动物饲养管理的常规操作。比起这些“自由进食”类型的环节，应该考虑更多的丰容活动，让动物通过诸如探寻或认知任务等活动来获得食物。

训练员与动物的关系

霍西（Hosey 2008）强调了在动物园中人类与动物积极互动的重要性，来自陆生哺乳动物（动物园）研究的数据表明，正强化训练是一种积极的动物园饲养员和动物之间的互动手段（Ward and

Melfi 2013），这些积极的互动导致了正向的人与动物关系（Ward and Melfi 2015）。海洋哺乳动物训练员应不仅注重在积极互动和正强化的基础上建立关系，而且要会仔细观察动物的行为和偏好，并注意人类的肢体语言、姿势和交流对所照顾动物的影响（Davis and Harris 2006）。在积极互动的基础上，使用鱼、玩耍、玩具、高耗能运动、抚摸和玩游戏（如“捉迷藏”），都会有助于建立积极的关系。克莱格（Clegg）等（2015）定义了确保海豚良好福利的 11 个关键因素，其中之一就是良好的人与动物关系，并以动物在无刺激控制、无食物及无触觉互动的情况下对训练员的反应作为衡量依据。

小结

就像所有的动物训练一样，当海洋哺乳动物不愿意配合训练时，有一点很重要，即评估当前情况并考虑为什么动物选择不参与训练，以便找到解决问题的办法。参与展示和 / 或互动项目的海洋哺乳动物应拥有选择参与或退出的机会。当有海洋哺乳动物参加某个环节时，应该在水池或岸上留出一个区域，以便让动物有远离游客和训练员的回避空间。

虽然在海洋哺乳动物饲养管理项目中广泛运用和依赖训练，但是训练只是许多促进积极福利的工具之一，只会构成动物日常的一小部分，和其他圈养物种一样，海洋哺乳动物的福利也需要满足 24/7（每时每刻）的要求。而动物园的专业人员在训练上花费的时间是很有限的，因此考虑到动物不接受训练时的生活状态是很重要的。提供一个多元的复杂环境，如各种水池、植物构成、水下活动和延伸区域（取决于物种），以及可以与其他动物个体进行互动，这些都是至关重要的。

参考文献

Adams, L.C. and MacDonald, S.E. (2018). Spontaneous preference for primate photographs in Sumatran orangutans (*Pongo abelii*). *International Journal of Comparative Psychology* 31: 1–16. https://escholarship. org/uc/item/08t203bk.

Bashaw, M.J., Gibson, M.D., Schowe, D.M., and Kucher, A.S. (2016). Does enrichment improve reptile welfare? Leopard geckos (*Eublepharis macularius*) respond to five types of environmental enrichment. *Applied Animal Behaviour Science* 184: 150–160.

Brando, S.I.C.A. (2010). Advances in husbandry training in marine mammal care programs. *International Journal of Comparative Psychology* 23: 777–791.

Clegg, I.L.K., Borger-Turner, J.L., and Eskelinen, H.C. (2015). C-well: thedevelopment of a welfare assessment index for captive bottlenose dolphins (*Tursiops truncatus*). *Animal Welfare* 24 (3): 267–282.

Colitz, C.M., Saville, W.J., Renner, M.S. et al. (2010). Risk factors associated with cataracts and lens luxations in captive pinnipeds in the United States and the Bahamas. *Journal of the American Veterinary*

Medical Association 237 (4): 429–436.

Davis, C. and Harris, G. (2006). Redefining our relationships with the animals we train – leadership and posture. *Soundings* 31 (4): 6–8.

Dorey, N.R., Mehrkam, L.R., and Tacey, J. (2015). A method to assess relative preference for training and environmental enrichment in captive wolves (*Canis lupus and Canis lupus arctos*). *Zoo Biology* 34 (6): 513–517.

Fay, C. and Miller, L.J. (2015). Utilizing scents as environmental enrichment: preference assessment and application with Rothschild giraffe. *Animal Behavior and Cognition* 2: 285–291. https://doi.org/10.12966/ abc.08.07.2015.

Fernandez, E.J., Dorey, N., and Rosales-Ruiz, J. (2004). A two choice preference assessment with five cotton-top tamarins (*Saguinus oedipus*). *Journal of Applied Animal Welfare Science* 7 (3): 163–169. https://doi.org/10.1207/s15327604jaws0703_2.

Gaalema, D.E., Perdue, B.M., and Kelling, A.S. (2011). Food preference, keeper ratings, and reinforcer effectiveness in exotic animals: the value of systematic testing. *Journal of Applied Animal Welfare Science* 14: 33–41.

Gage, L.J. (2011). Captive pinniped eye problems: we can do better. *The Journal of Marine Animals and Their Ecology* 4: 25–28.

Hosey, G. (2008). A preliminary model of human–animal relationships in the zoo. *Applied Animal Behaviour Science* 109 (2): 105–127.

Kuczaj, S.A. II and Xitco, M.J. Jr. (2002). It takes more than fish: the psychology of marine mammal training. *International Journal of Comparative Psychology* 15: 186–200.

Marineland (2018). A history of adventure. https://marineland.net/our-history (accessed 7 October 2018).

Mehrkam, L.R. and Dorey, N.R. (2014). Is preference a predictor of enrichment efficacy in Galapagos tortoises (*Chelonoidis nigra*)? *Zoo Biology* 33: 275–284.

Mehrkam, L.R. and Dorey, N.R. (2015). Preference assessments in the zoo: keeper and staff predictions of enrichment preference. *Zoo Biology* 34: 418–430.

Starkhammar, J., Amundin, M., Olsén, H., et al. (2007). Acoustic touch screen for dolphins, first application of ELVIS – an echo-location visualization and interface system. *Proceedings of the 4th International Conference on Bio-Acoustics*, Loughborough, UK (10–12 April 2007). Institute of Acoustics, 29(3): 63–68.

Ward, S.J. and Melfi, V. (2013). The implications of husbandry training on zoo animal response rates. *Applied Animal Behaviour Science* 147: 179–185.

Ward, S.J. and Melfi, V. (2015). Keeper-animal interactions: differences between the behaviour of zoo animals affect stockmanship. *PLoS ONE* 10 (10): e0140237. https://doi.org/10.1371/journal. pone.0140237.

专栏 B5 海洋哺乳动物的认知能力

戈登 · B. 鲍尔

翻译：刘媛媛 校对：王惠，施雨洁

海豚（鲸目 Cetacea）和海狮（鳍脚目 Pinnipedia）的科学研究揭示了这些物种一系列复杂的认知能力，包括模仿、学习定势（learning set）[1]、序列学习、解决问题和概念学习。海牛（海牛目 Sirenia）是唯一一种草食类海洋哺乳动物，其具有一系列有趣的感觉过程，不过人们对它们更广泛的认知能力仍知之甚少。这三个目的海洋哺乳动物包括多个物种，但认知 / 知觉研究对象主要集中在少数几种，比如鲸目的宽吻海豚（*Tursiops truncatus*）、鳍脚目的加州海狮（*Zalophus californianus*）和海牛目的美洲海牛（*Trichechus manatus*）。这些都是常见的圈养物种，因此很容易开展行为研究。然而，需要认识到的是，这些目包含许多不同的物种，它们生活在各种环境中，并因此可能拥有不同的认知特征。目前，对海獭（*Enhydra lutris*）和北极熊（*Ursus maritimus*）等其他几种海洋哺乳动物的认知研究较少，因此本文不做讨论。

了解动物的感官对于理解其认知是非常重要的，因为感官限制了动物可以处理的信息类型。此外，辨别学习是行为测试中分析动物感官信息处理能力所固有的一种方法，因此有关感官检测和感官辨别的心理物理学报告中一定会涉及辨别学习能力，这是一种重要的认知特征。宽吻海豚（以下简称海豚）具有敏锐的听觉能力，包括达到超声波范围的高频听觉（Johnson 1967）、听觉时域分析能力（Supin et al. 2001），以及对声音振幅的灵敏识别能力（Au and Hastings 2008）。它们的听觉与发声相结合，从而产生高度敏感的回声定位能力（Au 1993）。以典型的哺乳动物标准来看，海豚具有较好的视力，但比起灵长类动物还是要逊色一些的。它们水下和水上视力与美国医学上的法定目盲标准差不多（10 角分辨率）；在水下的视觉比法定目盲要好一些，水上视觉要比法定目盲差一些（Herman et al. 1975）。海豚是全色盲（Ahnelt and Kolb 2000），所看到的世界很可能只有灰色（Madsen and Herman 1980）[可参考格雷贝尔和佩切尔（Griebel and Peichel 2003）提出的另一种观点，色彩视觉基于的是视杆细胞和视锥细胞的相互作用]。虽然形态学和生理学的研究表明，海豚的面部、头部和生殖器区域很敏感（Ridgway and Carder 1990），但有关海豚触觉的研究却很少（Dehnhardt and Mauck 2008）。嗅球小或缺少嗅球表明齿鲸类（齿鲸亚目）只有最低程度的嗅觉或没有嗅觉，而嗅觉是陆生哺乳动物一个重要的认知途径（例如，Otto and Eichenbaum 1992）。受神经支配的味蕾的存在和心理物理学测试的结果表明，海豚可能对某些化合物有良好的感知度，包括柠檬酸（酸）、硫酸奎宁（苦）和氯化钠（咸）（Kusnetsov 1990；Nachtigall and Hall 1984）。须鲸有更为发达的嗅球，但迄今为止人们对它们的化学探知能力还了解甚少（Pihlström 2008）。

---

1 由先前活动形成的对学习的心理准备状态。——译者注

海豚已被证明具有将物体按照相同 / 不同组别分类以及样本匹配的能力。在对两种不同选项进行辨别的二次实验的结果表明，海豚经过适当训练后还可以发展出针对听觉刺激的学习定势（Herman 1980）。它们不仅仅依靠感官特性构建面前呈现的物体。它们有卓越的跨模式匹配能力来描绘出所呈现的物体，例如，海豚能单靠使用另一种模式——回声定位——来辨别物体表征，反之亦然（也可以单靠视觉来辨别物体表征）（Harley et al. 1996，2003；Pack et al. 2004）。

海豚可以对连锁行为指令（一系列手臂姿势，代表物体、动作的声音信号，或是指导行为的修饰语）做出正确回应。例如，当不同位置有各种各样的其他物体时，发出“水面—水管—捡—底部—圈”的一串指令，可以让海豚做出把水面上的水管带到水池底部的一个圆环中这样的连锁行为（Herman 1986）。尽管对于海豚的这种行为是否能被描述为其理解语言、展示语义和句法的能力，又或是仍旧依照基本的学习原理做出上述行为，还存在一些争议，但事实是由此产生的行为的确属于复杂行为（Herman 1988，1989；Schusterman and Gisiner 1988，1989）。

在水族馆和科学研究中都可以观察到海豚会对手势做出反应，它们也可以对电视或视频监视器上显示的信号做出反应。甚至是当屏幕上唯一可观察到的刺激物仅是黑色背景下的亮点时，它们都能随着人为手势对这些信号做出正确反应（Herman et al. 1990），并能模仿在视频监视器上看到的行为（Herman et al. 1993；Pack 2015）。

海豚在行为和声音方面都有出色的模仿技能，这在除人类之外的哺乳动物中是一种不寻常的能力，尽管一些鸟类也有这些能力。海豚会模仿其他海豚的发声、训练员的口哨声和计算机生成的声音（Richards et al. 1984）。它们可以模仿同类和其他物种的行为，如人类和海豹。海豚会自发地模仿行为和声音，也会在训练员的刺激控制下进行模仿（Herman 2002）。

宽吻海豚和糙齿海豚（*Steno bredanensis*）具有创新能力，它们可以通过对指令做出正确的反应，直接展示出全新的行为（Pryor et al. 1969）。这种能力被巧妙地与模仿能力相结合，另一只海豚也会同步展现出某个创新行为（Herman 2002）。此外，当给予海豚一系列不同的指令时，它可以依据指令准确地做出一个定向行为、模仿另一只海豚的行为，或者完成它在之前试验中已经做过的行为（Mercado et al. 1999）。最后这项能力表明了海豚对过去特定行为的记忆力。

海豚可以主动发起并回应指向特定方向的姿势（Xitco et al. 2004），并通过偷听另一只海豚的回声定位来识别对象（Xitco and Roitblat 1996）。模仿行为、主动发起和回应指向姿势，以及偷听的能力都表明了海豚会与同类分享环境里的信息。它们还可以使用工具在自然环境中觅食（例如，利用海绵捕鱼）（Mann et al. 2008；Smolker et al. 1997），以及在圈养环境下使用工具解决问题以获得食物奖励。例如，据戈里（Gory）（引自 Kuczaj and Walker 2006 综述）报道，海豚通过观察学会了将 4 个砝码（工具）扔进一个实验装置中，以释放出一条鱼作为食物奖励。海豚也表现出了规划能力，当砝码被移到离装置很远的地方时，它们会每次同时收集 4 到 5 个砝码，而不是每次只捡起一个砝码，然后当这些砝码都更靠近实验仪器时，再一个个捡起扔进仪器。

总的来说，宽吻海豚展示了一系列复杂的认知能力，这对研究其他齿鲸类的物种而言非常重要。鳍脚类（主要是加州海狮）在许多类似的任务中也都得到了类似的研究结果，如下图所示（见图 B5.1）。

图 B5.1 我们大部分对鳍脚类动物认知能力的了解主要来自加州海狮（*Zalophus californianus*），因此，该物种也经常出现在各类展示中以展现它们的多项认知技能。图源：叶伦·史蒂文斯。

鳍脚类动物具有良好的水下和水上视力（Schusterman 1972），听觉灵敏度达到超声波范围（Cunningham et al. 2014），并且拥有些许声音定位能力（Supin et al. 2001）。虽然没有回声定位系统，但它们有敏锐的主动触感（辨别形状）和被动触感（探测和跟踪水动力刺激）能力，利用面部有感知能力的触毛（胡须）（Dehnhardt and Mauck 2008），可以帮助它们导航。鳍脚类动物还能区分盐分梯度，这也是十分有效的导航工具。它们还展示了使用样本匹配范式、"古怪范式"（oddity paradigms）[1] 和学习定势（学会学习）将对象进行分类的能力（Schusterman and Kastak 2002）。同样，可以基于一系列人为的"语言"符号成功训练鳍脚类动物学习连锁行为，就像海豚展示出的那样（Schusterman and Kastak 2002）。它们也能根据情况学习声音，至少具有一定的声音模仿能力（Reichmuth and Casey 2014）。舒斯特曼和他的同事进行了全面的研究，证明海狮可以通过训练形成刺激等同（stimulus equivalence）的概念（Schusterman et al. 2000），即对不同刺激进行分类，这对理解认知和社群的概念很重要。这些概念可以在样本匹配任务中形成，而鳍脚类动物显然可以习得并记住这些概念。例如，一只海狮在 10 年后还能准确地记得它曾经做过的一个样本匹配任务（Reichmuth Kastak and Schusterman 2002）。

海牛的感官过程是圈养环境下行为研究的主要焦点。海牛的视力很差，大约只有 20 角分（Bauer et al. 2003；Mass et al. 1997）。尽管它们只有双色视觉，但显然这在海洋哺乳动物中也是很罕见的（Ahnelt and Kolb 2000；Griebel and Schmid 1996；Newman and Robinson 2005）。海牛拥有卓越的听觉，听力敏感度达到超声波范围（Gaspard et al. 2012；Gerstein et al. 1999）、出色的听觉时域分析能力（Mann et al. 2005）、良好的宽频声音定位能力（Colbert-Luke et al. 2015）、极强的触觉辨识能力

1 常见的古怪范式实验举例：可区别不同类刺激，例如，在展示的三张图片（苹果、梨、玻璃杯）中，玻璃杯和其他两个不属于同一类别的物体，即为"古怪"的一张图片；也可区别不常见刺激，如不常出现的声音等。——译者注

（Bachteler and Dehnhardt，1999；Bauer et al. 2012），以及通过覆盖在身体上的触毛对水动力刺激的高敏锐度探测能力（Gaspard et al. 2013，2017；Reep et al. 2011）。虽然没有进行正式的记忆测试，但已发现海牛可以记住超过一年的实验程序，以及记住野外的巡航路线和目的地（Marsh et al. 2011；Reep and Bonde 2006），这些事实表明海牛具有长时间记忆信息的能力。

海洋哺乳动物由很多不同的分类单元组成，在演化关系上相距遥远。它们体型庞大，在很多情况下很难被圈养，另外那些被圈养的动物也经常以小样本量进行研究。在将少数类群的研究结果推广至其他海洋哺乳动物时应谨慎，这些物种在形态、感官和生态参数方面可能有很大的差异。

关于鲸目、鳍脚目和海牛目动物的认知和/或感官特征的更全面的综述可以在以下资料中找到：

一般海洋哺乳动物：Clark（2013），Dehnhardt（2002），Supin et al.（2001），以及 Thewissen and Nummela（2008）。Kuczaj 还编辑了《国际比较心理学杂志》（*International Journal of Comparative Psychology*，2010）两期关于圈养研究的特刊，其中大部分涉及海洋哺乳动物的认知和感知。

鲸目动物：Clark（2013），Hanke and Erdsack（2015），Harley and Bauer（2017），以及 Pack（2015）。

鳍脚目动物：Schusterman and Kastak（2002）。

海牛目动物：Bauer et al.（2010），Bauer and Reep（2018），以及 Reep and Bonde（2006）。

参考文献

Ahnelt, P.K. and Kolb, H. (2000). The mammalian photoreceptor mosaic-adaptive design. *Progress in Retinal and Eye Research* 19: 711–777.

Au, W.W. and Hastings, M.C. (2008). *Principles of Marine Bioacoustics*. New York: Springer.

Au, W.W.L. (1993). *The Sonar of Dolphins*. New York: Springer.

Bachteler, D. and Dehnhardt, G. (1999). Active touch performance in the Antillean manatee: evidence for a functional differentiation of the facial tactile hairs. *Zoology* 102: 61–69.

Bauer, G.B., Colbert, D., Fellner, W. et al. (2003). Underwater visual acuity of Florida manatees, *Trichechus manatus latirostris*. *International Journal of Comparative Psychology* 16: 130–142.

Bauer, G.B., Colbert, D.E., and Gaspard, J.C. (2010). Learning about manatees: a collaborative program between New College of Florida and Mote Marine Laboratory to conduct laboratory research for manatee conservation. *International Journal of Comparative Psychology* 23: 811–825.

Bauer, G.B., Gaspard, J.C. III, Colbert, D.E. et al. (2012). Tactile discrimination of textures by Florida manatees (*Trichechus manatus latirostris*). *Marine Mammal Science* 28: 456–471.

Bauer, G.B. and Reep, R.L. (2018). Sirenian sensory systems. In: *Encyclopedia of Animal Cognition and Behavior* (eds. J. Vonk and T.K. Shackelford). Springer https://doi.org/ 10.1007/978-3-319-47829-6_1318-1.

Clark, F.E. (2013). Marine mammal cognition and captive care: a proposal for cognitive enrichment in zoos and aquariums. *Journal of Zoo and Aquarium Research* 1: 1–6.

Colbert-Luke, D.E., Gaspard, J.C. III, Reep, R. et al. (2015). Eight-choice sound localization by manatees: performance abilities and head related transfer functions. *Journal of Comparative Physiology A* 201: 249–259.

Cunningham, K., Southall, B.L., and Reichmuth, C. (2014). Auditory sensitivity of seals and sea lions in complex listening scenarios. *Journal of the Acoustical Society of America* 136: 3410–3421.

Dehnhardt, G. (2002). Sensory systems, 1. In: *Marine Mammal Biology: An Evolutionary Approach* (ed. A.R. Hoelzel), 116–141. Oxford: Blackwell.

Dehnhardt, G.and Mauck, B. (2008). Mechanoreception in secondarily aquatic vertebrates. In: *Sensory Evolution on the Threshold: Adaptations in Secondarily Aquatic Vertebrates* (eds. J.G.M. Thewissen and S. Nummela), 295–314. Berkeley: University of California Press.

Gaspard, J.C. III, Bauer, G.B., Mann, D.A. et al. (2017). Detection of hydrodynamic stimuli by the postcranial sensory body of Florida manatees (*Trichechus manatus latirostris*). *Journal of Comparative Physiology A* 203: 111–120. https://doi.org/10.1007/ s00359-016-1142-8.

Gaspard, J.C. III, Bauer, G.B., Reep, R.L. et al. (2012). Audiogram and auditory critical ratios of two Florida manatees (*Trichechus manatus latirostris*). *Journal of Experimental Biology* 215: 1442–1447.

Gerstein, E.R., Gerstein, L., Forsythe, S.E., and Blue, J.E. (1999). The underwater audiogram of the West Indian manatee (*Trichechus manatus*). *Journal of the Acoustical Society of America* 105: 3575–3583.

Griebel, U. and Peichel, L. (2003). Colour vision in aquatic mammal – facts and open questions. *Aquatic Mammals* 29: 18–30.

Griebel, U. and Schmid, A. (1996). Color vision in the manatee (*Trichechus manatus*). *Vision Research* 36: 2747–2757.

Hanke, W. and Erdsack, N. (2015). Ecology and evolution of dolphin sensory systems. In: *Dolphin Communication and Cognition: Past, Present, and Future* (eds. D.L. Herzing and C.M. Johnson), 49–74. Cambridge: MIT Press.

Harley, H.E. and Bauer, G.B. (2017). Cetacean cognition. In: *Encyclopedia of Animal Cognition and Behavior* (eds. J. Vonk and T.K. Shackelford). Springer https://doi.org/ 10.1007/978-3-319-47829-6_997-1.

Harley, H.E., Putnam, E.A., and Roitblat, H.L. (2003). Bottlenose dolphins perceive object features through echolocation. *Nature* 424: 667–669.

Harley, H.E., Roitblat, H.L., and Nachtigall, P.E. (1996). Object recognition in the bottlenose dolphin (*Tursiops truncatus*): integration of visual and echoic information. *Journal of Experimental Psychology: Animal Behavior Processes* 22: 164–174.

Herman, L.M. (1980). Cognitive characteristics of dolphins. In: *Cetacean Behavior: Mechanisms and Functions* (ed. L.M. Herman), 363–429. Malabar: Krieger Publishing.

Herman, L.M. (1986). Cognition and language competencies of bottlenose dolphins. In: *Dolphin*

Cognition and Behavior: A Comparative Approach (eds. R.J. Schusterman, J. Thomas and F.G. Wood), 221–251. Hillsdale, NJ: Lawrence Erlbaum Associates.

Herman, L.M. (1988). The language of animal language research. *Psychological Record* 38: 349–362.

Herman, L.M. (1989). In which procrustean bed does the sea lion sleep tonight? *Psychological Record* 39: 19–49.

Herman, L.M. (2002). Vocal, social, and self- imitation by bottlenosed dolphins. In: *Imitation in Animals and Artifacts* (eds. C. Nehaniv and K. Dautenhahn), 63–108. New York: Academic Press.

Herman, L.M., Morrel-Samuels, P., and Pack, A.A. (1990). Bottlenosed dolphin and human recognition of veridical and degraded video displays of an artificial gestural language. *Journal of Experimental Psychology: General* 119: 215–230.

Herman, L.M., Pack, A.A., and Morrel-Samuels, P. (1993). Representational and conceptual skills of dolphins. In: *Language and Communication: Comparative Perspectives* (eds. H.L. Roitblat, L.M. Herman and P.E. Nachtigall), 403–442. Hillsdale: Erlbaum.

Herman, L.M., Peacock, M.F., Yunker, M.P., and Madsen, C.J. (1975). Double-slit pupil yields equivalent aerial and underwater diurnal acuity. *Science* 189: 650–652.

Gaspard III, J.C., Bauer, G.B., Reep, R.L. et al. (2013). Detection of hydrodynamic stimuli by the Florida manatee (*Trichechus manatus latirostris*). *Journal of Comparative Physiology A* 199: 441–450.

Johnson, C.S. (1967). Sound detection thresholds in marine mammals. In: *Marine Bio-Acoustics II* (ed. W.N. Tavolga), 247–260. New York: Pergamon.

Kuczaj, S.A. II (2010). Research with captive marine mammals is important, part I/part II. *International Journal of Comparative Psychology* 23 (3,4): 225–226.

Kuczaj, S.A. II and Walker, R.T. (2006). How do dolphins solve problems? In: *Comparative Cognition: Experimental Explorations of Animal Intelligence* (eds. E.A. Wasserman and T.R. Zentall), 580–601. New York: Oxford University Press.

Kusnetsov, V.B. (1990). Chemical sense in the dolphin (*Tursiops truncatus*): quasi olfaction. In: *Sensory Abilities of Cetaceans: Laboratory and Field Evidence* (eds. J.A. Thomas and R.A. Kastelein), 481–503. New York: Plenum.

Madsen, C.M. and Herman, L.M. (1980). Social and ecological correlates of cetacean vision and visual appearance. In: *Cetacean Behavior: Mechanisms and Functions* (ed. L.M. Herman), 101–147. Malabar: Krieger Publishing.

Mann, D., Hill, M., Casper, B. et al. (2005). Temporal resolution of the Florida manatee (*Trichechus manatus latirostris*) auditory system. *Journal of Comparative Physiology* 191: 903–908.

Mann, J., Sargeant, B.L., Watson-Capps, J.J. et al. (2008). Why do dolphins carry sponges? *PLoS One* 3: e3868. https://doi. org/10.1371/journal.pone.0003868.

Marsh, H., O'Shea, T.J., and Reynolds, J.E. III (2011). *Ecology and Conservation of Sirenia: Dugongs and Manatees*. Cambridge: Cambridge University Press.

Mass, A.M., Odell, D.K., Ketten, D.R., and Supin, A.Y. (1997). Ganglion layer topography and retinal resolution of the Caribbean manatee *Trichechus manatus latirostris*. *Doklady Biological Sciences* 355: 392–394.

Mercado, E., Uyeyama, R.K., Pack, A.A., and Herman, L.M. (1999). Memory for action events in the bottlenose dolphin. *Animal Cognition* 2: 17–25.

Nachtigall, P.E. and Hall, R.W. (1984). Taste reception in the bottlenosed dolphin. *Acta Zoologica Fennica* 172 (Supplement): 147–148.

Newman, L.A. and Robinson, P.R. (2005). Cone visual pigments of aquatic mammals. *Visual Neuroscience* 22: 873–879.

Otto, T. and Eichenbaum, H. (1992). Olfactory learning and memory in the rat: a "model system" for studies of the neurobiology of memory. In: *The Science of Olfaction* (eds. M. Serby and K. Chobor), 213–244. New York: Springer-Verlag.

Pack, A.A. (2015). Experimental studies of dolphin cognitive abilities. In: *Dolphin Communication and Cognition*: *Past, Present, and Future* (eds. D.L. Herzing and C.M. Johnson), 175–200. Cambridge: MIT Press.

Pack, A.A., Herman, L.M., and Hoffmann- Kuhnt, M. (2004). Dolphin echolocation shape perception: from sound to object. In: *Echolocation in Bats and Dolphins* (eds. J.A. Thomas, C. Moss and M. Vater), 288–308. Chicago: University of Chicago Press.

Pihlström, H. (2008). Comparative anatomy and physiology of chemical senses in aquatic mammals. In: *Sensory Evolution on the Threshold*: *Adaptations in Secondarily Aquatic Vertebrates* (eds. J.G.M. Thewissen and S. Nummela), 95–109. Berkeley: University of California Press.

Pryor, K.W., Haag, R., and O'Reilly, J. (1969). The creative porpoise: training for novel behavior. *Journal of the Experimental Analysis of Behavior* 12: 653–661.

Reep, R.L. and Bonde, R.K. (2006). *The Florida Manatee*: *Biology and Conservation*. University Press of Florida.

Reep, R.L., Gaspard, J.C., Sarko, D.K. et al. (2011). Manatee vibrissae: evidence for a "lateral line" function. *Annals of the New York Academy of Sciences* 1225: 101–109.

Reichmuth, C. and Casey, C. (2014). Vocal learning in seals, sea lions, and walruses. *Current Opinion in Neurobiology* 28: 66–71.

Reichmuth Kastak, C. and Schusterman, R.J. (2002). Long-term memory for concepts in a California sea lion (*Zalophus californianus*). *Animal Cognition* 5: 225–232. https://doi. org/10.1007/s10071-002-0153-8.

Richards, D.G., Wolz, J.P., and Herman, L.M. (1984). Vocal mimicry of computer generated sounds and vocal labeling of objects by a bottlenosed dolphin (*Tursiops truncatus*). *Journal of Comparative Psychology* 98: 10–28.

Ridgway, S.H. and Carder, D.A. (1990). Tactile sensitivity, somatosensory responses, skin vibrations, and the skin surface ridges of the bottlenose dolphin, *Tursiops truncatus*. In: *Sensory Abilities of Cetaceans* (eds. J. Thomas and R. Kastelein), 163–179. New York: Plenum Press.

Schusterman, R.J. (1972). Visual acuity in pinnipeds. In: *Behavior of Marine Animals*, vol. 2, vertebrates (eds. H.E. Winn and B.L. Olla), 469–492. New York: Plenum Press.

Schusterman, R.J. and Gisiner, R. (1988). Artificial language comprehension in dolphins and sea lions: the essential cognitive skills. *The Psychological Record* 38: 311–348.

Schusterman, R.J. and Gisiner, R. (1989). Please parse the sentence: animal cognition in the procrustean bed of linguistics. *The Psychological Record* 39: 3–18.

Schusterman, R.J. and Kastak, D. (2002). Problem solving and memory. In: *Marine Mammal Biology: An Evolutionary Approach* (ed. A.R. Hoelzel), 371–387. Oxford: Blackwell.

Schusterman, R.J., Reichmuth, C.J., and Kastak, D. (2000). How animals classify friends and foes. *Current Directions in Psychological Science* 9: 1–6.

Smolker, R.A., Richards, A., Connor, R. et al. (1997). Sponge-carrying by Indian Ocean bottlenose dolphins: possible tool-use by a delphinid. *Ethology* 103: 454–465.

Supin, A.Y., Popov, V.V., and Mass, A.M. (2001). *The Sensory Physiology of Aquatic Mammals*. Boston, MA: Kluwer Academic Publishers.

Thewissen, J.G.M. and Nummela, S. (2008). *Sensory Evolution on the Threshold: Adaptations in Secondarily Aquatic Vertebrates*. Berkeley: University of California Press.

Xitco, M.J., Gory, J.D., and Kuczaj, S.A.I. (2004). Dolphin pointing is linked to the attentional behavior of a receiver. *Animal Cognition* 7: 231–238.

Xitco, M.J. and Roitblat, H.L. (1996). Object recognition through eavesdropping: passive echolocation in bottlenose dolphins. *Animal Learning and Behavior* 24: 355–365.

专栏 B6　正强化训练在提高动物园灵长类动物福利方面的应用

吉姆 · 麦凯

翻译：刘霞　　校对：雷钧，杨青

现代科学动物园首次关于灵长类动物的记录发生在摄政公园动物园（Zoological Gardens at Regents Park，现称为伦敦动物园，英国伦敦动物学会），1835 年，黑猩猩汤米（Tommy）的到来在维多利亚时代的伦敦引起了轰动。自 1926 年伦敦动物园举办第一次黑猩猩茶话会以来，动物园中灵长类动物对人类的吸引力持续至今。这些活动以及各家动物园中其他类似活动的流行，表明了人类对灵长类动物的喜爱，但过去，我们对这些与人类亲缘关系最近的动物的认知能力和情感领会力知之甚少。

近些年来，动物园已经能够为科学家提供前所未有的观察灵长类动物行为的机会，从而催生了各种研究项目，尤其是针对大猿研究项目的开展。这些项目让我们对灵长类动物的认识发生了根本性变化，从而更加关注它们在圈养环境中的生活状况。1994 年，在 37 只黑猩猩身上进行了首批野生动物操作性条件作用的研究，发现这些黑猩猩经过训练可以自愿进入笼箱（Kessell-Davenport and Gutierrez 1994）。这样的研究，以及国际灵长类动物学会等组织让大家越发了解正强化训练技术的潜在福利益处（Prescott and Buchanan-Smith 2003），促成了动物园灵长类动物管理的重大改进，主要体现在通过训练习得的合作行为取代了强制性的饲养管理手段。如今，动物园中灵长类动物的行为训练涵盖了各种各样的行为，包括主动配合采血、超声检查、X 光检查和口腔保健。最近的一个例子是得克萨斯州韦科卡梅伦公园动物园的婆罗洲猩猩（*Pongo pygmaeus*）（Franklin 2005），它的训练将保护性接触式采血架和正强化训练相结合，以达到主动配合采血的目的（如图 B6.1）。

（a）

（b）

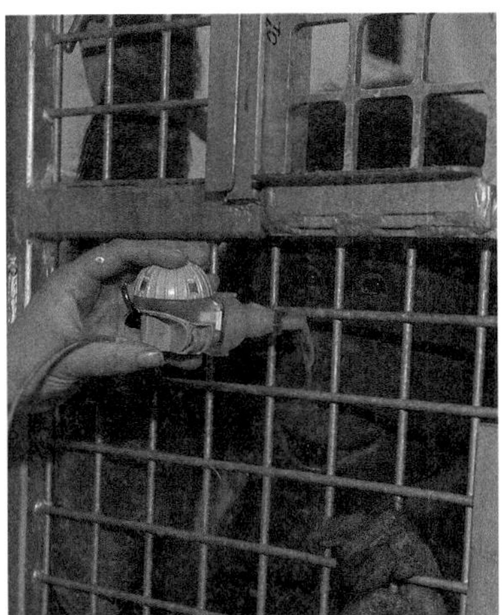

图 B6.1　如何通过饲养管理训练来支持兽医护理的示例，包括（a）采血和（b）使用药物吸入器。图源：史蒂夫 · 马丁。

在灵长类动物管理中使用正强化训练已经从大猿扩展到所有灵长类动物。在伦敦动物园，饲养员对指猴（*Daubentonia madagascariensis*）进行训练，动物可以接受手臂处的麻醉药物注射。在这个训练项目里，饲养员还训练动物走进运输笼，进入舒适的睡眠状态，然后转移到兽医院抽血，以测试维生素 D 的摄入量［*训练夜行性灵长类动物以提升福利，2018 年 BIAZA 大奖得主，克里斯蒂娜·斯滕德*（*Christina Stender*）］。基础的医疗程序（例如 X 光检查）以前可能需要在麻醉或物理保定状态下才能进行，现在使用简单的操作性条件作用训练技术就可以让动物在有意识的状态下自愿配合完成。一个很好的例子是英国伦敦动物学会惠普斯奈德动物园（ZSL Whipsnade Zoo）的一只雄性环尾狐猴（*Lemur catta*），经过训练，它可以将手伸到 X 光检查板上接受常规检查，以监测手指脱臼的愈合情况。在美国华盛顿的史密森尼学会（Smithsonian Institution），经过训练后的成年雌性猩猩（*Pongo* spp.）不仅能展示身体部位进行 X 光检查，它的幼崽也能经过训练实现定位。

还有一个早期的案例是，美国布鲁克菲尔德动物园通过训练来辅助开展一项复杂的管理工作：借助正强化训练，使一只猩猩幼崽在人工育幼一段时间后成功地重新回到亲生母亲身边。不得不将母亲和这只幼崽分开的原因，最初是出于医疗需要，之后是由于母亲没有哺乳行为。为了尽早将幼崽重新引见给它的妈妈，动物园启动了这对母子的同步训练计划（例如，见图 B6.2）。计划是训练幼崽通过笼网接受饲养员用奶瓶喂食，并且让母亲和幼崽重新生活在一起后也接受瓶饲这一过程。训练取得了成功，这只猩猩母亲甚至会主动将幼崽带至笼网前，接受饲养员用奶瓶喂食。在一篇论文中，作者在分析训练成功的各种因素时认为，猩猩母亲与饲养员之间形成的“亲密、信任的关系”是成功的关键因素之一（Sodaro and Webber 2000）。这种关系在 20 世纪 80 年代末期的动物园中尚未提倡，但是在如今，也许在灵长类动物和饲养员间的任何互动过程中，都应该更认真地考虑建立这种亲密、信任的关系，而不仅仅是在正式的行为训练中才去注意这一点。

图 B6.2　训练幼年的动物可以在各种转换期为它们提供帮助，尤其是在需要将人工育幼的幼崽重新引见给其出生社群或养母的情况下；一只猩猩幼崽接受了训练，可以定位在某个位点并根据指令张嘴。图源：史蒂夫·马丁。

以饲养和医疗程序为目的的行为训练在灵长类动物饲养管理中起着重要作用，这一点在体型较小的新旧世界猴以及狐猴群体中尤为突出。许多动物园会训练简单的基础行为，例如目标训练、定位、召回和便于转运动物的运输箱训练，这些训练有助于执行更具侵入性的程序，例如，在手臂部推入麻醉药进行全身麻醉，以及给患有糖尿病的动物进行胰岛素注射等常规医护操作。在伦敦动物园，一头患有糖尿病的黑冠猕猴（*Macaca nigra*）需要定期注射胰岛素，并且每天采集尿液，以测试体内酮体水平。这只黑冠猕猴直到老年时都保持着良好的健康状态。

另一个狨亚科的案例也显示出，行为训练已经成为日常管理中越来越重要的组成部分。在欧洲，有专门针对狨亚科动物行为训练的培训班，EAZA（欧洲动物园与水族馆协会）狨亚科咨询小组的信息数据库中记录有各种成功的训练计划。在狨亚科训练方面，布朗克斯动物园（Bronx Zoo）的工作也许最负盛名。他们的训练计划涉及 17 种狨亚科动物，训练了很多行为项目，包括超声和听诊器检查（Savastano et al. 2003）。

夜行性灵长类动物的行为训练可以说还在发展中。除了有一些动物园进行过指猴的行为训练之外，动物园在夜行性灵长动物行为训练和研究方面的工作最为匮乏。但是，在其他的行为管理方面，夜行性灵长类动物的工作却做得很好，尤其是光照和行为丰容。一些显而易见的原因导致动物园针对夜行性灵长类动物的行为训练相对缺乏。首先，这些物种的笼舍往往具有严格的环境控制，光周期颠倒运行，以便游客能够观察到活跃的动物。这些环境控制措施通常会导致笼舍相对较小，这意味着饲养员的出现可能导致动物展示其特有的物种行为——那就是躲藏！在伦敦动物园的夜间动物展区，饲养员在保护性接触条件下对灰懒猴（*Loris lydekkerianus*）开展了进笼训练，解决了它们爱躲藏的问题。将经过特殊设计的小笼连接在笼舍外，动物可以自己选择是否进入这个小笼参与训练，这一设施也让训练员有机会在动物表达正确的行为标准时给予强化物。其他经过训练的夜行性原猴亚目物种还包括伦敦动物园的蓬尾婴猴（*Galago moholi*），它们接受过称重和运输方面的行为训练。

在动物园的所有动物中，灵长类肯定是在配合医疗和饲养管理行为训练项目中表现最好的动物（如图 B6.3）。但是，另外一些动物（如夜行性物种）的训练在这方面还有很长的路要走，为它们提供更大的笼舍将有助于实施更全面的训练计划。此外，动物园也越发意识到，行为训练并不是直接等同于改善动物福利。动物园专业人员必须想出更多的方法，在训练中给予动物更多的选择和控制权，并不断评估每个行为训练计划对动物福利的潜在影响。扩展更多的可训练行为和强化物，使动物有更多主动权决定何时何地进行训练，甚至让它们选择由谁进行训练，都将有助于保持动物的学习动机，并提升福利。根据英国的法律，每个行为训练项目都应"为动物提供净福利"（Defra 2012），这是一项至关重要的指标，因为它消除了训练中的"人为目的"。此外，恰当地运用行为训练也很重要。随着动物园饲养员在动物行为训练方面做得越来越好，我们必须避免陷入试图利用训练来解决问题的"诱惑"中，而这些问题其实是可以通过其他方法（如丰容或笼舍设计）来解决的。或许行为训练最重要的标准是必须对动物充满吸引力，富有挑战性但不会带来压力，并且最重要的是……为动物带来**乐趣**！

图 B6.3　将行为训练纳入灵长类动物的饲养管理可以带来各种好处，特别是有助于其保持良好的健康。图源：吉姆・麦凯。

参考文献

DEFRA (2012). *Secretary of State's Standards of Modern Zoo Practice*. Department for Environment Food and Rural Affairs https://assets.publishing.service.gov.uk/government/uploads/system/uploads/attachment_data/file/69596/standards-of- zoo-practice.pdf.

Franklin, J.A. (2005). Orangutan husbandry manual, positive reinforcement training. https://www.czs.org/custom.czs/media/CenterAnimalWelfare/Orangutan-Husbandry Manual/Positive-Reinforcement-Training.pdf (accessed 30 October 2018).

Kessell-Davenport, A. and Gutierrez, T. (1994). Training captive chimpanzees for movement in a transfer box. https://awionline.org/content/training-captive-chimpanzees-movement-transfer-box (accessed 30 October 2018).

Prescott, M.J. and Buchanan-Smith, H.M. (2003). Training non-human primates using positive reinforcement techniques. *Journal of Applied Animal Welfare Science* 6 (3): 157–161.

Savastano, G., Hanson, A., and McCann, C. (2003). The development of an operant conditioning training program for New World primates at the Bronx zoo. *Journal of Applied Animal Welfare Science* 6 (3): 247–261.

Sodaro, C. and Webber, B. (2000). Hand-rearing and early reintroduction of a Sumatran orang-utan. *International Zoo Yearbook* 37: 374–380.

专栏 B7　考虑物种特异性：灵长类的学习

贝齐 · 赫雷尔柯

翻译：刘霞　　校对：雷钧，杨青

一只黑猩猩（*Pan troglodytes*）看到一根香蕉，这一对黑猩猩颇有吸引力（高价值）的食物，但是香蕉放的位置很高，黑猩猩无法够到。就算黑猩猩跳起来也没法抓到香蕉，仅用一根杆子也无法把香蕉打下来。慢慢地，黑猩猩会在笼舍范围内收集物品，把它们垒起来，帮助自己得到垂涎已久的食物。经过多次试错后，黑猩猩知道将箱子和木棍同时使用才能获得食物奖励。在沃尔夫冈 · 科勒（Wolfgang Köhler 1925）对问题解决和工具使用的研究中，有许多学习的实例表明：动物会根据经验改变其行为。

灵长类动物是动物学习中最典型的代表，这在很大程度上是因为我们（人类）是灵长类动物，会受到与人类相似的、符合人类视角的观点的吸引（例如，Rees 2001）。因为我们人类很聪明，所以我们希望其他动物也很聪明。对动物赋予人类特征（拟人化）既有风险又有益处，但是当涉及动物的认知以及动物如何处理信息时，科学家们的努力让动物们在这一领域的能力大放异彩。

一个经常会被讨论的认知领域就是在前人的知识基础上继续累积信息的概念，即“齿轮效应”（Tomasello 1999）。齿轮效应也被称为累积传输，被认为是人类发展出如此复杂的制造和生产工业的原因，而其他灵长类物种都做不到这一点。详细论述灵长类动物学习的文献来自一些代表性的灵长类动物学家，例如，托马塞罗和考尔（Tomasello and Call 1997），松泽（Matsuzawa 2001），朗斯多夫等（Lonsdorf et al. 2010）。

学习是我们日常活动的一部分；至少，当我们有机会体验新事物时，就是在学习。智力上的刺激需要具有适当的挑战性（Meehan and Mench 2007），动物需要有解决问题的工具，无论是物理工具（如科勒的研究），还是心智能力（例如能够理解任务规则或复杂训练指令的含义）。如果我们还没有为即将开始的学习任务做好准备，那么我们就不要对动物过度施压或期望太多。在为动物设计成功学习的机会时，一个重要概念就是要考虑到动物的自然史，尤其是动物的生理特征、感官能力和生活史。

生理特性

了解动物如何在生活中发挥其身体机能，是我们了解动物学习方式的关键。学习失败的原因可能是没有提供给动物解决问题的“工具”，或者是因为我们根本没有提出正确的问题或使用正确的方法。这就是了解不同灵长类动物身体特征的意义所在。例如，长臂猿（Hylobatidae）曾被认为不如其他灵长类动物聪明，因为它们不能成功地完成其他灵长类动物擅长的认知任务（例如，Spence 1937）。直到科学家修改了任务以适应长臂猿细长的手臂（Beck 1967）。当物品被抬高时，长臂猿就能够学习如何参与任务并正确解决问题。

感官能力

对感官接收到的信号作出反应的能力对于任何生物物种的成功都是至关重要的（例如，Krebs and Dawkins 1984）。青腹绿猴（*Chlorocebus pygerythrus*）的不同叫声代表着环境中不同的物品或事件（Cheney and Seyfarth 1982）。西部低地大猩猩（*Gorilla gorilla gorilla*）能产生独特的、具有可识别性的体味（Hepper and Wells 2010）；雄性狮尾狒（*Theropithecus gelada*）通过胸部颜色彰显社会地位（Bergman et al. 2009）。视觉对于灵长类动物尤其重要，但并非所有灵长类动物都以相同的方式去看周围的世界（Jacobs 1993）。色觉有助于动物发现成熟的水果（Regan et al. 1998）或可口的叶子（Lucas et al. 1998），不同灵长类动物的色觉是不同的。尽管人类、其他猿类和旧世界猴（狭鼻类 Catarrhines）是三色视觉，但新世界猴（阔鼻类 Platyrrhines）中许多物种的三色视觉是以等位基因表达的，这意味着拥有三色视觉的只有雌性[1]，而原猴亚目（原猴类 Strepsirrhines）的动物只有单色视觉和双色视觉（Surridge et al. 2003）。各个物种的感官能力与学习能力有相关。当我们能考虑到动物嗅觉的敏锐度、它们能看到的东西，甚至吸引它们的自然信号，才可以为它们设计符合其物种特性的训练方法，提升动物成功学习的可能性。

生活经历

灵长类动物学家常被问及：谁是非人类大猿中最聪明的动物？但它们之间其实并没有可比性。从科学上讲，我们对黑猩猩的了解胜过对任何其他非人类大猿的了解，主要是因为我们在野外和人工饲养下与黑猩猩的接触已有很长的历史。此外，黑猩猩社会结构的自然背景可能会影响它们参与学习型任务的意愿或积极性。黑猩猩（Kummer 1971）、倭黑猩猩（Nishida and Hiraiwa-Hasegawa 1987）和猩猩（Schaik 1999）生活在分离—聚合社群，很多个体会聚在一起活动（聚合），也会分离形成不同的群体（分离）。这三个物种都很习惯社群结构的变动（见图 B7.1）。而大猩猩则生活在相当稳定的社群中，由一只占主导地位的成年雄性银背大猩猩带领整个群体生活（Robbins et al. 2004）。大猿的这一自然史，即大猿的社会性，可以解释其是否具有（或缺少）参与个体认知活动的动机，以及解释哪些个体更有可能在独自或远离群体的情况下，参与这些认知活动。

个体的过往经历也会在其中起着作用；我们知道某些性格特征会影响到动物个体是否自主选择参与研究（Herrelko et al. 2012；Morton et al. 2013），并且可以合理地假设，那些曾积极参与过认知项目的个体将更有可能继续参与之后的任务，反之亦然。有非自然生活史的动物个体也会有不同表现。适应了特定文化的猿类（例如，那些在与人有大量社交和交流机会的环境中饲养长大的猿类），似乎比没有该经历的猿类表现出更好的认知能力（Call and Tomasello 1996），尽管这一研究背后的合理性尚存争议（Bering 2004；Tomasello and Call 2004）。

---

1 即雄性都是双色视觉，纯合子雌性表达出双色视觉，杂合子雌性表达出三色视觉。——译者注

图 B7.1　在史密森尼国家动物园中，婆罗洲猩猩（*Pongo pygmaeus*）巴塘和里德通过环形通道（O-Line）从一个展区去往另一个展区。图源：史密森尼学会。

小结

学习是每天都在发生的事情，可以通过有计划的学习任务来改善动物的生活（例如通过圈养管理），并让我们更为了解动物的认知能力。不论是训练还是科学研究，应让学习任务能适合物种，也能适合动物个体。本专栏的信息仅从宽泛的层面进行了论述，并且只粗浅地讨论了灵长类动物在学习方面的特异性。学习的概念是确定的，但随着对动物学习有了更多了解，学习对动物的意义也将越发明确。而想要窥见动物如何看待这个世界，我们要做的就是关注它们的生活。

参考文献

Beck, B. (1967). A study of problem solving by gibbons. *Behaviour* 28 (1/2): 95–109.

Bergman, T.J., Ho, L., and Beehner, J.C. (2009). Chest color and social status in male geladas (*Theropithecus gelada*). *International Journal of Primatology* 30: 791–806.

Bering, J.M. (2004). A critical review of the "enculturation hypothesis": the effects of human rearing on great ape social cognition. *Animal Cognition* 7: 201–212.

Call, J. and Tomasello, M. (1996). The effect of humans on the cognitive development of apes. In:

Reaching into Thought (eds. A.E. Russon, K.A. Bard and S.T. Parker), 371–403. New York: Cambridge University Press.

Cheney, D.L. and Seyfarth, R.M. (1982). How Vervet monkeys perceive their grunts: field playback experiments. *Animal Behaviour* 30 (2): 739–751.

Hepper, P.G. and Wells, D.L. (2010). Individually identifiable body odors are produced by the gorilla and discriminated by humans. *Chemical Senses* 35: 263–268.

Herrelko, E.S., Vick, S.-J., and Buchanan-Smith, H.M. (2012). Cognitive research in zoo- housed chimpanzees: influence of personality and impact on welfare. *American Journal of Primatology* 74: 828–840.

Jacobs, G.H. (1993). The distribution and nature of color vision among the mammals. *Biological Reviews* 68: 413–471.

Köhler, W. (1925). *The Mentality of Apes*.London: Routledge and Kegan Paul.

Krebs, J.R. and Dawkins, R. (1984). Animal signals: mind-reading and manipulation. In: *Behavioural Ecology: An Evolutionary Approach*, 2e (eds. J.R. Krebs and N.B. Davies), 390–402. Oxford UK: Blackwell Scientific Publications.

Kummer, H. (1971). *Primate Societies: Group Techniques of Ecological Adaptation*. Chicago: Aldine.

Lonsdorf, E.V., Ross, S.R., and Matsuzawa, T. (2010). *The Mind of the Chimpanzee*. Chicago: University of Chicago Press.

Lucas, P.W., Darvell, B.W., Lee, P.K.D. et al. (1998). Colour cues for leaf food selection by long-tailed macaques (*Macaca fascicularis*) with a new suggestion for the evolution of Trichomatic colour vision. *Folia Primatologica* 69: 139–152.

Matsuzawa, T. (2001). *Primate Origins of Human Cognition and Behavior*. Tokyo: Springer.

Meehan, C. and Mench, J. (2007). The challenge of challenge: can problem solving opportunities enhance animal welfare? *Applied Animal Behaviour Science* 102: 246–261.

Morton, F.B., Lee, P.C., and Buchanan-Smith, H.M. (2013). Taking personality selection bias seriously in animal cognition research: a case study in capuchin monkeys (*Sapajus apella*). *Animal Cognition* 16: 677–684.

Nishida, T. and Hiraiwa-Hasegawa, M. (1987). Chimpanzees and bonobos: cooperative relationships among males. In: *Primate Societies* (eds. B.B. Smuts, D.L. Cheney, R.M. Seyfarth, et al.), 165–177. Chicago: University of Chicago Press.

Rees, A. (2001). Anthropomorphism, anthropocentrism, and anecdote: primatologists on primatology. *Science, Technology & Human Values* 26 (2): 227–247.

Regan, B.C., Julliot, C., Simmen, B. et al. (1998). Frugivory and colour vision in *Alouatta seniculus*, a trichomatic platyrrhine monkey. *Vision Research* 38: 3321–3327.

Robbins, M.M., Bermejo, M., Cipolletta, C. et al. (2004). Social structure and life-history patterns in

Western gorillas (*Gorilla gorilla gorilla*). *American Journal of Primatology* 64: 145–159.

van Schaik, C.P. (1999). The Socioecology of fission-fusion sociality in orangutans. *Primates* 40 (1): 69–86.

Spence, K.W. (1937). Experimental studies of learning and the higher mental processes of infra-human primates. *Psychological Bulletin* 34: 906–850.

Surridge, A.K., Osorio, D., and Mundy, N.I. (2003). Evolution and selection of trichromatic vision in primates. *Trends in Ecology and Evolution* 18 (4): 198–205.

Tomasello, M. (1999). *The Cultural Origins of Human Cognition*. Cambridge, MA: Harvard University Press.

Tomasello, M. and Call, J. (1997). *Primate Cognition*. Oxford: Oxford University Press.

Tomasello, M. and Call, J. (2004). The role of humans in the cognitive development of apes revisited. *Animal Cognition* 7 (4): 213–215.

专栏 B8　动物园的爬行动物训练：一个专业的视角

理查德 · 吉布森

翻译：施雨洁　　校对：崔媛媛，刘媛媛

直至 20 世纪末 21 世纪初，如果你问动物园里的爬行动物饲养员是否会给他们的动物做训练，你可能会在嘲笑声中被轰出屋子。但时过境迁，随着我们越来越了解和洞察爬行动物的智力（参见 Burghardt 2013），也利用“新发现”（或至少新近认可）的其天生就能接受训练的能力，发展出了越来越丰富的爬行动物训练项目。

对那些很喜欢持控自己饲养的爬行动物的爱好者和某些参观习惯不那么好的游客来说，他们很早就意识到了爬行动物对常见的厌恶刺激能够较快适应这个事实。令他们感到沮丧的是，即使拍打展示窗也对刺激里面“毫无生机”的爬行动物活动没什么用。而这种退敏倾向可以很好地加以利用，可以作为适当的备用动物用于教育展示，甚至接受人们触摸，或便于兽医诊疗操作，包括接受目视检查、修剪指甲、超声波检查，甚至注射和抽血（例如，Bryant et al. 2016；Davis 2006）。加上使用操作性条件作用原理，通过正强化（大多数情况下使用食物，但也并不总是）进行简单的联想学习，可以显著扩大爬行动物行为训练涉及的范围，比如跟随目标物在兽舍之间移动、进入转运笼、安全地喂食、做适当运动以及行为丰容，还可以通过定位训练达到配合兽医体检目的，或者为了公众讲解活动进行行为训练。

如今，很多动物园和水族馆都已经在开展以上述内容为目的的日常训练，包括陆龟和水龟、鳄类和多种蜥蜴（特别是巨蜥类，虽未经论证，但巨蜥们被普遍认为是蜥蜴中最“聪明”的）（参见网页 https://www.cabq.gov/culturalservices/biopark/news/training-with-reptiles，https://maddiekduhon.wordpress.com/2014/08/07/did-you-know-reptiles-can-be-trained 和 https://nationalzoo.si.edu/animals/exhibits/reptile-discovery-center）。从这个新出现的两栖动物饲养管理手段中受益的常见物种有：加拉帕戈斯象龟和亚达伯拉象龟（学名分别是 *Chelonoidis niger* 和 *Aldabrachelys gigantea*），相较于违背其意愿进行管理和操作，鉴于它们巨大的体重和力量，训练极大地提高了操作效率（Weissand Wilson 2003；Gaalemaand Benboe 2008）；对鳄类来说，无论从体型还是伤人的可能性上考虑，都需要尽可能采取“不直接上手操作”的管理方式（Augustine 2009；Hellmuth and Gerrits 2008）；世界上体型最大、拥有绝对魅力的蜥蜴——科莫多巨蜥（*Varanus komodoensis*）的行为训练也颇受瞩目——确实，当饲养这种无与伦比的蜥蜴时，动物园几乎都必须开展一定程度的目标训练和 / 或定位训练——科莫多巨蜥的行为训练也因此成为行业里最显著的成就之一（见图 B8.1 和图 B8.2）。例如，据一些动物园报告，它们能为非保定状态的科莫多巨蜥完成诸如修剪指甲、注射和从尾静脉采血、超声波检查、在 X 光检查区域保持定位、称体重，甚至戴麻醉面罩等兽医诊疗操作（Hellmuth et al. 2012）。

图 B8.1　一只经过训练的成年科莫多巨蜥（*Varanus komodoensis*）在无保定的状态下接受超声检查，目的是评估其生殖状况。图源：伦敦动物园。

图 B8.2　一只亚成体科莫多巨蜥（*Varanus komodoensis*）进入了一个被改装过的训练箱中，在这里可以对它进行清醒的、非保定状态的 X 光检查及其他操作。图源：伦敦动物园。

现在，目标训练和脱敏训练已经发展出了更进一步的应用，比如让科莫多巨蜥和鳄类配合串笼、接受运输笼箱和压缩笼、直接喂食、增加运动和丰容、展示特定身体部位和接受拍片检查、公众展示，以及还可以在天气好时戴上牵引绳出去散步（见图 8.3）。

图 B8.3 一只成年雌性短吻鳄正专注于它的训练目标棒。这种姿势 / 行为可以帮助检查它的下颚和牙齿的损坏程度。图源：奥克兰动物园。

虽然蛇适应被人类持控的现象很普遍，但在应用条件作用原理开展训练方面，蛇类一定是爬行动物中最受忽视的对象 [不包括喙头目（Rhynchocephalia）里唯一的现存者：斑点楔齿蜥（*Sphenodon punctatus*）]。赫尔穆特（Hellmuth）等（2012）在动物园爬行动物行为训练实例的附录中只提到了两种蛇：东部绿曼巴蛇（*Dendroaspis angusticeps*）和巴西水王蛇（*Hydrodynastes gigas*）。但是，据克莱因金纳（Kleinginna 1970）的报告，黄尾森王蛇（*Drymarchon corais*）进行类似于鼠类和鸽子做过的操作条件反射实验时，森王蛇对操作性条件作用表现出了相似的反应，即可以证明，蛇类行为训练长久以来盘踞在训练阶梯最下层的原因并不是因为天生缺乏接受训练的能力。

尽管如此，因动物的天性，爬行动物的行为训练依然有其复杂之处，这在很大程度上与生理构造有关，其中一个最明显的例子是很少进食的蛇类。众所周知，蛇类并非每天都要进食。实际上，有一些物种几周甚至几个月都不会吃东西，而进食一次往往就是份量惊人的一顿大餐。因此，对绝大多数蛇类物种来说，并不适合使用小块的食物进行反复多次的强化。然而，训练蛇不需要依赖食物奖励，据很多饲养员报告，他们会有意或偶然地训练出动物回应某种信号，它们会退到笼舍的另一端或进入诱捕箱中（在这里它们不会受打扰），这种信号可能是轻轻的触碰（对有毒蛇类就是钩子的触碰），或者仅仅只是饲养员用钥匙开门时发出的声音。

如何提供食物奖励不仅是训练蛇类时才会面临的挑战。由于爬行动物全都具有变温这个共同生理特点，因此，对于爬行动物这个大类群，在圈养条件下因为给错食物或给食量过大都容易产生肥胖问题。为超重的爬行动物进行节食非常具有挑战性，因为它们只需要很少的能量就能完成高效的新陈代谢，应不惜一切代价避免肥胖问题。所以，必须格外仔细计算以食物为基础的训练奖励，将这部分食物作为动物整体营养摄入的一部分。

要缓解因为某些爬行动物进食不规律造成的不便，其中一种方法是考虑其他形式的奖励。如上所述，一些蛇很快就自己学会了某个行为，其得到的奖励是安全感，即进入一个可以躲藏的箱子中；蜥蜴也可以通过训练，按指令去找到环境中的躲避处（Zuriand Bull 2000）。象龟和龟鳖目中的许多物种对抚摸的反应都很好，象龟对在正确位置的挠痒做出反应时所表现的直立姿态就是众所周知的（Bryant et al. 2016；见图 B8.4）。也有记载，蜥蜴甚至鳄类似乎也很喜欢人类的触碰，并会主动寻求这种乐趣，而和人类接触本身就可能成为一种丰容形式。

图 B8.4 在这只加拉帕戈斯象龟（*Chelonoidis nigra*）做出“探寻（目标棒）”的姿势后，饲养员会给予它一段时间的轻拍和挠痒以鼓励这个行为。用目标棒引导象龟保持这个姿势，并对脖子进行脱敏，是为了之后可以达到采血目的。图源：奥克兰动物园。

训练爬行动物的另一个挑战是，满足它们的昼夜节律、季节和繁殖活动周期非常重要，这也与它们的生理和自然史密切相关，并会影响日常食物摄入。由于是变温动物，爬行动物在很大程度上会受气候的影响，它们对训练的兴趣和反应能力也取决于自身是否处于适当的生理状态。在饲养管理中，需要正确地维持爬行动物所感受的温度（和其他气候因素）随昼夜节律和全年季节的周期变化。这不仅会影响爬行动物的体温，以及因此影响到对行为训练和食物等刺激作出反应的动力，还会刺激各种行为和生理状态，包括半冬眠、夏眠和生殖周期（在此期间，许多物种将暂停进食，并可能在部分或整个生殖阶段表现出很大差异）。

因此，爬行动物的行为训练可能不像训练“高耗能”的温血动物，比如鸟类和哺乳动物那样相对直接明了。饲养员应该考虑使用其他形式和自己的动物交流，以及考虑使用除传统听觉指令和视觉指令以外的指令。利用大多数爬行动物非凡的嗅觉能力，特别是蛇类对非空气传导振动的敏感性，可以选择一些其他类型的指令来让动物做出特定的行为。而奖励可能会包括可以进入喜欢的休息/躲避的区域、舒适地感受辐射加热/自发热的地方，以及和人类进行积极的接触，当然，还有食物。

爬行动物的行为训练包含一些明显的挑战，但毫无疑问，其带来的回报值得我们投入努力。由于对于爬行动物来说，饲养员和食物之间基本已经没有太强的联系，并且通过条件作用，动物可以适应近距离甚至直接接触，日复一日的饲养管理也让饲养员和动物的压力都有所降低，这些都使得饲养员能够与危险的大型鳄类和蜥蜴一起安全地工作。兽医的操作也通常更快、更节省经费（无需麻醉），造成的创伤也少得多。在曾以鸟类和哺乳动物一统天下的公众讲解和训练展示中，爬行动物可以参与其中的机会也正在逐渐增加。不过，这些好处都还没有被动物园行业更广泛地接纳。爬行动物的行为训练现在还不是一种“常态”，传统的思维和饲养方式还需要很长时间才能改变。虽然个人训练爬行动物的逸闻也越来越普遍，确实，在 YouTube 和其他在线视频分享网站上充斥着这些有鳞动物的视频，展示着各种真正通过训练习得的行为，但这一领域的出版物目前还很难找到。通过专项工作坊（培训班）及相关著作出版物，动物园的爬行动物饲养行业可以极大受益于大家的共同努力，激发更多人对爬行动物训练产生兴趣，以及发展出更多特定适用于爬行动物的训练技能。

参考文献

Augustine, L. (2009). Husbandry training with an exceptional South African crocodile. *ABMA Wellspring* 10 (3): 2–3.

Bryant, Z., Harding, L., Grant, S., and Rendle, M. (2016). A method for sampling the Galapagos tortoises, *Chelonoidis nigra*, using operant conditioning for voluntary blood draws. *Herp. Bull.* 135 (Spring): 7–10.

Burghardt, G. (2013). Environmental enrichment and cognitive complexity in reptiles and amphibians: concepts, review, and implications for captive populations. *Appl. Anim. Behav. Sci.* 174 (3–4): 286–298.

Davis, A. (2006). Target Training and Voluntary Blood Drawing of the Aldabra Tortoise (*Geochelone gigantea*). Proc. AAZK Conf. 156–164.

Gaalema, D.E. and Benboe, D. (2008). Positive reinforcement training of Aldabra tortoises (*Geochelone gigantea*) at Zoo Atlanta. *Herpetol. Rev.* 39: 331–334.

Hellmuth, H. and Gerrits, J. (2008). Croc in a box: crate training an adult gharial. *ABMA Conference Proceedings*, Phoenix, AZ. ABMA.

Hellmuth, H., Augustine, L., Watkins, B.A., and Hope, K. (2012). Using operant conditioning and desensitization to facilitate veterinary care with captive reptiles. *Vet. Clin. Exot. Anim.* 15: 425–443.

Kleinginna, P. (1970). Operant conditioning of the Indigo snake. *Psychon. Sci.* 18: 53–55.

Melfi, V. (2013). Is training zoo animals enriching? *Appl. Anim. Behav. Sci.* 147 (3–4): 299–305.

Weiss, E. and Wilson, S. (2003). The use of classical and operant conditioning in training Aldabra tortoises (*Geochelone gigantea*) for venipuncture and other husbandry issues. *J. Appl. Anim. Welf. Sci.* 6 (1): 33–38.

Zuri, I. and Bull, C. (2000). The use of visual cues for spatial orientation in the sleepy lizard (*Tiliqua rugosa*). *Can. J. Zool.* 79 (4): 515–520.

专栏 B9 爬行动物的学习能力

戈登 · M. 布格哈特

翻译：施雨洁　　校对：崔媛媛，刘媛媛

爬行动物在认知、情绪、社交和心理福利需求的研究中一直都是被忽略的对象。以往它们被当作是静止、无动于衷的，像是一种按本能运作的机器，而这种观点现在正迅速被一种新的观点所取代，即认为爬行动物也具有行为的复杂性和可塑性，接近于许多哺乳动物和鸟类，虽然也许不能与它们媲美。这些传统的观点是源自人类通过自己的视角来解读爬行动物的这一拟人化倾向（Rivasand Burghardt 2002），科学界直到最近几十年才开始密切关注它们的行为可塑性，这也是事实（Burghardt 1977）。随着行为学的出现、重视对行为多样性及其控制的研究，现今行为学已不止于关注物种特有行为，其范围已经扩展到动物在瞬息万变的生态环境中生存所需的行为可塑性。我们现在知道，所有的非鸟类爬行动物[1]都有着令人着迷的行为，它们有许多与鸟类和哺乳动物相同的特征，包括复杂的交流、问题解决、亲代照料、玩耍、复杂的社会性、个体识别，甚至社会学习和工具使用（参见 Manrod et al. 2008）。此外，水龟、鳄类和蜥蜴都已被证明相当擅长完成大多数常规的学习类测试（Burghardt 2013；Wilkinsonand Huber 2012）。秘诀是确保所测试的任务是符合爬行动物的感官能力和自然行为谱的。在这里我仅举几个例子。

龟类已经被用于空间学习的研究中（Wilkinson and Huber 2012 综述）。锦龟属（*Chrysemys*）、彩龟属（*Trachemys*）和伪龟属（*Pseudemys*）的物种已经参与了许多（就爬行动物而言）关于学习的研究，因为它们在圈养环境下适应性强，主要利用视觉线索，并且具有可训练的特点（Burghardt 1977）。纳氏伪龟（*Pseudemys nelsoni*）可以很容易地被训练爬出水面，撞倒瓶子以获取食物颗粒（Davis and Burghardt 2007），而且它们可以在没有任何后续训练的情况下，保持这种行为和辨别力达到至少两年（Davis and Burghardt 2012）。鉴于雌性纳氏伪龟有连续多年、每年都回到特定窝巢的行为，我们猜测这种记忆保留可能就是得到该实验结果的原因，但在圈养条件下能证明这种技能是一种进步，也为更精细的研究提供了可能性。同时，令人兴奋的野外研究也正在进行，比如，研究发现当海龟卵即将孵化时，雌海龟会从很远的地方回到自己筑巢产卵的海滩，与初生小海龟进行声音交流，然后引导它们前往数百公里外的觅食区（Ferrara et al. 2014）。水龟类是最早被实验记录到能够从其他动物那里学习解决问题的爬行动物，即使不是通过真正的模仿，也是通过观察学习到的。例如，最早的研究表明，它们可以仅通过观察一只已经训练过的动物，就能学会从哪条路线绕过障碍物来获得食物，或用力移开哪个彩色瓶子来获得食物（Davis and Burghardt 2011；Wilkinsonet al. 2010）。水龟也被证明具有概念形成的能力（比如可以对不同明暗的刺激物做出反应，而不是对刺激物的颜色做出反应）（Leightyet al. 2013）。

刚孵化的小鳄鱼会与母亲，也许还有父亲一起生活，会在自己的“儿童屋”里待上几个月到几

1　根据亲缘分支分类法，鳄鱼与鸟类关系更近，因此现代爬行类和鸟类共同构成一个单系群。——译者注

年，在这里它们会受到保护，不受捕食者的威胁，然后跟随母亲迁徙到有利的栖息地中，这对能在严苛旱季的地方生存下来尤其重要。刚孵化出来的幼龄动物的进攻行为在一些物种中发展得较早，而在另一些物种中则发展得较晚，这似乎与其领域性和社会系统相适应。年幼的鳄类已经被观察到与物体玩耍、合作捕鱼、将自己用树枝伪装起来吸引（和捕捉）鸟类，以及寻找这样的树枝来筑巢的行为（Dinets 2015；Dinets et al. 2015）。在所有爬行动物中，幼年鳄鱼拥有最复杂的声音沟通模式，它们长久的亲子关系和沟通能力（视觉信号、化学信号、触觉信号、听觉信号）也许反映出了与恐龙和鸟类的密切关系（Dinets 2013）。尽管很难像对成年鳄类一样在实验室环境中对幼年个体展开研究，但它们已被证明能高效地完成包括反转学习（reversal learning）[1] 在内的常规学习任务（Burghardt 1977）。

蜥蜴类是爬行动物中最大的群体，它们以奇幻纷呈的方式利用着海洋、淡水、森林、地下、雨林、山地和沙漠等各种栖息地。比如，蜥蜴可以学习辨别多种视觉刺激、偷听附近范围内其他物种对捕食者发出的警告声、显示出空间学习和反转学习的能力（例如，Leal and Powell 2012），一些巨蜥似乎仅通过一次尝试学习就能完成计数任务和问题箱解决任务（Burghardt 2013 综述）。社会学习已在蜥蜴中得到证实（Kis et al. 2015）。最近有文献记载，孵化温度可能会影响它们的学习能力（Clark et al. 2014）。许多蜥蜴都有复杂的社会生活和社群结构，包括一些一夫一妻制和生活在家族群中的物种（Doody et al. 2013 综述）。蜥蜴在生态学、繁殖和社会性上的多样性表明，类似的认知多样性也相应存在。

与蜥蜴有密切联系的蛇类非常依赖于通过化学感觉来确定方向，而且由于缺乏四肢，并且几乎没有听觉能力，因此无法用许多常规的装置 / 实验仪器进行测试。然而，在其中，对蟒蛇、鼠蛇和束带蛇等的学习研究表明，它们可以通过学习辨别捕食者，改变反捕行为，以及学习更好处理猎物的方法，等等。猪鼻蛇在受到威胁时以“装死”而闻名，并在装死时监测着“捕食者”的目光方向，其注意力会集中关注“捕食者”的眼睛，而不仅仅只是捕食者头部所朝的方向（Burghardt and Greene 1988）。但是，除了习惯化（Herzog et al. 1989）之外，蛇极少能成功被训练完成常规的学习任务（Burghardt 1977）。霍尔茨曼及其同事（例如，Holtzman et al. 1999）进行的关于逃脱学习的训练是一个罕见的例外。一些动物园正在对具有潜在危险的蛇开展行为训练，希望利用桥接信号和目标训练让它们的行为在可控范围内。现在正在研究的行为包括针对个体制定喂食和进入转运箱的行为。在进食时，蛇类确实以相当复杂的方式依赖化学信号以及视觉信号完成进食，这表明它们拥有着非常有趣的认知能力，需要我们进行更多的探索。例如，多模态匹配 [2] 可能发生在草原束带蛇对有毒猎物的学习过程中（Terrick et al. 1995）。

1　测试动物学习灵活能力的一种程式。例如，呈现 A、B 两个刺激物，动物选择 A 时给予食物奖赏。待正确选择 A 达到一定实验标准之后，再训练动物反过来选择 B，并给予食物奖励。这样的学习可以通过交替强化无限持续下去。——译者注

2　基于视觉（猎物的警戒色）和化学感觉信息的复杂交互作用（多种感觉模态），学习避开有毒或难吃的猎物。——译者注

显然，非鸟类爬行动物的学习和认知研究正备受关注（Matsubara et al. 2017），而这篇短文仅有限地提到了一些正在探索的方向。除此之外，物种差异，还有性情、社会性、偏好、决策甚至性格等各方面的个体差异，这些因素也开启了许多研究方向（Waters et al. 2017）。

参考文献

Burghardt, G.M. (1977). Learning processes in reptiles. In: *The Biology of the Reptilia*, vol. 7 (ecology and behavior) (eds. C. Gans and D. Tinkle), 555–681. New York, NY: Academic Press.

Burghardt, G.M. (2013). Environmental enrichment and cognitive complexity in reptiles and amphibians: concepts, review and implications for captive populations. *Applied Animal Behaviour Science* 147: 286–298.

Burghardt, G.M. and Greene, H.W. (1988). Predator simulation and duration of death feigning in neonate hognose snakes. *Animal Behaviour* 36 (6): 1842–1844.

Clark, B.F., Amiel, J.J., Shine, R. et al. (2014). Colour discrimination and associative learning in hatchling lizards incubated at ‘hot’ and ‘cold’ temperatures. *Behavioral Ecology and Sociobiology* 68: 239–247.

Davis, K.M. and Burghardt, G.M. (2007). Training and long-term memory of a novel food acquisition task in a turtle (*Pseudemys nelsoni*). *Behavioural Processes* 75 (2): 225–230.

Davis, K.M. and Burghardt, G.M. (2011). Turtles (Pseudemys nelsoni) learn about visual cues indicating food from experienced turtles. *Journal of Comparative Psychology* 125: 404–410.

Davis, K.M. and Burghardt, G.M. (2012). Long-term retention of visual tasks by two species of emydid turtles, *Pseudemys nelsoni* and *Trachemys scripta*. *Journal of Comparative Psychology* 126: 213–223.

Dinets, V. (2013). Long-distance signalling in *Crocodylia*. *Copeia* 2113: 517–526.

Dinets, V. (2015). Play behavior in crocodilians. *Animal Behavior and Cognition* 2: 49–55.

Dinets, V., Brueggen, J.C., and Brueggen, J.D. (2015). Crocodilians use tools for hunting. *Ethology Ecology and Evolution* 27: 74–78.

Doody, J.S., Burghardt, G.M., and Dinets, V. (2013). Breaking the social-nonsocial dichotomy: a role for reptiles in vertebrate social behaviour research? *Ethology* 119: 95–103.

Ferrara, C.R., Vogt, R.C., Sousa-Lima, R.S. et al. (2014). Sound communication and social behavior in an Amazonian river turtle (*Podocnemis expansa*). Herpetologica 70: 149–156.

Herzog, H.A. Jr., Bowers, B.B., and Burghardt, G.M. (1989). Development of antipredator responses in snakes: IV. Interspecific and intraspecific differences in habituation of defensive behavior. *Developmental Psychobiology* 22 (5): 489–508.

Holtzman, D.A., Harris, T.W., Aranguren, G., and Bostock, E. (1999). Spatial learning of an escape task by young corn snakes, *Elaphe guttata guttata*. *Animal Behaviour* 57 (1): 51–60.

Kis, A., Huber, L., and Wilkinson, A. (2015). Social learning by imitation in a reptile (*Pogona vitticeps*). *Animal Cognition* 18: 325–331.

Leal, M. and Powell, B.J. (2012). Behavioural flexibility and problem solving in a tropical lizard. *Biology Letters* 8: 28–30.

Leighty, K.A., Grand, A.P., Pittman Courte, V.L. et al. (2013). Relational responding by eastern box turtles (*Terrepene Carolina*) in a series of color discrimination tasks. *Journal of Comparative Psychology* 127: 256–264.

Manrod, J.D., Hartdegen, R., and Burghardt, G.M. (2008). Rapid solving of a problem apparatus by juvenile black-throated monitor lizards (*Varanus albigularis albigularis*). *Animal Cognition* 11: 267–273.

Matsubara, S., Deeming, D.C., and Wilkinson, A. (2017). Cold-blooded cognition: new directions in reptile cognition. *Current Opinion in Behavioral Sciences* 16: 126–130.

Rivas, J. and Burghardt, G.M. (2002). Crotalomorphism: a metaphor for understanding anthropomorphism by omission. In: *The Cognitive Animal*: *Empirical and Theoretical Perspectives on Animal Cognition* (eds. M. Bekoff, C. Allen and G.M. Burghardt), 9–17. Cambridge, MA: MIT Press.

Terrick, T.D., Mumme, R.L., and Burghardt, G.M. (1995). Aposematic coloration enhances chemosensory recognition ofnoxious prey in the garter snake, *Thamnophis radix*. *Animal Behaviour* 49: 857–866.

Waters, R.M., Bowers, B.B., and Burghardt, G.M. (2017). Personality and individuality in reptile behavior. In: *Personality in Non- human Animals* (eds. J. Vonk, A. Weiss and S. Kuczaj), 153–184. New York, NY: Springer.

Wilkinson, A. and Huber, L. (2012). Cold- blooded cognition: reptilian cognitive abilities. In: *The Oxford Handbook of Comparative Evolutionary Psychology* (eds. J. Vonk and T.K. Shackelford), 129–143. New York, NY: Oxford University Press.

Wilkinson, A., Kuenstner, K., Mueller, J., and Huber, L. (2010). Social learning in a non-social reptile. *Biology Letters* https:// doi.org/10.1098/rsbl.2010.0092.

专栏 B10　从动物园专业角度训练鸟类

海蒂·赫尔穆特

翻译：张铁卓　　校对：崔媛媛，张恩权

几十年来，动物园一直在积极地训练鸟类进行演示，但讽刺的是，在动物园饲养管理训练中，和其他动物相比，鸟类却落后了很多。训练鸟类有如此悠久的历史，但为什么训练鸟类满足兽医检查、饲养管理需求仍然充满挑战呢？以下有几个可能的原因来解释这个矛盾。用于演示的鸟类往往被单独饲养，以便于控制采食和其他刺激，有利于训练。然而，动物园圈养展示的鸟类通常成对或者成群饲养，而且经常以物种混养展示；物种的社会关系，以及更大、更复杂的圈养条件都会在训练过程中分散鸟类的注意力。尤其是在过去，至少是部分时期，一些鸟类的演示训练是基于对体重的控制；一只鸟的日粮量（热量值）取决于它演示的行为。基本的概念就是饥饿的鸟更有动力参与训练；然而现在这种鸟类演示训练技术已经不受欢迎了（Heidenreich 2014）。因为动物园里大多数鸟类的日粮都是根据其所需营养成分稳定提供的。

重要的是，对于演示活动中的鸟类和其他动物，在决定整体的管理策略时，首要考虑的因素是它们的行为，然而动物园展示鸟类的重点往往是繁殖和如何让公众看到它们。动物园鸟类的另一个不同，可能也是最重要的不同，在于照顾它们的工作人员。鸟类演示中的工作人员凭借他们对动物学习理论的了解和训练经验得到这份工作，但追溯历史，对于照顾展示鸟类的饲养员来说，这些并不是他们的重点。即使是现在，这些技能在许多动物园的非哺乳动物类群中也没有得到广泛认可和关注。在动物园中训练鸟类似乎是一项挑战，因为人们（错误地）认为训练鸟类比训练其他物种更难，而且要求特殊的技术。然而重要的是，训练就是训练，无所谓动物类群、物种、甚至个体。运用的科学原理和技术手段是一样的，但是和所有形式的动物管理工作一样，训练也受到物种自然史、生物行为学和动物个体需要的影响。既然“训练就是训练”，为什么还要单设一个专栏来讨论动物园里训练鸟类（和其他动物类群）的技巧呢？好问题！这一章节的目的就是分享一些已经被证明对动物园的鸟类最有帮助和最有效的通用训练策略，来减少训练过程中走弯路，最大限度提高成功的机会。所以现在，我们开始吧！

观察鸟类

几乎对任何动物来说，进行管理尝试的第一步都是观察它们。观察在展区中哪一个区域是动物更喜欢的，包括这块区域的高度、栖架的类型、同游客的距离，等等。观察它们会展示怎样的活动和行为，在什么时间会活跃或休息？关键是在制定训练计划时要以鸟类的行为作为导向。选择一天中鸟类通常活跃的时间，选择它们最舒适且大部分时间都待在那里的区域。在很多动物园里，训练时间都是根据饲养员的日程安排决定，训练地点也是为了方便和选择容易进入的区域。转变这一现状，让鸟类的行为来决定各项训练因素，将更有助于为鸟类训练项目夯实基础。因为大多数鸟类都是被捕食者，让它们在不自在的地方学习新的行为，就像是把一只手（也就是翅膀）绑在背后的情况下开始训练一样。如果鸟类在训练过程中感到不适，极有可能把训练和紧张、恐惧联系在一起，所以要注意观察它们的行为，聆听它们的叫声，并以此来决定要如何设计针对鸟类的训练计划。

良好的饲养员—动物关系

对动物来说，饲养员是每天不可避免、也无法回避的存在，他们的行为对动物训练以及动物福利有着重要的影响。好的饲养员拥有"动物感"，指的是他们能够读懂动物的行为，并调整自己的行为，使动物觉得舒适。动物感是很难直接传授的，因为它是由经验、直觉引导产生的，可能是一种天生的能力，但是每个饲养员都可以通过努力建立起良好的人与动物的关系（Ward and Melfi 2013，2015）。在与鸟类或其他易受惊吓或容易躲避飞离[1]的物种打交道时，良好关系至关重要。

尽管行为的表达是由动物在操作性条件反射中的结果决定的，但对情境前提的关注，也就是建立更可能发生期待行为的环境，可以极大地促进鸟类训练的成功。尽管这一点很重要，但在动物园训练鸟类时被低估了。一个可以与鸟类成功合作的简单但有效的方法就是在采取任何动作之前，不断地给动物发出口头预告或提示。这一点很重要，原因如下：

1）突然的动作或行为可能会吓到动物，将会减少动物对训练员（饲养员）的信任，降低环境舒适度，而预告和提示正可以减少这种情况的发生。

2）预告和提示也会使饲养员更加注意自己的行为，引发自身行为对饲养鸟类潜在影响的思考。

3）预告和提示也可以在日常护理和互动中促进饲养员和动物的关系。

4）鸟类通过预告和提示可以预测接下来发生的事件，这给它们传递了一种可以控制自己生活的感觉。

那么预告和提示发挥作用的原理是什么呢？这是一个非常简单的概念，而且一旦实践过就可能成为习惯。为了赢得和保持鸟的信任，口头提示必须持续地使用[2]，并且必须在行动之前传达。例如，饲养员说："门"，然后打开可进入展区的门；"进入"，然后走进展区；"碗"，然后拿起或放下装食物或者饮水的碗；"移动"，然后靠着边走到展区另一侧，以此类推。一些饲养员觉得使用这种级别的口头互动或者提示很蠢，但是据笔者自己对鸟类的观察，包括穴小鸮（*Athene cunicularia*）和鞭笞巨嘴鸟（*Ramphastos toco*），在实施了这一策略之后，相比于以前在日常饲养时紧张地飞来飞去，它们在几天内就变得更加平静和放松。鸟类对这些口头提示的反应和行为也会在一定程度上对饲养员的行为有指导作用。举例来说，如果一只鸟听到提示后飞走或者改变了行为，饲养员应该等它平静下来，然后在下一步行动之前重新给出提示。

另一种策略是"停和走"技术，饲养员的行为将由鸟的行为决定。这个技术也被认为对饲养员

1　原文中的"flighty"具有双关语的意思，flighty 既有"飞"的意思，也有着"战或逃"（fight or flight）中"躲避"的意思。——译者注

2　口头提示要有规律且可靠不变。——译者注

和动物之间的关系有利。简单来说，如果鸟在活动，饲养员就保持静止，等鸟飞落静止后，饲养员再动起来（当然也会有口令提示）。对鸟类来说，（饲养员的）移动和不可预测性可能意味着危险。如果一只鸟在饲养员进入它的笼舍后飞得远了一些或者尝试找一个更舒适的环境，饲养员继续走动或继续做别的事可能会引起鸟的惊慌或恐惧反应。如果饲养员的存在使鸟类处于紧张状态，很可能会阻碍训练中的学习过程，所以这个简单的技巧不仅有助于良好的鸟类照管，也有助于鸟类训练。

主动训练和被动训练可以结合使用，让鸟有更多的机会学习、练习期望行为，有助于实现训练目标。主动训练是指正式训练环节，鸟根据指令做出特定行为。被动训练发生在饲养员不在的时候，鸟有机会学习做出一些行为。例如，将主动与被动训练结合应用，可以将进笼训练更快推进，在主动训练环节中，饲养员引导鸟不断接近并最终进入运输笼箱，而在被动训练环节中，则是将食物强化物留在运输笼箱里面或放在附近，让鸟探索并自己获得强化。

最后，一个有效的训练项目中非常关键的一步是了解对鸟类来说最有效的强化物是什么。很多动物园都是通过饲养员用手或在目标处提供一点食物作为强化。大多数展示鸟类主要在特定的区域点使用喂食碗来喂食。为了有效利用部分日粮作为训练的主要强化物，知道鸟类喜欢吃什么很重要，要让鸟类将喜欢的食物与饲养员、而不是喂食碗联系起来。这一步很容易，可以从食物偏好测试开始。把每一种食物集中成一堆，分别放在碗里的不同位置，观察哪一种是鸟类的首选、第二选择、第三选择，等等。这样做几天或更久就可以了解到它们喜欢哪种食物类型。从日常饲料中挑出喜欢的食物，开始单独饲喂这些食物。饲养员找到鸟偏爱的食物作为训练强化物，并且将这些偏爱的食物和饲养员更直接地联系了起来，则为后续的训练奠定了坚实的基础。

需要注意：所有的建议和技巧都有一个共同点，那就是“倾听”鸟的想法，让它们的自然史和行为指导你的行为。这将帮助你和鸟们建立更密切的关系，减少日常饲养中潜在的压力，并让训练计划更加成功（图 B10.1 a–f）。祝你好运！

(e)

(f)

图 B10.1　在动物园中训练用于演示活动的鸟类富有挑战性，但训练成果能激发人们对于鸟类的敬畏：（a）和（b）史蒂夫和安第斯神鹫，1989；（c）史蒂夫和秃鹫，1978；（d）史蒂夫和金雕，1978；（e）史蒂夫和乔安娜，明尼苏达动物园，1987；（f）史蒂夫和白背兀鹫，1989。图源：海蒂·赫尔穆特。

参考文献

Heidenreich, B. 2014. Weight management in animal training: pitfalls, ethical considerations and alternative options. http://www.goodbirdinc.com/pdf/Heidenreich_%20Weight%20Management_ABMA_2014.pdf.

Ward, S.J. and Melfi, V. (2013). The implications of husbandry training on zoo animal response rates. *Applied Animal Behaviour Science* 147: 179–185.

Ward, S.J. and Melfi, V. (2015). Keeper-animal interactions: differences between the behaviour of zoo animals affect Stockmanship. *PLoS ONE* 10 (10): e0140237. https://doi.org/10.1371/journal.pone.0140237.

专栏 B11　鸟类的学习和认知能力

雅姬 · 查普尔

翻译：张轶卓　　校对：崔嫒嫒，张恩权

将“鸟的脑子”（bird brain，“笨蛋”）视为一个贬义的表达，还有很多值得探讨的。从历史上看，鸟类一直被认为不如哺乳动物聪明，但是在过去几十年里，越来越多的研究已经证实鸟类的学习能力以及认知能力的复杂程度，与许多哺乳动物不相上下。鸟类的学习可以大致分为两种主要形式。在一个极端：学习是相对不灵活的，个体所学习的是特定刺激和特定结果事件之间的特定联系。然而，这种学习也是强大且持久的，鸟类的表现不逊于很多哺乳动物。例如，鸽子（*Columba livia*）使用由 160 张幻灯片组成的教具接受训练，要对每对图片的其中一张做出反应。两年后，这些鸽子仍然能几乎准确地回忆起这些关联性（Vaughan and Greene 1984）。在另一个极端，学习可以是高度灵活的，鸟类可以将相对抽象的规则应用到新的情境中，而不是通过死记硬背来学习关联性。一些鸟类表现出理解不同对象之间关系的能力（比如两个事物是否具有一定的配对关系），并通过类推，将这些关系正确地应用到新情境中（Smirnova et al. 2015）。

不同种鸟类的学习和认知能力因感知能力、社会环境和生态位的不同而存在很大差异。因此，将认知划分为不同的“域”是有帮助的，每一个认知域都允许动物能处理和使用特定类型的信息。以下将概述三个这样的认知域：时空认知、社会认知和物理认知。

时空认知

对于很多鸟类来说，利用空间信息很重要。例如，迁徙的鸟类，或那些在离家很远的地方觅食的物种，必须使用多种导航机制处理、回忆关于空间位置、路径或方向的信息，才能找到自己的飞行路线（Wiltschko and Wiltschko 2003）。最近的一项研究在信鸽（*C.livia*）身上装备了 GPS 路线记录仪，研究表明，当鸽子反复从一个地点放飞时，它们会沿着一条特殊的路线飞行，随着次数增多，对这条路径的选择会越来越忠实（Biro et al. 2004）。此项研究和其他证据都有力地表明，鸽子使用视觉地标来记忆和识别它们的路径，这可能有助于解释为什么鸽子的视觉记忆能力如此持久广泛。

空间认知对于擅长储存和隐藏食物的鸟类也很重要，它们会在物资丰富的季节将食物储存起来供以后食用。许多储存食物的鸟类都会记得它们把食物放在哪里，并且在几个月后还能相当准确地回忆起这些位置。实验表明，藏食地点周围的视觉线索被用来记忆这一位置（Gould-Beierle and Kamil 1996）。同时，某些物种拥有更强的能力找回自己藏起来的食物，事实表明，与储存食物有关的个体经验会帮助鸟类回忆起储藏位置（Shettleworth 1990）。这些“情境性”记忆已经得到了探索，会储存食物的西丛鸦（*Aphelocoma californica*）给出了简洁的实验结果。比起花生，西丛鸦更偏爱新鲜未腐烂的蜡螟幼虫，研究恰好利用了这一点。西丛鸦可以在一个托盘里储存花生，在另一个托盘储存蜡螟幼虫，同时控制鸟类储存及取回幼虫的时间间隔。不出所料，西丛鸦更喜欢放有幼虫的托盘，前提是幼虫是它们最近才存放的，因此这些虫子依旧是新鲜的（Clayton and Dickinson 1998）。这表明，这些鸟清楚地记得它们储存了什么、什么时候储存的，以及储存在哪个盘子里。

社会认知

生活在一个复杂的社会群体中，有各种机会通过观察其他个体学习（Reader and Laland 2003）。然而，社群也带来了需要维持关系和追踪互动的问题，群体大小被认为是限制灵长类认知的一个因素（Dunbar 1992）。社会学习可以表现为多种形式。在效法学习中，观察者复制的是其他个体的行为结果，这与模仿不同，在模仿学习中，它们学习并复制的是展示者的动作（Auersperg et al. 2014；Huber et al. 2001）。这些机制保障新的行为可以在一个种群中迅速传播，个体可以从创新者那里学习（Morand-Ferron and Quinn 2011）。真正的模仿（复制动作本身）在非人类动物中很少见（甚至在猿类中），虽然在有些物种中能观察到声音模仿，但是仅有一种鸟类展示出动作模仿，那就是非洲灰鹦鹉（Psittacus Erithacus）（Moore 1992）。

心智理论（理解其他个体的心理状态的能力）被认为是个体生活在复杂社会群体中的一种重要能力。对于缺乏语言的动物来说，很难确定它们是在判断其他个体的心理状态，还是仅仅对其他个体的行为作出反应。然而，丛鸦实验表明，在被另一只丛鸦观察到自己藏匿食物的过程，并可能因此偷走食物的这一实验前提下，一只丛鸦会不会选择将食物重新转移到新的地点藏起来，取决于它们自己是否曾有过同样的经历，即是否偷窃过其他丛鸦藏匿的食物（Emery and Clayton 2001）。

物理认知

与环境中的物理对象相互作用是鸟类生活中的一个重要部分，包括筑巢（Healy et al. 2008）和采掘觅食。物理认知可能包括对客体功能属性的了解、因果关系的推断，以及对客体行为的预测。这一领域的研究主要集中于可以使用或制造工具的鸟类。在野外，习惯制造工具的物种非常少 [新喀鸦（*Corvus moneduloides*）和拟鴷树雀（*Camarhynchus pallidus*）]，但一些非工具使用类物种已被证明在圈养环境下能够使用工具，包括其他鸦科动物 [例如秃鼻乌鸦（*Corvus frugilegus*），Bird and Emery 2009] 和鹦鹉类 [戈氏凤头鹦鹉（*Cacatua goffiniana*），Auersperg et al. 2012；啄羊鹦鹉（*Nestor notabilis*），Auersperget al. 2011]。工具使用被认为可能需要较高的认知能力，因为要求动物动态地控制一个物体（而非自己的身体部分）来实现目标（Bentley-Condit and Smith 2010）。然而，鸟类也有可能通过标准的学习过程来习惯使用甚至制造工具，即以特定的方式制造或使用特定类型的工具，并因此得到奖励。不过，实验表明，习惯于使用工具或不常使用工具的鸟类，都能制造出新的工具来解决问题（例如，Auersperg et al. 2011，2012；Bird and Emery 2009；Morand-Ferron and Quinn 2011；Weir et al. 2002），这表明这个过程可能比单纯的联想学习要灵活得多。

从上面的讨论中我们可以清楚地看到，正在进行的研究表明，许多鸟类拥有与许多哺乳动物相媲美的高级学习能力和认知能力。与任何动物一样，“专长”的融合是由生态位塑造的，如果提供了合适的环境来展示它们的实力，鸟类绝不是所谓的“笨蛋”。

参考文献

Auersperg, A.M.I., von Bayern, A.M.P., Gajdon, G.K. et al. (2011). Flexibility in problem solving and tool use of kea and New Caledonian crows in a multi access box paradigm. *PLoS One* 6: e20231 EP.

Auersperg, A.M.I., Szabo, B., von Bayern, A.M.P., and Kacelnik, A. (2012). Spontaneous innovation in tool manufacture and use in a Goffin's cockatoo. *Current Biology* 22: R903–R904.

Auersperg, A.M.I., von Bayern, A.M.I., Weber, S. et al. (2014). Social transmission of tool use and tool manufacture in Goffin cockatoos (*Cacatua goffini*). *Proceedings of the Biological Sciences* 281: 20140972–20140972.

Bentley-Condit, V. and Smith, E.O. (2010). Animal tool use: current definitions and an updated comprehensive catalog. *Behaviour* 147: 185–221.

Bird, C.D. and Emery, N.J. (2009). Insightful problem solving and creative tool modification by captive nontool-using rooks. *Proceedings of the National Academy of Sciences of the United States of America* 106: 10370–10375.

Biro, D., Meade, J., and Guilford, T. (2004). Familiar route loyalty implies visual pilotage in the homing pigeon. *Proceedings of the National Academy of Sciences of the United States of America* 101: 17440–17443.

Clayton, N.S. and Dickinson, A. (1998). Episodic-like memory during cache recovery by scrub jays. *Nature* 395: 272–274.

Dunbar, R.I.M. (1992). Neocortex size as a constraint on group-size in primates. *Journal of Human Evolution* 22: 469–493.

Emery, N.J. and Clayton, N.S. (2001). Effects of experience and social context on prospective caching strategies by scrub jays. *Nature* 414: 443–446.

Gould-Beierle, K.L. and Kamil, A.C. (1996). The use of local and global cues by Clarks nutcrackers, *Nucifraga columbiana*. *Animal Behaviour* 52: 519–528.

Healy, S., Walsh, P., and Hansell, M. (2008). Nest building by birds. *Current Biology* 18: R271–R273.

Huber, L., Rechberger, S., and Taborsky, M. (2001). Social learning affects object exploration and manipulation in keas, *Nestor notabilis*. *Animal Behaviour* 62: 945–954.

Moore, B.R. (1992). Avian movement imitation and a new form of mimicry: tracing the evolution of a complex from of learning. *Behaviour* 122: 231–263.

Morand-Ferron, J. and Quinn, J.L. (2011). Larger groups of passerines are more efficient problem solvers in the wild. *Proceedings of the National Academy of Sciences of the United States of America* 108: 15898–15903.

Reader, S.M. and Laland, K.N. (2003). *Animal Innovation*. Oxford: Oxford University Press.

Shettleworth, S.J. (1990). Spatial memory in food-storing birds. *Philosophical Transactions: Biological Sciences* 329: 143–151.

Smirnova, A., Zorina, Z., Obozova, T., and Wasserman, E. (2015). Crows spontaneously exhibit analogical reasoning. *Current Biology* 25: 256–260.

Vaughan, W. and Greene, S.L. (1984). Pigeon visual memory capacity. *Journal of Experimental Psychology: Animal Behavior Processes* 10: 256–271.

Weir, A.A., Chappell, J., and Kacelnik, A. (2002). Shaping of hooks in New Caledonian crows. *Science* 297: 981.

Wiltschko, R. and Wiltschko, W. (2003). Avian navigation: from historical to modern concepts. *Animal Behaviour* 65: 257–272.

专栏 B12 计划和实施水生动物训练时需考虑的物种特异性

希瑟 · 威廉姆斯

翻译：崔媛媛　　校对：杨青，雷钧

多年来，动物园及一些水族馆已经在不同的动物类群中开展了训练。不过，总的来说，水族馆对训练和行为管理的应用要落后于动物园。这是为什么呢？对金鱼只有三秒钟记忆的普遍误解可能让人对水生动物训练望而却步。然而，吉（Gee）等（1994）发现金鱼可以学习推动杠杆以获得食物，并且 24 小时中仅开放 1 个小时的喂食时段，金鱼也能够成功预见到。还有一种观点认为，鱼类的智力不及哺乳动物，这在某些情况下可能是真的，但其实，许多鱼类的确具备一系列的认知能力（参见专栏 B13），并且可以训练出复杂的行为。其中包括，大西洋牛鼻鲼（*Rhinoptera bonasus*）可以在头顶箍有一台相机时正常游动（凤凰城动物园 Phoenix Zoo），多个物种都可以经过训练进入水箱或吊索进行称重，也包括豹纹鲨（*Stegostoma fasciatum*）可自愿进行采血（太平洋水族馆 Aquarium of the Pacific）。好消息是，越来越多的水族馆饲养员正在了解动物学习理论的基础知识，以及如何将其用于训练各种行为，并正在进行相关工作。在过去几年中，水族馆内开展的训练内容已大大增加，重点集中在软骨鱼类。1993 年，在调查过的水族馆中，有 34.1% 开展了一定形式的训练，2013 年，这一数字增长到了 88.8%（Janssen et al. 2017）。当前还有很多工作要做，并且水族馆所运用的训练技术主要还只集中于初级强化物的使用；但我们已经在路上了！

制定一项训练计划所面临的最大障碍，可能对于大多数读者来说显而易见，那就是时间！！！然而，从长远来看，可以将其视作一项投资，将在未来得到回报。同样重要的是考虑需要实现什么，以及是否值得花时间和精力来达到预期的结果。

一般而言，训练就是训练，无论涉及哪个物种，训练的基本前提都是相同的。但实际上，也会有很大变化，这取决于所涉及物种的认知能力，以及将食物作为初级强化物时，动物个体对食物的欲求程度。水族馆在训练方面可能会遇到特殊的挑战，因为很少会有展示单一物种的区域。想要接近这些展示区域也可能会充满困难，因为并非每个水族馆的饲养员都能够幸运地从各个角度利用水族缸。但是，最明显的障碍还是水。为了能更好地接触到动物，我们要么可以去到它们身边（通过额外的装备，无论是简单如雨鞋，还是复杂如全套的潜水设备），要么就需要它们浮上水面，来到我们身边。

许多鱼类在某种程度上都是经受了训练的，这个过程中没有饲养员的参与，他们甚至都没有意识到训练的存在。当在特定区域喂食特定个体或特定物种时，这就是一种训练，并且一段时间过去后，它们会学习将食物与展区的特定区域关联起来。有些鱼类甚至在看到员工制服的颜色时也会做出反应，尽管它们是在一个公共区域内被喂食的，周围也会有很多不同的人；因此这些鱼类很可能学会了区分熟悉的人和陌生人。

由于水族缸内通常饲养多个不同的物种，它们的行为和欲求程度会有所不同，因此训练将有助于日常的饲养工作。例如，当水族缸中饲养有较强掠食性（更快速掠食）的鱼类，如无齿鲹

（*Gnathanodon speciosus*）或马鲹（*Caranx hippos*）时，它们会比生活在同一个水族缸中的其他鱼类更快地找到食物并进食。饲养员可以训练掠食性鱼类游到水族缸的特定区域获取食物，空出水族缸中的一部分区域以供速度较慢的鱼类在无竞争环境下觅食。或者，也可以训练行动较慢的鱼靠近饲养员，从其手中取食（见图 B12.1）。

图 B12.1　许多不同的鱼类都能开展训练以支持饲养管理，例如，英国国家海洋水族馆（National Marine Aquarium）的这只美洲多锯鲈（*Polyprion americanus*），可以通过提供食物奖励，训练它游到水面上来。图源：奥利弗・里德（Oliver Reed）。

底栖生物（深海生物）也给尝试训练带来了挑战，特别是在较深的水族缸里。例如，我曾经饲养过一条雌性波缘窄尾魟（*Himantura undulata*），它在隔离检疫期曾习惯在一个相对较浅（2 米）的水池底部多点分散喂食（见图 B12.2）。但之后被转移到 4.5 米深的混养展缸中，无法再使用分散喂食。为了继续控制这条波缘窄尾魟的采食，工作人员改造了一根喂食杆，让它游近取食。不幸的是，由于某种原因，它在主展区中的吃食情况并不好，因此又被转移到相邻的适应区水池（深约 1.5 米）中。在适应区水池中，让这条窄尾魟在一个目标物旁边得到食物，然后将目标物沿着水池的侧壁逐渐上移，这样就让它学会了游到水面上来获取食物。在其第二次被转移回混养展缸时，饲养员就可以成功地给这条窄尾魟喂食，并取得了明显更好的效果。

图 B12.2　即使对于通常不会游到水面觅食的鱼类，也可以成功实现训练，例如在英国国家海洋水族馆中，使用食物钳给这只波缘窄尾魟（*Himantura undulata*）喂食，可以实现在 1.5 米深的适应区水池中进行目标训练。图源：奥利弗・里德。

在许多情况下可能使用鱼类的一部分日粮开展训练，然后照常喂食剩余的部分。但以我个人的经验，水族馆内的鱼类训练通常需要使用当天所有的食物，将训练环节和喂食时间合二为一。这确实意味着，你仍然需要开展训练，但训练的进度也许得推进得更慢一些，因为有必要确保动物获得足够的食物。正如此，记录鱼类的食物量应是我们训练中的一个重点。

许多水族馆不会给他们的鱼类定期称重。但是，可能有必要追踪某些特定个体的健康状况，例如软骨鱼类或幼鱼。这正是在前期计划中包含训练内容的用途所在，称重可能导致鱼类因应激而挣扎，称重过程可能会超过正常所需的时间。如果能让鱼类对吊索或渔网脱敏，首先，它们会更加放松，从而得到更精准的体重读数，并且对于所有参与该过程的人员来说，也意味着危险性更低，需要的工作人员也更少。

在水族缸中开展“进笼训练”并不简单，因为大多数水族缸并没有非展示区域。由于通常不会定期将鱼类在水族缸之间移动，因此实际上可能并不值得为进笼训练付出太多努力。但一些特定的状况下，这种训练也许会非常有用，例如，出于水族缸维护的原因（处理有问题的海葵），或出于安全考虑（该鱼类为有毒生物或具有锋利的牙齿！），需要将鱼移出。在进笼训练以及更多日常训练时，公众是可以看到正在发生些什么的，因此有工作人员来讲解当前情况或悬挂一些带有解释性信息的简单牌示会很有帮助。在某些情况下，最好在训练环节中将运输（笼）箱放在展区中，训练结束后再将其拿走，这样就消除了动物困在其中的可能性，同时也在公众面前保持了展区的整洁、不杂乱——毕竟，是他们支付了我们的工资！

出于伦理方面的考虑，在动物园和水族馆开展训练非常重要。确保饲养的动物健康和得到良好饲喂是我们的工作，可以确定，将喂食与训练融为一体比简单地将食物撒在一个大混养展区中更合理。我曾有过这样一次经历：一群很容易就处于紧张状态的大西洋大海鲢（*Megalops atlanticus*）在移入一个 250 万升、深 10.5 米的水族缸后无法很好地觅食。之后引入了一个简单的训练项目，其中涉及将一个目标物放入水中，并且仅在目标物附近喂食该物种。这项训练产生了巨大的变化，每一条鱼都获得了顺利进食所需的信心。但当一只沙虎鲨（*Carcharias taurus*）游过时，也可能需要移开目标物，因为大西洋大海鲢偶尔会有点太专注于目标物了！

也许比起鱼类，人们更抗拒去训练无脊椎动物，但章鱼却是极其聪明的，可以通过一些训练以及丰容切实提升它们的福利。北太平洋巨型章鱼（*Enteroctopus dofleini*）特别擅长理解游戏和次级强化物。许多水族馆每天都会与他们的章鱼互动，饲养员会为章鱼提供各种丰容项目。章鱼通常也会与人互动，并且会对给予其触感丰容的不同员工表现出不同的反应（通过个人观察以及与同事讨论）。它们也会为获得自己的食物而努力，章鱼通常不用花多久时间就能在多个容器中挑出那个装了食物的容器！

我最重要的秘诀之一就是：玩得开心！如果你能使自己和被训练的鱼类都能在训练过程中享受快乐，将更可能获得积极的训练结果。

参考文献

Gee, P., Stephenson, D., and Wright, D.E. (1994). Temporal discrimination learning of operant feeding in goldfish (*Carassius auratus*). *Journal of Experimental Animal Behaviour* 62 (1): 1–13.

Janssen, J.D., Kidd, A., Ferreira, A., and Snowden, S. (2017). Training and conditioning of elasmobranchs in aquaria. In: *The Elasmobranch Husbandry Manual II: Recent Advances in the Care of Sharks, Rays and their Relatives* (eds. M. Smith, D. Warmolts, D. Thoney, et al.), 209–221. Ohio Biological Survey.

专栏 B13 鱼的认知能力

丘卢姆 · 布朗

翻译：崔媛媛　　校对：杨青，雷钧

鱼类是“被遗忘的大多数”。它们占整个脊椎动物多样性的50%以上，但甚少在动物园中出现。当然，它们成为世界各地水族馆中的展示对象。尽管大多数人并不认为鱼类很聪明，但大量研究表明，鱼类几乎在所有方面都与其他的脊椎动物不相伯仲（Bshary and Brown 2014；Brown 2015）。确实，演化论告诉我们，所有脊椎动物都不过是鱼类演化的结果而已，因此，从这个角度来看，鱼类很聪明也许并不是什么令人惊讶的发现。鱼类的认知对其行为有着显著的影响，这一点与它们的饲养管理直接相关。

想要了解鱼类的行为，至关重要的是简要了解它们如何看待周围的世界（它们的生活环境）。让我们从视觉开始，因为大多数人类都能够通过视觉与世界建立联系。鱼类通常拥有四色视觉，尽管还有许多鱼类的视色素更多，但也有些没有视色素，如深海鱼。大多数鱼能看到的颜色比我们更为生动。对于大多数浅水鱼而言，这意味着颜色对它们来说非常重要，例如在求偶和觅食期间。诸如慈鲷，体色的变化和对某些颜色的偏好导致了巨大的物种多样化（Seehausen et al. 2008）。许多鱼类具有先天的颜色偏好，这意味着使用这些偏爱的颜色时，会更容易对其进行训练。比如，红色似乎具有普遍的吸引力，也许是因为红色的猎物富含角蛋白，而角蛋白是一种很有限的资源。已有理论提出，有些鱼类已经将红色融入它们繁殖配对的炫耀展示中，以充分利用这种感官偏好（Seehausen et al. 2008）。经典的例子有孔雀鱼（*Poecilia reticulata*）和三刺鱼（*Gasterosteus aculeatus*）。当有两个觅食点供选择时，一个使用红色标记，另一个用无偏好的中性颜色标记（如绿色），许多鱼类会在红色标记附近表现出自然的觅食倾向（例如 Laland and Williams 1997）。在探索孔雀鱼空间学习的研究中，需要这些鱼游过一条隧道才能到达觅食点，结果表明对于这些本身具有红色偏好的鱼类，训练它们游过红色隧道会比游过其他颜色的隧道更容易一些（Laland and Williams 1997）。鱼还具有一定程度的无意识视觉处理，因此会陷入与人类相同的视错觉。例如，鲨鱼和硬骨鱼都可以做到辨别错觉轮廓（Fuss et al. 2014）。

迄今为止，关于鱼类空间学习的许多研究都趋向于视觉线索方面。鱼能够使用单一线索（信标）来定位一个既定位置。它们还可以依靠多个信标的相对位置整体定位出某个特定位点。如果在一个矩形的试验缸内测试鱼类的空间学习能力，然后移除信标，它们可以利用试验缸的几何形状来定位食物奖励的位置，或者至少将食物奖励的区域范围缩小到两个候选位置之一（Warburton 1990）。一旦知道了位置，它们就可以在很长一段时间内记住这里。例如，杜氏虹银汉鱼只用了五次试验就能在靠近的渔网上准确地找到一个洞游出去，并且它们可以将这个信息记忆一年以上（Brown and Warburton 1999）。在空间学习的最高层级，鱼类还能够建立认知地图。一个典型的例子是褶鳍深鰕虎鱼（*Bathygobius soporator*），它们会在涨潮时探索周围环境中的岩石平台，然后回到属于自己的水洼坐等退潮期结束（Aronson 1951）。研究表明，这些鱼几乎总是在自己家的水洼中被发现。即使将其移走，它们也会迅速返回自己的家。当这些鱼在退潮期受到威胁时，会跳入相邻的水洼中。它们看不到这些水洼，但可以根据在涨潮期外出时建立的空间地图知晓自己的位置。鱼还可以做到时空学习（time-place learning），在这种学习中，它们必须同时记下时间和位置。一个典型的例子是九间始丽鱼（*Cichlasoma nigrofasciatum*）会聚集在喂食点以等待食物的到来（Reebs 1993）。

训练后能找到特定觅食点的孔雀鱼，会通过社会学习将该信息传递给无经验的个体。实验表明，即使之后将受过训练的个体从“学校”中移出，这些原先接受过训练的鱼也会保留习得的信息。信息可以水平（即同一代）或垂直（在世代之间；Brown and Laland 2011）传递。当社会信息在世代之间传递时，就有可能建立种群内特有的文化传统，就像许多鸣禽一样。野外研究表明，很多迁徙路径是通过文化传播来维系的（Brown and Laland 2011）。例如，黄仿石鲈（*Haemulon flavolineatum*）每天从日间的藏身地到夜间觅食点之间的迁移就是通过社会学习来传递的。大西洋鳕鱼（*Gadus morhua*）的繁殖洄游路线也被认为是基于文化传统形成的（Brown and Laland 2011）。

尽管视觉对许多鱼类都很重要，但化学感知信息可能更重要。原因很简单，就是鱼类生活在水中，这一介质非常适合化学信息的传递（另见专栏 A3）。鱼的嗅觉远比大多数陆生动物强大，并且鱼类能够探查到浓度低于十亿分之一的化学物质（Brown and Chivers 2006）。化学感知在鱼生活中的各个方面都发挥着至关重要的作用。显然，它们可以通过气味识别各种食物，也可以辨识彼此以及潜在的捕食者（Brown and Chivers 2006）。如果在熟悉和陌生同类的气味之间做出选择，它们会游向熟悉个体的气味（Ward and Hart 2003）。鱼类还可以仅根据气味就区别出有亲缘关系和无亲缘关系的个体。尽管在一些鱼类中，对捕食者的识别可能一部分是天生的，但许多鱼类还是可以学会将示警信息素（alarm pheromones）的气味与某种捕食者的出现联系起来。可以通过这种方式迅速训练毫无经验的鱼类，使其有效躲避捕食者（例如，Brown and Laland 2011）。鱼类还可以利用气味定向。例如，许多进入繁殖期的成年鲑鱼会凭借化学感知信息线索返回它们出生的河流（Dittman and Quinn 1996）。

水也是很好的声音传播媒介（另见专栏 A2）。鱼体主要由水构成，并且被水包围着，这意味着声波可以穿过鱼的身体，直接激活感觉细胞。此外，与在空气中相比，声音在水下的传播速度更快，衰减速度更慢，这意味着鱼类有足够的机会利用听力来体验它们的世界。研究表明，鱼类在多种情境下都可以通过声音进行交流，包括交配和彼此争斗时（例如，雀鲷，Myrberg et al. 1986）。就像陆地生态系统中的情境一样，水下也有着黎明和黄昏时的“合唱”。有关底栖鲨类的实验表明，可以训练它们将气泡的声音与食物的到来相关联，但是它们无法将闪烁的灯光和食物关联起来（Guttridge and Brown 2014）。毫无疑问，这是因为这些鲨类在觅食时不太依靠视力，因此光不能作为良好的条件刺激。

尽管鱼类还可以使用电感受能力来体验世界、甚至导航行进方向，但在这一领域的研究却很少。不过，我们确实已经知道，许多电鳗可以通过类似海豚使用声呐的方式，向水中发出电脉冲来寻找猎物、探索正确的行进方向以及相互交流。

鱼类是否像我们一样会感到疼痛并应对压力，这个问题一直都陷于激烈的讨论中（Brown

2015）。反对的主要原因在很大程度上是因为从野外捕捞鱼类有着巨大的商业获益。但毫无疑问，鱼类是高度聪明的动物，它们的行为表明这些动物是有感知力的。为了对疼痛感知进行无偏见的阐述，明智的选择是从演化论的角度分析（Brown 2017）。从比较生理学和分子学研究中可以清楚地发现，人类的疼痛感受器与鱼类几乎相同。这应该不足为奇，因为这些是我们从鱼类祖先那里继承下来的。类似地，所有脊椎动物应激反应中的激素也都非常相似。可以合理地推断，所有脊椎动物的疼痛和压力也都非常相似，这属于一种高度保守的演化现象（Brown 2015）。虽然有些人认为，动物对疼痛的心理反应可能有所不同，但这也是极不可能的，因为对疼痛的生理感知和情感反应是伴随着长期回避危险刺激所表达的结果共同演化而来的（Brown 2015）。

参考文献

Aronson, L.R. (1951). Orientation and jumping behaviour in the Gobiid fish *Bathygobis soporator*. *American Museum Novitates* 1486: 1–22.

Brown, C. (2015). Fish intelligence, sentience and ethics. *Animal Cognition* 18: 1–17.

Brown, C. (2017). A risk assessment and phylogenetic approach. *Animal Sentience: An Interdisciplinary Journal on Animal Feeling* 2 (16): 3.

Brown, G. and Chivers, D. (2006). Learning about danger: chemical alarm cues and the assessment of predation risk by fishes. In: *Fish Cognition and Behaviour*, Fish and Aquatic Resources Series (eds. C. Brown, K. Laland and J. Krause), 49–69. Blackwell Publishing.

Brown, C. and Laland, K. (2011). Social learning in fishes. In: *Fish Cognition and Behaviour* (eds. C. Brown, K. Laland and J. Krause), 240–257. Wiley Blackwell.

Brown, C. and Warburton, K. (1999). Social mechanisms enhance escape responses in shoals of rainbowfish, *Melanotaenia duboulayi*. *Environmental Biology of Fishes* 56 (4): 455–459.

Bshary, R. and Brown, C. (2014). Fish cognition. *Current Biology* 24: R947–R950.

Dittman, A. and Quinn, T. (1996). Homing in Pacific salmon: mechanisms and ecological basis. *Journal of Experimental Biology* 199: 83–91.

Fuss, T., Bleckmann, H., and Schluessel, V. (2014). The brain creates illusions not just for us: sharks (Chiloscyllium griseum) can see the magic too. *Frontiers in Neural Circuits* 8: 24.

Guttridge, T. and Brown, C. (2014). Learning and memory in the Port Jackson shark, *Heterodontus portusjacksoni*. *Animal Cognition* 17: 415–425.

Laland, K.N. and Williams, K. (1997). Shoaling generates social learning of foraging information in guppies. *Animal Behaviour* 53: 1161–1169.

Myrberg, A.A., Mohler, M., and Catala, J.D. (1986). Sound production by males in a coral reef fish (*Pomacentrus partitus*): its significance to females. *Animal Behaviour* 34: 913–923.

Reebs, S. (1993). A test of time place learning in a cichlid fish. *Behavioural Processes* 30: 273–281.

Seehausen, O., Terai, Y., Magalhaes, I.S. et al. (2008). Speciation through sensory drive in cichlid fish. *Nature* 455: 620–626.

Warburton, K. (1990). The use of local landmarks by foraging fish. *Animal Behaviour* 40: 500–505.

Ward, A.J. and Hart, P.J. (2003). The effects of kin and familiarity on interactions between fish. *Fish and Fisheries* 4 (4): 348–358.

C篇

不止A到B：动物训练程序如何影响动物园的运营和使命

在A篇中，我们了解了动物学习的原理，到了B篇，我们学习了动物园可以如何支持和推进动物的学习与训练。然而，为动物提供学习的机会或实施动物训练程序并不总是像训练一只动物从A点移动到B点那么简单，有很多原因导致训练计划失败，或者不像我们设想的或应该的那样去开展。训练程序实施过程所产生的影响会超越训练达成的目标行为。本部分内容将重点关注动物园的运营，以及实施训练程序后可能对运营造成何种影响。讨论内容包括动物园动物训练程序如何影响着游客、动物和饲养员的需求。

10　令训练对游客具有教育意义

凯瑟琳 · 怀特豪斯 – 特德*，萨拉 · 斯普纳*，杰拉德 · 怀特豪斯 – 特德

翻译：陈足金　　校对：鲍梦蝶，楼毅

10.1　引言

对于动物园教育程序来说，那些经过训练的、习惯化的、对各种环境条件具有适应能力的动物通常是不可或缺的组成部分。即使不直接使用动物作为课程或活动的一部分，也会利用展出的动物作为教学理论的支持和补充。基于保护和教育计划，动物园动物以前按功能划分为“展示”“繁殖”或“项目”动物（Watters and Powell 2012）；后者也被称为“近距离接触”“外展”或“大使”动物。虽然动物可以转换角色，或者同时扮演多种角色，但本章将重点讨论动物大使这个角色。这一角色的核心在于它与人类（无论是饲养员、教育工作者、游客，或是以上的组合）的互动。参与其中的动物是根据特定物种的属性专门选择的，使其能够有效地执行角色任务。这些属性可以归类为具有教育意义。例如，展示独特的适应能力来解释生物学概念，稀有性来解释保护威胁，讲解易引起不适的物种特征来克服人们的恐惧或消除迷信，或者阐释有代表性的分类差异。另一方面，也可能会根据其他实际便利来选择动物[例如，通常与易于持控和运输、公众安全、审美（有亲和力）吸引力，或是关乎让学习者产生同理心的能力]。这些特征对于教育角色中需要与人直接和间接互动的动物都是适用的；动物作为一类教育手段，旨在为游客提供更亲密、更感性的动物园参观体验。其中蕴含的基本理念是这些体验将引发对相关物种的更多关注（Routman et al. 2010；Skibins 2015；Skibins and Powell 2013）。

然而，在评估动物园实现教育计划目标的能力时，动物园行业内外经常会提出一个质疑。这一质疑是基于这样一个事实：参观动物园的主要驱动力通常被认为是休闲、社交或娱乐，而不是学习兴趣（Ballantyne and Packer 2016；Ballantyne et al. 2007；Reading and Miller 2007；Turley 2001）。动物园的休闲娱乐功能不应被忽视，因为它支撑着大多数动物园的经济生存能力。因此，动物园必须制定策略，向原本主要来访目的不是接受教育或支持保护的游客传达他们的教育和保护信息。一方面游客希望动物园达到高水平的保育和动物福利标准，另一方面又期望能够方便、轻松地观赏到各种不同的外来物种，这两种愿望间的不和谐，使想要在休闲场所的背景下实现教育目标面临更严峻的挑战（Kellert 1996），此外，消费者在购买决策中的娱乐需求也在增加，包括他们如何打发闲暇时间（Balloffet et al. 2014）。这就需要动物园找到将娱乐和教育结合起来的方法（Ballantyne et al. 2007；Reading and Miller 2007），但要避免所谓的“教育娱乐化”带来的风险（Balloffet et al. 2014）。

将教育与娱乐体验相结合的方法体现在一系列经过训练或习惯了动物园生活的动物带来的游客体验。在这一点上，动物园中的动物展示介绍在教育和娱乐之间提供了一个独特和可行的参照，而

---

* 作者同等贡献。

这两者（教育和娱乐）本身也被视为游客期望的重要组成部分。在一项大规模地面向欧洲在校儿童的调查中，75% 的受访者认为与动物接触或观看动物所展现的自然行为是动物园发挥的积极作用之一（Almeida et al. 2017）。但是，应用于这些动物展示的术语像展示项目本身一样多种多样，有些甚至带有负面含义。例如，动物园可能更倾向于避免使用“演示”或“表演”一词，因为担心它给人一种剥削动物的印象，或者被认为与马戏团的演出过于相似，动物园可能希望与之划清界限，这取决于每个动物园的运营策略。有些人可能认为，无需过于看重面向市场推广这些教育项目时所使用的术语，它反映的只不过是一些不必要的语义。而在另一些人看来，这些术语与动物园的伦理立场保持一致非常重要，旨在将公众的关注聚焦于这些“大使”动物参与项目的自主意愿上。在本章中，我们试图定义三种类型的动物教育展示（表 10.1），尽管大家都知道，这些场景可以重叠，可以互换，或者在一定范围内共存，而不是彼此分立。我们试图尽最大可能辨析它们之间彼此重叠或相斥的领域，但应明确的是：有必要统一所涉及的术语的应用范畴。

动物园开展的动物类教育活动所用术语的定义、应用和区别特征 表 10.1

术语	界定	应用	区别特征
介绍（或演示、展示）	动物展现*自然行为*（即那些可以在自然条件、野生环境下发生的行为），经过训练按照特定指令展现行为。	这些行为通常是经由某种形式的现场讲解加以说明，由动物训练员自己讲解，或由另一名讲解员专门解释各种行为。	内容从“即兴介绍”（动物可以自主选择且灵活展现各种行为，随之的现场讲解也需临场发挥），到高度脚本化的故事性作品。这类介绍与其他类别的主要区别在于，所展示的行为被视为特定物种自然行为中的一部分。
表演	这些场景包括（至少部分包括）*非自然行为*（在自然条件、野生环境下不会发生的行为），经过训练可以按照特定指令展现行为，或在一个非自然情境下表现出的自然行为。根据字典定义，“表演”可能包括滑稽的动作，舞蹈，使用服装、道具，或其他物品的动物展示。	通常这些行为被归入以娱乐为主的活动中。	动物剧场是一个使用频率越来越高的术语，尽管这个名字通常更符合我们对“介绍”的定义，但这些戏剧作品因其高度脚本化和讲故事的属性也可以被描述为表演。然而，要根据动物被要求完成的行为类型区分这是介绍还是表演。基于本章节想要表达的内容，那些只包括自然行为的将被称为“介绍”，而那些包含至少一种非自然行为的则被称为“表演”。动物剧场也可能用木偶和演员等代替活体动物进行表演，这些不涉及动物的演出也归为表演类。其他作者的定义可能有所不同。
近距离接触	涉及某种形式的游客和动物之间的*接触*（或互动）。正如这里所定义的，这些活动也可以被称为“互动”。参与这些互动的动物可能被称为“动物大使”“项目动物”或“可接触类动物”。	接触可能是间接的（例如越过隔障用手喂食，或在没有任何隔障的情况下靠近动物，但不直接接触），也可能是更直接的（例如与动物有身体接触，包括从轻触、亲吻、抚摸等短时间接触，到与动物散步、让动物爬到访客身上或长时间的触碰、抚摸等更持久的互动）。	游客与动物接触（或互动）是这类活动的显著特点。与前两类不同，游客可以在活动期间的某个时间与动物互动。鉴于与人类的互动可能被视为一种不自然的行为，根据当前定义，近距离接触不会被归类为介绍。我们的定义与沃特斯和波威尔的定义一致，只做了一个细微修改。以前“项目”动物被定义为被带出自己的笼舍与游客互动的动物（Watters and Powell 2012），而我们将发生在笼舍范围内的互动也包含在新定义中。其他作者的定义可能有所不同。

所有三种教育展示类型都可能存在明显的重叠，在一个教育项目或活动中可能同时使用两种或所有三种类型的展示方式。一个典型的例子就是海狮展示，它包括了自然行为的训练展示(例如游泳、跃出水面)，以及解释性的教育讲解，其中也会包含非自然行为的元素（例如，顶球）。这可能用于教育目的(例如演示触须的使用)，也可能更偏向娱乐目的，在表演结束时选一名观众进行个人“见面问候”（例如，海狮的问候吻、用鳍肢握手或轻触抚摸）。同样，在许多情况下，可能会针对一些用于饲养或医疗目的的动物训练环节进行展示，并加上了现场解说（Anderson et al. 2003；Price et al. 2015；Szokalski et al. 2013；Visscher et al. 2009），因此严格来说不属于以上三种类别中的任何一种。在这些情况下，所训练的行为可能看起来不自然（例如，伸出手臂完成注射，伸脚剪指甲或修蹄），但因其以动物福利为出发点，这些行为应被归类为介绍而不是表演。

10.2 教育项目中的物种

用于教育展示的物种范围很广，从小型无脊椎动物，如马达加斯加发声蟑螂（*Gromphadorhina portentosa*），到大型脊椎动物，如虎（*Panthera tigris* spp.）和鲨鱼（Selachimorpha）。虽然动物园以饲养非家养物种而闻名，但许多动物园在教育项目中会使用家养物种（如兔子、山羊、绵羊）。遗憾的是，在教育项目中使用本土物种的情况似乎比较罕见，当然也并非闻所未闻（在澳大利亚就较为常见）。对世界各大洲动物园网站的非正式调查（表 10.2）表明，哺乳动物是教育项目中最常利用的，特别是鳍脚类、长颈鹿（*Giraffa* spp.）和大型猫科动物，其次是一些鸟类，而爬行动物、鱼类或无脊椎动物等物种在动物园展示或近距离接触项目的宣传资料中被强调的例子则要少得多。近期，在一项针对动物园近距离接触教育活动选择动物的调查中（Whitehouse-Tedd et al. 2018），可以发现这些项目会倾向于选择那些体形较小、不太活跃的动物。这可能是动物园考虑到动物个体的可持控性和安全性导致的结果（Fuhrman and Ladewig 2008），但这与已知体形更大、更活跃的动物对游客更具有吸引力有些矛盾（Fuhrman and Ladewig 2008；Ward et al. 1998）。无论如何，从这一点来说，像海洋哺乳动物、长颈鹿、大型猫科动物和猛禽这些大型、活跃的动物经常被宣传为动物园介绍和表演的主要成员也就不足为奇了。

各大洲动物园用于介绍或表演的物种示例，资料来源于对该地区大型动物园线上宣传资料的非正式调查 表 10.2

	北美洲	南美洲	欧洲	亚洲	非洲[a]	澳洲
哺乳类	海狮、猎豹、树懒、长颈鹿、狐猴、犀牛、骆驼、大猿、斑马、猴、熊狸	海狮、长颈鹿、猴、虎、斑马	海狮、海豹、海豚、虎鲸、象、细尾獴、犀牛、猴、水獭、考拉、猎豹、刺猬、雪貂、狼、南美浣熊、大熊猫	海狮、象、犀牛、长颈鹿、虎、狮、鬣狗、猴、水獭、浣熊、狐猴、食蚁兽、羊驼、貘、熊、美洲虎	狮、豹、猎豹、猴、兔子，蜜獾	虎、细尾獴、象、狐猴、考拉、袋鼠、猴类、大猿、长颈鹿、狒狒、海豹、猎豹、小熊猫、澳洲野犬、有袋动物（当地分布物种）、水獭、骆驼

续表

	北美洲	南美洲	欧洲	亚洲	非洲[a]	澳洲
鸟类	企鹅、鹦鹉、鸣禽、火烈鸟	企鹅、犀鸟、鸮、鸵鸟	企鹅、鸣禽、鹦鹉、啄羊鹦鹉、鹮、秃鹫、鹰、鸠鸽	企鹅、鸬鹚、猛禽、鹦鹉、鹈鹕	企鹅、鹈鹕、鸬鹚、猛禽、鸬鹚、鹦鹉、鸮	啄羊鹦鹉、鹦鹉，猛禽
爬行动物	无特别推介	鳄、陆龟	科莫多巨蜥、鬃狮蜥、壁虎、陆龟、蛇	短吻鳄	鬃狮蜥、陆龟、蛇	陆龟、鳄（当地分布物种）
鱼	魟、水族馆触摸池（当地分布物种），水族馆潜水	无特别推介	水族馆触摸池	无特别推介	无特别推介	无特别推介
无脊椎动物	无特别推介	无特别推介	昆虫（当地分布物种）、蜘蛛、蟑螂、竹节虫	无特别推介	无特别推介	无特别推介

[a] 信息仅来自南非的动物园。
物种顺序大致按各物种的出现频率排列。

10.3 与公众展示有关的行为和训练

动物园教育和娱乐项目中动物所展示的行为包括了从简单的自然行为（如位移），到在自然或非自然情境下更复杂的自然行为，甚至再到完全非自然的行为（表 10.3）。让动物表达结合了娱乐性和拟人化的行为，通常是为了吸引游客；我们希望如果游客对某些东西感兴趣，他们会想要了解更多（Moss and Esson 2010）。因此，英国约克郡的火烈鸟岛主题公园动物园（Flamingo Land）的鸟类演示中仍有相当大一部分是鹦鹉学舌和滑稽模仿。观众觉得这些表演很有趣，专门回来看会说话的鹦鹉（Spooner 2017）。尽管让公众知道鹦鹉可以模仿人说话并不是演示所追求的结果，但园方希望游客来看会说话的鹦鹉的同时，可能也对鹦鹉和其他物种有了一些生物学或生态学上的了解。同样，非自然行为也可以用来提高人们对诸如回收利用等活动的认识，比如让鹦鹉模仿相应行为（捡起垃圾并将其放入对应的分类垃圾箱）。

为了教育和娱乐目的而训练的行为 表 10.3

	自然 / 非自然行为	训练方法	涉及类型（介绍，表演或近距离接触）	示例
保持不动	行为自然，但身处的位置或行为持续时间可能非自然	行为保持	所有	虎蹲坐在木头上，保持不动；海狮停留在站桩上

续表

	自然 / 非自然行为	训练方法	涉及类型（介绍，表演或近距离接触）	示例
行走、奔跑	取决于物种	自然运动方式的扩展； 塑行（渐进达成）； 行为标定和目标训练； 食物诱导	介绍、表演	熊行走（四足行走属于自然行为，训练成双足行走时为非自然行为）； 金刚鹦鹉双足行为属于自然行为，骑自行车则为非自然行为，但其实这两种方式是同样的双足运动形式； 叫鹤在观众面前奔跑着去寻找食物
攀爬、挖洞	取决于物种	塑行； 目标训练	介绍、表演	穴小鸮和掘穴鹦哥在隧道中穿行； 大猫爬上树获取食物； 卡拉卡拉鹰展现掘地行为（属于觅食行为）
蹲坐、站立、躺卧	取决于物种	自然行为的扩展，训练动物按照人的指令做出行为； 行为保持； 目标训练	所有	大猫站在训练员的肩膀上（就像训练其靠树站立一样）
拿、抓、握、运	取决于物种	目标训练	所有	海豹 / 鲸类用脚蹼接球
游、摆、跃、飞	取决于物种	自然行为的扩展； 行为保持； 目标训练	所有	海豹游泳； 鸟类飞翔； 松鼠跳跃； 训练鸟飞到手套上获取食物奖励
觅食、捕猎	自然行为	自然行为的扩展或控制；控制动物在特定时间展示觅食行为	介绍、表演	隼飞向食物； 鹰追逐仿真兔子； 薮猫和狞猫跳起来抓食物诱饵或为获得食物奖励而跳跃； 猎豹随食物诱饵奔跑

续表

	自然/非自然行为	训练方法	涉及类型（介绍，表演或近距离接触）	示例
平衡	取决于物种	自然行为的过度扩展或控制	表演	在钢丝或绷紧的绳索上行走； 虎、熊、大猿和其他灵长类骑乘马、小马驹或大象
控制/操作某一物体	取决于物种	自然行为的过度扩展或控制； 为了有戏剧性的效果和供大量观众观看而将自然行为扩展	介绍、表演	卷尾猴开坚果； 海豹/鲸类用鼻吻部平衡球； 动物骑踏板车和全地形车； 动物画画； 鹦鹉把硬币放进捐款箱； 鹦鹉将彩色积木进行分类（展示智力和分辨颜色的能力）； 叫鹤猛击塑料蜥蜴，以展示猎食行为
全身或身体局部弯曲	非自然行为	强迫，可能导致伤害	表演	展示非自然的动作和技巧； 海狮接套圈
惊险动作	典型的非自然行为	自然行为的扩展或控制； 为了表演目的而训练出来的行为	表演	钻火圈； 猛禽飞过一个人的腿或手臂之间
模仿人的行为	非自然行为	自然行为的扩展或控制； 为了表演目的而训练出来的行为； 在受控环境中循环播放人类的语音来迫使鸟展现特定行为	表演	海狮拍手或接球；鹦鹉点头“是”或数数； 鹦鹉，鸦科和其他鸟类说话和唱歌； 动物画画
在自然界不会相遇的物种进行社会互动	非自然行为	从小一起饲养/展示的动物； 强迫互动	介绍、表演	与野外通常不会在一起的其他物种互动，狮、虎、熊同在一个笼舍中； 虎喂养小猪； 猎豹和狗养在一起

续表

	自然 / 非自然行为	训练方法	涉及类型（介绍，表演或近距离接触）	示例
与人互动	非自然行为	用挽具，领绳，项圈； 训练坐在车厢或汽车中； 从幼年时期就开始建立条件作用，塑行； 持控动物时不断增强周围噪声和增加陌生刺激	所有（主要为近距离接触）	顺服地与人牵手，走在人群中，坐或躺在某个地方或位置； 驯兽师骑乘或在动物的任何身体部位上保持平衡； 训练动物坐在车厢和汽车中； 带着挽具和一名公众一起行走； 骑马，坐在大猫身上，或在鲸背上冲浪
身体部位展示	自然行为	行为标定和目标训练； 自然行为的扩展并关联特定指令	介绍	医疗护理训练：张嘴、展示特定身体部位或四肢、接受注射或脱敏； 采集精液 / 血液； 鸟张开翅膀呈现翼展宽度

说到动物表演，海狮（例如加州海狮 *Zalophus californianus*）算得上其中最知名的一类表演动物了。在火烈鸟岛主题公园，海狮表演是最受欢迎的活动之一，吸引了接近 25% 的游客（Spooner 2017）。海狮演示（像鸟类演示一样）作为主题公园内的一个独立单元，由英国 APAB 公司[1]管理运营，展示动物的多种行为，给游客带来娱乐的同时也加深他们对动物的认识。以前训练员会让海狮用鼻吻来平衡球或保龄球，同时有一名训练员向游客解说，海狮之所以能做到这一点是因为它们有触须来感知（图 10.1）。通过与在野外的自然行为进行对比，他们对所有非自然行为（如抛接套圈和抛接球）进行了详尽的解释。虽然这些例子其实很明显都是以娱乐为基础的，但园方意在让公众出来游玩后能将一些关键的环境议题带回去。

最基本的动物介绍包括动物园专业人员提供讲解，介绍动物正在展区内做些什么。这是对动物干扰最小的教育类展示方式，讲解员只是对动物的自然行为进行叙述和解释，动物可以自由选择要展示的行为（在圈养环境中）。动物讲解（animal talks）属于介绍类，因为这不需要动物以非自然的方式表演。通常情况下，某些形式的动物喂食展示都会伴随着这类讲解，这样能让游客更清楚地了解动物（图 10.2）。然而，由于动物园无法完全模仿野生环境，圈养动物的觅食行为可能并不完全是自然的（即可能展示的是改变了的自然觅食行为、或行为链不完整）。例如，许多（但不是所有）国家出于福利考虑不允许将活体脊椎动物提供给圈养食肉动物（DEFRA 2012），这使得动物

1　一家主要从事鸟类 / 哺乳动物训练（表演）、培养专业训练员的公司，主要以鹦鹉训练和海狮训练为主。——译者注

园必须提供不那么自然态的食物（例如，动物的尸体和加工过的肉制品），这阻止了动物展示完整的觅食行为。为了促进更自然的觅食行为，大多数动物园都采用了多种多样的食物丰容策略。

图 10.1 英国黑潭动物园（Blackpool Zoo）的海狮演示，使用一些非自然的物体来展示动物的适应能力，如捕猎食物。图源：萨拉·斯普纳。

图 10.2 英国科茨沃尔德野生动物园（Cotswold Wildlife Park）的长颈鹿喂食。图源：萨拉·斯普纳。

同样，在特定时间和地点定期提供食物可能会导致动物产生预知行为（以及潜在的刻板行为），动物会将饲养员或人群聚集与食物的到来联系起来（Watters 2014）。这种预知行为可能是有问题的，因为动物的行为模式会被这种对食物刺激的期待所干扰，呈现给公众的行为可能不再是野外会有的行为（Jensen et al. 2013），从而成为我们之前所定义的一种表演形式（Bazley 2018）。一些动物园，例如英国的切斯特动物园是通过随机分配讲解和喂食时间来减少预知行为（Bazley 2018）。这确保了当讲解和喂食相结合时，动物更可能展现的是自然行为。动物仍有可能学习到一些与讲解时间相关联的刺激，但这是有限的。相比之下，不利的一面是，对于那些想通过讲解获得某一特定物种信息的游客来说，日期和时间不固定，也使得他们的参观游玩受到了限制。除了简单地讲解动物的觅食行为以外，想要展示更多的行为，通常需要使用一些接受过训练的动物。鸟类自由飞翔演示在动物园很受欢迎，动物能更加靠近观众，更好地展示出它们特殊的适应能力。这方面的例子包括向观众展示训练有素的仓鸮；现场解说它们的面盘特征和无声飞行（图 10.3）。这些展示可能也仅是以相对自然的方式呈现了动物，毕竟这种项目中所涉及的自然行为也往往是按人的指令做出的，或是动物会被要求延长行为呈现的时间。

图 10.3 阿联酋卡尔巴猛禽中心（Kalba Bird of Prey Centre）用于自由飞行示范中的仓鸮，无声飞行（左图）和适应性演化（右图）。图源：凯瑟琳·怀特豪斯－特德和杰拉德·怀特豪斯－特德。

在另一个例子中，英国萨里郡鸟世界（Birdworld）中的金刚鹦鹉（*Ara* spp.）被训练按要求张开翅膀和抬起脚（图 10.4）。这让游客能够看到鸟的翼展和攀禽类的对生趾等特征。尽管它们通常在自然状态下并不会长时间或反复地出现这些姿势，但这些行为并不属于非自然行为。同样地，人们还训练叫鹤（叫鹤科）示范跳跃能力，以获取食物奖励，或是听从指挥鸣唱。这是通过播放一只叫鹤的录音来训练的，它们会自然地做出反应。这些叫鹤还被训练来示范猎食行为，将一只塑料蜥蜴猛掷在岩石上，来换取食物奖励。这些行为都是通过正强化的方式进行训练的，如果鸟类做出相应动作，它们就会得到食物奖励。

图 10.4 英国鸟世界的金刚鹦鹉翼展（左图）和对生足趾（右图）演示。图源：科林·麦肯齐（Colin McKenzie）。

在澳大利亚悉尼的塔龙加动物园（Taronga Zoo）的飞禽演示中，有一个节目是经过训练的鹦鹉从观众手里叼取他们捐出的现金，再放到特别设计的捐款箱中（图 10.5）。筹集的资金用于一个就地保护项目，目的是繁殖小企鹅（*Eudyptula minor*）并将其放归到悉尼港。通过使用正强化，训练员训练澳大利亚本土的各种鹦鹉从观众那里叼起、带走钱（纸币和硬币），并投入箱内（Host 2008）。澳大利亚的鸟类训练师克劳迪娅·比安奇（Claudia Bianchi）在得克萨斯州首次看到渡鸦和乌鸦的一次活动，于是为一只粉红凤头鹦鹉（*Eolophus roseicapilla*）和一只白尾黑凤头鹦鹉（*Calyptorhynchus* spp.）制定了一个训练计划。尽管鸦科动物可能更适合这个展示环节，但塔龙加动物园希望利用他们现有的鸟类（Host 2008），并继续在演示中更多地以澳大利亚本土鸟类为主。

图 10.5 悉尼塔龙加动物园的鸟类自由飞行展示，经过训练的鸟站在捐赠箱上。图源：Host 2008。

塔龙加动物园选定的鸟类之前都接受过基础训练，但没有经历过任何复杂行为的塑行或训练（Host 2008）。为了募捐活动，这些鸟需要站在捐款箱上用它们的喙衔取捐款（Host 2008），而不是试图吞掉捐款（或咬捐赠者！）。对现场环境（多达 1000 人、音乐声和其他正在根据训练要求飞行的鸟类）的脱敏也是必要的（Host 2008）。后来证明这是最具挑战性的，特别是因为随着时间的推移，新的鸟类加入后，活动内容也发生了变化（Host 2008）。另一个重要的问题是其中一只鸟在衔到钱后会把钱扔掉（Host 2008），这显然与试图传达的信息背道而驰。尽管训练这些本土鸟类叼钱和存钱比在得克萨斯州看到的鸦科慢，但经过10个月后，它们最终被训练成功了（Host 2008）。

10.4　动物福利考虑

对鸟类粪便皮质酮水平的检测数据研究显示，公众教育展示中的鸟可能比只在笼舍中展示给游客的鸟压力更小一些（Robson 2002）。这可能是由于训练员进行过正强化训练的原因，这意味着动物经历的无聊或不活动时间较短，并且尽管它们身处一大群观众面前，但这些鸟实际上还是在与它们熟悉的人一起完成熟悉的任务。但只有在参与适量（每天最多四场）演示活动的鸟类中，才能看到教育活动带来的好处，而当参与的场次达到峰值时，这些鸟类粪便中的皮质酮也显著升高了。

一些针对用于教育项目的物种（刺猬、红尾鵟和犰狳）的研究结果也表明，粪便中糖皮质激素代谢物浓度升高、非期望行为增加与动物被持控的时间增长之间存在着很强的相关性（Baird et al. 2016）。塔龙加动物园在训练鹦鹉时也发现了福利问题。因此，动物园不再提供前面提到的互动募捐活动，尽管那对保护捐赠有积极意义（Kemp 等人提交）。这突显了在任何非饲养目的或健康管理目的的训练活动中，充分评估教育项目对动物和游客双方影响的必要性。不过，也要注意的是，粪便皮质醇（皮质酮）提供的是肾上腺活动的累积指标，不能即时反映动物当前的压力水平。目前一项研究正在通过检测海狮唾液中皮质醇含量，了解海狮在表演前及刚刚结束表演后的激素水平变化（Bloom P，私人通信）。

饲养环境（笼舍大小和垫层深度）也与福利指标挂钩（Baird et al. 2016），“项目动物”或“教育动物”的居住条件可能不如“展出动物”或“繁殖动物”那样理想。许多英国动物园都饲养有一些适合公众直接接触的动物。各种动物园指南提供了关于哪些物种最适合接触的建议，从动物福利角度来说这也是有益的，它限制了可以选用的动物类型，而且不会只从教育价值考量（DEFRA 2012；EAZA Felid TAG 2017；European Association of Zoos and Aquaria 2014）。与上述情况有所不同的是，在世界动物园与水族馆协会关于展示项目用动物的指南中，教育作用被列为其中必须考虑的内容（World Association of Zoos and Aquariums 2003）。许多被列入可接触类的动物通常也会被作为宠物饲养，如玉米锦蛇。尽管触摸一种动物，不管是哪种动物，都可能带来一些教育意义，比如减少对这一物种的恐惧并增加对它们的关注，但这类动物的易获得性可能会增加公众将它们养作宠物的愿望，却忽略了生物多样性和保护的整体信息。此外，在这个环节触摸动物的人往往被称赞为“勇敢”，“敢”接触动物，这加深了“动物危险”的观念。一些动物园（例如英国切斯特动物园）从福利的角度考虑，已选择取消动物近距离接触项目，因为被触摸的动物通常要跟其他动物饲养在不同的条件下。然而，他们确实鼓励游客在其他环境中去发现并接近野生动物，例如各种无脊椎动物（Bazley 2018）。这表达了一个共同的观点，即与动物的直接接触是理解自然的关键部分，并呼应了通过发现和接触来学习的理念（Piaget 1973）。在开展可传递保护理念、具有高影响力的教育活动和保持高动物福利标准之间需要找到一个平衡点。这在实践中可能并不容易实现，尤其是因为动物福利必须在个体层面上进行评估，而教育和保护的影响通常是在更宏观的层级，即群体层面上进行衡量。然而，通过优先考虑每一只动物个体的需求，并根据这些需求开发训练、饲养和展示动物的方法，才有可能传递更真实、合理的保护教育信息。

10.5 对游客学习、态度和行为的影响

根据近期的一篇综述（Whitehouse-Tedd et al. 2018），许多研究都报道了动物介绍可以增进对知识的记忆（Ballantyne et al. 2007；Hacker and Miller 2016；Reading and Miller 2007），甚至引发保护意愿（Hacker and Miller 2016）。选择经过训练的动物进行介绍或表演，为游客提供了体验式学习机会。借由娱乐或愉快的体验，增加游客的参与度和对教育内容的接受度，这些教育活动与经典学习理论相一致，如皮亚杰的发现和游戏理论，以及维果茨基的社会建构主义理论（Piaget 1973；Vygotsky 1978）。实现情感和认知学习的结合通常是动物园宗旨中的关键组成部分。许多动物园教育计划的目的通常是让游客对自然世界产生关注，并最终增加他们保护自然的承诺（Kellert 1996）。为此，与动物的互动可以创造一种更个性化的教育体验，在这种体验中，保护信息可能被更有效地接收，从而有可能达到增进个人价值或产生关联感的教育意义，这被认为是动物园中学习的一个重要方面（Falk and Dierking 2000）。这种通过亲身体验产生的情感反应通常会带来更多的了解、同理心和亲密感。在动物园里，游客有机会观察到动物表现活跃行为以及与动物“近距离接触”（图 10.6），会增加积极的情感反应，并预示着与保护理念建立起有意义的联系（Luebke et al. 2016）。根据游客的自我反馈，他们在观看动物现场展示各种行为（例如猛禽的飞行展示或狮子的喂食活动）时，情绪是最高涨的（Smith et al. 2008b）。对这些游客的心脏和呼吸频率变化的研究结果也进一步支持了上述自我报告的数据，证明了他们在这些动物园体验活动中产生的生理反应。

图 10.6 英国伦敦动物园的动物近距离接触体验。图源：凯瑟琳·怀特豪斯 - 特德。

由此推断，动物训练介绍以及在动物园教育介绍中使用经过训练的动物，对游客的学习也会带来一定的作用。尽管人们认可自身积极参与可以增加学习成效（Sim 2014；Sterling et al. 2007），但在学习体验中，观察参与活动的其他人可能同样重要。因此，观察动物与训练员的互动可以成为一个潜在的教育组成部分。例如，观察大型猫科动物的保护性接触训练就可以为公众提供更多的教育机会，在这种

情况下，训练员和动物之间的关系被认为尤其重要（Szokalski et al. 2013）。与只聆听饲养员讲解或参观静态展品相比，使用鲜活的动物加入介绍或表演时，参观者的注意力会更集中（图 10.7），表明这种形式有可能增加他们学习的机会（Alba et al. 2017）。当静态讲解或训练介绍中有鲜活动物出现时，信息的传递更加引人入胜，这有可能增进观看者与该动物之间的亲密感（即让训练员作为替代者，代替游客与动物互动）(Szokalski et al. 2013)。另一项研究显示，与只参观展区或只听讲解介绍的游客相比，观看训练展示的游客拥有更积极的体验（依据愉悦感、教育体验和动物价值立场评分）（Anderson et al. 2003）。同样，观看动物讲解的游客比没有观看的游客获得了更多知识（Price et al. 2015）。

图 10.7　英国布里斯托动物园在正式教育课程中使用活体蛇展示。图源：凯瑟琳・怀特豪斯 – 特德。

但这里需重点提及的是，这些研究中没有一项是在这些教育情境中测试学习效果的，而是依赖游客的自我感知。此外，在动物介绍项目中，似乎只发生了浅表学习（即只基于对当时情况的回忆，而没有产生应用或概念评估的能力）（Bloom et al. 1956；Crowe et al. 2008），因此动物训练介绍的真正教育价值仍有待确定。同样，尽管动物园游客通常希望与动物互动，并将其视为一种更全面的学习体验，但实际上参与过近距离接触的游客往往只会回忆起抚摸和喂养动物的愉快体验，而很少想到教育、保护或保育（Bulbeck 2004）。对火烈鸟岛主题公园动物园 2016—2017 年海狮演示的研究表明，虽然游客能回忆起海狮演示的一些内容，但他们对海狮触须的自然用途的理解较弱，对海狮平衡物体等的非自然行为回忆较多(Spooner 2017)。这表明使用一些非自然的方式诠释自然行为，有可能会误导游客。根据这一研究结果，该节目调整了用于平衡的物体，使其看起来更自然。例如，不再使用球和保龄球瓶，而是换成让海狮平衡一种模型鱼（APAB 公司，私人通信），意在摆脱游客对于海狮在野外用鼻子平衡物体的错误观念，展示野外状态下鼻子在海狮水下捕猎中如何发挥作用。不过，游客对于这一转变的反应及其对教育价值的影响还有待评估。

关于某些类型的训练方案的意义或合理性也存在争议。一项对澳大利亚动物园饲养员与大型猫科动物自由接触或保护性接触看法的调查显示，大家的普遍共识是，与大型猫科动物的任何接触都应仅限于饲养员（Szokalski et al. 2013）。然而，与这些食肉动物的公开互动确实发生在世界各地的动物园（例如，与老虎合影、与狮子散步、抚摸猎豹）。人们提出了一些担忧，包括传递“错误”的信息、对动物行为的错误理解、互动的安全性，甚至会鼓励大家购买野生动物作为宠物((Ballantyne et al. 2007；Bulbeck 2004；Szokalski et al. 2013）。与之相反的观点则是，没有更密切的接触，动物就不再“那么有趣”（Szokalski et al. 2013）。

基于这一看法，研究发现，观察动物和训练员之间的自由接触类互动可以增加游客的停留时间，并且，通过提供有关动物行为和保护状况的介绍，也会给游客提供更深入的学习（Povey and Rios 2002）机会。在一项关于游客态度的研究中，也证明训练员可以作为游客体验的代理者，替他们与动物接触（Hacker and Miller 2016）。当游客认为自己经历过与大象的“近距离接触”（没有任何身体接触）时，就会对保护野生大象的重要性发生态度上的改变，这两者之间被证明有着密切的联系（Hacker and Miller 2016）。其他研究还确定，动物训练介绍能有效影响游客态度（Miller et al. 2012；Price et al. 2015），我们在游客介绍中使用经过训练的动物可以达成保护意愿（Miller et al. 2012；Swanagan 2000）。

在评估动物介绍活动的效果时，活动中包含个性化体验和适当解说的重要性是显而易见的。对前面曾提到的大象训练介绍的研究表明，仅仅观看这项活动不会影响游客的态度或保护意图（Hacker and Miller 2016），一项成功的教育体验必须将近距离接触包含其中。大象介绍是在一个圆形大剧场里进行的，这可能会减少一些游客的亲近感，因为这取决于他们坐在哪里。在另一个实例中，没有任何针对现场内容的解释或讲解的情况下观察犀牛训练，活动结束后对参观者进行知识问答的错误率会很高（Visscher et al. 2009）。观看相同的训练介绍，并接收到饲养员 / 教育工作者讲解的游客，在结束后的测验中通过率接近 100%，也证明了在动物训练的同时进行讲解的必要性（Visscher et al. 2009）。因此，对于动物介绍项目效果和意义的研究，单项研究结论是否适用于更广泛的情况，还应进行更谨慎的推定，应充分考虑到每一个研究实例的特征，包括体验活动的内容和特点。现场语境是一个关键因素（Falk and Dierking 2000），而教育产生的影响也会因活动设计、与动物接触的人员、地点和表演安全性而有所差异（Orams 1997；Szokalski et al. 2013）。

将知识获取与保护态度或保护意愿区分开来同等重要，因为这些效果并不总是可以同时达成或具有一致性联系。观看过使用训练动物的介绍活动，或是体验过与训练动物近距离接触的游客，在三个月后仍获得了较高的知识得分（与教育活动前的测试分数相比）（Miller et al. 2012）。但只有参与了近距离接触活动的游客在保护态度和保护行为意愿调查中得分更高；而观看过动物介绍的受众群体在保护态度和保护意愿方面已回到基线水平（Miller et al. 2012）。就其本身而论，虽然记忆可能是理解的前兆，但并不一定能从对事实的回忆中自动产生理解。

在一项研究中，对比了只在动物馆舍中参观大象的游客和参与了互动类大象介绍的游客，研究结果表明，动物介绍能有效地增加公众对保护工作的支持（Swanagan 2000）。在这项研究中，参与过大象互动类介绍的游客签署大象保护请愿书的比率是最高的（Swanagan 2000）。同样，塔龙加动物园使用鹦鹉的募捐项目（见第 10.3 节）在第一年内筹集了 20000 英镑（Host 2008）。与没有鸟类参与的情况相比，鸟类在这项活动中的作用看起来确实增加了捐款观众的人数比例（Kemp 等人提交）。然而，与不含人鸟互动的捐赠项目相比，使用了鸟类的项目中（每个游客）的捐款金额明显少了，因此推断游客在寻求以最低的成本与鸟类进行互动，而不是为了保护进行的真正意义上的捐赠（Kemp 等人提交）。另一个鸟类展示活动也希望鼓励更多的人参与保护行为，或是可以加强或补充游客的知识（Smith et al. 2008a）。然而，当六个月后再次联系当时参加过动物园该活动的游客时，大多数人都没有开始新的保护行为（Smith et al.2008a）。与此相似，在参观完迪士尼动物王国的“保护站”展览几个月后，游客在短时间内增加的保护意愿未能保留下来（在展览中提供活体动物介绍和互动）（Dierking et al. 2004）。这种保护意愿难以长期维持的现象表明，虽然教育类动物介绍活动在短期内可以产生一定的效果，但单次的动物园参观经历是否真能带来长时效的行为改变，仍面临着质疑和挑战。

尽管如此，还是有很多实例能证明，选择经过训练的动物开展动物园教育介绍，可以成功地将保护信息融入其中，并影响到游客的保护意识和采取积极行为的意愿。澳大利亚墨尔本的维多利亚动物园协会（Zoos Victoria）通过在动物展示中设置捐赠活动和鼓励回收再利用，来推动海洋生态环境的保护（Mellish et al. 2017）。同样，新西兰的惠灵顿动物园（Wellington Zoo）也把公开承诺做出一项保护行为作为动物教育展示活动中的一项，并通过让现场游客签署一份承诺书表达他们的决心，比起只给游客讲述该保护行为，这种方式明显促使更多游客做出了这一保护行为（Macdonald 2015）。

案例研究

训练有各种各样的技巧，大多数训练者都有自己的偏好，这取决于所训练的物种和行为。以下选择了一些案例研究，以阐释可传递信息的范畴，以及相关的训练技巧。

生物和生态学信息

<u>自由飞翔的异国鸟类展示和电影作品中使用的鸟类；乐木山主题乐园（Pleasure Wood Hills，英国）</u>

生物学特征：猫头鹰（鸮）的听觉。

行为介绍：自由飞翔展示，自然飞行和捕食行为。

猫头鹰的听觉能力可以通过训练它听蜂鸣器来展示。简单地说，蜂鸣器响，猫头鹰获得喂食，之后猫头鹰就会将食物与这个声音联系起来。蜂鸣器放在某个位置并打开，鸟儿就会飞到发出声音的地方并得到食物奖励。在演示过程中，可以使用多个蜂鸣器让鸟儿往返于舞台—表演场周围的各个位点。游客可以参与到互动中，可以由他们选择猫头鹰的下一个着陆点，这种方式展示鸟儿并非每次都飞到固定的位点，实际上它是朝着声音的方向飞去的。

传递信息：这只鸟正在用它的听觉定位它的猎物，蜂鸣器是目标物。

<u>行动中的动物；伦敦动物园（英国）</u>

生物学特征：翼展和食腐动物在维系健康生态中的作用。

行为介绍：一只红头美洲鹫使用食物奖励从一个位点飞到另一个位点。

与大多数鸟类一样，它们每天都要称重；每只鸟都有自己的飞行重量，并根据这一体重给予相应量的食物。舞台的桌子上摆放一根动物骨头，骨头上有一些食物作为奖励。这套程序对鸟类来说简单易学。展示中使用的鸟类大多都是人工饲养的，它们与训练员互动更加容易，因为它们不害怕人类，甚至将训练员视为兄弟姐妹或父母。

传递信息：展示该物种的翼展和飞行能力，使用骨头作为道具展示其在生态中发挥的清道夫作用。

猎豹赛跑；圣地亚哥野生动物园（San Diego Zoo Safari，美国）

生物学特征：速度和捕猎能力。

行为介绍：这是一种非常自然的行为，它清楚地显示了猎豹的速度。

训练方法很简单，因为猎豹有追逐移动物体的天性。从幼崽开始，将诱饵挂在杆子上作为玩具，然后将诱饵转移到机器上，这是实现这种行为的一种非常简单的方法。然而，物体 / 诱饵的选择应该小心。例如，使用可爱的儿童玩具很多时候都是不合适的；如果动物看到婴儿车里有这样的玩具或被一个孩子抱着，可能也会引起追逐反应。

传递信息：在猎豹的捕食策略中，奔跑速度和追逐能力的演化适应。

热带草原生态系统；辛辛那提动植物园（Cincinnati Zoo and Botanical Gardens，美国）

生态特性：物种间的相互关系。

行为介绍：在本项目中，展示了一系列稀树草原物种，包括一只薮猫（展示其跳跃能力）和一只猎豹（奔跑能力如上所述），以及一只护卫犬（展示一项保护策略）。

这只薮猫是人工育幼长大的，像许多动物一样，可以很容易地通过间歇获得食物奖励来教导其跟随训练员。训练薮猫走到展示台上的方式是将食物奖励放在平台上，薮猫上去就能获得食物，同样的方式也用于训练薮猫爬上树枝。跳跃是一种自然的行为，杆子前端的球就是目标物。目标物可以在幼年时作为玩具让小猫玩耍。出于爱好玩耍的天性，它们很快就会认可小球。再将这个目标物附在杆子上，高度逐渐增加；薮猫在跳起来后或是跳跃后的短时间内得到食物奖励，以强化接触目标物这一行为。

传递信息：向游客展示生活在热带草原生态系统中的一系列物种，它们独特的适应能力和保护策略。

生态信息；各种例子（作者提供）

动物和鸟类可以在一场演示中以多种不同的方式展现。一只松鼠进出树洞，或一只细尾獴从一个看起来像洞穴的管子里出来，可以让游客立即了解它的生活环境和一些筑巢行为。细尾獴想要钻入地下洞穴是一种非常自然的行为，进洞后可以得到的食物奖励会强化这种行为。训练这种行为可以很简单，只需在定点位置、巢箱或道具中给动物提供食物奖励即可。

传递信息：用一个天然的道具（树桩上的洞）展示鸟类或其他动物可以让游客对这个物种的生态特性有一个直观的了解。

保护信息和行为

海洋勇士吉祥物，企鹅“拉斯蒂”；乌萨卡海洋世界（uShaka Marine World），德班（南非）

保护行为：正确的垃圾处理方式。

行为介绍：动物或鸟类把垃圾放进垃圾箱，这样简单的行为可以向游客传递强烈的信息。

海洋勇士企鹅“拉斯蒂”把垃圾放入垃圾箱。首先，它被训练叼起纸片，并在每次叼起时给予奖励，当它可以叼住拿着纸片几秒钟时，开始将垃圾箱靠近它放置，这样当拉斯蒂松嘴时就纸片会直接掉进垃圾箱，它将再次获得奖励。随着行为的渐进，垃圾箱可以移得更远，企鹅会将纸送进垃圾箱，并因此得到奖励。

传递信息：提醒游客以正确的方式处理他们的垃圾。

10.6 小结

尽管游客与动物互动和动物介绍活动对教育的影响程度还有待进一步研究，但很明显，人类渴望与动物接触。我们可以通过训练将动物的自然行为扩展，使其容易被受众观察到，在训练时着眼于学习在塑行过程中的有效运用，并让这些扩展行为对实际的医疗和饲养操作任务有益处。尽管非自然行为有可能误导游客，但这些行为在某些情况下可以用来提高公众对环境问题的认识，并塑造积极的行为。一边是要考虑动物的最大利益以及将其作为一个野生物种呈现给游客；另一边是直接接触或近距离接触动物的项目在影响保护和提高公众意识上具有额外价值，目前尚不清楚二者间的红线该画在哪里。

参考文献

Alba, A.C., Leighty, K.A., Pittman Courte, V.L. et al. (2017). A turtle cognition research demonstration enhances visitor engagement and keeper-animal relationships. *Zoo Biology* 36 (4): 243–249. https://doi.org/10.1002/zoo.21373.

Almeida, A., Fernández, B.G., and Strecht- Ribeiro, O. (2017). Children's opinions about zoos: a study of Portuguese and Spanish pupils. *Anthrozoos* 30 (3): 457–472. https:// doi.org/10.1080/08927936.2017.1335108.

Anderson, U.S., Kelling, A.S., Pressley-Keough, R. et al. (2003). Enhancing the zoo visitor's experience by public animal training and oral interpretation at an otter exhibit. *Environment and Behavior* 35 (6): 826–841. https://doi.org/10.1177/0013916503254746.

Baird, B.A., Kuhar, C.W., Lukas, K.E. et al. (2016). Program animal welfare: using behavioral and physiological measures to assess the well-being of animals used for education programs in zoos. *Applied Animal Behaviour Science* 176: 150–162. https://doi.org/10.1016/j.applanim.2015.12.004.

Ballantyne, R. and Packer, J. (2016). Visitors' perceptions of the conservation education role of zoos and aquariums: implications for the provision of learning experiences. *Visitor Studies* 19 (2): 193–210. https://doi.org/10.1080/10645578.2016.1220185.

Ballantyne, R., Packer, J., Hughes, K., and Dierking, L. (2007). Conservation learning in wildlife tourism settings: lessons from research in zoos and aquariums. *Environmental Education Research* 13 (3): 367–383. https://doi.org/10.1080/13504620701430604.

Balloffet, P., Courvoisier, F.H., and Lagier, J. (2014). From museum to amusement park: the opportunities and risks of edutainment. *International Journal of Arts Management* 16 (2): 4–16. https:// www.gestiondesarts. com/fr/from-museum-to-amusement-park- the-opportunities-and-risks-of-edutainment/#.XOK86G5Kg2x.

Bazley, S. (2018). General discussion on animal handling. BIAZA Regional Educators Meeting, Northern Region. Chester Zoo, Chester, UK: BIAZA.

Bloom, B.S., Engelhart, M.D., Furst, E.J., and Hill, W.H. (1956). *Taxonomy of Educational Objectives, Handbook I: The Cognitive Domain.* New York, USA: David McKay Co Inc.

Bulbeck, C. (2004). *Facing the Wild: Ecotourism, Conservation and Animal Encounters.* Oxon: Earthscan: Taylor and Francis.

Crowe, A., Dirks, C., and Wenderoth, M.P. (2008). Biology in bloom: implementing bloom's taxonomy to enhance student learning in biology. *CBE Life Sciences Education* 7: 368–381. https://doi. org/10.1187/cbe.08.

DEFRA (2012). Secretary of State's Standards of Modern Zoo Practice. Department for Environment, Food and Rural Affairs. https://assets.publishing.service.gov.uk/ government/uploads/system/uploads/ attachment_data/file/69596/standards-of- zoo-practice.pdf.

Dierking, L., Adelman, L.M., Ogden, J. et al. (2004). Impact of visits to Disney's Animal Kingdom : a study investigating intended conservation action. *Curator* 47 (3): 322–343.

EAZA Felid TAG (2017). Demonstration Guidelines for Felid Species. https://www.eaza.net/assets/ Uploads/CCC/2017-Felid- TAG-demonstration-guidelines-final- approved.pdf.

European Association of Zoos and Aquaria (2014). EAZA Guidelines on the Use of Animals in Public Demonstrations. https:// www.eaza.net/assets/Uploads/Guidelines/ Animal-Demonstrations-2018-update. pdf.

Falk, J.H. and Dierking, L. (2000). *Learning from Museums: Visitor Experience and the Making of Meaning*. American Association for State and Local Book Series. Lanham, USA: Rowman & Littlefield Publishers, Inc.

Fuhrman, N.E. and Ladewig, H. (2008). Characteristics of animals used in zoo interpretation: a synthesis of research. *Journal of Interpretation Research* 13 (2): 31–42.

Hacker, C.E. and Miller, L.J. (2016). Zoo visitor perceptions, attitudes, and conservation intent after viewing African elephants at the San Diego Zoo Safari Park. *Zoo Biology* 35 (4): 355–361. https://doi. org/10.1002/zoo.21303.

Host, B. (2008). Conservation campaigning through animal training. *Journal of the International Zoo Educators Association* 44: 12–13.

Jensen, A.-L.M., Delfour, F., and Carter, T. (2013). Anticipatory behavior in captive Bottlenose Dolphins (*Tursiops Truncatus*): a preliminary study. *Zoo Biology* 32 (4): 436–444. https://doi.org/10.1002/zoo.21077. Kellert, S. (1996). *The Value of Life*: *Biological Diversity and Human Society*. Washington D.C.: Island Press.

Luebke, J.F., Watters, J.V., Packer, J. et al. (2016). Zoo visitors' affective responses to observing animal behaviors. *Visitor Studies* 19 (1): 60–76. https://doi.org/10.1080/10645578.2016.1144028.

Macdonald, E. (2015). Quantifying the impact of Wellington Zoo's persuasive communication campaign on post-visit behavior. *Zoo Biology* 34 (2): 163–169. https://doi.org/10.1002/zoo.21197.

Mellish, S., Sanders, B., Litchfield, C.A., and Pearson, E.L. (2017). An investigation of the impact of Melbourne Zoo's 'Seal-the-Loop' donate call-to-action on visitor satisfaction and behavior. *Zoo Biology* 36 (3): 237–242. https://doi.org/10.1002/zoo.21365.

Miller, L.J., Zeigler-Hill, V., Mellen, J. et al. (2012). Dolphin shows and interaction programs: benefits for conservation education? *Zoo Biology* 32 (1): 45–53. https://doi.org/10.1002/zoo.21016.

Moss, A. and Esson, M. (2010). Visitor interest in zoo animals and the implications for collection planning and zoo education programmes. *Zoo Biology* 29 (6): 715–731. https://doi.org/10.1002/zoo.20316.

Orams, M.B. (1997). The effectiveness of environmental education: can we turn tourists into 'Greenies'. *Progress in Tourism and Hospitality Research* 3: 295–306.

Piaget, J. (1973). *To Undertand Is to Invent*: *The Future of Education*. New York, USA: Grossman.

Povey, K.D. and Rios, J. (2002). Using interpretive animals to deliver affective messages in zoos. *Journal of Interpretation Research* 7 (2): 19–28. https://www. interpnet.com/nai/docs/JIR-v7n2.pdf#page=19.

Price, A., Boeving, E.R., Shender, M.A., and Ross, S.R. (2015). Understanding the effectiveness of demonstration programs. *Journal of Museum Education* 40 (1): 46–54. https://doi.org/10.1179/1059865014Z.00000000078.

Reading, R.P. and Miller, B.J. (2007). Attitudes and attitude change among zoo visitors. In: *Zoos in the 21st Century*: *Catalysts for Conservation?* (eds. A. Zimmermann, M. Hatchwell, L. Dickie and C. West), 63–91. Cambridge, UK: Cambridge University Press.

Robson, M. (2002). *A Non-Invasive Technique to Assess Stress in Captive Macaws*. York, UK: Central Sciences Laboratories.

Routman, E., Ogden, J., and Winsten, K. (2010). Visitors, conservation learning, and the design of zoo and aquarium experiences. In: *Wild Mammals in Captivity*: *Principles & Techniques for Zoo Management* (eds. D.G. Kleiman, K.V. Thompson and C.K. Baer), 137–150. Chicago, USA: The University of Chicago Press.

Sim, G. (2014). Learning about biodiversity: investigating children's learning at a museum environmental centre and a live animal show. Doctoral thesis. University of London. http://discovery.ucl.

ac.uk/10021761.

Skibins, J.C. (2015). Ambassadors or attractions: disentangling the role of flagship species in wildlife tourism. In: *Animals and Tourism: Understanding Diverse Relationships* (ed. K. Markewll), 256–273. Bristol, UK: Channel View Publications.

Skibins, J.C. and Powell, R.B. (2013). Conservation caring: measuring the influence of zoo visitors' connection to wildlife on pro-conservation behaviors. *Zoo Biology* 32 (5): 528–540. https://doi.org/10.1002/zoo.21086.

Smith, L., Broad, S., and Weiler, B. (2008a). A closer examination of the impact of zoo visits on visitor behaviour. *Journal of Sustainable Tourism* 16 (5): 544–562. https://doi. org/10.1080/09669580802159628.

Smith, L., Weiler, B., and Ham, S. (2008b). Measuring emotion at the zoo. *Journal of the International Zoo Educators Association* 44: 27–31.

Spooner, S.L. (2017). Evaluating the effectiveness of education in zoos. PhD thesis. University of York.

Sterling, E., Lee, J., and Wood, T. (2007). Conservation education in zoos: an emphasis on behavioral change. In: *Zoos in the 21st Century: Catalysts for Conservation?* (eds. A. Zimmermann, M. Hatchwell, L. Dickie and C. West), 37–91. Cambridge, UK: Cambridge University Press.

Swanagan, J.S. (2000). Factors influencing zoo visitors' conservation attitudes and behavior. *Journal of Environmental Education* 31 (4): 26–31. https://doi.org/10.1080/00958960009598648.

Szokalski, M.S., Litchfield, C.A., and Foster, W.K. (2013). What can zookeepers tell us about interacting with big cats in captivity? *Zoo Biology* 32 (2): 142–151. https://doi. org/10.1002/zoo.21040.

Turley, S.K. (2001). Children and the demand for recreational experiences: the case of zoos. *Leisure Studies* 20 (1): 1–18. https:// doi.org/10.1080/02614360122877.

Visscher, N.C., Snider, Ã.R., and Stoep, G.V. (2009). Comparative analysis of knowledge gain between interpretive and fact-only presentations at an animal training session: an exploratory study. *Zoo Biology* 28: 488–495. https://doi.org/10.1002/zoo.

Vygotsky, L.S. (1978). *Mind in Society: Development of Higher Psychological Processes.* Massachusetts, USA: Harvard University Press.

Ward, P.I., Mosberger, N., Kistler, C., and Fischer, O. (1998). The relationship between popularity and body size in zoo animals. *Conservation Biology* 12 (6): 1408–1411.

Watters, J.V. (2014). Searching for behavioral indicators of welfare in zoos: uncovering anticipatory behavior. *Zoo Biology* 33 (4): 251–256. https://doi.org/10.1002/zoo.21144.

Watters, J.V. and Powell, D.M. (2012). Measuring animal personality for use in population management in zoos: suggested methods and rationale. *Zoo Biology* 31: 1–12. https://doi.org/10.1002/zoo.20379.

Whitehouse-Tedd, K., Spooner, S., Scott, L., and Lozano-Martinez, J. (2018). Animal ambassador encounter programmes in zoos: current status and future research needs. In: *Zoo Animals*: *Husbandry, Welfare and Public Interactions* (eds. M. Berger and S. Corbett), 89–139. Hauppauge, NY, USA: Nova Science Publishers.

World Association of Zoos and Aquariums (2003). *WAZA Code of Ethics and Animal Welfare*. World Association of Zoos and Aquariums.

11 动物园动物训练对于动物福利的意义

维基 · A. 梅尔菲，萨曼莎 · J. 沃德

翻译：杨青　　校对：崔媛媛，刘霞

训练可能改善也可能损害动物园动物的福利，结果取决于很多变量，常常需要具体情况具体分析。这就使得动物训练与动物福利之间的关系变得复杂。

11.1 通过设计确保训练成功

正如许多动物园专业人员所描述的那样，动物饲养管理的“工具包”中，训练只是其中各种“工具”之一。动物园动物管理的目标，是通过各方面的工作来确保良好的动物福利，包括确保遗传多样性、优质和适当的营养、合理的动物社群构建（依照构成和数量）、具备预防和临床兽医技术条件、合适的饲养环境，以及本书所提到的动物学习机会。动物的学习机会可以通过不同的方式实现，例如，丰容、动物园环境或动物训练（请参阅第 3、第 5、第 6 章）。

出于种种原因，几乎所有的动物园动物都被训练过，训练手段亦不计其数。开展训练的原因包括：进行疾病预防、用药和治疗；便于动物串笼；临时或者较长时间地隔离动物；有的是为了帮助某一只动物的引入、转运，或合群；或者是帮助动物最大化地使用笼舍区域；增加动物在游客面前的可见性；促进人与动物间的互动；支持公众教育项目和园外教育活动，后者可能需要将动物带离园区；确保适当的营养摄入；增加或减少动物的各种行为表达；迎合游客；实施繁育计划和使用人工繁殖技术……原因不胜枚举！

对动物园动物进行训练的原因林林总总，但基本上囊括三个总体目标：改善个体动物的福利、促进动物园的运营、实现动物园的使命，其中包括势在必行的保护项目（Barongi et al. 2015）。这三个目标对于动物园的成功至关重要，但无奈这三个目标对动物福利的影响可能并不相同。同样的，动物园的专业人员认为，动物园的最终目标是物种保护（Fa et al. 2014），但是有利于物种保护的工具和技术本身可能会损害福利（Beausoleil et al. 2014；Keulartz 2015）。

在本章中，笔者希望阐明如何应用动物福利科学更好地理解训练产生的影响，帮助动物园专业人员采用循证方法确定动物训练是否为特定情况下的最佳工具，探索训练对福利影响的评估方法，以及发起动物园饲养管理类训练和动物福利之间关系的讨论，进而鼓励这方面的研究进展。我们希望读者已经或者将会阅读本书的其他章节，所以关于不同训练方法对动物福利的影响，本章不再赘述，因为这一点贯穿于全书的讨论中，尤其是在第 4 和第 7 章有集中讨论。因语言造成的最显而易见的误解，即任何带有“负”或“惩罚”这些词的训练都是损害动物福利的，这一点在本章也不再讨论。

11.2　动物福利科学与伦理考量

伦理是“控制或影响一个人行为的道德准则”（OED 2018）。动物伦理学的研究关乎我们人类在社会中如何利用动物，以及这些利用是否合乎情理。伦理学的研究基础是对一些理念的理论哲学推理，例如，动物的道德地位、物种的性质和重要性，以及在现实生活中的实际利用，也就是动物在当今社会中的使用，例如被用于畜牧生产或是用于动物园展示（Beauchamp and Frey 2011 综述）。相比之下，动物福利描述了动物的状态，是一种在特定时间的连续状态（从很好到很差），这显示出动物因为有能力（或缺乏能力），从而能（或不能）应对日常生活中生理和心理上所面临的挑战。动物福利科学是一门相对较新的跨学科专业，目标是实证评估和考量动物的福利状况；布罗姆（Broom 2011）对动物福利科学的历史进行了很好的回顾。可能让人混淆的是，某一话题到底是道德问题还是福利问题。弄清这两个观点的不同之处很重要，因为这个差别会导致不同的结论，从而得到不同的实际应用。简而言之，是否应该利用动物以及该如何利用动物这样的问题都属于伦理辩论的范畴。但是，评估我们的做法对动物的影响则属于动物福利科学的范畴。

特别专注于动物园动物伦理的论著颇多（例如，Norton et al. 2012；Gray 2017）。除了希望引起读者注意动物伦理与福利之间的区别外，本章主要探讨动物福利，因为动物福利和动物园动物的训练相关。动物园动物的训练涉及很多伦理考量，尤其是：我们应该训练动物吗？训练是否会影响动物完整的自然本性（天性；图 11.1）？训练是否进一步将动物园动物和它们的野生同类划分开，这样的划分重要吗？如果动物园动物经受训练，这是否会影响我们对它们的看法，以及我们对待和考量它们的方式？正如在伦理学领域可能发生的那样，由此产生的疑问可能多到令人难以招架，而要论证这些重要问题的合理性，必须进行的论述也将浩如烟海！说实话，作为实用主义者，我们是动物园动物福利科学家，而不是哲学家，我们认为，就行为训练对动物园动物的福利状况可能产生的影响做一个全面概述是非常有价值的。本章概述希望帮助读者基于循证科学的方法，做出有关动物训练的决策，这可能有助于对动物伦理的讨论；而对动物伦理的看法可能会因国家、文化和机构的不同而产生差异。

图 11.1　一只动物的天性代表了它何以成为这个动物：如图所示，悬停的蜂鸟表示出它何以成为一只蜂鸟。图源：https://www.pexels.com/photo/animal-avian-beak-bird-49758.

11.3　动物福利科学

在关于动物是否拥有感知痛苦的能力的争论中，核心是动物是否具有意识和 / 或知觉（Dawkins 1980）。从历史上看，很少有人尝试实证研究动物的意识和情感；如同很难研究人类的主观感受世界，对动物进行该领域的研究也是非常困难的（Dawkins 2008）。为了推动动物福利研究的进一步发展，道金斯（Dawkins）认为动物意识的研究是动物福利的核心，建议可以通过两个简单的问题推断出有关动物福利的更多信息：（i）动物是否健康？（ii）它们是否得到想要的东西？（Dawkins 2004）。沿着这个方向，在此之前的一些研究着重于动物的偏好，或者它们为了获取环境中的资源努力"工作"的程度（Dawkins 1990 综述；Fraser and Matthews 1997）。这些研究被认为是解决"动物想要什么？"的问题。最近的关于认知偏差（cognitive bias）的研究，主要测试动物是乐观主义者还是悲观主义者，以及它们随之做出的选择如何受此影响（Harding et al. 2004），这些研究均有助于揭示动物的情感能力。该领域的研究进一步表明，大多数脊椎动物是有感知能力的，能够感受到积极 / 消极的情绪和情感状态（Guesgen and Bench 2017；Paul and Mendl 2018）。

动物情感体验研究本身就存在的困难可能带来庞大的工作量，并导致动物福利科学中的偏见，即只专注于依靠动物的生物学机能来评估动物福利状态（Barnett and Hemsworth 1990）。生物学功能评估通常被认为是"动物个体在环境中的状态，是可以衡量的"（Broom 1991）。这些研究通常使用生理或心理（通常基于行为表达来衡量）方面的评价指标，衡量动物在不同情况下的应激反应（Broom 2011）。这部分动物福利科学领域主导了福利研究中所用的方法、所提出的问题以及普遍的态度，即动物福利在很大程度上取决于动物在圈养环境中顺利成长的程度；将生存繁殖指标作为评估依据，包括死亡率、发病率、繁殖力和生长率。这种评估办法的基础是我们对应激生物学的理解，动物在环境中能够面对（或应对）挑战的程度（Moberg and Mench 2000）。在最极端的情况下，无法适当调节生理或心理反应，以应对挑战的圈养动物将死去。颇具趣味性的关于应激生物学的综述可以参阅萨波斯基（Sapolsky 1998），该综述是针对人类的，但对动物园动物福利也具有生物相关性，并且文笔清楚，引人入胜，适合所有类型的读者。

研究动物福利的第三个途径是欣赏和尊重动物的天性（telos），即"基于遗传和环境表达的需求和偏好的集合，其共同构成或定义了生命的形式或动物的生活方式，这些需求是否得到满足或是受到阻碍对于动物均非常重要"（Rollin 2003）。环境哲学家伯纳德·罗林（Bernard Rollin）提出了一种更容易思考这种观点的方法，他提出"鸟类必在天上飞，而鱼必在水里游"，并且，随着动物偏离这些物种典型特性，其福利状态也将随之改变（Rollin 1990）（图 11.1）。

综上所述，动物福利科学领域的这三个支柱可分为对动物的心理、生理和自然天性的研究（Duncan and Fraser 1997）（图 11.2）。也有人认为，动物福利评估应考虑动物的自然史和演化史，这样可以理解动物在哪些方面经过演化能适应环境，以及在此过程中使用的机制（例如，Barnard and Hurst 1996）。或者，我们可以考虑通过应变稳态（allostasis）研究动物福利（Korte et al. 2007）；应变稳态的概念考虑的是生物学和心理方面的结构与功能。根据应变

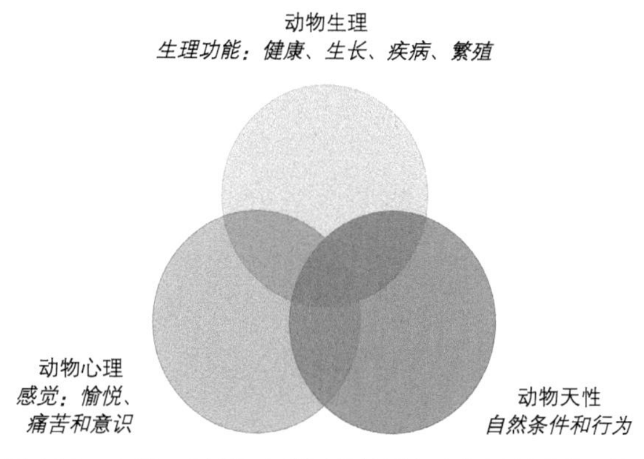

图 11.2 心理、生理和自然天性是研究动物福利最常用的三个方向。

稳态的研究方法，我们可以大胆假设，许多动物具有与人类相似的生物学结构，并且功能也十分相似。一个合理的结论是，如果我们有意识，而其他动物拥有与我们相同的生物学结构，那么它们也可能具有意识（Griffin 2013）。可以想象，根据不同的方法，需要收集和评估不同的数据，重要的是，这可能会让不同的动物福利问题得到解决。我们对动物福利的研究和议题都带着“成见”，这是因为每个人都有不同的文化观点、个人经历、社会价值以及许多其他影响因素，这个差异不能忽视，因为我们问的有关动物福利的问题，会决定如何衡量动物福利以及如何解读动物的福利状态（Fraser 2008）。此外，尽管认为客观的福利指数是评估动物福利最可靠、最强大的工具，但利用可验证的主观评分进行的研究同样非常能说明问题，并可提供大量信息，这样的方法就是定性行为评估法（Wemelsfelder and Lawrence 2001；Wemelsfelder et al. 2001）。

以上内容只是一个概述，绝不是对动物福利科学进行详尽的回顾。提供一个简要的回顾有助于明确动物福利可以从哪些方面实现，这对本章关于行为训练和 / 或学习如何影响动物园动物福利的后续讨论至关重要。

11.4 选择与控制

动物园动物福利科学有这样一个原则：将控制权交给动物，对于它们良好的福利状态至关重要（Hill and Broom 2009），对环境的控制可以通过在环境中提供选择来实现。因此，在圈养动物管理中提供选择和控制权成为一个通用目标。研究表明，只要给动物提供一定程度的环境控制权，便会有益于福利（Whitham and Wielebnowski 2013 综述）。可以通过以下两种主要方式（任选其一）为动物园动物提供控制环境的机会：对笼舍本身稍加改变或增补，即提供丰容物，动物可以选择使用或不使用（例如，Carlstead and Shepherdson 2000），也可以通过改变饲养管理手段，即让动物选择在哪里消磨它们的时间（例如，Ross2006）。在许多研究中，类似的笼舍和饲养管理手段的变化都与动物园动物福利提升（经过评估）相关联，研究人员认为，这种干预的成功，部分是因为给动物提供了一定程度的对环境的“控制权”（例如，Carlstead and Shepherdson 2000；Fernandez et al, 2009）。对于干预措施成功的机制是否真的在于其赋予了动物控制权，这一论断在实证研究中很难确定。但可以明确的是，这些研究确实为动物提供了一些选择的机会。

若干年前，布罗姆（Broom 1991）就警告过，动物有所选择不一定等同于良好的福利。在他的例子中，动物可能会选择错误的饮食和表达自残行为，虽然这两种都是动物的选择，但是这些选择会降低健康和福利。仅提供选择似乎并不一定会导致动物福利的提高。此外，供动物选择的物品性质是决定其能否提高福利的基础。如果给动物两个选择，但是这两种选择都对动物没有吸引力或不恰当，这就与提供选择的概念背道而驰（Fraser and Matthews 1997）。我们之所以加上这一小节的前言，是因为很多时候，努力提高动物园动物的福利几乎已是老生常谈，大家宣称在动物园环境中为动物提供了选择和控制权，但是具体的细节往往敷衍了事。所有这些与动物园动物的学习和训练有什么关系？

人们通常认为，通过在环境中给动物提供选择和控制的机会，训练可以提高动物园动物的福利（Westlund 2014）。正强化训练经常被提及的一个好处是，动物“自愿”参与训练或在训练中“合作”。这两个过程使我们和很多训练人员都有理由相信，接受训练的动物可以“选择”是否参加训练，这使得它们在环境中拥有“控制权”（例如，Bloomsmith et al. 1998，2003）。如果确实动物可选择是否参与训练，我们承认这提供给了动物控制环境的机会。为了实现这一点，我们希望参与训练不会影响其他方面的饲养管理工作。但是很多时候事情并非这么简单，首先，训练与学习的定义就很模糊：“学习可以广义地定义为实践或经验带来的行为改变；当实践或经验由人决定时，该过程称为训练”（Mellen and Ellis 1996）。在人类决定动物学习什么的情况下，动物选择的机会似乎有限。要动物“自愿”参加训练的不合理之处可以进一步分析：当发起动物训练计划时，我们期盼动物必然能习得项目设定的行为，而不只是心存希望。要是有人认为，动物园的工作人员汇集了各种资源开展动物行为训练，只是为了“万一动物愿意配合和加入训练呢”，这种假设不合情理，也站不住脚。需要清楚说明的是，有的时候动物“训练”的目标可能是比较随意的，各种不同的行为都可能会得到强化（例如，动物会因“发明”某些行为而受到奖励）。但是，我们对动物参与训练的自愿性表示怀疑的部分原因是，我们观察到如果动物选择不参与会发生什么。根据经验，在某些情况下可能会再去选择其他的动物个体进行训练，因此确实可能有的动物是自愿参加的。但是据我们了解，大多数情况下，训练都将会改造为“动物注定要被成功训练”的项目。

我们承认，训练动物园动物可以提升动物福利（图 11.3）。前面提到，大多数训练计划中缺乏给予动物的选择或控制权，使用一些术语掩饰了人们在要求和指引动物该做什么，而不是给动物提供自由选择让它们表达自己的行为，强调这些内容并非出于恶意。我们只是在讨论，按照通常的实施情况来看，训练移除了圈养动物生活中的一些选择和控制权，但这并不会减少训练的好处：提升动物福利，有助于饲养管理的开展，以及实现动物园使命（如前所述）。我们希望强调的是，不管训练术语如何表述，良好的训练计划虽然并没有从身体约束方面强迫动物合作，但动物的参与方式就决定了它们其实很少可以自由选择退出训练。公平地说，我们自己生活中所谓的选择和控制也并

图 11.3　给训练有素的海豚插管。图源：凯瑟琳娜·赫尔曼。

不全是看起来的那样，事实上，较少的选择可能带来更大的满足感（Iyengar and Lepper 2000）。许多人可能会觉得我们在生活中做出了许多选择，我们选择购买了某种汽车，居住在某个街区，沉迷于特定的生活方式。但是，甚至那些“替代”生活方式的选择，都是基于新兴的神经经济学精心设计，并推销给我们的（Hansen and Christensen 2007；Hodgson 2003）。人们每天都在浏览成千上万个品牌植入广告和其他宣传资料，因此，我们世界中无处不在的营销就像动物园动物生活中的训练员一样；如果我们相信我们有选择，也许动物园的动物们也相信自己有选择。

与其讨论动物自愿与否，我们不妨说动物园的动物训练是某种形式的仁慈专政；因此，作为动物园从业人员，我们具备绝对的掌控力，为所照料的动物提供行动和机会，但我们希望选择使用这种能力来满足动物的需求，以便它们能够获得良好的福利。例如，塑行是一种训练方法，通过对先前习得的行为进行微小的改变，直到训练动物展示出理想的最终目标行为，不这么做的话，目标行为的习得会很难实现。作为优秀的训练人员，我们为受训动物提供多种选择，教会动物那些我们需要它们学会的行为。我们可能会在训练之前进行偏好测试，以确保使用的强化物是动物非常想要的资源；无论强化物是食物、某种行为还是参与社会互动（例如，Clay et al. 2009）。这些有价值的资源可能会先不给到动物，仅在训练环节中才能给它们。社会关系（无论是人与动物之间的互动还是同伴之间的互动）可以用来增加动物参与训练的动机和参与度，并基于动物想要和某人或者某个同伴亲近的动机，促使动物的训练达到成功。也许可以对动物身处的环境进行一些改动，让它变得不那么理想，从而让动物更倾向于训练所提供的选择。可以使用一些物理隔障辅助训练的开展，训练开始之后，让动物很难不遵从或者难以退出训练。我们如何使动物成功完成训练，很大程度上受到我们自己的想象力、该物种生物学知识和特定动物个体情况的影响。使动物成功完成训练绝不应是充满恶意的，相反，我们的目标是使训练对动物充满吸引力，以及通过管理动物的感知体验让它们积极参与，从根本上说我们确实在移除动物的选择，尤其是当我们认为这项训练可能会导致疼痛、受伤或痛苦时。

学习可以看作一系列的联系过程，经常重复学习内容可以产生大脑形态上的变化（Merzenich et al. 2013）；某一行为重复得越多，大脑就越容易在将来重复该行为。大多数人都能意识到习惯性行为的力量，它下意识地发生，或要改变这个习惯的难度极大（Lally and Gardner 2013）。当我们建立动物园动物训练计划以“鼓励”动物执行我们所需的行为时，无论动物身处何种状况（包括内部感受和外部环境），我们实际上都是在致力于创造行为发生的环境，此时很显然，动物就不再能选择参不参加目标行为的训练。这也意味着，一旦训练计划成功建立了某个行为，即动物已经学习到在某个特定的指令发出后，它就需要做出某一个特定的行为，那么任何归功于提供了学习机会而与训练相关的积极影响就不再合理了，也就是说，此时训练已不再是丰容了（例如，Melfi 2013）。

综上所述，如实说来本章中一个更为宽泛的主题是，我们如何进行训练，以及我们所训练的动物在训练中的感受，这在很大程度上见仁见智。要提出一个硬性规则来解释训练计划是否为所训练的动物提供了控制和选择权，那就是对丰富的动物训练技术和科学视而不见；也是对开展动物训练的人员之间的差异以及动物个体之间的差异熟视无睹。我们要强调的是，动物训练计划要考虑的重点是所开展的活动，而非给业内业外人士描述训练时所用的专业术语。

11.5 应该训练什么行为？

动物园动物通过训练可以做出各种不同的行为。本书中的其他作者已经探讨过这些行为是如何训练的，但是本章着重关注这些行为的表达可能会对动物福利产生的影响。在计划和实施动物园动物训练计划时，需要考虑明显的安全隐患，例如，在做出特定行为时，动物应有足够的物理空间，并应采取措施确保动物不会跌落或者滑倒（请参阅第 13 章）。还有许多其他可能不那么明显的考虑因素，这些因素可能会决定哪些行为适宜训练。

尽管很多不同物种的动物在动物园都接受过训练，以实现各种不同的目标，但是最常训练的目标行为类型并不多。常见的有，训练动物进行位置移动（有时称为 A–B 移动）或保持静止（定位），或者是呈现某个身体部位，或在指令发出时做出自然行为。能成功地做到这一小部分行为可以支持提升动物福利（即兽医检查）、满足操作要求（即让动物在笼舍中移动）以及更广义地实现动物园的使命（即开展带有保护信息的教育活动）。行为的表达如何影响动物的福利，可能会受到当时情境的影响，即可能具有社会意义，但却和我们人类如何解读该行为无关。在本章较早的时候我们就认为考虑到后面这一点很重要，因为有时我们把人类如何看待动物的行为与该行为可能对动物造成的影响混为一谈。拿简单的 A–B 移动行为为例。我们可能会看到动物通过训练员给的指令和奖励，在笼舍内的不同区域间移动，将其作为饲养管理的一部分，并认为训练能积极改善动物福利。尤其是从前所采取的方法可能是用扫帚、巨大的声响或喷水这些不同形式的负强化或正惩罚，把动物从笼舍的某个区域赶出来。然而，如果同一只动物在没有传递任何保护教育信息的动物展示中做出相同的行为（A–B），则一些人可能会认为“行为展示”只不过是四个字组成的词语（Martin 2000），没什么意义，而且动物的福利还因此受到了损害。需要明确的是，在这两种不同的场景中（有讲解和无讲解），动物接受训练做出同样的行为，动物的福利是相同的；在展示中，来自游客的压力可能会导致福利方面的问题，但是在大多数情况下，这两种情境中的动物在心理和生理上受到的挑战都差不多。发生变化的是我们如何看待动物所做的行为。值得注意的是，动物的福利不受行为发生背景的影响，当动物做出训练习得的行为时，如何对游客讲解该行为并不会影响动物福利，受到影响的只是人们对行为的接受态度（见图 11.4）。

图 11.4　无论是称作为演示、介绍还是示范，以及这样的节目里是否有保护信息，它对动物福利的影响都是相同的。图源：凯瑟琳娜·赫尔曼。

11.5.1　自然行为与非自然行为

就像我们把对行为的解读与行为如何影响动物福利的理解相互混淆一样（参见上文），也有一种趋势认为“自然”行为天生就有利于动物福利，而“人为”训练的行为会损害福利。就像上面的例子，受过训练的行为是否属于动物的自然行为，可能会影响我们对行为的解读方式，并可能影响教育信息的传递（请参阅第 10 章），但不一定会影响动物福利。重要的是要记住，并非所有训练的行为都支持动物的行为生态学、生存技能或可以使一只动物在野外环境里顺利成长。相反，如果训练的行为能够改善动物在圈养环境下的生活，有助于管理操作或实现动物园的使命，那么它们仍然有其益处。当我们考虑训练的行为对动物福利的影响时，需要满足三个主要的原则：该行为必须在动物的身体能力范围内，以免造成机体损伤；同样，行为必须在动物的心理承受能力范围内，只有这样，实现该行为的尝试过程才不会导致挫败感（McGreevy and Boakes 2011）；并且该行为不应导致疼痛、伤害和痛苦。有的时候可能有例外的情况，但是当所训练的行为违背其中任何一项时，都应讨论为什么仍有必要训练可能损害动物福利的行为。

11.5.2　疼痛、伤害和痛苦

对一个致力于提升动物福利的行业来说，训练动物做出可能导致疼痛、伤害或痛苦的行为，这样的想法听起来似乎不合乎常理。有的行为训练计划的核心目的是提高福利，但这是通过在一定程度上降低福利来实现的，因为动物在做出某些行为的时候，可能会经受疼痛、伤害和痛苦，但是我们希望这些行为最终会带来积极的结果。在某些情况下，我们给动物一勺糖，希望它们执行一些可能会产生痛苦的行为，以帮助完成兽医护理工作，这样做的长期好处会胜过短期福利损害。例如，为了药物注射或其他损伤性化验而开展的动物训练可能会带来一定的疼痛感（Otaki et al. 2015; Reamer et al. 2014）。我们可以很容易辩驳，这种经过训练的行为确实会带来短时间的疼痛，但比起其他可能的处理方式，例如需要把动物从社群中移出、药物镇静、抓控并转移来说，前者会产生更好的福利结果。但务必记住的一点是，正因为我们可以训练动物做出一种行为，所以这可能并不总是最有利于动物的行为。如第 11.4 节所述，动物参与行为训练，并不表示该动物愿意合作，也不代表它们不会感到疼痛，不“在乎”受伤，或者不会感觉到痛苦。事实上，在训练导致疼痛、伤害和痛苦的行为时，训练计划就已经预先设置了环境因素，以确保动物参与。或者，正如我们在实践中看到的那样，如果动物变得不顺从，训练计划就会经常调整，从而保障动物的参与性。我们敢说：如果必须通过经常调整训练计划让“选择不参加”的动物就范，那么所训练的行为就是可能会引起疼痛、受伤或痛苦的行为。

11.5.3　使用训练改变动物日常的行为表达

在某些情况下，我们选择训练动物执行一些我们认为有益于动物福利的行为，这主要是因为，与动物自己可能选择的行为相比，我们更愿意看到动物表达训练习得的目标行为。我们可能会选择训练一只动物在笼舍里活动，从而提高其身体活跃程度，因为我们认为身体健康的动物福利更好（Bloomsmith et al. 2003；Veeder et al. 2009）。遵循这个观点，马科维茨和他的同事将操作性条件作用训练纳入饲养管理的内容，并给它取名为环境工程（environmental engineering）（例如，Forthman-Quick 1984；Markowitz and Spinelli 1986）。这么做的目的是训练动物做出能够改善动物福利的行为；其后来发展成为现在广泛应用的丰容项目（第 6 章）。我们可能会训练动物减少对我们的攻击行为（Minier et al. 2011），同时不希望看到动物不想靠近我们。还有一种看法认为，训练动物做出我们希望看到的行为以及（或）有利于动物福利的行为，动物会发生转变，变得越来越喜欢它被训练出来的那些行为。对实验室灵长类动物的研究存在这样的证据，经过训练，灵长类动物显得更具备社交能力；这种动物训练的内容是，当“不太爱社交”的灵长类动物坐在别的灵长类动物旁边或者和别的灵长类动物进行身体接触时，对它们进行正强化（例如，Schapiro et al.2003）。

科尔曼和梅尔（Coleman and Maier 2010）发现，对实验室饲养的一群猕猴开展动物训练项目可以减少“表演型行为”和刻板行为。它们接受的并不是停止刻板行为的训练，而是接受静脉穿刺的训练。作者认为，训练可能减轻了无聊和应激。谢帕德森（Shepherdson）等（2013）也指出，如果在北极熊饲养管理程序中纳入训练计划，北极熊就较少表现出刻板行为。夏恩和布洛克（Shyne and Block 2010）在接受过兽医护理训练的非洲野犬中也有类似的发现，在行为训练期间，这些非洲野犬发生刻板行为的时间也较少。一项给动物园里的大猩猩提供训练和玩耍（通过人与动物的互动）的研究发现，与福利状况不良相关的各种行为指标都减少了（刻板行为、针对游客的行为、攻击性和不活跃性），而与福利状况良好相关的行为指标（与亲和性及社交玩耍相关的行为；Carrasco et al. 2009）则有所增加。重要的是，最后这项研究发现，虽然这群大猩猩并没有全部进行训练，但是训练带来的积极结果在整个大猩猩群体中都有所表现。有意思的是，另一群动物园的大猩猩（图 11.5）是在训练期以后（不是训练期间）才表现出行为的改变（蒙耳朵的行为和针对饲养员的攻击性都有所减少）。作者认为，造成行为改变的原因可能是行为训练与增加人和动物互动相结合。

图 11.5 研究表明，行为训练以及人与动物间的互动可以增加大猩猩的玩耍行为。图源：瑞恩·萨默斯（Ryan Summers）https://www.flickr.com/photos/oddernod/35106444790.

11.6 训练的影响

到目前为止，本章概述了我们如何应用一些学习原理更好地理解训练怎样影响动物福利；以及重要的是，如何识别我们的情感在哪些时候会让我们对动物产生偏见。思考训练对动物福利的影响是一项艰巨的挑战，尤其是因为存在不同的动物学习原理，这些学习原理支撑着许多不同的行为训练技术，对这些技术的理解不同，应用方式也不一样；这还仅仅是训练方式的不同！当然，我们选择训练的动物也存在许多差异，这种差异在不同的物种间和同种动物的不同个体间都存在。我们想要对训练如何提升动物园动物福利进行一次基于实证的、富有意义且清晰明了的思考，但同样受限于公开发表的相关文献稀缺；也很少有详细阐述训练内容，或训练对动物生理或心理参数的影响这些方面的研究。相反，许多关于动物园动物训练的文献都只注重论述动物表现出期望的行为，以此证明训练计划的成功。

11.6.1 概述训练带来的积极影响

动物园动物训练可以通过多种途径改善动物福利。做出某个行为本身就可能会产生积极的福利影响。例如，我们在第3章中提到，学习可以带来各种生理和心理上的好处。因此，我们可以大胆假设，当动物在行为训练过程中进行学习时，通过积极学习带来的结果，例如大脑发育，动物福利可能就得到了改善（第 3 章有这方面的综述）。如果一项训练计划中的行为本身就起到促进动物福利的作用，那么动物在进行训练的过程中就可以直接从中受益，又或者如果动物做出这些行为后能产生好的福利，则在训练环节之外的时间，动物做出这样的行为也能获得好处，这就是训练带来的积极结果。

有研究表明，参加训练带来的动物行为的改变，会超出行为训练计划本身，从而可以促进福利。例如，波梅兰茨和特克尔（Pomerantz and Terkel 2009）观察到，实施行为训练计划后，实验室饲养的黑猩猩表现出更高比率的与积极福利相关的行为，而与不良福利相关的行为比例则降低了。作者认为，训练导致福利的积极变化，这种变化在训练计划之外仍持续存在和发生着。在动物园开展的对不同物种的研究中也有类似发现。例如，在提供行为训练（用于认知研究）的时间段内，观察到动物园饲养的环尾狐猴出现较多的亲和行为和较少的攻击行为（Spiezio et al. 2017）。在非澳南海狮的饲养管理中纳入训练计划也被认为是没有刻板行为出现的原因（Wierucka et al. 2016），但是研究没有显示在训练计划实施之前关于动物的数据，因此很难判断作者观察到的行为训练与刻板行为之间是否存在相关性或因果关系。

训练改善动物福利的另一种途径是，通过成功的训练计划间接地帮助动物园专业人员开展工作，协助饲养管理。当对动物开展行为训练从而满足饲养要求时，这些动物可以从更好的兽医 / 健康护理、营养、获取资源等方面受益。训练可以协助饲养管理的方法很多，部分例子如下：主动和预防性兽医护理，例如静脉穿刺、尿样采集或适应雾化器的行为训练（亚达伯拉象龟，Weiss and Wilson 2003；海洋哺乳动物，Ramirez 2012；动物园黑猩猩，Gresswell and Goodman 2011；灵长类动物，Savastano et al. 2003）；促进笼舍管理，即串笼、转运笼训练（实验室黑猩猩，Bloomsmith et al. 1998；大熊猫，Bloomsmith et al. 2003；实验室白颈白眉猴，Veeder et al. 2009；非洲秃鹳，Miller and King 2013）。训练不仅可以使动物园专业人员更轻松地实现饲养管理目标，对实验室动物的研究也表明，经过训练变得更顺从的动物比没训练的动物应激性明显低很多。例如，兰贝思（Lambeth）等（2006）对实验室的黑猩猩进行静脉穿刺行为训练，根据血样里的参数（例如，白血球全计数、血糖），测量黑猩猩的应激反应。经过行为训练的黑猩猩应激水平明显低于通过"传统方式"物理保定采血的黑猩猩。如前所述，我承认动物园和实验室的饲养环境和管理手段可能存在一些差异，但是似乎行为训练带来的依从性减少了动物和动物园专业人员的应激，从而可能在生理指标上显示出更低的应激水平。

11.6.2　考虑短期和长期福利

在动物福利科学中，人们对短期福利和长期福利有一种认识，那就是，我们认识到动物福利包括动物当前（短期）的福利状况与将来某个时间的福利状况（Dawkins 2006）。在很多例子里，损害短期福利从而实现长期福利目标被认为是合理的。例如，如果动物不抽血，就不能诊断出它们是否患有疾病，从长远来看，我们认为在静脉穿刺抽血训练中经历的疼痛和疾病带来的负面福利影响相比，进行穿刺训练是合理的。在这种成本效益分析中，需要权衡每个因素的利弊：损害短期福利的发生频率、持续时间和强度是多少？如果不采取任何损害短期福利的措施，长期福利将有多大可能受损？如果长期福利受到损害，其性质和强度是什么？例如，我们可以考虑每周进行一次静脉穿刺，这似乎会引起剧烈但短暂的疼痛，与疾病对动物造成的衰弱影响相比，进行穿刺训练是合理的。成本效益分析是对某个行为可能造成的利弊进行系统评估；广泛应用于动物利用领域。

同样，很少有实证研究能为动物在训练期间可以承受或应该承受的疼痛、伤害或痛苦提供指导。但重要的是，要确保进行评估，公正地将累积的短期福利损害与可能发生的长期福利损害进行比较；并适当测算长期福利损害带来的风险。

11.6.3　训练的社会意义

训练可能会产生社群影响，进而影响动物福利，包括人与动物的互动（第 9 章已进行回顾）以及同物种个体间的社会互动。关于人与动物之间的互动，由于训练提供了这种互动的机会、增加了互动频率，因此可以改善动物福利（Ward and Melfi 2015）。有研究认为，人与动物之间积极的高频率互动有助于发展彼此之间的积极关系，这与良好的动物福利有关（Ward and Sherwin 2019 综述）。有趣的是，训练会使动物针对人的行为变少（Melfi and Thomas 2005），这可能是由于动物能够更准确地预测何时与人互动，即，动物只在有强化物提供的行为训练期间才和人互动。训练也可以用来使动物适应人类的存在（Carrasco et al. 2009），动物的社会互动更多指向动物社群内，而不是针对游客做出各种行为，因此可能会带来积极的福利结果。这一点可能特别有益于改善有乞食行为的动物，如那些曾被游客喂食强化出乞食行为的动物，但有一种情况除外，即动物的乞食行为还在继续提示和鼓励更多的游客投喂。

具有讽刺意味的是，如果人与动物之间建立了积极的关系，尤其是在训练过程中形成密切关系时，也有可能对福利产生负面影响。当动物与人建立密切关系时，我们知道这类人和动物间的互动会具有特殊的意义（Hosey and Melfi 2018）。不论受过训练的动物觉得与所有的训练人员都建立了积极的关系，或者只是有一个它们特别“喜欢”的训练员，如果这些互动中断，就可能变为负面的影响。特别是对于有的动物来说，行为训练已经成为其多年饲养管理流程的一部分，或者从年幼时就开始接受训练了，这些动物可以很好地预测或推断出训练环节的到来，那么中断互动就更可能对它们产生负面影响。可预测的日常活动流程可以促进动物园动物发展出积极的预知行为，研究证明这是积极的动物福利的表现（Watters 2014）。克莱格（Clegg）等（2018）观察到，宽吻海豚（*Tursiops truncatus*）与熟悉的训练员互动时，表现出较高频率的积极预知行为，高于它们可以在水池中接触玩具时出现的积极预知行为频率。研究者认为，他们观察到的预知行为表明，海豚对与熟悉的人一起进行训练持积极的态度，比获得玩具更积极（图 11.6）。可以说，如果中止了动物积极预判的训练环节，这些动物可能会遭受痛苦。这种痛苦如何展现尚不明确，但我们有理由认为，动物可能需要寻找其他方式打发时间，以及 / 或者变得沮丧、好斗和 / 或无聊（Chamove 1989）。

图 11.6　在印第安纳波利斯动物园（Indianapolis Zoo）马什海豚探险剧场的“聊天环节”，里普利和齐娜（成年宽吻海豚）展示了它们的尖叫声。图源：杜林（Durin）https://nv.m.wikipedia.org/wiki/E%CA%BCelyaa%C3%ADg%C3%AD%C3%AD：IndyZoo-DolphinsBlowBubbles.jpg.

训练计划也可以影响同物种个体之间的社会互动，不论是出于改善同物种间社会互动这一训练目标所产生的直接影响，还是训练其他行为时产生的间接影响。训练群养的动物时，一种常见的训练行为是让它们“定位”在某个位点上，强化它们停留在笼舍内的某个特定位置。进行这种训练的原因可能包括：确保即使在群养环境下，所有的动物个体也可以被有效训练；确保所有动物个体都能够单独进食自己的那份食物，不会争抢；在容易出现问题时减少动物攻击风险；当动物相互攻击时，将它们分开；使笼舍内的动物尽可能被看见。布鲁姆史密斯（Bloomsmith）等（1998）训练一只成年雄性黑猩猩在进食时间段坐下，不对同一个笼舍的同伴表现出攻击行为。他们观察到，这一训练内容并没有泛化到训练（进食时间）之外的情境，但却使黑猩猩群体的所有成员都能在没有攻击性的情况下进食。这项研究表明，可以通过训练社会约束来提升福利。毫无疑问，这将进一步有益于饲养管理和目标使命。要是有其他物种关于社会约束的影响方面的实证研究数据，想必也会非常有意思。尤其有趣的是，探索行为训练如何影响社会等级结构的完整性，这种社会等级一般由社群中的一只或多只首领动物建立，而训练消除了首领动物对社群的控制，由训练员的有效管理取而代之。尚不清楚的是，在人与动物互动的模式中，这种“占主导地位”的换位是否意味着训练员被视为社会等级结构中的一部分，这将对社会结构本身产生影响；或者如果首领动物想要优先获取所有资源的努力失效，可能会带来负面影响。无论哪种方式，在行为训练内容之外，改变社会等级结构都会对动物行为和福利产生影响，这似乎很合理。

11.7 将动物福利评估作为训练计划的一部分

为了使动物园专业人员能够分析训练机制是否有益于动物个体，对动物园的动物福利进行评估至关重要。目前，很少有专门针对特定物种的福利评估工具。大象福利评估工具的开发是为了回应英国动物园对大象福利的关注（Asher et al. 2015），专供大象饲养员使用，在日常监控大象福利时能迅速、可靠地评估，并用于一段时间内的大象福利状态监测。其他特定物种的福利评估工具，例如为海豚开发的评估体系包括宽吻海豚（*Tursiops truncatus*）（Clegg et al. 2015）或小鹿瞪羚（*Gazella dorcas*）（Salas et al. 2018），都是基于农场动物福利的评估系统，如福利质量评估系统（Welfare Quality®），这些评估方法结合了基于动物的评估标准（动物行为 / 生理学参数）和基于资源的评估标准（包括环境条件或所提供资源的参数）。由于专业评估体系寥寥无几，因此很难从多个角度可靠地评估动物福利，更不用说专门着眼于评估训练对动物福利的影响了。

本章要点总结

训练为动物园专业人员提供了一个工具，可以有效地对他们所照顾的动物开展行为管理。这让动物福利的提升与训练息息相关。但是，训练对福利的影响，不是看训练的初心是否有利于接受训练的动物，而是由训练的实证结果来决定。行为训练是一种非常强大的工具，因为你可以决定动物应该做出什么行为，从而对动物的行为加以控制。因此，充分了解你在训练时产生什么样的影响，以及你可能在动物的生活中增加或去掉什么，是非常重要的。

参考文献

Asher, L., Williams, E., and Yon, L. (2015). *Developing Behavioural Indicators, as part of a Wider Set of Indicators, to Assess the Welfare of Elephants in UK Zoos*. Department for Environment, Food and Rural Affairs.

Barnard, C.J. and Hurst, J.L. (1996). Welfare by design: the natural selection of welfare criteria. *Animal Welfare* 5: 405–434.

Barnett, J.L. and Hemsworth, P.H. (1990). The validity of physiological and behavioural measures of animal welfare. *Applied Animal Behaviour Science* 25: 177–187.

Barongi, R., Fisken, F.A., Parker, M., and Gusset, M. (2015). *Committing to Conservation: The World Zoo and Aquarium Conservation Strategy*. Gland:WAZA Executive Office.

Beauchamp, T.L. and Frey, R.G. (2011). *The Oxford Handbook of Animal Ethics*. Oxford University Press.

Beausoleil, N.J., Appleby, M.C., Weary, D.M., and Sandoe, P. (2014). Balancing the need for conservation and the welfare of individual animals. In: *Dilemmas in Animal Welfare* (eds. M.C. Appleby, P. Sandoe and D.M. Weary), 124–147. CABI Publishing.

Bloomsmith, M.A., Jones, M.L., Snyder, R.J.et al. (2003). Positive reinforcement training to elicit voluntary movement of two giant pandas throughout their enclosure. *Zoo Biology* 22: 323–334.

Bloomsmith, M.A., Stone, A.M., and Laule, G.E. (1998). Positive reinforcement training to enhance the voluntary movement of group-housed chimpanzees within their enclosures. *Zoo Biology*: Published in affiliation with the American Zoo and Aquarium Association 17 (4): 333–341.

Broom, D.M. (1991). Animal welfare: concepts and measurement. *Journal of Animal Science* 69 (10): 4167–4175.

Broom, D.M. (2011). A history of animal welfare science. *Acta Biotheoretica* 59 (2):121–137.

Carlstead, K. and Shepherdson, D. (2000). Alleviating stress in zoo animals with environmental enrichment. *The biology of animal stress: Basic principles and implications for animal welfare*: 337–354.

Carrasco, L., Colell, M., Calvo, M. et al. (2009). Benefits of training/playing therapy in a group of captive lowland gorillas (*Gorilla gorilla gorilla*). *Animal Welfare* 18 (1): 9–19.

Chamove, A.S. (1989). Environmental enrichment: a review. *Animal Technology* 60: 155–178.

Clay, A.W., Bloomsmith, M.A., Marr, M.J., andMaple, T.L. (2009). Systematic investigation of the stability of food preferences in captive orangutans: implications for positive reinforcement training. *Journal of Applied Animal Welfare Science* 12 (4): 306–313.

Clegg, I., Borger-Turner, J., and Eskelinen, H.(2015). C-well: the development of a welfare assessment index for captive bottlenose dolphins (*Tursiops truncatus*). *Animal Welfare* 24: 267–282. https://doi.org/10.7120/09627286.24.3.267.

Clegg, I.L.K., Rodel, H.G., Boivin, X., and Delfour, F. (2018). Looking forward to interacting with their caretakers: dolphins' anticipatory behaviour indicates motivation to participate in specific events. *Applied Animal Behaviour Science* 202: 85–93.

Coleman, K. and Maier, A. (2010). The use of positive reinforcement training to reduce stereotypic behavior in rhesus macaques. *Applied Animal Behaviour Science* 124 (3–4): 142–148.

Dawkins, M.S. (1980). *Animal Suffering: The Science of Animal Welfare.* London: Chapman & Hall.

Dawkins, M.S. (1990). From an animal's point of view: motivation, fitness, and animal welfare. *Behavioral and Brain Sciences* 13 (1): 1–9.

Dawkins, M.S. (2004). Using behaviour to assess animal welfare. *Animal Welfare* 13 (1): 3–7.

Dawkins, M.S. (2006). A user's guide to animal welfare science. *Trends in Ecology & Evolution* 21 (2): 77–82.

Dawkins, M.S. (2008). The science of animal suffering. *Ethology* 114 (10): 937–945.

Duncan, I.J.H. and Fraser, D. (1997). Understanding animal welfare. In: *Animal Welfare* (eds. M. Appleby and B. Hughes), 19–31. Wallingford, UK: CABI Publishing.

Fa, J.E., Gusset, M., Flesness, N., and Conde, D.A. (2014). Zoos have yet to unveil their full conservation potential. *Animal Conservation* 17 (2): 97–100.

Fernandez, E.J., Tamborski, M.A., Pickens, S.R., and Timberlake, W. (2009). Animal–visitor interactions in the modern zoo:conflicts and interventions. *Applied Animal Behaviour Science* 120 (1–2): 1–8.

Forthman-Quick, D.L. (1984). An integrative approach to environmental engineering in zoos. *Zoo Biology* 3 (1): 65–77.

Fraser, D. (2008). Understanding animal welfare the science in its cultural context. In: *UFAW Animal Welfare Serices*. UK: Wiley.

Fraser, D. and Matthews, L.R. (1997). Preference and motivation testing. In: *Animal Welfare* (eds. M.C. Appleby and B.O. Hughes), 159–173. New York: CAB International.

Gray, J. (2017). *Zoo Ethics. The Challanges of Compassionate Conservation.* Ithaca: Cornell University Press.

Gresswell, C. and Goodman, G. (2011). Case study: training a chimpanzee (*Pan troglodytes*) to use a nebulizer to aid the treatment of airsacculitis. *Zoo biology* 30 (5): 570–578.

Griffin, D.R. (2013). *Animal Minds: Beyond Cognition to Consciousness.* University of Chicago Press.

Guesgen, M. and Bench, C. (2017). What can kinematics tell us about the affective states of animals? *Animal Welfare* 26: 383–397.https://doi.org/10.7120/09627286.26.4.383.

Hansen, F. and Christensen, L.B. (2007). Dimensions in consumer evaluation of corporate brands and the role of emotional response strength (NERS). *Innovative Marketing* 3 (3): 19–27.

Harding, E.J., Paul, E.S., and Mendl, M. (2004). Animal behaviour: cognitive bias and affective state. *Nature* 427 (6972): 312.

Hill, S.P. and Broom, D.M. (2009). Measuring zoo animal welfare: theory and practice. *Zoo Biology* 28 (6): 531–544.

Hodgson, G.M. (2003). The hidden persuaders: institutions and individuals in economic theory. *Cambridge Journal of Economics* 27 (2): 159–175.

Hosey, G. and Melfi, V. (2018). *Anthrozoology*: *Human-animal Interactions in Domesticated and Wild Animals*. Oxford University Press.

Iyengar, S.S. and Lepper, M.R. (2000). When choice is demotivating: can one desire too much of a good thing? *Journal of Personality and Social Psychology* 79 (6): 995.

Keulartz, J. (2015). Captivity for conservation? Zoos at a crossroads. *Journal of Agricultural and Environmental Ethics* 28 (2): 335–351.

Korte, S.M., Olivier, B., and Koolhaas, J.M. (2007). A new animal welfare concept based on allostasis. *hysiology & Behavior* 92 (3): 422–428.

Lally, P. and Gardner, B. (2013). Promoting habit formation. *Health Psychology Review* 7 (sup1): S137–S158.

Lambeth, S.P., Hau, J., Perlman, J.E. et al. (2006). Positive reinforcement training affects hematologic and serum chemistry values in captive chimpanzees (*Pantroglodytes*). *American Journal of Primatology* 68 (3): 245–256.

Markowitz, H. and Spinelli, J.S. (1986). Environmental engineering for primates. In: *Primates* (ed. K. Benirschke), 489–498. New York, NY: Springer.

Martin, S. (2000). The value of shows. http://naturalencounters.com/site/wp-content/uploads/2015/11/The_Value_Of_Shows-Steve_Martin.pdf (accessed 9 December 2018).

McGreevy, P. and Boakes, R.A. (2011). *Carrots and Sticks*: *Principles of Animal Training.* Australia: Darlington Press, Sydney University Press.

Melfi, V. (2013). Is training zoo animals enriching? *Applied Animal Behaviour Science* 147: 299–305.

Melfi, V.A. and Thomas, S. (2005). Can training zoo-housed primates compromise their conservation? A case study using Abyssinian colobus monkeys (*Colobus guereza*). *Anthrozoos* 18: 304–317.

Mellen, J. and Ellis, S. (1996). Animal learning and husbandary training. In: *Wild Animals in Captivity*: *Principles and Techniques* (eds. D. Kleiman, M. Allen, K. Thompson and S. Lumpkin), 88–99. Chicago: University of Chicago Press.

Merzenich, M., Nahum, M., and van Vleet, T. (2013). *Changing Brains*: *Applying Brain Plasticity to Advance and Recover Human Ability*, vol. 207. Elsevier.

Miller, R. and King, C.E. (2013). Husbandry training, using positive reinforcement techniques, for Marabou stork *Leptoptilos crumeniferus* at Edinburgh Zoo. *International Zoo Yearbook* 47 (1): 171–180.

Minier, D.E., Tatum, L., Gottlieb, D.H. et al. (2011). Human-directed contra-aggression training using positive reinforcement with single and multiple trainers for indoorhoused rhesus macaques. *Applied Animal Behaviour Science* 132: 178–186.

Moberg, G.P. and Mench, J.A. (2000). *The Biology of Animal Stress: Basic Principles and Implications for Animal Welfare*. CABI.

Norton, B.G., Hutchins, M., Maple, T., and Stevens, E. (eds.) (2012). *Ethics on the Ark: Zoos, Animal Welfare, and Wildlife Conservation.* Smithsonian Institution.

OED (2018). *Oxford Learner's Dictionaries*. Oxford Univesrity Press https://www.oxfordlearnersdictionaries.com/definition/english/ethic.

Otaki, Y., Kido, N., Omiya, T. et al. (2015). A new voluntary blood collection method for the Andean bear (*Tremarctos ornatus*) and Asiatic black bear (*Ursus thibetanus*). *Zoo Biology* 34: 497–500.

Paul, E.S. and Mendl, M.T. (2018). Animal emotion: descriptive and prescriptive definitions and their implications for a comparative perspective. *Applied Animal Behaviour Science* 205: 202–209.

Pomerantz, O. and Terkel, J. (2009). Effects of positive reinforcement training techniques on the psychological welfare of zoo-housed chimpanzees (*Pan troglodytes*). *American Journal of Primatology* 71 (8): 687–695.

Ramirez, K. (2012). Marine Mammal Training: the history of training animals for medical behaviors and keys to their success. *Veterinary Clinics of North America: Exotic Animal Practice* 15 (3): 413–423.

Reamer, L.A., Haller, R.L., Thiele, E.J. et al. (2014). Factors affecting initial training success of blood glucose testing in captive chimpanzees (*Pan troglodytes*). *Zoo Biology* 33: 212–220.

Rollin, B.E. (1990). Animal welfare, animal rights and agriculture. *Journal of Animal Science* 68 (10): 3456–3461.

Rollin, B.E. (2003). Oncology and ethics. *Reproduction in Domestic Animals* 38 (1):50–53.

Ross, S.R. (2006). Issues of choice and control in the behaviour of a pair of captive polar bears (*Ursus maritimus*). *Behavioural Processes* 73 (1): 117–120.

Salas, M., Manteca, X., Abaigar, T. et al. (2018). Using farm animal welfare protocols as a base to assess the welfare of wild animals in captivity—case study: Dorcas Gazelles (*Gazella dorcas*). *Animals* 8: 111.

Sapolsky, R.M. (1998). *Why Zebras Don't Get Ulcers: an Updated Guide to Stress, Stress Related Diseases, and Coping*, 2e. W. H. Freeman.

Savastano, G., Hanson, A., and McCann, C.(2003). The development of an operant conditioning training program for New World primates at the Bronx Zoo. *Journal of Applied Animal Welfare Science* 6 (3): 247–261.

Schapiro, S.J., Bloomsmith, M.A., and Laule, G.E. (2003). Positive reinforcement training as a technique to alter nonhuman primate behavior: quantitative assessments of effectiveness. *Journal of Applied Animal Welfare Science* 6 (3): 175–187.

Shepherdson, D., Lewis, K.D., Carlstead, K.et al. (2013). Individual and environmental factors associated with stereotypic behavior and fecal glucocorticoid metabolite levels in zoo housed polar bears. *Applied Animal Behaviour Science* 147 (3–4): 268–277.

Shyne, A. and Block, M. (2010). The effects of husbandry training on stereotypic pacing in captive African wild dogs (Lycaon pictus). *Journal of Applied Animal Welfare Science* 13 (1): 56–65.

Spiezio, C., Vaglio, S., Scala, C., and Regaiolli, B. (2017). Does positive reinforcement training affect the behaviour and welfare of zoo animals? The case of the ring-tailed lemur (Lemur catta). *Applied Animal Behaviour Science* 196: 91–99.

Veeder, C., Bloomsmith, M., McMillan, J. et al. (2009). Positive reinforcement training to enhance the voluntary movement of grouphoused sooty Mangabeys (*Cercocebus atysatys*). *Journal of the American Association for Laboratory Animal Science* 48: 192–195.

Ward, S.J. and Melfi, V. (2015). Keeper-animal interactions: differences between the behaviour of zoo animals affect stockmanship. *PLoS One* https://doi.org/10.1371/journal.pone.0140237.

Ward, S.J. and Sherwin, S. (2019). Human– Animal Interactions in the Zoo. In: *Anthrozoology* (eds. G. Hosey and V. Melfi), Oxford, UK: Oxford University Press.

Watters, J.V. (2014). Searching for behavioral indicators of welfare in zoos: uncovering anticipatory behavior. *Zoo Biology* 33: 251–256.

Weiss, E. and Wilson, S. (2003). The use of classical and operant conditioning in training Aldabra tortoises (*Geochelone gigantea*) for venipuncture and other husbandry issues. *Journal of Applied Animal Welfare Science* 6 (1): 33–38.

Wemelsfelder, F., Hunter, T.E., Mendl, M.T., and Lawrence, A.B. (2001). Assessing the 'whole animal': a free choice profiling approach. *Animal Behaviour* 62 (2): 209–220.

Wemelsfelder, F. and Lawrence, A.B. (2001). Qualitative assessment of animal behaviour as an on-farm welfare-monitoring tool. *Acta Agriculturae Scandinavica Section A Animal Science* 51 (S30): 21–25.

Westlund, K. (2014). Training is enrichment— and beyond. *Applied Animal Behaviour Science* 152: 1–6.

Whitham, J.C. and Wielebnowski, N. (2013). New directions for zoo animal welfare science. *Applied Animal Behaviour Science* 147 (3–4): 247–260.

Wierucka, K., Siemianowska, S., Woźniak, M. et al. (2016). Activity budgets of captive Cape fur seals (*Arctocephalus pusillus*) under a training regime. *Journal of Applied Animal Welfare Science* 19 (1):62–72.

12 在圈养环境或野外对动物进行训练，使其可以重返自然

乔纳森·韦布

翻译：雷钧　　校对：刘霞，崔媛媛

12.1 引言

地球正在经历一场前所未有的物种灭绝危机。为了保护濒危物种，许多动物园和野生动物保护组织实行圈养繁育计划，或者将动物安置在没有捕食者的野外庇护所。这些计划的目标是保障物种的种群数量，阻止其走向灭绝，并最终在确定和消除威胁物种的因素后，为重引入野外提供种源（Kleiman 1989）。然而，圈养的动物往往缺乏在野外生存所需的适当技能。这些技能包括运动技能（攀爬、爬行或飞行）、与同物种动物互动、寻找合适的庇护所、寻找和处理食物、识别天敌并做出合理的应对（Shepherdson 1994；Reading et al. 2013）。因此，圈养环境出生的动物放归野外后的存活率通常明显低于野生动物（Griffith et al. 1989；Beck et al. 1994；Fischer and Lindenmayer 2000；McCleery et al. 2013）。显然，如果放归野外的动物无法在野外生存的话，动物园和野生动物机构进行圈养繁育计划所投入的大量金钱、时间和精力就都白费了。

解决这个问题的一个办法是，在将动物重引入野外之前先对其进行训练。训练可以在圈养环境中进行，也可以在放归地点接近自然环境的活动场内（半自然环境）进行，还可以在重引入后进行（Beck et al. 1994）。丰容可以在将圈养动物放归野外的预备过程中发挥关键作用（Reading et al. 2013）。理想情况下，应该趁动物幼年学习能力强时，在适当的环境下（即有年长的亲属或社群成员、父母陪伴，有合适的食物等）为其提供丰容。如果在圈养环境下提供丰容，应使圈养环境模拟放归地点的自然环境。或者，放归前在野外环境中建立一片圈养区域，将动物饲养在内，使其可以学习重要的社交技能、感知技能、觅食技能以及运动技能（Reading et al. 2013）。丰容对于学习生存技能的重要性在第 6 章中讨论过，因此这里不再进一步讨论。

12.2 训练动物学习捕猎技能

越来越多的证据表明，许多年轻的食肉动物是在成长发育过程中逐步学习捕猎技巧的（Caro and Hauser 1992）。例如，细尾獴（*Suricata suricatta*）幼崽依赖父母和年长的社群成员为它们提供猎物。它们最初会得到死亡或受伤的猎物，但当其学会必要的捕猎技能时，便会得到更活跃一些的猎物（Thornton and McAuliffe 2006；Thornton 2007）。在家猫（*Felis catus*）中，母猫也会随着后代的成长而改变其捕猎行为。通常情况下，母猫会将死亡的猎物带回给非常年幼、不会跑动的小猫。一旦小猫有运动能力了，母猫就会为其提供活体猎物，并积极地抓回任何逃跑的猎物，以确保小猫有足够的机会学习捕猎技能。当小猫再长大点，母猫会观察小猫的捕猎行为，但很少再参与追逐、捕捉和杀死猎物的过程（Leyhausen 1979）。一项对塞伦盖蒂（Serengeti）地区野生猎豹的详细研究

显示，它们有着惊人相似的母性传授行为（Caro 1994）。母猎豹通常会将猎物杀死后交给不大于2个月的幼崽。但当幼崽长到2.5–3.5月龄时，母猎豹会把活着的猎物放在它们面前，为年幼的猎豹提供学习制服并杀死猎物的机会（Caro 1994）。

这些例子说明了训练食肉动物捕猎的复杂性。理想情况下，对圈养繁育动物的干预训练应在放归地点的圈养区域内进行，使动物有机会学习识别和寻找猎物，掌握猎杀技能（Biggins et al. 1999）。如果可能的话，应训练年幼的个体在有经验的母亲、兄弟姐妹或同物种其他个体在场的情况下进行捕猎。最后，训练应包括在动物个体成长过程中为其引入活体猎物。使用活体猎物会有伦理和动物福利问题，但这对训练以及随后重引入野外工作的成功至关重要（Jule et al. 2008）。

最近一项有关被遗弃猎豹幼崽的研究表明，大型猫科动物可以通过训练，学会捕猎活的猎物（Houser et al. 2011）。三只遭遗弃的猎豹幼崽被圈养在非洲博茨瓦纳南部的博茨瓦纳猎豹保护中心（Cheetah Conservation Botswana），在那里它们与人类的接触很少。起初，保护中心只用肉和骨头喂这些幼崽，但随着它们长大一些，开始提供活鸡；三个月后，提供活兔子；七个月后，提供死亡的黑斑羚（*Aepyceros melampus*，一种中等体型的羚羊）。在这些猎豹学会了吃死黑斑羚的一个月后，它们遇到了一只受伤的黑斑羚，将其成功捕获，使其窒息而死并吃掉。即使没有母亲的教导，这些猎豹的捕猎技能也会随着时间的推移逐渐提升。

考虑到这些猎豹已经学会了在圈养环境下捕猎大型猎物，它们被戴上无线电项圈，然后放到卡瓦拉塔开心农场（Kwalata Game Farm）一个占地100公顷的围场内。这个农场有适合猎豹生存的栖息地，也有散养的野生食草动物，包括黑斑羚和转角牛羚（*Damaliscus lunatus*）。这些猎豹成功地在围场里捕获了猎物（大部分是黑斑羚），七个月后，它们戴上了全球卫星定位（GPS）项圈，并被放归到占地9000公顷的卡瓦拉塔开心农场里。自由放养的猎豹继续在农场里成功地捕猎，它们的行为与野生同类非常相似，这表明放归前的训练非常成功（Houser et al. 2011）。然而，长期的监测显示，这些猎豹从保护区迁徙到了牧区后，被当地土地所有者捕杀了。显然，在将大型食肉动物重引入野外之前，我们需要消除威胁，在上面这个例子中，需要消除的就是人类的捕杀。这个问题并不是非洲独有的，事实上，人类带来的伤害已经影响了全球许多大型食肉动物的重引入。

12.3 训练澳洲袋鼬（*Dasyurus hallucatus*）避免捕食有毒的海蟾蜍

野生入侵物种的引入会给本土捕食者带来严重的问题，如果入侵物种有很强的毒性，那么问题会更加严重。如果入侵物种有本土物种没有的毒素，而捕食者们并没有针对这种毒素进行演化，那么攻击或吃掉入侵物种就可能会死于中毒。这种问题的一个经典例子便是澳大利亚对海蟾蜍（*Rhinella marina*）的引入。海蟾蜍原产于南美洲，在20世纪30年代被引入澳大利亚东北部，以控制破坏甘蔗作物的甘蔗甲虫幼虫（Lever 2001）。经过多次引入，海蟾蜍建立了可存活种群，然后开始在整个澳洲大陆上加速繁衍（Phillips et al. 2006）。海蟾蜍含有强毒素（蟾蜍二烯羟酸内酯），这种毒素在药理学上与在澳大利亚本土蛙类中发现的常见毒素有很大区别（Daly and Witkop 1971）。澳大利亚本土没有喙蟾属（*Rhinella*，原产于中美洲和南美洲）的蛙或蟾蜍，因此，大多数澳大利亚本土动物缺乏应对这种蟾蜍毒素解毒的生理机制。海蟾蜍成体和亚成体看起来与美味的本土蛙类非常相似，因此，许多没经验的、以蟾蜍为食的动物把海蟾蜍当作猎物，后果是灾难性和致命的。大型巨蜥、淡水鳄、眼镜蛇和有袋类食肉动物可能会在用嘴接触、攻击或食用大个头的海蟾蜍后死亡（Covacevich and Archer 1975）。

海蟾蜍在澳大利亚北部的扩散导致了大型巨蜥（Doody et al. 2009）、淡水鳄（Letnic et al. 2008）以及一种有袋类食肉动物——澳洲袋鼬（*Dasyurus hallucatus*）的种群数量大幅降低（Burnett 1997；Woinarski et al. 2010）。澳洲袋鼬是一种长有斑点的有袋类食肉动物（图 12.1），体型与小型家猫差不多，曾经遍布澳大利亚北部。澳洲袋鼬对海蟾蜍毒素特别敏感，在用嘴接触大的海蟾蜍后便会死亡（Covacevich and Archer 1975；O’Donnell et al. 2010）。澳洲袋鼬寿命很短，雌雄均在10 月龄左右性成熟。雄性通常在交配后死亡，在稀树草原林地生活的它们寿命很少超过一年。雌性寿命也不长，很多雌性活不过两岁（Oakwood 2000）。这些不寻常的生活史特征（寿命短，雄性在交配后死亡）使这个物种特别容易灭绝。随着海蟾蜍在澳大利亚北领地的扩散，澳洲袋鼬的数量锐减，甚至发生了局部灭绝，该物种被列为濒危物种（Rankmore et al. 2008）。为了保护澳洲袋鼬免遭灭绝，研究人员从达尔文和卡卡杜地区收集了澳洲袋鼬，将它们安置在领地野生动物园（Territory Wildlife Park）专门建造的圈舍中，并重引入到了两个没有海蟾蜍的岛屿。在这些没有天敌和海蟾蜍的岛屿上，澳洲袋鼬种群繁盛起来，数量迅速增加（Rankmore et al. 2008）。不幸的是，海蟾蜍特别擅长利用洪水漂流，或在靴子和露营装备里搭便车进行迁徙，并已在几个岛上开始定居繁衍，导致澳洲袋鼬种群数量崩溃（Woinarski et al. 2011b）。因此，岛上的澳洲袋鼬种群在海蟾蜍的威胁面前并不一定是安全的。

图 12.1 一只雌性澳洲袋鼬（*Dasyurus hallucatus*）和幼崽被圈养在澳大利亚北领地达尔文市附近的领地野生动物园专业饲养袋鼬的设施中。图源：乔纳森 · 韦布。

我们能做些什么来防止澳洲袋鼬灭绝呢？一个很有希望的方法是使用条件性味觉厌恶训练澳洲袋鼬不去吃海蟾蜍。条件性味觉厌恶是一种非常强的学习形式，当动物吃下一种新的、有毒的食物，经历了病痛，随后将这种食物的气味或味道与病痛联系起来，并长期避免摄入有毒食物，这样便形成了条件性味觉厌恶（Garcia et al. 1974）。在经典条件作用中，动物需经过多次的尝试学会正确的行为反应（第 1 章），而与经典条件作用不同，条件性味觉厌恶往往只需要动物进行一次尝试便会形成，也就是说，在经历过一次病痛后，动物便能学会拒绝引发这种病痛的食物。首次发现条件性味觉厌恶后，保护生物学家意识到他们可以通过在肉食诱饵中添加引起恶心反应的化学物质来改变捕食者的觅食行为。最初对郊狼（*Canis latrans*）进行的圈养环境实验效果令人鼓舞：吃掉带有氯化锂的绵羊后，郊狼经历了病痛，随后这些郊狼便拒绝攻击活的羊羔（Gustavson et al. 1974）。同样，乌鸦吃了注射过诱发恶心的化学物质的绿色鸡蛋后，便拒绝食用普通的绿色鸡蛋，但会继续食用白色鸡蛋（Nicolaus et al. 1983）。尽管有这些令人鼓舞的结果，使用条件性味觉厌恶来改变食肉动物行为的做法还是有争议的（Gustavson and Nicolaus 1987）。大多数争议都围绕着使用引起条件性味觉厌恶的诱饵来训练野生郊狼以避免攻击羊羔的做法上；而相应的野外实验的结果也并不明显（Bourne and Dorrance 1982），人们便放弃了使用条件性味觉厌恶，转而采用其他（通常是致命的）方法控制郊狼的数量（Gustavson and Nicolaus 1987；Conover and Kessler 1994）。因此，直到最近，条件性味觉厌恶作为一种训练动物的工具在很大程度上还一直受到忽视。

为了看下我们是否能训练澳洲袋鼬不去吃海蟾蜍。在 2009 年，我和同事给圈养长大、没见过海蟾蜍的澳洲袋鼬喂食了一只小个头的、未达到致死性体型的海蟾蜍（体重小于 2 克），这只海蟾蜍用无气味、无味道，但会引起恶心反应的化学药剂——噻苯咪唑（一种用于给牲畜驱虫的化学药剂，含有引起恶心反应的化学成分）浸泡过。食用这种海蟾蜍的袋鼬经历了轻微的病痛，万幸的是没有任何澳洲袋鼬表现出严重的因食用海蟾蜍而中毒的迹象。接下来，我们把一只小的活体海蟾蜍放在一个开盖的罐子里，对着摄像机观察这些训练过的澳洲袋鼬是否攻击海蟾蜍。值得注意的是，训练过的澳洲袋鼬闻了闻海蟾蜍，但没有攻击它们，而我们的对照组——没有训练过的袋鼬很快吃掉了活体海蟾蜍。在圈养环境下，训练过后的澳洲袋鼬对活体海蟾蜍的厌恶持续了一周时间，这表明经过训练的袋鼬可能具备了在遍布海蟾蜍的地区生存所必要的技能。

在具有大量海蟾蜍的生境中，海蟾蜍厌恶训练是否为澳洲袋鼬的生存带来好处呢？为了回答这个问题，30 只经过厌恶海蟾蜍训练的“聪明”袋鼬和 30 只未经训练的“无知”袋鼬被戴上无线电项圈，并重引入到澳大利亚北部达尔文附近遍布海蟾蜍的适宜的石生生境中（图 12.2）。我们招募了一个庞大的志愿者团队，帮助在放归后的最初几个小时跟踪每只澳洲袋鼬，并在之后每天对它们进行定位，这样就可以确定它们的存活情况。无线电跟踪显示，未经训练的袋鼬通常在放归后的几个小时内遇到海蟾蜍，其中一些会攻击大个头的海蟾蜍，并被毒死。相比之下，经过训练的“聪明”袋鼬遇到海蟾蜍后，会嗅闻它们，并拒绝将其当作猎物。结果显示，在 10 天的监测期间，经过训练的澳洲袋鼬的存活率高于对照组（O’Donnell et al. 2010）。令人鼓舞的是，我们把几只经过训练的澳洲袋鼬重引入玛丽河公园（Mary River Park，这是一个被季风藤蔓丛和稀树草原林地环绕的旅游住宿点），它们长期存活了下来，有一只雌性袋鼬活到了繁殖年龄，在房车公园主人的工具棚里养大了一窝小袋鼬。

图 12.2 一只戴着无线电项圈的经过训练的澳洲袋鼬。在雨季，一些未经训练的和经过训练的澳洲袋鼬都被放归到达尔文市附近的区域，那里有大量的海蟾蜍。图源：乔纳森·韦布。

这些令人鼓舞的结果表明，将“聪明”袋鼬重新引入遍布海蟾蜍的北部地区是可能的，在那里澳洲袋鼬种群数量因海蟾蜍的威胁已经崩溃或局部灭绝。为了验证这一想法，研究人员训练了50只在领地野生动物园圈养出生的澳洲袋鼬（28只雄性、22只雌性）学会不去吃海蟾蜍，研究人员给这些袋鼬喂食已死亡的涂有噻苯咪唑的小型海蟾蜍（体重小于2克），剂量为每公斤体重摄入300毫克。这些袋鼬被放归到卡卡杜国家公园（Kakadu National Park）内的东短吻鳄巡管站附近合适的栖息地中（有露出地面的岩层）。先前的研究表明，在海蟾蜍出现之前，东短吻鳄巡管站的澳洲袋鼬数量非常多，但在海蟾蜍入侵后，这里的袋鼬数量急剧减少，濒临灭绝（Oakwood and Foster 2008；Woinarski et al. 2010）。人们通过为期四年、每年三次（通常是在3月、5月和11月）的诱捕来监测“聪明”袋鼬的长期生存状况。从所有重新捕获的澳洲袋鼬中提取组织样本，并进行DNA亲子鉴定分析，以确定种群中幼年个体的父母身份。

对澳洲袋鼬的监测显示，海蟾蜍厌恶训练对一些澳洲袋鼬带来了长期益处。大多数雄性在被放归后不久就从研究地点消失了，但有4只被重新捕获的雄性平均存活了5个月（范围从1–10个月不等）。雄性通常只能活一年，所以这些雄性存活的时间足够与雌性繁殖。雌性比雄性存活的时间更长，在研究地点重新捕获的7只雌性平均存活了9个月（范围从2–22个月不等）。其中3只在圈养环境下经过海蟾蜍厌恶训练的雌性袋鼬成功地养育了一窝幼崽，重要的是，DNA亲子鉴定分析显示，其中一只雌性袋鼬的后代也存活下来并进行了繁殖（Cremona et al. 2017b）。因此，一些澳洲袋鼬的后代也学会了避免捕食海蟾蜍，而社会学习可能在这方面起到了重要作用。澳洲袋鼬的母性很强，在晚上幼崽经常趴在母亲的背上移动。通过无线电追踪雌性及其后代，并在后代独自穴居后，将远程触发红外相机安置在母亲巢穴附近，我们发现了年轻袋鼬和母亲之间的亲密联系。值得注意的是，根据录像显示，已独自穴居的年轻袋鼬在夜间会和母亲一起在外觅食（图 12.3），这表明，年轻的袋鼬有机会通过观察“聪明”母袋鼬捕食，以及嗅探并拒绝吃海蟾蜍的行为，学习能吃什么、不能吃什么。这些经验是否可以传给后代还不能完全确定，但目前看起来是有可能传递的（Galef and Laland 2005）。事实上，袋鼬母亲会长时间照顾后代，这为该物种提供了社会学习的机会。另一种观点是，年轻的袋鼬可能会通过吃下非致命的小个头的海蟾蜍，自然地学会避免食用海蟾蜍，这些小海蟾蜍会引起小型有袋类食肉动物的恶心和长期厌恶（Webb et al. 2008，2011）。

图 12.3 卡卡杜国家公园里的一只雌性澳洲袋鼬和它的后代在一起觅食。图源：格雷姆·吉莱斯皮（Graeme Gillespie），北领地环境与自然资源部，动植物区系研究组。

但是，对于在野外繁育的第二代澳洲袋鼬来说，重引入并不算成功。尽管海蟾蜍不再是经过条件味觉厌恶训练的澳洲袋鼬的主要死因，但研究点附近的流浪狗和澳洲野犬的捕食成为袋鼬主要的致死原因。事实上，犬科动物的捕食可能正在阻止重引入的澳洲袋鼬的种群数量恢复（Cremona et al. 2017）。更不幸的是，卡卡杜地区的传统烧荒导致了炎热旱季后期火灾的增加（Russell-Smith 2016）；这些火灾烧毁了（澳洲袋鼬的）庇护所（中空的原木），并在露出的岩层之间形成了大片裸露空地（图 12.4），进一步加剧了澳洲袋鼬被捕食的风险。特别是在旱季后期，年轻袋鼬开始离开母亲的洞穴寻找食物时，地面缺乏植被覆盖增加了袋鼬被澳洲野犬和流浪狗捕食的风险。事实上，之前在卡卡杜国家公园的卡帕尔伽地区进行的一项关于澳洲野犬研究发现，澳洲野犬的大多数捕食活动都发生在烧荒之后的生境中（Oakwood 2000）。考虑到这些问题，对火灾和捕食者的谨慎管理将有助于卡卡杜国家公园中澳洲袋鼬的种群恢复。

图 12.4 “聪明”袋鼬的重引入地点，澳大利亚卡卡杜国家公园。值得注意的是，这张照片是在 12 月(当地的夏季) 拍摄的，当时澳洲袋鼬的年轻个体开始在林地中觅食。在研究点对栖息地不当的烧荒已经在裸露的岩层间形成了大片的开阔林地。适宜的下层灌木和草本植物的缺乏，意味着在林地中觅食的年轻澳洲袋鼬几乎没有保护，会受到澳洲野犬和流浪猫等食肉动物的攻击。图源：乔纳森 · 韦布。

12.4 训练野生动物不去吃陌生食物或农作物

条件性味觉厌恶也许可以提供一个无需杀死动物的方式，帮助解决人类与野生动物间的广泛冲突。在许多国家公园里，大型食肉动物经常搜寻露营地的垃圾箱或没有储藏好的食物，这些“讨人嫌的”动物可能对人类的安全构成重大威胁。众所周知，美洲黑熊（*Ursus americanus*）会进入露营地偷吃食物，它们也会袭击军事基地，偷取俗称“速食军粮”的军事配给食品。对里普利营军事管制区内“问题熊”的研究显示，这里 80% 以上的动物侵入行为仅由 3 只母熊造成（Ternent and Garshelis 1999）。为了训练这些黑熊不去偷吃速食军粮，泰尔内特和加斯里（Ternent and Garshelis 1999）在军粮的前菜和饮料部分加入了噻苯咪唑，并将这种处理过的军粮喂给这些“问题熊”。在随后的测试中，这些熊要么直接忽视速食军粮，要么尝一下便拒绝将其当作食物，这种对速食军粮的厌恶持续了一年。然而，这些熊并不是在食品仓库里接受的训练，便没有形成条件性位置回避；因此，它们继续前往食品仓库寻找其他食物，这一过程吓坏了许多军队人员（Ternent and Garshelis 1999）。尽管如此，条件性味觉厌恶如果与其他方法（减少熊获取食物的途径、人员教育、驱避剂）结合起来，可能有助于减少这些“讨人嫌的”食肉动物出现在人类活动区域后造成的问题。

野生食草动物对农民的困扰是一个全球性的问题，因为它们对农作物造成了巨大的破坏。一些食用农作物的、特别具有破坏性的食草动物包括大象、野猪、袋鼠和獾。针对“问题食草动物”使用致死性控制方法往往无效，这在近年来引发了伦理和物种保护上的顾虑。因此，人们对研究阻止食草动物破坏农作物的替代方法越来越感兴趣。对欧洲獾（*Meles Meles*）的研究表明，训练野生动物不去吃某些农作物应该是有可能的（Baker et al. 2005，2008）。在英格兰和威尔士，獾会践踏并吃掉农作物，给谷物种植户造成了巨大的经济损失（Moore et al. 1999）。为了训练獾不去吃玉米，研究人员给这些野生獾提供了用福美锌（一种强催吐剂）和一种特殊气味（丁香油）处理过的玉米。吃了用福美锌/丁香油处理过的玉米的欧洲獾经历了病痛，随后不再去吃用丁香油处理的玉米（Baker et al. 2008）。因此，在谷物成熟之前，通过使用谷物饵剂搭配无色无味可引发恶心反应的化学物质和无毒特殊气味，以此保护谷物免受獾的伤害是可能的。当农作物成熟时，农民可以将这种无毒的特殊气味喷洒在作物上，以阻止獾偷吃粮食（Baker et al. 2008）。

12.5 训练动物识别捕食者

没有见过捕食者的动物，无论其是在没有捕食者的近海岛屿上生活，还是在圈养环境中生活，往往缺乏察觉捕食者或做出适当反应的能力（Griffin et al. 2000）。因此，在重引入其原生栖息地后，没见过捕食者的动物往往会因遭到捕食而面临很高的死亡率（Griffin et al. 2000），导致了这些动物重引入成功率很低（Fischer and Lindenmayer 2000；Jule et al. 2008）。为了解决这个问题，人们对训练圈养出生长大的或野外出生圈养长大的动物识别捕食者，再将它们重引入野外的工作重新产生了兴趣（McLean et al. 2000；Blumstein et al. 2002；Crane and Mathis 2011；Gaudioso et al. 2011；Teixeira and Young 2014）。

大量的研究证明，可以通过将捕食者的形象或气味（条件刺激）与可怕的刺激或同类的示警声（无条件刺激）配对，训练没见过天敌的鱼类、鸟类和哺乳动物将捕食者识别为危险对象。例如，在一项开拓性的研究中，伊恩·麦克莱恩（Ian McLean）和他的同事训练了野生的新西兰鸲鹟（*Petroica australis*）对入侵物种雪貂产生恐惧反应。研究人员选择了正在育雏的野生雌性新西兰鸲鹟，在其面前用一根绳索控制雪貂玩具摆出对鸲鹟玩具的攻击姿态，同时播放新西兰鸲鹟的示警声和悲鸣。经过训练后，新西兰鸲鹟对雪貂这种捕食者做出了恐惧反应（McLean et al. 1999）。在另一项研究中，安德烈娅·格里芬（Andrea Griffin）和同事们训练了没见过捕食者的尤氏袋鼠（*Macropus eugenii*），让它们将一只放在小车上的狐狸模型（剥制标本）的出现与一个厌恶刺激（一个蒙面人拿着网兜追逐尤氏袋鼠）相联系。经过一两次试验，尤氏袋鼠就学会了将狐狸模型与危险联系起来（Griffin et al. 2001）。训练鱼类来躲避捕食者也是可行的。许多鱼类的表皮中都含有一些化学物质（起警告作用），在被捕食者攻击后便会释放出来，当这些化学物质被其他同类探测到时，会引起强烈的反捕食反应（Chivers and Smith 1998）。因此，当捕食者的样子或气味与受伤同类的气味配对时，没见过捕食者的鱼类就可以学会识别这个陌生捕食者是很危险的（Wisenden 2003）。

这些例子表明，训练没见过捕食者的动物识别某一种捕食者是可能的。然而，大多数动物在野外会遇到多种捕食者，这给保护生物学家提出了一个重要的问题：我们如何训练没见过捕食者的动物躲避或合理应对多种捕食者？一种被称为“习得对捕食者的泛化识别”（generalisation of learned predator recognition）的现象为这个问题提供了一个偶然发现的潜在解决方案（Ferrari et al. 2007，

2008）。几项研究表明，当没见过捕食者的动物将一个危险的捕食者与一个厌恶刺激联系起来时，随后不但会在遇到捕食者时做出反捕食反应，在遇到其他生态学上相似的捕食者时也会做出同样反应（Ferrari et al. 2007，2008）。例如，安德烈娅·格里芬和同事训练学习躲避狐狸模型的尤氏袋鼠，随后在猫的模型面前也表现出了反捕行为，但在面对没有威胁的食草动物——一只玩具山羊时则没有出现同样行为（Griffin et al. 2001）。类似地，被训练识别湖鳟（捕食者）气味（通过将湖鳟的气味与软口鲦表皮释放的危险信号提取物配对）的黑头软口鲦，随后对美洲红点鲑和虹鳟的气味也表现出反捕食反应，但对亲缘关系更远的狗鱼气味则没有反应（Ferrari et al. 2007）。这里的关键概念是，被捕食者通常认为生态上相似的捕食者物种（即具有相似外形或化学信号的物种）是危险的（Blumstein 2006）。例如，它们可能会看到有着相同外形轮廓的猛禽，或者嗅到来自同一科的毒蛇相似的化学气味时，表现出类似的反捕食反应（Webb et al. 2009）。只要我们在训练过程中使用合适的捕食者信号，那么没见过捕食者的动物很可能会将它们对捕食者的识别扩展泛化到多种捕食者身上。

在开始应对捕食者的训练之前，重要的是确定导致被捕食动物死亡的主要捕食者物种。一旦了解这些捕食者物种，就可以将合适的捕食者模型或活体（或替代品）作为训练时的条件刺激。在训练过程中，应该将动物模型与适当的厌恶刺激配对，比如捕食者的气味，这样就不需要让真正的捕食者出现了。气味的使用很重要，因为许多动物会同时使用视觉和嗅觉线索来发现捕食者的存在，而嗅觉线索可以使猎物在闻到隐藏的捕食者时便采取躲避行为（例如，躲藏、进入洞穴）。更推荐使用动物模型，是因为它提供了一种标准的条件刺激，而且在使用过程中几乎没有伦理问题。厌恶刺激包括向实验对象发射橡皮筋，或通过惊吓、捕捉动物来模拟捕食者的可怕攻击（Griffin et al. 2000）。使用动物模型避免了使用活体捕食者相关的潜在问题，如疾病的传播、对被捕食动物的伤害以及无条件刺激的多变。

尽管动物模型广泛用于训练动物躲避捕食者，但模型可能缺乏动物用来识别或定位捕食者的关键化学信号；例如，啮齿动物对磨损的猫项圈散发的气味表现出强烈的恐惧反应，但动物标本上却缺少这种化学物质（McGregor et al. 2002）。因此，有必要在动物标本上添加适当的化学物质，以训练动物将捕食者的气味与危险联系起来。捕食者的尿液和粪便在这方面可能不是特别有用，因为这些气味可能无法引起野生动物的反捕食反应（Apfelbach et al. 2005）。更好的方法是找出被捕食者有反应的化学物质，并在训练期间将这些化学物质与合适的动物模型配对。最后，在某些情况下，使用活体捕食者可能更合适，比如训练有素的家犬，经过训练它们可以只追逐而不会捕捉动物（McLean et al. 2000），特别是当这些经过训练的动物与被捕食者在野外可能遇到的危险捕食者（如澳大利亚的澳洲野犬、北美的狼）非常相似时。

12.6 应对捕食者的训练有助于动物重返野外后的生存吗?

许多研究已经成功地训练了没见过捕食者的动物识别捕食者并对其作出反应，但很少有研究表明，在放归前进行应对捕食者的训练可以提高动物重引入野外后的存活率（Ellis et al. 1977；Beck et al. 1988）。为了测试应对捕食者训练是否能提高生存能力，在野生动物放归后，应该使用无线电遥感技术或密集的标识——重捕技术，监测未进行应对捕食者训练的对照组和经过训练的实验组，以对其生存能力进行抗差估计[1]（robust estimation）（Lebreton et al. 1992）。理想情况下，研究人员应该每天定位动物，跟踪它们的活动，并确定死亡的原因。先前的研究表明，大多数动物在放归野外后的几周内就会被捕食（Parish and Sotherton 2007），因此，这一时期每天监测动物是至关重要的。由于许多重引入的动物往往会离开引入地点并扩散（Armstrong and Seddon 2007），可能需要大样本量来提供可靠的生存评估。这类研究耗资巨大，需要良好的计划和组织，还需要一个专门的地面和空中监测团队跟踪动物的日常活动。目前很少有研究严格测试应对捕食者训练能否在动物重引入后提供生存优势，考虑到这类研究既昂贵又耗时，也就不足为奇了。

尽管如此，还是有一些研究小组不仅训练动物应对捕食者，而且还监测了这些动物放归野外后的命运。下面，我将更详细地描述其中一些项目，以说明这类研究所涉及的后续运行管理的困难。

12.7 训练翎颌鸨识别狐狸

翎颌鸨（*Chlamydotis undulata*）是一种中等体形的陆生鸟类，生活在西亚和北非的半荒漠平原和灌木丛覆盖的干旱平原上。驯鹰人非常偏爱这种鸨，几个世纪以来，这种鸟一直是当地居民的传统食物。近几十年来，由于过度捕猎、过度放牧和城市化，翎颌鸨的数量大幅下降（Tourenq et al. 2005；Riou et al. 2011）。在沙特阿拉伯，翎颌鸨的数量下降严重，以至于1986年成立了沙特阿拉伯国家野生动物保护与发展委员会，保护该国的翎颌鸨。其目的是建立翎颌鸨的保护区以及确保拥有可存活的种群，以便对该物种进行可持续的猎捕。该计划的一部分是将圈养的动物重引入野外（Seddon et al. 1995；Combreau and Smith 1998）。而影响这些重引入成功的主要因素是赤狐（*Vulpes vulpes*）的捕食（Combreau and Smith 1998）。

为了提高圈养的翎颌鸨在放归后的存活率，范·希奇克（Van Heezik）和同事们尝试训练翎颌鸨学会将狐狸识别为危险的捕食者（Van Heezik et al. 1999）。最初的试验是在1995年开展的，研究人员用一只放在手推车上的赤狐标本训练多群翎颌鸨，让这只赤狐模型冲进笼舍，反复向翎颌鸨扑去，持续一分钟。与此同时，研究人员反复播放了野生成年翎颌鸨的示警鸣叫声。一些翎颌鸨连续接受了三天的训练，但很快就适应了这只赤狐标本，所以研究人员转而对其他个体进行了单次训练。请注意，在训练过程中，没有将任何厌恶刺激（比如向这些鸟发射橡皮筋）与赤狐标本配对，这可能解释了为什么这些鸟不认为赤狐标本是危险的。放归野外后，对照组和用狐狸模型训练的翎颌鸨的存活率无差异（Van Heezik et al. 1999）。

鉴于这些糟糕的结果，1996年研究人员使用一只人工育幼长大的活赤狐训练翎颌鸨。训练内容包括在黎明或黄昏时将戴着嘴套和牵引绳的赤狐引入翎颌鸨笼内。然后，训练员尝试用牵引绳控制赤狐的移动。试验时间持续40秒到15分钟，取决于赤狐开始潜进和追逐这些鸟的速度，所有试

1 也称“稳健估计”，是指在粗差不可避免的情况下，选择适当的估计方法使未知量估值尽可能减免粗差的影响，得出正常模式下的最佳估值。——译者注

验都与野生翎颌鸨的示警声配对。每笼五只翎颌鸨，在连续的三天内进行了三次试验。最初，训练是在圆形笼舍（直径 5 米）中进行的，但后来的试验中使用了更大的矩形笼舍（15 米 ×40 米），以减少对翎颌鸨的伤害。不幸的是，在几次试验中，这只赤狐挣脱了嘴套，略微咬伤了两只翎颌鸨，还折断了另一只翎颌鸨的腿。另外两只翎颌鸨在试图逃离赤狐时折断了翅膀，但通过在更大的笼舍内进行后续训练，这些问题得以解决。尽管使用活赤狐出了点问题，但经过训练的翎颌鸨比未经过训练的对照组表现出更强的反捕食反应（Van Heezik et al. 1999）。

放归野外后，经过活赤狐训练的翎颌鸨的长期存活率比未经训练个体要高得多。在 22 只经过应对捕食者训练的翎颌鸨中，有 8 只被捕食，9 只长期存活（长达 196 天）。相比之下，在 22 只未经训练的翎颌鸨中，15 只被捕食，只有 2 只翎颌鸨长期存活下来。重引入后，捕食者的猎杀很快就发生了；放归野外后所有翎颌鸨都在 19 天内被捕食者杀死。这些结果提供了令人信服的证据，证明训练对圈养动物有切实的好处，并强调了为什么有必要在重引入之前训练动物识别和躲避捕食者。这项研究还突出了使用狐狸时有关的一些问题。在这个例子中，使用一只与狐狸体型相似的、经过训练的狗可能会更合适；先前的研究已经证明，之前未见过捕食者的动物经过应对捕食者训练后，对形态相似的捕食者往往会表现出泛化的反捕食反应（Griffin et al. 2001）。因此，用一只狗训练也可能会引起翎颌鸨对活狐狸的相似反应。

12.8 训练圈养环境下的纵纹腹小鸮躲避捕食者

纵纹腹小鸮（*Athene noctua*）是一种体形较小（重 210 克）的猫头鹰，生活在西欧、北非和中亚。纵纹腹小鸮并不是受胁物种，但在过去的几十年里，欧洲的纵纹腹小鸮数量有所下降。到目前为止，由于新放生的纵纹腹小鸮被捕食率很高，几乎所有引入欧洲的纵纹腹小鸮都没有获得成功（Van Nieuwenhuyse et al. 2008）。

为了解决这个问题，研究人员训练圈养的纵纹腹小鸮雏鸟躲避两种捕食者：大鼠和苍鹰（Alonso et al. 2011）。雏鸟孵化后不久就被转移到室外的笼子里，由成年的纵纹腹小鸮"养父母"抚养。这项研究以活鼠和摆出飞行姿势的苍鹰玩具作为条件刺激，以纵纹腹小鸮的示警叫声录音作为无条件刺激。在用大鼠进行的实验中，一只经过训练的大鼠快速地穿过纵纹腹小鸮笼子地板上的一个覆网通道，而在用苍鹰进行的实验中，一只苍鹰玩具快速地沿着悬挂在小鸮笼子上方的线缆移动。苍鹰试验在白天进行，老鼠试验在夜间进行。在两个试验中，捕食者的出现都持续了几秒钟，并与纵纹腹小鸮的示警叫声录音配对。在这项研究中，从纵纹腹小鸮的学飞期到放归，研究人员每周进行 2–4 次试验。重要的是，户外笼舍里有天然植被、高处的栖架和巢箱，这样纵纹腹小鸮就能在试验中表现出适当的反捕食反应，比如静立不动、躲藏或飞行（Alonso et al. 2011）。

在完成应对捕食者的训练后，所有的纵纹腹小鸮都被仔细监控了两周，以确保它们具备获取食物所需的捕猎技能。经过训练的纵纹腹小鸮被戴上无线电发射器，并放归到马德里地区适宜的栖息地中，那里是纵纹腹小鸮的自然生境。在这项研究中，研究人员将两组纵纹腹小鸮（9 只经过训练的为实验组，7 只未经训练的作为对照组）放归到野外。在放归后的前六周，研究小组每周对它们进行四次监测；先前的研究表明，人工饲养鸟类被捕食的情况大多发生在放归后的头几周（Parish and Sotherton 2007）。这项研究的唯一问题是，由于项目管理方面的困难，研究人员无法在同一年内训练或是追踪训练组和对照组的生存状况。作为替代方法，他们在 2007 年和 2010 年分别监测了对照组和训练组的纵纹腹小鸮（Alonso et al. 2011）。由于被捕食率经常随时间变化，这种研究设计意味着很难确定训练是否对这些纵纹腹小鸮的生存有利。

尽管如此，这项研究的结果还是令人鼓舞的。在放生后的前几周，对照组的 6 只纵纹腹小鸮中有 4 只在 2007 年被捕食，而在 2010 年，训练组的 7 只个体中仅有 2 只被捕食。猎杀纵纹腹小鸮的主要捕食者包括一只苍鹰（*Accipiter gentilis*）、一只雀鹰（*Accipiter nisus*）、两只灰林鸮（*Strix aluco*）、一只伶鼬（*Mustela nivalis*）和一只小斑獛（*Genetta genetta*）。这项研究没有报告纵纹腹小鸮的长期生存状况；显然，需要长期的监测来证明训练能否给这个物种带来长期的益处。

12.9 训练野生兔耳袋狸躲避捕食者

澳大利亚的哺乳动物灭绝记录尤其糟糕，自欧洲人在这片大陆殖民以来，澳大利亚已经失去了至少 29 种哺乳动物。大多数物种灭绝都与外来入侵的狐狸在整个澳洲大陆的扩散相吻合（Short and Smith 1994），但是，最近在澳大利亚北部，哺乳动物的灭绝却与流浪猫和火灾发生区域的变化有关（Woinarski et al. 2011a；Fisher et al. 2014）。一个遭此影响、数量明显下降的物种就是兔耳袋狸（*Macrotis lagotis*），这是一种中等体型（最重 2.5 公斤）的杂食性有袋类动物，曾经广泛分布在澳大利亚的沙漠地区。兔耳袋狸是一种独居的夜行性动物，白天生活在深达 2 米的螺旋形洞穴中（Moseby and O'Donnell 2003），晚上出来寻找无脊椎动物、种子和植物为食（Johnson 2008）。兔耳袋狸曾经生活在澳大利亚干旱区近三分之二的土地上，但现在只局限于以前分布范围的一小部分，并且在《澳大利亚环境保护和生物多样性保护法》中被列为易危物种。兔耳袋狸面临的主要威胁是澳大利亚土著居民传统烧荒活动造成的变化，以及人为引入的猫和狐狸的捕食（Burbidge et al. 1988；Burrows et al. 2006）。为了减少兔耳袋狸被捕食，2000 年 4 月，莫斯比（Moseby）和同事们将圈养繁殖的兔耳袋狸重引入到南澳大利亚州干旱复原保护区一个没有捕食者的围场内（Moseby and O'Donnell 2003）。这一种群的数量稳步增长，2004 年，一项将野生兔耳袋狸从无捕食者区域重引入到捕食者存在区域（被形象地命名为“野性西部”）的试验开始进行。然而，由于流浪猫的捕食，这项重引入工作失败了（Moseby et al. 2011）。

为了确定是否可以训练生活在无捕食者区的野生兔耳袋狸识别捕食者并对其做出反应，莫斯比和同事进行了一系列巧妙的训练试验。为了训练兔耳袋狸将猫的气味与危险联系起来，科学家们使用了一具刚解冻的去除尖爪的流浪猫尸体，搭配由猫的尿液和粪便制成的“猫喷雾”。在训练开始之前，研究人员将猫喷雾喷到网、布袋和猫的尸体上。晚上，两个人手持手电筒和尼龙渔网在路上搜寻兔耳袋狸，并用网将其捕获，另一个人将猫的尸体放在捕获的兔耳袋狸身上，以模拟流浪猫的攻击。之后，每只经过这种训练的兔耳袋狸都被称重，检查生殖状况和健康状况，装上微芯片和无线电发射器，并装到布袋里。用一只带猫喷雾气味的猫尸体刺激兔耳袋狸离开布袋，当它逃离布袋时，再朝其喷两下猫喷雾。研究人员以同样的方式捕获或用笼子诱捕另一批兔耳袋狸当作对照组，并按照上述方法对它们进行检查、放归，但没有使用猫喷雾或猫尸体来训练。这项研究总共有 7 只经过训练的袋狸和7只对照组袋狸，每组4只雄性和3只雌性。在放归后，每天都会对所有的兔耳袋狸进行监测，以确定它们的洞穴使用状态和移动情况（Moseby et al. 2012）。

在经过第一次捕获、训练和放归后的第六天，训练组兔耳袋狸又经历了与猫喷雾配对的第二次厌恶刺激。这次的训练是为了模仿捕食者试图通过挖洞捕捉袋狸。在澳大利亚的这个地区，狐狸、澳洲野犬和大型巨蜥是挖开洞穴捕食兔耳袋狸的主要物种。研究人员找到训练组兔耳袋狸所在的洞穴位置，先喷了三次猫喷雾，再用锄头挖洞3分钟，然后把沙地弄平，再喷更多的猫喷雾剂。对照组接受了同样的处理，但没有喷猫喷雾。

对于生活在无捕食者围场内的野生兔耳袋狸，进行应对捕食者训练是非常有效的。相比对照组，经过训练的兔耳袋狸利用了更多的洞穴，也更频繁地更换洞穴。在强化训练了应对挖洞捕食后，7只训练组的袋狸中有5只搬离了原先的洞穴，而所有对照组的个体仍留在它们的洞穴中。这再次提供了强有力的证据，证明训练组的兔耳袋狸将上述挖洞行为与危险联系在了一起。

有了这些令人鼓舞的结果，野生兔耳袋狸也可以通过训练学习躲避捕食者，然后，经过训练的以及未经训练的野生兔耳袋狸，都被重引入到了没有围栏的“野性西部”地区，那里有流浪猫和狐狸这些捕食者。2007年8月，研究人员连续三个晚上在没有捕食者的地区捕获了20只兔耳袋狸。训练组动物（n=10）用网捕获，之后按照上述方法进行了训练，但这次没有进行强化效果测试。对照组动物（n=10）则用网和陷阱捕获。所有的动物身上都安装了无线电发射器，每天由一个工作小组骑沙滩车跟踪定位，偶尔也利用轻型飞机。追踪定位20只自由活动的有袋类动物是一项庞大的工作，需要一个专门的团队。四个月后，研究人员找到了对照组和训练组兔耳袋狸的洞穴。黄昏时分，他们模拟了捕食者的攻击，即用猫喷雾喷了喷，并用锄头在洞穴周围挖掘了三分钟。这么做的想法是看看兔耳袋狸是否会离开被人为打扰的洞穴。

兔耳袋狸应对捕食者训练的结果非常令人鼓舞，但也凸显了在澳大利亚保护有袋类动物所面临的困难。在被引入野性西部地区六个月后，只有一只对照组的兔耳袋狸被流浪猫杀死，一只训练组的袋狸被楔尾雕杀死（或只是吃掉了已腐烂的尸体，Moseby et al. 2012）。相比之下，在2004年，未经训练的兔耳袋狸被放归野性西部地区时，7只袋狸中有6只在放归25天内被猫杀死（Moseby et al. 2011）。有趣的是，在2007年的研究中，训练组和对照组的袋狸对洞穴的使用并没有差异，这表明对照组可能通过观察同物种动物在闻到猫的气味后表现的行为，进而也学会了躲避捕食者（Moseby et al. 2012）。这种反捕行为的“教化习得”（cultural acquisition）已经在鸟类和哺乳动物身上得到了证实（Griffin 2004）。

从长远来看，训练的成功程度如何呢？通过对兔耳袋狸在沙地上留下的足迹进行目视计数，表明该种群数量在12个月里保持稳定。令人鼓舞的是，雌性袋狸不断繁殖，幼崽的数量一直增加，直到2008年5月，恰逢一场大旱，其数量突然下降。不幸的是，在年轻的袋狸洞穴周围发现了猫的足迹，这表明猫是导致它们死亡的原因之一，可能是因为猫的其他主要食物来源（兔子）随着干旱的到来而大量减少。遗憾的是，人们在2009年1月，即首次重引入后的第19个月观察到了兔耳袋狸最后的踪迹（Moseby et al. 2011）。这项研究表明，虽然可以训练成年雌性兔耳袋狸躲避陌生的捕食者，但这种行为并没有传给它们的后代，显然是因为年幼的袋狸离开安全的育儿袋后并不会和母亲一起觅食（Moseby et al. 2012）。另外，干旱可能会减少植被覆盖，以至于它们在觅食时可能无处躲藏。流浪猫是伏击型猎手，通常只专注于一种猎物，所以如果没有躲藏处，兔耳袋狸很可能会被更优秀的猎食者打败。

12.10　训练黑尾草原犬鼠躲避捕食者

在许多动物中，社会学习对于觅食技能、社会行为和反捕行为的发展很重要。年幼的动物经常在父母、家族群体或同物种其他个体的陪伴下了解捕食者（Curio 1993）。可以通过观察同物种动物对刺激的反应来学习（观察学习），或是有经验的同类可以间接地将年幼个体的注意力集中到刺激上（本群增强）。后代从父母、兄弟姐妹或同类那里学习反捕行为的能力，取决于亲本抚育的时间及其生活社群的大小。有袋类动物在离开育儿袋后不久就独立于父母（如兔耳袋狸），可能没有机会通过社会学习获得关于捕食者的信息。相比之下，在灵长类动物中，亲本抚育期的延长增加了幼崽从父母那里学习反捕行为的机会。同样的，生活在大家族群中高度社会化的年轻动物，会有无数机会与兄弟姐妹、父母和同类互动。在许多社群生活的物种中，繁殖后代是同步的，因此年轻的个体不仅有机会从自己父母那里学习技能，还可以从其他父母和负责警戒的社群成员那里学习技能（Thornton and McAuliffe 2006）。

对于群居动物来说，将社会学习纳入应对捕食者的训练体系中是至关重要的。希尔（Shier）和奥因斯（Owings）对黑尾草原犬鼠（*Cynomys ludovicianus*）的研究为如何做到这一点提供了一个很好的范例（Shier and Owings 2006，2007）。黑尾草原犬鼠是一种生活在北美的社群动物，生活在被称为“小圈子”（coteries）的小群体中。通常，这种小群体由几只成年雌性、一只成年雄性、一岁以内的雄性和雌性幼崽以及年轻的草原犬鼠组成。黑尾草原犬鼠的数量已在北美地区急剧下降（Kotliar et al. 2006），为了保护它们，人们将其重引入到该物种已局部灭绝的区域（Truett et al. 2001；Long et al. 2006）。就像其他重引入工作一样，这个项目的成败将取决于重引入的动物是否能对多种捕食者做出恰当的反应。

许多捕食者，包括猛禽、蛇、鼬、郊狼（*Canis latrans*）和短尾猫（*Lynx rufus*）都以黑尾草原犬鼠为食。当成年草原犬鼠发现猛禽或哺乳类捕食者时，它们会反复吠叫，警告后代和其他社群成员有捕食者靠近。示警吠叫声引起其他成员的巡视行为，如果发现了捕食者，它们通常会跑向洞穴，要么躲藏在内，要么面朝捕食者发出叫声（Hoogland 1995）。黑尾草原犬鼠面对蛇类捕食者又是另外一种反应。当遇到响尾蛇时，成年个体会靠近蛇，头上下摆动或“直立跃起—尖叫”（jump-yip），并用脚拍地发出声音（Owings and Owings 1979）。当年轻的草原犬鼠从洞穴中出来后，它们会待在洞穴入口附近，并表现出“直立跃起—尖叫”的行为，但在长到几个月大之前，它们很少吠叫或用脚拍地发出声音。因此，年轻个体很可能通过与母亲和其他有经验的社群成员的社会互动，学会识别捕食者并做出恰当的反应。

为了研究是否可以利用有经验的成年黑尾草原犬鼠训练年轻个体，以提高它们识别捕食者的能力，希尔和奥因斯（2007）在幼崽离巢后不久的时间点，从 8 只雌性黑尾草原犬鼠窝里共捕获了 36 只野生个体，并将它们圈养起来。他们把每只雌性和她的孩子安置在一个单独的铁丝网笼舍里（2 米 ×2 米 ×3 米），笼舍顶部也用铁丝网封着。每只用作研究的年轻的草原犬鼠都进行了一项训练前测试（在没有同窝个体或母亲在场的情况下），以评估它们对实验刺激表现出的反捕食反应（如下所述）。之后它们被随机分为三组：（i）与有经验的成年个体（母亲或近亲）一起训练；（ii）与没有经验的兄弟姐妹一起训练；或者，（iii）单独训练。接下来，研究人员在五周的时间里训练这些年轻的草原犬鼠躲避捕食者，每周会向其展示两次捕食者。试验内容包括将各训练组的动物暴露在以下刺激中，时长 10 分钟：（i）一只活体黑足鼬（*Mustela nigripes*）；（ii）一只移动的红尾鵟玩具（*Buteo jamaicensis*）；（iii）一条活体草原响尾蛇（*Crotalus viridis*）；以及，（iv）一只活体荒漠棉尾兔（*Sylvilagus auduboni*）用作捕食者的对照组。活体捕食者或荒漠棉尾兔被放在一个笼子里，置于黑尾草原犬鼠笼舍内，而红尾鵟玩具被绑在一根线上，然后在测试开始五分钟后放出来，飞过笼舍上方。为了确定年轻的草原犬鼠是否表现出反捕行为，研究人员记录了以下行为：警戒行为的总时长、反捕食者叫声的频率、在躲避处及其附近停留的时间、活跃的时间，以及是否会对刺激做出躲避行为。

结果并没有太出乎意料，在有经验的成年黑尾草原犬鼠在场的情况下接受训练的年轻个体，比单独训练或同没有经验的兄弟姐妹一起训练的个体对捕食者更为警惕（Shier and Owings 2007）。训练完成后，所有黑尾草原犬鼠被引入到一个新设立的栖息地。在一年后的 2002 年，研究人员诱捕了所有个体，评估了它们的存活情况。这项实验设计只捕获过两次动物，因此无法区分死亡数量和离开研究地点的迁移个体数量（Lebreton et al. 1992）；不过，黑尾草原犬鼠很少进行长距离的迁移扩散，因此研究人员认为所有未被捕获的个体都可能已经死亡。在这项研究中，那些在有经验的母亲或近亲在场时被训练躲避捕食者的年轻个体，比单独训练或同没有经验的兄弟姐妹一起训练的个体更有可能在放归一年后存活下来（Shier and Owings 2007）。这一发现凸显了将适当的社会互动纳入识别捕食者训练体系的重要性。

12.11 小结

在本章中，我提供了一些大家可以用来训练圈养长大或野外出生圈养长大动物的方法实例。把对动物行为的理解纳入保护生物学，将提高我们保护濒危物种的能力，也可能有助于解决一些由人类造成的野生动物问题。考虑到许多重引入计划由于遭到捕食者的攻击而失败，我们需要通过更多的研究来改进应对捕食者的训练方案。有两个问题值得更多的关注：（i）被捕食者利用什么信息线索从远处识别和 / 或定位捕食者？（ii）如果我们将这些信息线索纳入应对捕食者的训练中，会帮助动物在重引入野外后生存下来吗？化学信息线索显然在这方面很重要，研究人员经常使用尿液和 / 或粪便进行应对捕食者的训练，但这些气味线索的生物学意义仍然值得怀疑（Apfelbach et al. 2005）。在澳大利亚，狐狸和猫是导致哺乳动物重引入成功率低的主要捕食者（Moseby et al. 2011）。

鉴别出活体狐狸和猫的毛皮中会引起澳大利亚的哺乳动物产生强烈恐惧反应的化学物质，并将这些化学物质纳入训练方案，可能有助于增加未来哺乳动物重引入的成功率。虽然我们可以训练动物躲避捕食者，但这些训练能否提高动物重引入野外后的存活率仍是不确定的。我们需要更严格、设计更完善的研究来评估应对捕食者训练的有效性。在这方面，长期监测重引入的动物对于评估此类项目的成功至关重要。最后，尽管可以训练动物去捕猎、避免吃下某些食物，或训练躲避捕食者，但除非已经确定并消除了威胁因素，否则将受过训练的动物放归野外没有什么意义。归根结底，想要促进濒危物种的长期生存，我们需要对人们进行教育，并仔细管理放归地点的生境状态。

致谢

感谢维基·梅尔菲、妮科尔·多雷和萨曼莎·沃德邀请我来编写本章内容，并感谢米范威·韦布（Myfanwy Webb）对初稿进行了认真审阅。

参考文献

Alonso, R., Orejas, P., Lopes, F., and Sanz, C. (2011). Pre-release training of juvenile little owls *Athene noctua* to avoid predation. *Animal Biodiversity and Conservation* 34: 389–393.

Apfelbach, R., Blanchard, C.D., Blanchard, R.J. et al. (2005). The effects of predator odors in mammalian prey species: a review of field and laboratory studies. *Neuroscience and Biobehavioral Reviews* 29: 1123–1144.

Armstrong, D.P. and Seddon, P.J. (2007). Directions in reintroduction biology. *Trends in Ecology & Evolution* 23: 20–25.

Baker, S.E., Ellwood, S.A., Slater, D. et al. (2008). Food aversion plus odor cue protects crop from wild mammals. *Journal of Wildlife Management* 72: 785–791.

Baker, S.E., Ellwood, S.A., Watkins, R., and MacDonald, D.W. (2005). Non-lethal control of wildlife: using chemical repellents as feeding deterrents for the European badger *Meles meles*. *Journal of Applied Ecology* 42: 921–931.

Beck, B., Castro, I., Kleiman, D. et al. (1988). Preparing captive-born primates for reintroduction. *International Journal of Primatology* 8: 426.

Beck, B.B., Rapaport, L.G., Stanley Price, M.R., and Wilson, A.C. (1994). Reintroduction of captive-born animals. In: *Creative Conservation: Interactive Management of Wild and Captive Animals* (eds. P.J.S. Olney, G.M. Mace and A.T.C. Feistner), 265–286. London: Chapman and Hall.

Biggins, D.E., Vargas, A., Godbey, J.L., and Anderson, S.H. (1999). Influence of prerelease experience on reintroduced black-footed ferrets (*Mustela nigripes*). *Biological Conservation* 89: 121–129.

Blumstein, D.T. (2006). The multipredator hypothesis and the evolutionary persistence of antipredator behavior. *Ethology* 112: 209–217.

Blumstein, D.T., Mari, M., Daniel, J.C. et al. (2002). Olfactory predator recognition: wallabies may have to learn to be wary. *Animal Conservation* 5: 87–93.

Bourne, J. and Dorrance, M.J. (1982). A field test of lithium chloride to reduce coyote predation on domestic sheep. *Journal of Wildlife Management* 46: 235–239.

Burbidge, A.A., Johnson, K.A., Fuller, P.J., and Southgate, R.I. (1988). Aboriginal knowledge of the mammals of the central deserts of Australia. *Australian Wildlife Research* 15: 9–39.

Burnett, S. (1997). Colonizing cane toads cause population declines in native predators: reliable anecdotal information and management implications. *Pacific Conservation Biology* 3: 65–72.

Burrows, N.D., Burbidge, A.A., Fuller, P.J., and Behn, G. (2006). Evidence of altered fire regimes in the Western Desert region of Australia. *Conservation Science of Western Australia* 5: 272–284.

Caro, T.M. (1994). *Cheetahs of the Serengeti Plains: Group Living in an Asocial Species.* Chicago: University of Chicago Press.

Caro, T.M. and Hauser, M.D. (1992). Is there teaching in nonhuman animals? *Quarterly Review of Biology* 67: 151–174.

Chivers, D.P. and Smith, R.J.F. (1998). Chemical alarm signalling in aquatic predator-prey systems: a review and prospectus. *Ecoscience* 5: 338–352.

Combreau, O. and Smith, T.R. (1998). Release techniques and predation in the introduction of houbara bustards in Saudi Arabia. *Biological Conservation* 84: 147–155.

Conover, M.R. and Kessler, K.K. (1994). Diminished producer participation in an aversive conditioning program to reduce coyote predation on sheep. *Wildlife Society Bulletin* 22: 229–233.

Covacevich, J. and Archer, M. (1975). The distribution of the cane toad, *Bufo marinus*, in Australia and its effects on indigenous vertebrates. *Memoirs of the Queensland Museum* 17: 305–310.

Crane, A.L. and Mathis, A. (2011). Predator-recognition training: a conservation strategy to increase postrelease survival of hellbenders in head-starting programs. *Zoo Biology* 30: 611–622.

Cremona, T., Crowther, M.S., and Webb, J.K. (2017a). High mortality and small population size prevent population recovery of a reintroduced mesopredator. *Animal Conservation* 20 (6): 555–563.

Cremona, T., Spencer, P., Shine, R., and Webb, J.K. (2017b). Avoiding the last supper: parentage analysis shows multi-generational survival of a re-introduced 'toad-smart' lineage. *Conservation Genetics* 18 (6): 1475–1480.

Curio, E. (1993). Proximate and developmental aspects of antipredator behavior. *Advances in the Study of Behaviour* 22: 135–238.

Daly, J.W. and Witkop, B. (1971). Chemistry and pharmacology of frog venoms. In: *Venomous Animals and their Venoms* (eds. W. Bucherl and E.E. Buckley), 497–519. New York: Academic Press.

Doody, J.S., Green, B., Rhind, D. et al. (2009). Population-level declines in Australian predators caused by an invasive species. *Animal Conservation* 12: 46–53.

Ellis, D.H., Dobrott, S.J., and Goodwin, J.G. (1977). Reintroduction techniques for masked bobwhites. In: *Endangered Birds: Management Techniques for Preserving Threatened Species* (ed. S.A. Temple), 345–354. London: Croom Helm.

Ferrari, M.C.O., Gonzalo, A., Messier, F., and Chivers, D.P. (2007). Generalization of learned predator recognition: an experimental test and framework for future studies. *Proceedings of the Royal Society B: Biological Sciences* 274: 1853–1859.

Ferrari, M.C.O., Messier, F., and Chivers, D.P. (2008). Can prey exhibit threat-sensitive generalization of predator recognition? Extending the predator recognition continuum hypothesis. *Proceedings of the Royal Society B: Biological Sciences* 275: 1811–1816.

Fischer, J. and Lindenmayer, D.B. (2000). An assessment of the published results of animal relocations. *Biological Conservation* 96: 1–11.

Fisher, D.O., Johnson, C.N., Lawes, M.J. et al. (2014). The current decline of tropical marsupials in Australia: is history repeating? *Global Ecology and Biogeography* 23: 181–190.

Galef, B.G. and Laland, K.N. (2005). Social learning in animals: empirical studies and theoretical models. *BioScience* 55: 489–499.

Garcia, J., Hankins, W.G., and Rusiniak, K.W. (1974). Behavioural regulation of the milieu interne in man and rat. *Science* 185: 824–831.

Gaudioso, V.R., Sanchez-Garcia, C., Perez, J.A. et al. (2011). Does early antipredator training increase the suitability of captive red-legged partridges (*Alectoris rufa*) for releasing? *Poultry Science* 90: 1900–1908.

Griffin, A.S. (2004). Social learning about predators: a review and prospectus. *Learning and Behaviour* 32: 131–140.

Griffin, A.S., Blumstein, D.T., and Evans, C. (2000). Training captive-bred or translocated animals to avoid predators. *Conservation Biology* 14: 1317–1326.

Griffin, A.S., Evans, C., and Blumstein, D.T. (2001). Learning specificity in acquired predator recognition. *Animal Behaviour* 62: 577–589.

Griffith, B., Scott, J.M., Carpenter, J.W., and Reed, C. (1989). Translocation as a species conservation tool: status and strategy. *Science* 245: 477–480.

Gustavson, C.R., Garcia, J., Hankins, W.G., and Rusiniak, K.W. (1974). Coyote predation control by aversive conditioning. *Science* 184: 581–583.

Gustavson, C.R. and Nicolaus, L.K. (1987). Taste aversion conditioning in wolves, coyotes, and other canids: retrospect and prospect. In: *Man and Wolf: Advances, Issues, and Problems in Captive Wolf Research* (ed. H. Frank), 169–203. Boston: Junk.

Hoogland, J.L. (1995). *The Black-tailed Prairie Dog: Social Life of a Burrowing Mammal.* Chicago: University of Chicago Press.

Houser, A., Gusset, M., Bragg, C.J. et al. (2011). Pre-release hunting training and post-release monitoring are key components in the rehabilitation of orphaned large felids. *South African Journal of Wildlife Research* 41: 11–20.

Johnson, K.A. (2008). Bilby. In: *Mammals of Australia* (eds. D. Van Dyck and R. Strahan), 191–193.

Sydney: Reed New Hollan.

Jule, K.R., Leaver, L.A., and Lea, S.E.G. (2008). The effects of captive experience on reintroduction survival in carnivores: a review and analysis. *Biological Conservation* 141: 355–363.

Kleiman, D.G. (1989). Reintroduction of captive mammals for conservation. *Bioscience* 39: 152–161.

Kotliar, N.B., Miller, B.J., Reading, R.P., and Clark, T.W. (2006). The prairie dog as a keystone species. In: *Conservation of the Black-tailed Prairie Dog* (ed. J.L. Hoogland), 53–64. Washington: Island Press.

Lebreton, J.D., Burnham, K.P., Clobert, J., and Anderson, D.R. (1992). Modeling survival and testing biological hypotheses using marked animals - a unified approach with case-studies. *Ecological Monographs* 62: 67–118.

Letnic, M., Webb, J.K., and Shine, R. (2008). Invasive cane toads (*Bufo marinus*) cause mass mortality of freshwater crocodiles (*Crocodylus johnstoni*) in tropical Australia. *Biological Conservation* 141: 1773–1782.

Lever, C. (2001). *The Cane Toad. The History and Ecology of a Successful Colonist.* Yorkshire: Westbury Academic and Scientific Publishing.

Leyhausen, P. (1979). *Cat Behavior: The Predatory and Social Behavior of Domestic Wild Cats.* New York: Garland STPM Press.

Long, D., Bly-Honness, K., Truett, J.C., and Seery, D.B. (2006). Establishment of new prairie dog colonies by translocation. In: *Conservation of the Black-tailed Prairie Dog* (ed. J.L. Hoogland), 188–209. Washington: Island Press.

McCleery, R., Oli, M.K., Hostetler, J.A. et al. (2013). Are declines of an endangered mammal predation-driven, and can a captive-breeding and release program aid their recovery? *Journal of Zoology* 291: 59–68.

McGregor, I.S., Schrama, L., and Ambermoon, P. (2002). Not all 'predator odours' are equal: cat odour but not 2, 4, 5 trimethylthiazoline (TMT; fox odour) elicits specific defensive behaviours in rats. *Behavioural Brain Research* 129: 1–16.

McLean, I.G., Holzer, C., and Studholme, B.J.S. (1999). Teaching predator-recognition to a naive bird: implications for management. *Biological Conservation* 87: 123–130.

McLean, I.G., Schmitt, N.T., Jarman, P.J. et al. (2000). Learning for life: training marsupials to recognise introduced predators. *Behaviour* 137: 1361–1376.

Moore, N., Whiterow, A., Kelly, P. et al. (1999). Survey of badger, *Meles meles*, damage to agriculture in England and Wales. *Journal of Applied Ecology* 36: 974–988.

Moseby, K.E., Cameron, A., and Crisp, H.A. (2012). Can predator avoidance training improve reintroduction outcomes for the greater bilby in arid Australia? *Animal Behaviour* 83: 1011–1021.

Moseby, K.E. and O'Donnell, E.O. (2003). Reintroduction of the greater bilby, *Macrotis lagotis* (Reid) (Marsupialia: Thylacomyidae), to northern South Australia: survival, ecology and notes on reintroduction protocols. *Wildlife Research* 30: 15–27.

Moseby, K.E., Read, J.L., Paton, D.C. et al. (2011). Predation determines the outcome of 10 reintroduction attempts in arid South Australia. *Biological Conservation* 144: 2863–2872.

Nicolaus, L.K., Cassel, J.F., Carlson, R.B., and Gustavson, C.R. (1983). Taste-aversion conditioning of crows to control predation on eggs. *Science* 220: 212–214.

Oakwood, M. (2000). Reproduction and demography of the northern quoll, *Dasyurus hallucatus*, in the lowland savanna of northern Australia. *Australian Journal of Zoology* 48: 519–539.

Oakwood, M. and Foster, P. (2008). Monitoring extinction of the northern quoll. *Australian Academy of Science Newsletter* (no. 71, March), p. 6.

O'Donnell, S., Webb, J.K., and Shine, R. (2010). Conditioned taste aversion enhances the survival of an endangered predator imperilled by a toxic invader. *Journal of Applied Ecology* 47: 558–565.

Owings, D.H. and Owings, S.C. (1979). Snake-directed behavior by black-tailed prairie dogs (*Cynomys ludovicianus*). *Zeitschrift fuer Tierpsychologie* 49: 35–54.

Parish, D.M.B. and Sotherton, N.W. (2007). The fate of released captive-reared grey partridges *Perdix perdix*: implications for reintroduction programmes. *Wildlife Biology* 13: 140–149.

Phillips, B.L., Brown, G.P., Webb, J.K., and Shine, R. (2006). Invasion and the evolution of speed in toads. *Nature* 439: 803.

Rankmore, B.R., Griffiths, A.D., Woinarski, J.C.Z., et al. (2008). Island translocation of the northern quoll *Dasyurus hallucatus* as a conservation response to the spread of the cane toad *Chaunus* [*Bufo*] *marinus* in the Northern Territory, Australia. Report to The Australian Government's Natural Heritage Trust (February).

Reading, R.P., Miller, B., and Shepherdson, D. (2013). The value of enrichment to reintroduction success. *Zoo Biology* 32: 332–341.

Riou, S., Judas, J., Lawrence, M. et al. (2011). A 10-year assessment of Asian Houbara Bustard populations: trends in Kazakhstan reveal important regional differences. *Bird Conservation International* 21: 134–141.

Russell-Smith, J. (2016). Fire management business in Australia's tropical savannas: lighting the way for a new ecosystem services model for the north? *Ecological Managment and Restoration* 17: 4–7.

Seddon, P.J., Saint-Jalme, M., van Heezik, Y. et al. (1995). Restoration of houbara bustard population in Saudi Arabia: developments and future directions. *Oryx* 29: 136–142.

Shepherdson, D.J. (1994). The role of environmental enrichment in the captive breeding and reintroduction of endangered species. In: *Creative Conservation* (eds. G.M. Mace, P.J.S. Onley and A.T.C. Feistner), 167–177. London: Chapman and Hall.

Shier, D.M. and Owings, D.H. (2006). Effects of predator training on behavior and post-release survival of captive prairie dogs (*Cynomys ludovicianus*). *Biological Conservation* 132: 126–135.

Shier, D.M. and Owings, D.H. (2007). Effects of social learning on predator training and postrelease survival in juvenile black-tailed prairie dogs, *Cynomys ludovicianus*. *Animal Behaviour* 73: 567–577.

Short, J. and Smith, A. (1994). Mammal decline and recovery in Australia. *Journal of Mammalogy* 75: 288–297.

Teixeira, B. and Young, R.J. (2014). Can captive-bred American bullfrogs learn to avoid a model avian predator? *Acta Ethologica* 17: 15–22.

Ternent, M.A. and Garshelis, D.L. (1999). Taste-aversion conditioning to reduce nuisance activity by black bears in a Minnesota military reservation. *Wildlife Society Bulletin* 27: 720–728.

Thornton, A. (2007). Early body condition, time budgets and the acquisition of foraging skills in meerkats. *Animal Behaviour* 75: 951–962.

Thornton, A. and McAuliffe, K. (2006). Teaching in wild meerkats. *Science* 313: 227–229.

Tourenq, C., Combreau, O., Lawrence, M. et al. (2005). Alarming houbara bustard population trends in Asia. *Biological Conservation* 121: 1–8.

Truett, J.C., Dullam, L.D., Matchell, M.R. et al. (2001). Translocating prairie dogs: a review. *Wildlife Society Bulletin* 29: 863–872.

Van Heezik, Y., Seddon, P.J., and Maloney, R.F. (1999). Helping reintroduced houbara bustards avoid predation: effective antipredator training and the predictive value of pre-release behaviour. *Animal Conservation* 2: 155–163.

Van Nieuwenhuyse, D., Génot, J.C., and Johnson, D.H. (2008). *The Little Owl. Conservation, Ecology and Behavior of Athene noctua*. Cambridge: Cambridge University Press.

Webb, J.K., Brown, G.P., Child, T. et al. (2008). A native dasyurid predator (common planigale, *Planigale maculata*) rapidly learns to avoid a toxic invader. *Austral Ecology* 33: 821–829.

Webb, J.K., Du, W.G., Pike, D.A., and Shine, R. (2009). Chemical cues from both dangerous and non-dangerous snakes elicit antipredator behaviours from a nocturnal lizard. *Animal Behaviour* 77: 1471–1478.

Webb, J.K., Pearson, D., and Shine, R. (2011). A small dasyurid predator (*Sminthopsis virginiae*) rapidly learns to avoid a toxic invader. *Wildlife Research* 38: 726–731.

Wisenden, B.D. (2003). Chemically-mediated strategies to counter predation. In: *Sensory Processing in the Aquatic Environment* (eds. S.P. Collin and N.J. Marshall), 236–251. New York: Springer.

Woinarski, J.C.Z., Armstrong, M., Brennan, K. et al. (2010). Monitoring indicates rapid and severe decline of native small mammals in Kakadu National Park, northern Australia. *Wildlife Research* 37: 116–126.

Woinarski, J.C.Z., Legge, S., Fitzsimons, J.A. et al. (2011). The disappearing mammal fauna of northern Australia: context, cause, and response. *Conservation Letters* 4: 192–201.

Woinarski, J.C.Z., Ward, S., Mahney, T. et al. (2011). The mammal fauna of the sir Edward Pellew island group, Northern Territory, Australia: refuge and death-trap. *Wildlife Research* 38: 307–322.

13 最后，但实际上却是最重要的——健康与安全

蒂姆 · 沙利文

翻译：鲍梦蝶　　校对：陈足金，吴海丽

13.1 引言

许多年前的一个电话永远地改变了我对动物训练的看法。在那次通电话之前，我的整个职业生涯都在磨炼自己在动物园开展动物训练的知识和技能。几年前，我的工作从训练动物转为培训动物园的饲养员训练动物。我喜欢这个挑战，因为我知道，我的努力可以更大范围地提升对动物的照管。

我接起电话，对方自称是一名律师，他的事务所正在为一家大型动物园辩护。这个动物园的饲养员在训练一只大型食肉动物时受伤了。动物园被提起民事诉讼，邀请我作为专家证人为动物园作证。我很矛盾，以我对整个事件的了解，我既为受伤的饲养员感到难过，但也知道动物园并不一定要为事故负责。我问律师是否可以给我几天时间考虑这个请求，他爽快地答应了。

我在电视上看过不少法庭剧，专家证人会受到令人不快的盘问。一场精心设计的审问可能会逐渐削弱我的专业知识和名誉，我对此并不感到兴奋。我想，“我又不为这家动物园工作，为什么要让自己受这些折磨？”当我了解到一些非常重要的信息时，我找到了答案：这个案件与我和这个领域的其他所有人息息相关。由于这次事故和随后的诉讼，该动物园暂时禁止了所有饲养环节中的动物训练。美国职业健康与安全管理局（Occupational Health and Safety Administration，OSHA）的调查也要求这家动物园评估动物训练给饲养员和整个行业带来的风险。

我很清楚，无论是诉讼还是美国职业健康与安全管理局调查结果中，发现的负面情况都可能对整个动物园行业带来可怕的连锁反应。在当今这个爱打官司的社会，身处严格的政府法规和不断上升的保险费率的压力下，一个员工或用人单位若以不安全的方式工作，则可能会影响每一个人通过动物训练提高动物福利的成效。在工作场所，我们必须要有安全意识，特别是训练有潜在危险的动物，并需要与其非常接近的时候。

在上述案件中，我确实成了一名专家证人，并花了一年时间筛选本案的证据。我研究了动物训练记录、员工培训文件以及安全规定和安全操作规程。我看了本案中所有证人的证词录像。这是一次有启发性的经历，教会了我很多有关如何减少或防止此类安全事故发生的知识。最后，得到了一个有利于被告（动物园）的简易判决。调查发现，该员工无意中违反了既定安全规程，造成了伤害。在这个案例中没有“赢家”。唯一的好处是，如果本行业能够从这个警示故事中吸取教训，就可以采取更负责任的行动保护现在和未来的动物园专业人员。

13.1.1 事件严重性说明

当我们谈论与动物园动物一起工作发生的事故时，大多数人会立即想到那些付出生命或造成身

体损伤的严重事故。虽然这些类型的悲剧占据了新闻头条，必须不惜一切代价避免，但我们也应该考虑更多小事故的影响，如抓伤和侥幸脱险（Hosey and Melfi 2015）。这些“次要的”事件会提供重要的信息，不容忽视。请记住，导致家猫抓伤动物园专业人员手臂的情况，在与老虎打交道时也很容易发生。每一次意外事件，无论多么小或多么无关紧要，都必须报告、调查并做出调整，以避免将来发生事故。同样重要的是，要注意到保险公司并不会忽略这种预示更大危险的情况。工伤事故率经常用来计算公司的保险费。因此，一连串的轻伤也会给用人单位的财务状况带来严重的损失，即使不是数十万美元，也会高达数万美元。无论安全事故的严重程度如何，都必须避免对员工或动物的任何伤害。除了实际的伤害和经济上的损失，用人单位的声誉也会受到损害。这可能对动物训练计划产生寒蝉效应，或者说可能波及各个方面。导致所有物种福利提升方案的减少，或对动物饲养规程产生负面影响，甚至最终损害动物的健康和福利。

13.2 角色和职责

安全是每个人的责任，包括从领导到一线员工。机构中每个级别的人员都有不同的职责，但只有所有人共同努力，才可以减少发生事故的可能性。每个员工都应该理解自己的角色和维持安全的重要性。我们的目标应是在整个机构内建立一种安全文化。综合各方面的安全方案会增加工作量，使一些任务更难以完成。如果没有员工培训作为支持，就无法向所有员工清楚地解释安全操作可以给他们带来的各种好处，很多情况下他们可能不会严格遵守安全规程。培训的目的是在全体员工中创造认同感。每位员工都应力求安全，并注意同事的安全。在这种安全文化中，一名初级员工提醒老板要站在安全线后或穿上个人防护装备（personal protective equipment，PPE，《美国职业安全与健康管理法》1970）是一件很正常的事情。

13.2.1 用人单位的职责

- 提供并维护安全设施和防护设备。
- 建立完善的动物训练安全规定和安全操作规程。
- 对员工进行相关安全规定和操作规程的培训。
- 提供有效的监管，以确保员工能够以安全的方式进行日常操作。
- 推进并确保整个工作场所的安全文化。
- 调查所有错误和 / 或事故，确定其原因并做出相应的调整，以避免今后发生类似事件。

13.2.2 员工的职责

- 在任何时候都按照规定的制度和规程安全行事。
- 了解并尊重他们所训练动物的自然史和身体能力。
- 当进行动物训练时，使用所有必要的安全设备保护自己。
- 在训练或作为辅助人员时保持专注；了解当前情况并保持“态势感知”。

13.3 了解并保持态势感知

动物园专业人员的作业环境复杂、多变。训练的环境可能会因物种而异，但大多数都与人类生活的环境不同。除了少数例外，大多数物种行动和做决定的速度都比一般的动物园专业人员要快。再加上多种多样的动物和多变的环境，动物园专业人员的心智能力很快就会受到挑战。有效的训练需时刻做好准备,并及时做出正确的决定。坚持做到这一点,并且在各种训练环境下都能做到这一点，将会带来良好的训练效果。这些好习惯同样可以保证个人的安全。态势感知这一概念源于在复杂和动态的工作环境中做出合理、安全的决策的需要，比如飞行员就需要这样的能力。一个被广泛接受的关于态势感知的定义是，“了解正在发生什么，以便你能确定现在该做什么”（Adam 1993）。从本质上讲，态势感知是指对你周围正在发生的事情的感知，以便根据这些信息做出决策，包括现在和未来。更详细地说，态势感知通过理解那些影响决策的重要信息，阐明实现特定工作目标所需要的内容。事实上，这意味着“只有那些与手头任务相关的信息对态势感知是重要的”（Endsley 1993）。恩兹利将态势感知定义为“在一定时间和空间范围内对环境因素的感知，对其意义的理解，以及对其近期状态的预测”（Endsley 1988，1995，Endsley and Garland 2000）。态势感知的正式定义分为三个层次：对当前环境因素的感知、对现状的理解，以及对未来状态的预测。这些阶段和各因素之间的关系，包括工作环境的动态状况、个人的决策，以及他们所做出的行动，如图 13.1 所示。

恩兹利等（1998）将这些分级阶段扩展如下：

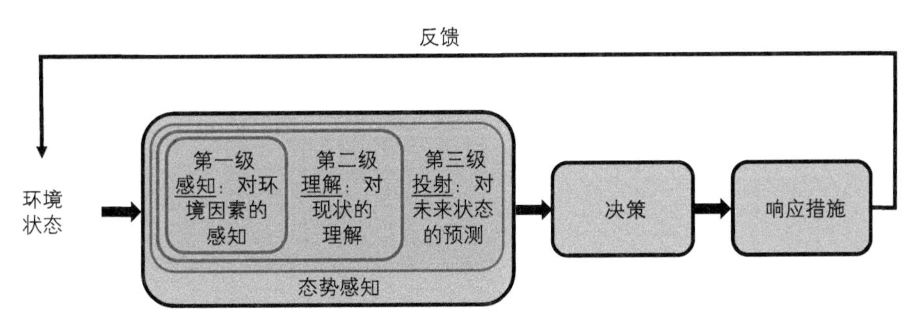

图 13.1 恩兹利态势感知模型。资料来源：引自恩兹利（1995）。

13.3.1 第一级态势感知：对环境因素的感知

“实现态势感知的第一步，包括感知环境中相关因素的状态、属性和动态。例如，飞行员需要准确地感知有关他 / 她的飞机及其系统的信息（空速、位置、高度、航线、飞行方向等），以及天气、空中交通管制许可、紧急情况信息和其他相关因素”（Endsley et al. 1998）。在动物训练领域，动物园专业人员应该在到达训练场所时就开始感知动物的状态和动机等信息。动物是在注意你呢，还是被环境中的其他事物分散了注意力？尤其是有其他动物，或不熟悉的人在场时。动物对指令的反应是迅速的还是迟缓的？动物是在充满期盼且平静地接受强化，还是在扑向食物？

13.3.2 第二级态势感知：对现状的理解

“对现状的理解是基于对第一级态势感知中纷杂因素的综合性理解。第二级态势感知不仅仅是简单地意识到存在的各种因素，还包括根据动物园的饲养管理目标理解这些因素的重要性。基于对第一级各种因素的认识，特别是与其他因素集合起来构成模式时，就会形成一个环境的整体画面，包括对信息和事件含义的理解”（Endsley et al. 1998）。例如，在动物训练领域，为了确定一只动物是否变得沮丧或有攻击倾向，动物园专业人员应该了解如下情况和迹象：（i）训练回合中成功 / 失败的次数；（ii）由此造成的动物身体姿势，平静 / 放松或紧张 / 威胁；以及（iii）过去这只动物是如何应对相同情况的。这些知识使动物园专业人员能够在脑海中勾勒出一个画面，他们应该如何做才能让动物处于更好的心理状态，以避免攻击，并达成他们的训练目标。

13.3.3 第三级态势感知：对未来状态的预测

“预测环境中各种因素未来走向（至少在短期内）的能力构成了第三级，也是最高级别的态势感知能力。这是通过对环境因素的状态和动态的了解以及对情境的理解（一级和二级态势感知）来实现的”（Endsley et al. 1998）。具有良好的态势感知能力的动物园专业人员可以综合来自动物、环境和过去经验的所有相关信息，预测接下来将发生什么，并据此采取行动。尽管研究表明，提高态势感知能力可以形成更好的决策，但这并不适用于所有情况。还有其他因素，如整体计划、经验、培训、个性、机构和技术限制，也会影响决策过程（Endsley and Garland 2000）。在某些情况下，人们可能会丧失态势感知力，在自己身处的情境中，识别问题的速度可能会变慢，导致需要更多的时间来判断问题并采取纠正措施（Endsley and Kiris 1995）。即使是态势感知上的小失误，也可能会导致严重的问题，动物园专业人员必须了解哪些因素会导致态势感知的丧失，以及如何避免。下面列出了几个与态势感知丧失相关的原因。

1）压力过大或过于放松

在压力过大或过于放松的时候，动物园专业人员更有可能错过有关特定情况的重要信息。当动物园专业人员接收到的信息量明显低于平时，他们可能会变得粗心。这通常发生在训练内容或训练活动过于常规的情况下。警觉性的总体缺乏会与未发现预警信号以及在紧急情况下快速和正确反应能力下降相关联。同样的，当动物园专业人员接收到的信息量大大超过他们的处理能力时，动物园专业人员将回到较低的态势感知水平下进行操作，从而也有可能未发现关键信息。这种情况通常称为“信息超载”，当动物园的专业人员刚开始接触复杂训练，或者训练环境同时存在多只动物时，就会出现这种情况。

动物园专业人员要经常在新的、富于变化的、具有挑战性的环境中工作。其中一些情况可能会导致态势感知的缺失。最令人不安的训练情况是那些超出日常训练内容和非常规行为项目的训练。一些例子包括：（i）当有其他人和特殊人员观摩训练时。额外的人员和压力不仅会分散动物园专业人员的注意力，也会分散动物的注意力。动物园工作人员可能会觉得有必要为观摩者们做更多的事情，迫使自己和动物们走出各自的舒适区。同样，动物园专业主管甚至机构的领导们都可能会有特殊的要求，而这些要求还没有在最好的条件下尝试或测试过。正是在这种情况下，机构的安全文化才能得到检验。动物园专业人员应有权对任何不能确定安全结果的要求说“不”。（ii）另一个丧失态势感知的经典例子发生在照管动物这件工作本身上。由于工作量大，工作中还会有一些意想不到的任务，饲养员们经常会忙得不可开交。此时，动物园专业人员必须知道，这可能不是最安全的训练时间。在这种情况下，推迟或取消本次训练应该是一种选择。如果这种匆忙的工作状态每天都重复，那么这是一个更系统性的问题，应该由管理层来解决。

2）模棱两可

当提供和收到的信息模棱两可，动物园专业人员的决策和行动很可能会基于不准确的信息，并可能导致不确定和存在潜在的危险结果。例如，如果一个动物园专业人员准备在老虎饲养区内安置训练设施时，他们可能会问同事，老虎的串门是关着还是开着的。如果同事回答“是的”，并且动物园工作人员认为串门已经关上了，就可能发生事故。

3）专注度

在特定的训练情况下，当动物园专业人员全神贯注、沉浸其中或相反地被分散了注意力时，发现重要信息的能力都会丧失。例如，如果一个大象饲养员发出指令，通过让大象用脚触碰手持目标物来训练大象抬起前腿。此时，大象饲养员的注意力可能会完全集中在大象的脚与目标物接触的那一小块局部空间中。在这段时间里，大象饲养员无法感知象鼻的位置和动态等重要信息，也无法看到那些有助于预测大象攻击意图的身体信号。

4）违反安全规定和操作规程

不恰当的安全操作规程会将动物园的专业人员置于一个灰色地带，在这种情况下，他们将无法明确地预测安全结果。动物园的专业人员可能也会因为缺乏相关的经验，无法准确地判断出当他们违背安全规定和操作规程后，会将自己置于怎样的风险之中；而实际上这些政策正是为了减小事故风险而设立的。一些看似无伤大雅的事情，比如违背保护性接触原则去抚摸“毛茸茸的”狮子，可能会以悲剧收场。长期和 / 或公然违反规则通常会暴露机构内部的其他问题。不遵守既定规程，可能表明对规章制度缺乏适当的监管或问责制度，这肯定会使每个人都处于危险之中。

13.4 “直觉”

越来越多的研究表明，超过 80% 的决策是由潜意识决定的，而潜意识之前被认为是由直觉决定的（Kahneman 2011）；早在我们有意识地考虑问题之前就已感觉或察觉到了那些细微的刺激。交感神经系统的激活可以在无意识的情况下触发。学会识别自己本能的不适症状，比如胃痉挛、心率加快、肌肉紧张和情绪波动。对这些内在的暗示要敏感，不要忽视它们。学会在训练环境中退后一步，确定潜在的威胁。保持态势感知可以帮助你做出更好的决定，让你更安全，所以知道如何保持态势感知是很重要的；下面列举了一些例子。

A）经验

生活和工作经历会创建大脑可以利用的心理档案，并与工作记忆中的新信息相结合，即形成一个临时存储和管理信息的系统，用于完成非常详细的认知任务。在复杂的环境中，有太多的刺激去轰击感官，这有可能导致难以在瞬间形成最佳行动方案。为了克服这种情况，大脑会把与某一特定情况及其最终结果相关的复合刺激模式储存起来。当这些模式（精准还原的或相似的）再次被识别出来时，大脑会利用这一参考模式来加速决策过程。

B）位置感知

当与有潜在危险的动物接触时，动物园专业人员必须时刻关注他们与动物之间的位置以及任何能隔离和保护他们的屏障。此外，他们还必须了解所接触动物的能力。敏锐地意识到动物“触手可及”的范围和速度，将自身保持在适当的位置，避免在动物可以触及的范围内活动。当与动物在同一空间工作时，动物园专业人员必须知道安全出口在哪里，并且必须始终守住出口。保持警惕，确保自己身处动物和安全出口之间。

C）身体 / 机械训练技能

许多动物训练都基于动物行为矫正技术和原理，如果应用得当，就会改变动物的行为。训练时的身体各个反应通常是机械性的，需要加以练习才能熟练地运用。训练工具（图 13.2）包括：事件标定器，如响片和哨子，掌握使用的时机是关键；各种尺寸和材料的目标物必须精准使用；装食物的容器必须放在便于快速取用的位置；“肉钳”和“肉棒”等工具用来将食品安全地递送给最危险的动物。

随着这些工具的使用，一些训练项目可能会相当繁琐，分散注意力，并可能危及安全。首先，动物园专业人员应该在远离动物的地方练习使用训练工具和技术，以提高技能和流畅度，保证训练的有效性和安全性。这可以通过模拟实际训练环境，让一个同事扮演动物的角色来完成。如果你无法掌握所有计划在训练中使用的工具，可以考虑简化一些方案。最终，正确的技能体系一定是能够被掌握的技能体系，能够在保证安全的同时有效地达成你想要的行为改变，并且不会损害动物的福利。

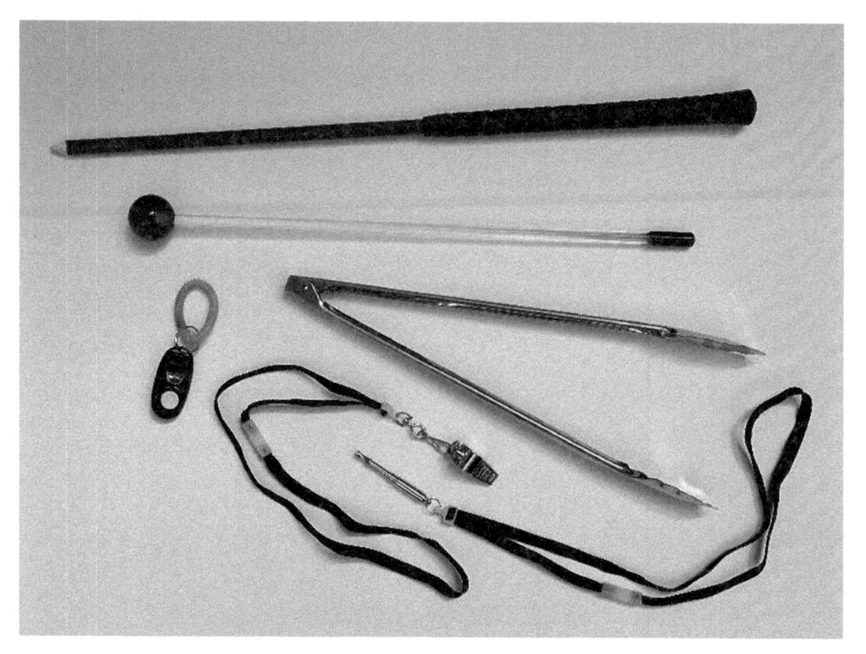

图 13.2　用于动物训练的工具。图源：芝加哥动物学会（Chicago Zoological Society）。

D）情绪和身体状况

你的情绪和身体状况会影响你对环境的感知。高涨的情绪状态、精神疾病，以及引起不适和/或需要治疗的身体疾病，可能会对动物园专业人员保持态势感知的能力产生负面影响。虽然这种影响可能并不明显，但如果这些条件干扰或扭曲了动物园专业人员在训练环境中准确感知事件或情境的能力，则可能产生安全问题。必须拥有良好的判断力和自我约束，来明确自己什么时候是不适合进行训练的。知道什么时候该对训练说“不”，谨慎而行，错过一次训练不太可能对动物的学习产生负面影响。

E）个人态度

以前，人们会一边喝啤酒，一边炫耀动物给自己留下的伤疤，并分享这些悲惨的故事，这些日子应该成为过去。这些事件不应被视为勇气的象征，而应被视为要从中汲取的教训并加以避免的失误实证。专业精神是一个态度问题，安全应该高于一切。安全不是偶然的，是有准备和自觉努力的结果。为了安全，一个人必须始终安全地思考和行动。

理解和保持态势感知可以帮助我们了解大脑是如何感知和处理信息的，这可以帮助动物园专业人员做出安全的决定。掌握这些知识也可以帮助开发和实施更多的制度要求及实操要求，以便更安全地开展动物园动物训练工作。

13.5 建立安全规定、安全操作规程和工作规章制度

在任何行业中，建立安全规定、安全操作规程和工作规章制度都是一个关键的过程。在动物园，发展和维持安全文化必须是首要任务。无论是口头上还是书面上的，都必须明确预期目标。对动物园的员工进行培训和引导同样重要，除非相关信息被写入规章制度中，否则动物园可能会面临法律纠纷、产生误解以及出现薄弱环节。这些制度可能是基于共事一段时间后形成的共识，但如果是以书面形式编写，执行起来则会容易更多。这样的制度和规程如果编写得当，可以保护动物园及其员工，并为机构提供管理上的灵活性。

创造安全和健康的工作环境不仅是对世界上大多数用人单位的要求而且也是顶级机构践行的“最佳做法”。优秀的机构知道如何有效、高效、安全地完成他们的工作。以正规的形式传达表述动物园预期达到的工作内容，包括对工作任务的分步说明，是一种非常有效的方式，可以向员工强调，动物园对他们健康和安全的重视与对动物护理、生活环境、财务稳定以及游客服务的重视程度一样。下面的章节可以为你提供一些实用的信息和示例，以帮助你评估、更新或创建你所在动物园有关训练及常规性工作的安全规定、安全操作规程和规章制度。

13.5.1 安全规定

安全规定涵盖了非常广泛的内容，可以向员工传达动物园的理念和最佳做法。应将安全规定作为指导原则，并在员工定岗和入职培训时与其讨论。安全规定既要表达机构的愿景，也应在内容中

突出机构内的信念、价值和期望，以此激励员工。安全规定中可能包括的主题有安全声明、员工职责、风险评估和纠正，以及问责制度。

13.5.1.1 安全声明

传达动物园整体安全政策的有效方式是制定一份安全声明，其中包括动物园关注员工健康和安全的核心内容。安全声明通常是书面的安全规定中的介绍性文字，应该反映出避免伤害的重要性。与潜在的求职者一起讨论你所在机构的安全声明，可以帮助他们确定自己是否适合该机构。例如：

在马伍德动物园（Marwood Zoo），我们关心员工的安全、健康和福利。我们重视员工为动物园所做的每一份贡献。我们的使命是促进野生动物和自然的保护，我们重视诚实、正直和团队合作精神。

我们珍惜我们的员工

动物园的目标是对人、动物和财产零伤害。提供安全的工作环境是我们的原则。在马伍德动物园，每个人都应共同承担识别危险、遵守安全规章制度和操作规程的责任。所有工作和任务都必须以安全的方式进行，因为安全对我们高质量地达成工作目标至关重要。

安全政策

在马伍德动物园，没有任何一项工作比预防事故更重要。我们的方针是提供和维持安全的工作环境，并遵循可以保障全体员工安全的操作规程。必须以安全的方式开展所有工作，否则任何工作都不能视作已正确完成。马伍德动物园关注员工的健康和良好的工作习惯。当你受伤或无法完成工作时，我们希望帮助你获得最佳治疗，以便你能尽快恢复正常工作。

13.5.2 安全操作规程

安全操作规程涵盖可能对员工、动物或游客有风险的特定内容，目的是确保一个安全的工作环境（如果遵循规程的话）。这些规程列出了为落实安全规定应采取的步骤。有些规程适用于特定工作或任务，而另一些则是对如何满足安全规定的一般性描述。一项工作的绝大多数内容都有既定的操作规程，不论其是否会形成正式的书面文本。为了使安全规程具备有效性，最好以书面形式和口头沟通的方式传达这些规程内容，并提供示范。与训练相关的安全规程，需要强调通用的安全操作程序，并且可以包括以下内容：如何报告危险或安全隐患，基本的安全规章制度，所需的个人防护装备，应急预案，以及如何安全地完成特定工作任务的分步示例。例如，危险动物的串笼/保定和训练的安全操作规程，应涵盖接触性/非接触性操作的规程，如何递送食物，如使用肉钳、进料槽、禁止手喂，安全辅助人员/双人操作的要求，防御用化学喷雾的使用方式和紧急通信设备，如对讲机、移动电话。

13.5.3 安全规章制度

安全规章制度列出了为安全、有效地完成工作，应该要做或应该避免的具体活动。从本质上说，没有一份安全规章制度条目是适用于所有动物园或所有工作的，重要的是根据行业标准和自身曾发生过的事故制定本机构的安全规章制度，而不是仅采用一些通用内容或其他动物园的制度。最为关键的是，所有规章制度都必须清楚地传达给管理人员和工作人员，这些制度必须得到严格和一贯的执行。如果书面的安全规章制度没有一贯和公平地执行，动物园在书面规则之外的实际做法可能会在法律或监管纠纷中造成法律责任。

安全规章制度中可以包含的内容，示例如下。

1）主动报告自身情况：工作时保持警觉，精力充沛，身体状况良好。

2）在特定工作任务或工作区域时，必须穿戴个人防护装备（如护目镜、面罩、防护服和鞋）。

3）所有事故、意外和伤害，无论多么轻微，都应立即向主管报告。

4）所有工作都要按照书面的规定和规程，以安全的方式进行。如果你对一项任务的安全性有所担心，请提醒你的直属领导注意。

5）了解你的工作任务，只完成你接受过充分培训的工作。对于任何不熟悉的工作任务，在开始工作之前，先与你的主管进行讨论。

6）禁止大声玩闹和恶作剧。

7）禁止在处于醉酒或存在药物影响的情况下工作，并应将上述问题视为一项解聘原因。

8）始终使用适当的工具、设备进行作业，遵照正确的工作流程。

9）所有员工均应在其职权范围内纠正不安全的状况或行为，并 / 或向其主管报告危险情况。

10）忽视安全工作规范、规定、规程、规章制度或其他安全指导，将获得纪律处分直至解雇。

制定和执行安全规定、规程和规章制度，为确保员工安全奠定了基础。这些文件及安全内容的沟通传递，强调了保护员工和机构所必须树立的理念、行动和细节。这些文本必须被视为“活”的文件，应定期重新审阅并在必要时进行修订。训练有潜在危险的动物给动物园工作人员带来了不同寻常的危险。随着动物园动物训练的不断发展，最佳范例的出现也会产生更好、更安全的结果。在第 13.6 节中，有一系列实际训练中需要考虑的安全须知。

13.5.4 法律法规

动物训练正变得越来越普及，正如本章所讨论的，出于上述显而易见的理由，动物训练工作也设置有严格的安全规程和标准操作程序需要遵守。然而，在全世界范围内，涉及动物训练细节的法律法规却很少。表 13.1 列出了涉及动物园动物训练的具体法规和 / 或认证指南。

国际上直接影响动物园动物训练的法律法规 表 13.1

地区	有关训练的法律法规 / 准则	细则
澳大利亚	《澳大利亚动物福利标准与准则（提案）》2014：训练	针对训练动物： • 经营者必须确保制定、修订和执行有关动物在训练期间的健康、安全和行为需求的书面规程，并及时提供给训练动物的工作人员。 • 经营者必须确保动物训练由具备相关经验的训练人员进行，或在有经验的训练人员的直接监督下进行。 • 经营者必须确保训练不会影响动物正常的身体发育、健康或福利。 • 经营者必须确保训练计划不会超出动物的身体能力。 • 经营者必须确保所展示的训练行为是动物在野外会表现出来的行为。 • 经营者应使用操作性条件作用原理进行训练。 • 应避免将正惩罚作为一种训练方法。 • 动物应习惯于接受日常饲养程序。
	《澳大利亚动物福利标准与准则（提案）》2014：互动项目	针对游客与动物的互动： • 经营者必须确保互动项目的设计是为了提高人们对动物的了解和尊重。 • 经营者必须确保由一个富有经验的饲养员负责监督、协调和指导所有互动程序。 • 经营者必须确保对每一个互动项目进行风险评估，以检查该项目对动物的风险，并定期重新评估风险。 • 经营者必须确保制定、定期审查和执行有关互动方案的书面规程，并及时提供给工作人员。 • 经营者必须确保互动项目不会对动物福利产生不利影响。 • 经营者必须确保将显示出痛苦或疾病迹象的动物从互动项目中移除，直到经过兽医或专业饲养员的重新评估，认为它们适合重新回到互动项目中。
加拿大	《加拿大动物园与水族馆协会（CAZA）指南》	加拿大动物园与水族馆协会关于在教育计划中使用动物的政策规定： • 一套完整的动物训练规程需规定训练频率、训练员资格评估程序，包括为训练员开展培训的专业人员授权程序。 • 训练员培训内容（例如：不同动物类别的训练程序、物种的自然史、相关的保护和教育信息、训练展示技巧、解说技巧等）。

续表

地区	有关训练的法律法规 / 准则	细则
哥伦比亚	尚无关于动物训练或动物园的具体立法	但是： • 第 1333 号法律（2009）提及环境保护规程——包括根据动物的状况决定动物应接受的相应程序（检疫、医疗、康复、放归或转移至动物园）。 • 第 1774 号法律（2016）《动物保护和福利法》，用于支持未被上述法律涵盖的其他个案。
欧洲	《欧洲动物园与水族馆协会（EAZA）公众展示动物应用指南》2018	为向 EAZA 成员提供如何确保最佳实践的信息而制定的指南，包括行为示范、人与动物互动、动物健康、笼舍环境和动物选择等方面。
	《欧盟动物园指令》	最佳实践指南大纲： • 训练方法基于正强化的操作性条件作用，但也可以采用其他的训练方式。 • 合格的训练员对动物的身体结构、行为和认知能力有很好的了解，绝不使用有损其福利的物品、限制方式或训练方法（如负强化、惩罚）。 • 训练期间的食物应该是日粮的一部分。 • 一个好的训练计划应该包括避免过度刺激动物、避免让动物形成非自然行为或展示超出物种能力的行为。
印度	《防止虐待动物法》1960	• 第 22 条为对展出动物进行训练的限制条款。 • 第 23 条为对有意开展训练的展示动物的登记程序。 • 第 24 条规定，必须确保动物在接受训练时不会遭受不必要的痛苦。 • 第 25 条规定，正在训练或展出表演动物的场所，或是饲养这类动物的场所，人员需经过授权方可进入及查看。
印度尼西亚	尚无关于动物训练的具体立法	但是，在某些政府法规中有如下指示： • 《国家政府法规》（政府规定〔1990〕8 号）第三条，有关野生动物资源的利用，包括繁殖、展示和娱乐（宠物）。 • 《林业部法规》（部门规定〔2006〕52 号），有关受保护物种的示范表演。 • 《林业部法规》（部门规定〔2014〕16 号），有关海豚展示指南。 • 《林业部法规》（部门规定〔2011〕9 号），动物伦理和福利指南。

续表

地区	有关训练的法律法规 / 准则	细则
日本	尚无关于动物训练或动物园的具体立法	但基于《动物保护和控制法》1973，关于展示动物的饲养和监管的相关标准（1976）具体规定了动物福利或动物训练的相关内容。
新西兰	《动物园福利准则》2018，根据《动物福利法》1999 颁布	包括：如果动物接受训练或进行展示， i）所使用的技术必须适合物种和动物个体的身体能力和心智能力； ii）项目时长必须由动物的反应和状态决定，不能使动物过度劳累； iii）不得禁食和 / 或使用电棒； iv）方法必须基于即时正强化； v）训练方法和训练工具的使用方式不得对动物造成不合理或不必要的疼痛、伤害或痛苦。
菲律宾	无	虽然有《动物福利法（修订案）》（国家法案第 8581 条及第 10631 条规定），但这些法规并没有涉及与动物训练有关的条款。目前尚无专门针对动物园的立法。
	东南亚动物园协会	动物福利标准目前正在制定中，但这并不影响动物训练。
南非	《表演动物福利法》1935	规范表演动物的展示及训练，以保障动物的安全。有关人士须申请许可证，方可开展动物训练，但动物园无需申请该许可证。
英国	《动物园许可法》1981（2002 年修订）	依据相关法律而形成的指南：《国务大臣现代动物园实践标准》（英国环境、食品和农村事务部〔2012〕）中的动物训练指南。由政府指定的督察员对动物园进行定期审核（非正式和正式检查）。 大象专项标准——2017，作为《国务大臣现代动物园实践标准》的一部分，发布了新的大象专项指南。规定“每个机构必须为大象设立训练计划……以及为每只动物量身定制训练目标。”
	《表演动物（管理）法》1975	训练动物进行表演的人士或机构必须向地方当局登记，并接受审核。拥有许可证的英国动物园，只根据动物园许可法（如上）进行评估。
	《动物福利（动物活动类许可）法规（英格兰）》2018	第六部分，讨论了展示动物的饲养和训练。该立法适用于为此目的饲养和利用动物、但未持有动物园许可证（如上）的机构。

续表

地区	有关训练的法律法规 / 准则	细则
美国	《北美动物园与水族馆协会（AZA）认证指南》	各机构应制定正式的书面动物训练计划，以促进饲养、科研和兽医程序，并提高动物个体的整体健康和福利。说明：动物训练计划应基于当前动物学领域的最佳动物训练方法制定，并包括以下要素：i）目标设定（需要训练哪些行为，哪些物种 / 个体优先）；ii）规划（制定和批准训练计划的过程）；iii）记录（对成功实例的记录）。 大象专项标准——所有饲养机构都必须制定有大象训练计划，使大象的饲养人员和兽医有能力完成所有必要的大象护理和管理程序。各机构将采用并实施自己的训练方法，为专业人员和游客提供最安全的环境，确保高质量的大象护理和管理，包括日常饲养、医疗管理、健康管理，以及保障大象的整体福利。各机构必须培训他们的专业人员管理和护理大象，并通过设置保护性隔障和 / 或大象限位装置，保障员工安全。

资料由萨曼莎·沃德汇编，由以下人员提供：萨曼莎·沃德（英国、欧洲、新西兰、加拿大、印度、日本和南非）；蒂姆·沙利文（美国）；威廉·马南桑（Willem Manansang，印度尼西亚）；莱斯特·洛佩斯（Lester Lopez，菲律宾）；尼克·博伊尔（Nick Boyle，澳大利亚）；和卡塔利娜·戈麦斯（Catalina Gomez，哥伦比亚）。

13.6 工作安全须知

13.6.1 安全辅助人员

在训练危险动物时，包括大型食肉动物、海洋哺乳动物、大猿和厚皮动物（见 Defra 2012 英国危险动物分级名录），配备专职安全人员可以大大降低事故发生的几率。正如本章前面所讨论的，动物园的训练人员通常需要把他们的注意力集中在动物的某一身体部位和某一块很小的工作空间上。这种感知的受限性会让训练人员暂时暴露在危险之中。动物园专业安全辅助人员的作用是通过观察动物整体的行为、训练环境和训练员自己的行为，为动物园专业人员提供全程安全保障。这应该是他们在训练中唯一的职责，以便可以时刻保持警惕。动物园的专业安全辅助人员必须对被训练的动物和整个训练体系都有足够的经验，能意识到物种特有的、但通常是细微的行为先兆。这些先兆可能表明动物受挫，从而导致训练人员受到直接攻击。他们还必须熟悉训练体系和特定的训练目标，知道何时何地潜在风险最大。如果训练人员遭到动物的攻击，动物园的专业安全辅助人员必须精通并熟练掌握紧急情况处理流程。他们应该携带所有必需的安全设备，如防御性化学胡椒喷雾、无线电通信设备等，并在使用这些设备前接受过良好的培训。如果在某次训练中新加入一名训练人员，必须清楚地告知他们谁将担任专业安全辅助的角色。

13.6.2 尊重每一只动物的可能性

正强化训练可以在动物园专业人员和动物之间建立强大、积极的关系（Ward and Melfi 2013）。虽然这些关系可以促进和改善动物福利，但它们也可能导致动物园专业人员的自满情绪达到危险的程度。必须强调的是，无论与动物的关系是否长久和积极，动物园专业人员受到直接攻击的可能性总是存在的（Hosey and Melfi 2015）。年龄、伤痛、健康状况下降以及无数的环境因素都可能导致动物态度的突然转变和意想不到的变化。有时，训练本身就具有挑战性，这可能会引发温顺动物的反射性攻击反应。动物园工作人员必须不断提醒自己，首先要考虑这一物种行为上的可能性，而不仅仅将某一只动物视作你照顾成长、充满爱与信任的个体。即使是最小最可爱的物种也会对动物园专业人员造成伤害，这可能会危及他们的健康和整体训练计划。

13.6.3 安全递送强化物

正强化训练在很大程度上依赖于食物，作为达到预期行为的奖励。及时地给动物提供食物很重要，但对于一些动物而言，这种做法也可能带来风险。将食物强化物直接放到正在等待的动物嘴里或手上，可能会对动物园专业人员造成伤害。例如，许多动物园现在都有禁止用手喂食大型食肉动物的政策。动物和动物园专业人员之间的保护性隔障会造成一种安全的假象，但过去的事件证明，这种方式仍然会存在巨大的伤害风险。即使是经验丰富、初衷良好的动物园的专业人员也会犯错误，用手指打破安全隔障。必须通过隔障递送强化物的次数增加了发生错误的可能性。食肉动物的吻部非常善于通过隔障咬住工作人员的某些身体部位，如指尖或覆盖手指的手套。不管这只动物是碰巧咬住还是有意为之，动物园工作人员都可能会发现自己在一瞬间处于可怕的境地。有几种更安全的、可替代直接手喂食的方法正在广泛使用，比如商用的长柄钳或定制的“肉棒”，它们就像延长的“手”，以便动物园专业人员更加安全地递送食物。在保护性隔障前面安装的喂食管或进料槽，可以让工作人员的手从更远离隔障的位置将食物安全地递送给动物（图 13.3）。这些方法改变了食物递送的时机和位置，乍一看可能有些麻烦，但这些方法所增加的安全性远远超过了最初的不便。适当的条件作用和使用桥接刺激可以确保正确的反应得到及时的强化，并减轻实际操作中食物递送延迟的影响。

13.6.4 不要被抓住

我们使用的许多训练工具都可能在不经意间提供了一个动物可以抓的地方，从而将动物园专业人员置于危险的境地。应仔细考虑用于存放训练中所用食物强化物的容器。容器的类型应允许不必摸索地拿取食物，放置于动物园专业人员附近，而不是动物容易接触到的范围内。如果食物容器是在动物园工作人员的身上，那么应确保容器在被动物抓住时很容易从身上取下。用作桥接刺激的哨子如果戴在脖子上，应使用容易断开的锁扣。事件标定器（如响片）如果是通过某种形式的系绳拴在手腕或皮带上的话，也是如此。在动物周围工作时，应避免穿宽松的衣物，并将身上可悬摆的首饰留在家中或储物柜内。遵循这些建议是一个好的开始，但动物园专业人员必须时刻意识到他们与

图 13.3　通过一个安全的喂食棒为北极熊提供食物强化物。图源：芝加哥动物学会。

动物之间的相对位置（图 13.4）。了解动物能触及的危险区域是至关重要的。只有在动物园专业人员时刻注意这些区域的情况下，在这些区域划定安全线才是有效的。

图 13.4　动物园专业人员在饲养管理中可能会置身于象鼻能探及的区域（注：照片是摆拍的）。图源：蒂姆·沙利文。

13.7 自由接触或保护性接触

近年来，在训练领域最受争议的话题之一是，动物园专业人员应在什么位置以及如何与他们的动物一起工作。当人们将“自由接触”或“保护性接触”这两个术语错误地看作动物训练的两种体系时，这种混淆就开始了；其实动物学习与动物训练的区分并不依赖于动物园专业人员与动物之间的相对位置。此外，由于大家误解自由接触管理等同于以正惩罚为基础的训练，而保护性接触管理则等同于以正强化为基础的训练，因此使得自由接触被普遍且无益地污名化。事实上，在这两个管理系统中，对基于哪些学习原理进行训练并没有任何限制。

自由接触和保护性接触定义的是一种动物管理手段，原则上规定了动物园专业人员是否与动物共享同一空间。这个简单的定义也具有误导性，因为动物管理问题不是一个是与否的二元概念。在实践中，存在着一系列的选择，这些选择决定了动物园专业人员与动物共享同一空间的程度。管理上的选择可以从完全不受限制地接触动物，到完全不与动物接触，以及两者之间的所有接触范围。“保护性接触”顾名思义，旨在通过某种形式的限制性障碍，为动物护理人员和动物园其他专业人员提供额外的安全保障。接触仍然是允许的，但会通过隔障设计，以及在安全规定和操作规程中规范员工行为，对接触程度加以限制。虽然保护性接触对动物园专业人员来说更安全，但却无法保证绝对的安全。动物园的专业人员也会在保护性接触中受伤甚至死亡。危险仍然存在，还有一些人质疑保护性接触的危险更大，因为保护性隔障会产生一种虚假的安全感。无论哪种管理体系下，在危险的动物周围工作时，自满情绪都会造成伤害。每个动物园专业人员在与危险动物一起工作时，都要保持高度警惕，并遵守安全操作规程。

13.8 小结

训练对动物园动物的护理和福利产生了显著的积极影响。改变动物园动物行为的过程需要动物园专业人员与有潜在危险的动物更近距离地接触。动物园专业人员和机构管理者有责任确保每一名参与训练过程的专业人员和每只动物的健康和福利。在训练过程中，可以采取一些健康和安全的原则和做法，以提供安全的人与动物互动。

● 建立安全文化：机构中的每个人都必须关注安全，并有责任共同维护一个安全的工作环境。这包括制定并遵守健康和安全规定及操作规程，以确保员工和动物的安全。

● 训练动物的过程必须以安全为基础：工作区域和训练工具必须保证训练期间人与动物的安全互动。与动物的直接接触必须经过完善的风险评估，以持续性保障动物园专业人员的安全。参与训练的所有人员必须永远牢记，他们是在与有潜在危险的动物一起工作，这一事实不会改变，因为这些动物需要生活在人类的照顾之下。

● 在训练动物时，动物园的专业人员必须保持态势感知：保持敏锐的感知力可以使人准确地了解动物的状态和训练环境。这种关注有助于专业人员去理解当前的训练状态，从而做出良好的决策和行动，以确保动物园专业人员和动物的安全。

● 同样重要的是，动物园专业人员必须警惕那些可能会降低态势感知的情况。这些因素包括个人自身的身心状况、训练环境中的干扰和压力因素，以及对正在进行的训练项目的专注度。动物园专业人员必须迅速意识到这些威胁，并立即采取行动以确保安全，其中可能包括取消当日的训练或中止正在进行的训练进程。

通过推广安全文化，动物园和水族馆可以充分发挥动物训练项目的优势，从而确保动物训练继续在未来发挥应有的作用和意义。

参考文献

Adam, E.C. (1993). Fighter cockpits of the future. *Proceedings of 12th IEEE/AIAA Digital Avionics Systems Conference (DASC)*. IEEE, pp. 318–323.

Defra (2012). Secretary of State's Standards of Modern Zoo Practice. Department for Environment, Food and Rural Affairs. Appendix 12, p. 62. https://assets.publishing.service.gov.uk/government/uploads/system/uploads/attachment_data/file/69596/standards-of-zoo-practice.pdf.

Endsley, M.R. (1988). Design and evaluation for situation awareness enhancement. *Proceedings of the Human Factors Society 32nd Annual Meeting*. Santa Monica, CA: Human Factors Society, pp. 97–101.

Endsley, M.R. (1993). A survey of situation awareness requirements in air-to-air combat fighters. *International Journal of Aviation Psychology* 3 (2): 157–168.

Endsley, M.R. (1995). Toward a theory of situation awareness in dynamic systems. *Human Factors* 37: 32–64.

Endsley, M.R. and Garland, D.J. (2000). *Situation Awareness Analysis and Measurement*. Mahwah, NJ: Lawrence Erlbaum Associates.

Endsley, M.R. and Kiris, E.O. (1995). The out-of-the-loop performance problem and level of control in automation. *Human Factors* 37: 381–394.

Endsley, M.R., Selcon, S.J., Hardiman, T.D., and Croft, D.G. (1998). A comparative analysis of SAGAT and SART for evaluations of situation awareness. *Proceedings of the human factors and ergonomics society annual meeting* (October), Los Angeles, CA. Sage Publishing, 42(1): 82–86.

Hosey, G. and Melfi, V. (2015). Are we ignoring neutral and negative human–animal relationships in zoos? *Zoo Biology* 34 (1): 1–8.

Kahneman, D. (2011). *Thinking, Fast and Slow.* Macmillan. ISBN: 978-1-4299-6935-2.

Occupational Safety and Health Administration Act (1970). s 5 (b). https://www.osha.gov/pls/oshaweb/owadisp.show_document?p_table=OSHACT&p_id=3359.

Ward, S.J. and Melfi, V. (2013). The implications of husbandry training on zoo animal response rates. *Applied Animal Behaviour Science* 147: 179–185.

专栏 C1　群体训练

克里斯汀 · 安德森 · 汉森

翻译：鲍梦蝶　　校对：陈足金，吴海丽

很少有机构能够幸运地为每只动物配备一名训练员，因此在大多数情况下，训练员必须同时训练多只动物。对于训练员和动物来说，这既是挑战，也是难题。

训练动物的一个主要原因是，通过给动物创造心智和身体上的挑战来提高它们的福利。如果该机构制定的训练指南并不适用于训练群体动物，可能会影响训练结果。当与动物一对一工作时，训练员会把注意力完全集中在这只动物身上，但当一名训练员面对多只动物时，一切都会不同。对这些动物来说，共享资源（即训练员的关注和强化物），并不是它们心甘情愿耐心等待的东西，特别是当给那些拥有等级次序的群体动物喂食的时候。然而，通过建立与训练情境相符的训练指南，可以训练群体动物在其他个体接受训练时学会耐心等待，并因此获得奖励。

为确保我们在训练一群动物时不会只顾及个别动物的福利，需要考虑以下几点：

1）有可能在空间距离上或使用物理隔障将一群动物分离吗？

在群体训练的环境中，为了能够在空间距离上分离动物，同时需要两个或更多的训练员，当一名训练员训练一只动物时，另一名训练员训练另一只或多只动物（见图 C1.1a）。为了训练动物无压力地分开，应该在刚开始训练时让这些动物彼此靠近，然后小幅度逐步增加训练员之间的距离。这通常是一种对抗性条件作用的情况，所以每次增加的距离幅度要足够小，以免引起动物的紧张和恐慌，单次训练回合的时间不应过长且坚持使用正强化。同样的方法也可用于以物理隔障分离动物（见图 C1.1b）。

（a）

（b）

图 C1.1　通过空间距离（a）或物理隔障（b）分隔动物，可以同时训练多只动物；在南丹麦大学的（丹麦克特明德市）的灰海豹训练中，可以看到上述两种分离方式。图源：克里斯汀·安德森－汉森。

2）物种是群居的还是独居的？

当与社会性物种一起工作时，比如灵长类动物，分离单只动物会给整个群体带来压力，弊大于利。因此，动物们作为一个群体参与训练可能会更放松。而对于其他并不一定需要生活在一起的物种，例如虎，分开进行训练可能更容易且压力小（见图 C1.2）。因此，了解物种的社会行为，并使自己的训练计划可以满足所训物种的需求，永远都是非常重要的一点。

3）是否存在特殊的社会状态？群体中是否有等级次序？

因为我们总是希望动物能够成功完成训练项目，所以当进行群体训练时，尊重社会等级制度可以带来很多帮助。这可以通过在训练过程中确保某些动物个体在空间距离上或以物理隔障彼此分离来实现。训练员常使用的一种训练技巧就是“定位”，即利用不同的个性化刺激（例如，不同形状的目标物）让每只动物辨识属于自己的定位点，以此训练动物分别待在笼舍中不同的空间位置。例如，如果你要训练一只雄性首领，你可能想将其独自定位在某处，

图 C1.2　你要训练的多只动物是否为社会性动物，可能会影响到你是想在群体环境中同时训练多只动物，还是单独训练每只个体。图源：欧登塞动物园（Odense Zoo）。

与群体中的其他个体暂时分隔开一些。但是，如果你要面对的是一个更复杂的等级制度。例如，一群灰海豹，其中有一只占主导地位的雄性，一只占主导地位的雌性，另外三只分别为不同从属地位的雌性，那么我们通常会将雄性定位在最右边，紧挨着地位最高的雌性，再将地位最低的雌性定位在最左侧，将其他两只雌性灰海豹插在中间（见图 C1.3）。

图 C1.3 群体训练时，考虑群体中的社会等级是很重要的；图为波兰的赫尔海洋研究站（Hel Marine Station）的灰海豹群体训练，遵照社会等级次序进行定位训练。图源：克里斯汀・安德森 – 汉森。

通过一开始就将动物分别定位在不同的位置，并不断地让它们耐心、冷静地在自己的位置等待，这些动物能学到没有必要在训练中与其他个体竞争。随着时间的推移，可以逐渐缩短动物之间的距离，从而有可能减少训练整个动物群体所需的训练员数量（见图 C1.4a 和 b）。

（a）

（b）

图 C1.4　一起参与训练的动物之间的距离会影响训练过程；在这里，一群灰海豹在距离相隔较远的位置定位，让动物之间有更大的空间进行训练（a），但它们也可以在非常靠近的情况下定位并开展训练（b）。图源：克里斯汀·安德森－汉森。

强化

动物会通过一个稳固的正强化经历学会耐心地等待，并允许另一只动物接受强化。因此，在训练计划的开始，动物只是被强化在自己的位置上耐心等待。一旦这一行为得到了良好的训练，训练员就可以在短时间内开始慢慢地训练个体更多的行为。但是，当训练员训练一只动物时，不要忘记其他动物也在接受一项训练——耐心等待。

例如，当训练一群动物时，如果训练员要求 1 号动物执行一个行为（即张开嘴巴），并要求 / 希望 2 号动物耐心等待，耐心等待的动物需要做出难度更高的一个行为——在其他动物得到训练员的关注时保持等待。这种冷静和耐心的行为需要得到强化并保持。

大多数动物最初要被训练的一种常见的基本行为是“保持”行为。例如，通过让其他动物“保持”一个行为，可以给这些等待的动物一些事情去做。这将使训练员在短时间内仅对一只个体进行训练时，降低其他动物个体感到沮丧的风险。

拟人化

“拟人化”会导致糟糕的群体训练结果。例如，如果训练员从自己的角度猜测其他动物的想法，动物可能会因这种人为的想法产生挫败感甚至变得有攻击性。最终，动物的行为也许会因此被破坏，它们可能会不再专注或拒绝参与之后的训练回合。更好的解决办法是对每只耐心等待或表现出特定行为的动物进行奖励。用这种方法，所有的动物都能得到关注和强化，也将大概率增加它们按训练员的需求冷静并耐心待在指定地点这一行为。

方法选项

当开展群体训练时，有几种方法有助于完成这一目标（Ramirez 1999）：

1）*位置*：每只动物都有一个特定的位置（定位）。这是它们可以得到强化的地方（图 C1.5a）。

优点：动物能很快地学会在训练开始时应该待在什么位置。

缺点：可能很难在需要的时候让动物移动到其他位点。

图 C1.5 可以通过以下方式促进群体训练：仅在特定位置（定位点）强化动物（a）；训练时给动物排定一个次序（b）；使用属于每只动物的特定“座签”训练动物（c）；从动物所在的位置开始训练，但在训练过程中，训练员将它们变换到更适合训练的位置（d）。图源：（a）小熊猫，欧登塞动物园；（b）海湾鼠海豚，克里斯汀·安德森－汉森；（c）钝吻古鳄；兰德斯热带雨林（Randers Regnskov）；（d）宽吻海豚，科尔马尔登动物园（Kolmården Zoo）。

2）*次序*：每只动物都按彼此间特定的位置顺序排列（定位）（图 C1.5b）。

优点：动物能很快地学会在训练开始时应该待在什么位置。

缺点：可能很难在有需要的时候让动物移动到其他位置，并且群体中等级结构的变化会造成原有的定位次序出现问题。

3）“*座签*”：给每只动物都分配一个标注名字的“座签”，每个“座签”都是一个目标物，可以在整个训练过程中引导它们待在需要的位置（图 C1.5c）。

优点：动物在开始阶段能够快速学习到自己需要去的位置，并且可以在等待的过程中给予动物一项任务（以自己的“座签”为目标物），这在训练中会带来很多的灵活性。例如，如果动物需要移动到其他位置或转移时。

4）*位置变换*：动物从它们自己选择的位置开始训练，然后训练员再让动物移动或带到训练员想让它们去的地方（图 C1.5d）。

缺点：可能需要大量的训练时间才能把动物带到它们需要去的地方。

参考文献

Ramirez, K.(1999).*Animal Training: Successful Animal Management through Positive Reinforcement*. USA: Shedd Aquarium Society.

专栏 C2　我们这一代人的挑战

加里 · 普里斯特

翻译：杨青　　校对：崔媛媛，刘霞

19 世纪见证了工业革命的到来，在 100 年的时间里，人们研发出了高效的机器，以破坏生态平衡的速度持续攫取着地球上丰富的资源。在 20 世纪，两次世界大战和不断增长的人口数量，使地球上真正的野外区域消失殆尽。到了 21 世纪，从某种程度上说，地球上的所有动物皆由人类管理。

在一个完美的世界中，每个人都有机会欣赏地球上存在的生命多样性，珍惜并保护它，这是我们共同的且不可替代的生物传承。但是，随着地球上的人口接近 80 亿，我们必须认清现实，而不是沉溺想象。因此，实现动物园和水族馆的使命正变得前所未有地紧迫。如今，鉴于地球上的动物们所面临的挑战，动物园和水族馆扮演着两个主要角色；1. 增进人们对动物的理解，对我们需要保护和保育动物的理解；2. 将所有可能的精力和技术用来维持可持续的圈养动物种群，并与就地保护项目进行合作。

世界动物园与水族馆协会的报告称，每年有超过 7 亿人参观动物园和水族馆（Gusset and Dick 2011）。在我看来，我们有两个战略重点。首先，我们必须改变人们的情感和观念，敲响警钟。如果没有民众的支持，我们的第二个战略重点，即保护和保育濒临灭绝的物种，将变得毫无意义。我们无法承受这两个战略重点中的任何一方面的失败。而缺乏广泛的民众支持，我们守护和保护濒危物种的第二项使命也会成为一个未知数。我们的任务简单明确——不能让任何一项使命失败。

幸运的是，有的工作已经做起来了，这十分令人欣慰。全世界关注这项议题的年轻人都在对岌岌可危的现状做出回应，并致力于修正我们的过往。

过去的 25 年间，圈养动物管理计划已经建立，并在世界各地的动物园和水族馆实施，包括物种生存计划（Species Survival Plans，SSPs）；欧洲濒危物种项目（European Endangered Species Programmes，EEPs），以及世界各地各种类似的项目计划（Che-Castaldo et al. 2018）。每个计划的目标都是保存初始种群的最大遗传多样性，并维持遗传多样性和健康良好的种群数量。目前已有 600 多个物种的相关项目计划，而且每年都在增加。这项工作涉及遗传学家、种群生物学家、生殖生理学家、动物学家以及数千名专门的动物管理工作者。

我们知道动物的行为是具有可塑性的，并且会因为经历而改变（Wong and Ulrika 2015）。正是这种自适应机制使动物能够利用生活环境中的变化。通过运用完善的正强化训练技术，大量动物园和水族馆的动物现在可以适应各项饲养管理工作，这些饲养管理工作的目标都是确保对动物进行良好的照管，以及动物的长久生存。在过去的 20 年中，包括大熊猫（*Ailuropoda melanoleuca*）、猩猩（*Pongo* sp.）、虎（*Panthera tigris*）在内的数十种濒临灭绝的物种都在经过训练后可以自愿接受超声检查、放射检查、提供血液和组织样本，以及各种其他的常规健康护理程序（例如，见图 C2.1a 和 b），从而规避了麻醉的风险。遗传学家和生殖生理学家从射线照片和生物样本中确定遗传多样性，并更好地了解该物种的生殖生物学。训练技术还被用于尽可能减少动物饲养管理中的辅助设施，例如电脑、监控和无线对讲机等对动物造成的应激（Clay et al. 2011）。从生物学上讲，减少应激是生殖过程中至关重要的组成部分。在短短的 20 年中，应用正强化条件作用原理进行训练已经成为动物园机构的最佳实践，正强化训练正迅速跨越所有物种分类学的藩篱。

（a）

（b）

图 C2.1 将动物行为训练纳入动物园动物管理工作的好处之一，是能够保持动物健康并支持健康管理工作的进行；如此处所示，无需麻醉即可采血（a）和给熊刷牙（b）。图源：史蒂夫・马丁。

我们这一代人在保护地球上的动物及其栖息地所面临的挑战在整个人类历史上都是史无前例的。要保护，就必须始于当下。这是唯一的一次机会，如果不竭尽全力、不穷尽我们所有的方法，那么失败的后果就是灭顶之灾。从现在做起，就是我们当下最好的、最符合伦理的，也是最负责的选择。

参考文献

Che-Castaldo, J.P., Grow, S.A., and Faust, L.J. (2018). Evaluating the contribution of North American zoos and aquariums to endangered species recovery. *Scientific Reports* 8 (9789): 1–9.

Clay, A.W., Perdue, B.M., Gaalema, D.E. et al. (2011). The use of technology to enhance zoological parks. *Zoo Biology* 30 (5): 487–497.

Gusset, M. and Dick, G. (2011). The global reach of zoos and aquariums in visitor numbers and conservation expenditures. *Zoo Biology* 30: 566–569. https://doi.org/10.1002/zoo.20369.

Wong, B.B.M. and Ulrika, C. (2015). Behavioral responses to changing environments. *Behavioral Ecology* 26 (3): 665–673. https://doi.org/10.1093/beheco/aru183.

术语表

情境前提（antecedent）在行为之前发生的环境事件。

反捕行为（antipredator behaviour）演化中发展形成的行为机制，可帮助被捕食者不断对抗捕食者。

厌恶条件作用（aversive conditioning）在反应之后立即使任一刺激、事件或条件终止，可以增加该反应发生的频率。

延迟条件作用（backward conditioning）条件刺激出现在无条件刺激之后，而非出现在其之前的反应条件作用。

经典条件作用（classical conditioning）通过刺激－刺激的结合配对（contigency），改变反应行为（respondent behaviour），也称为巴甫洛夫条件作用（Pavlovian conditioning）或反应条件作用（respondent conditioning）。

认知地图（cognitive map）个体对所处物理环境的心智表征。

概念学习（concept learning）一种学习任务，通过向学习者展示一组示例对象以及相应的类别标签，训练其对不同对象进行分类。

条件性位置回避（conditioned place avoidanc）一种巴甫洛夫条件作用的形式，用于衡量特定对象或体验的动机影响。

条件刺激（conditioned stimuli）某个刺激因为曾与一个能引起反应或改变其他行为条件的刺激（通常是无条件刺激）配对，而具有了与无条件刺激相同的效果。

条件性味觉厌恶（conditioned taste aversion）指个体将某种食物的味道与疾病相关联。

连续强化（continuous reinforcement）每次出现目标行为都会得到强化物。

文化传播（cultural transmission）在一个社会或文化中的一群人或动物倾向于学习和传递信息的方式。

脱敏（desensitisation）减少对一个事件的不当负面反应的任何形式的对抗性条件作用。

不相容行为的分化强化（也称差别强化）（differential reinforcement of incompatible behavior，DRI）强化一种行为，而这种行为与另一种行为不相容。

辨别性刺激（discriminative stimulus）在操作性条件作用发生之前，为触发行为而设置的事件。

建立型操作[1]（establishing operations）一种影响个体的环境事件、操作或刺激条件，它的影响方式是：（a）改变其他事件的强化效果；（b）改变在这些事件已产生结果之后个体所有行为的出现频率。

事件标定讯号（event marker）一种信号，用于在目标行为发生的那个瞬间对其进行标定。

消失前行为爆发（extinction burst）当行为首次消退前，行为反应的一种急速爆发。

1　与消除型操作 abolishing operations 相对应。——译者注

行为消退（extinction）一种过程，在该过程中不再强化先前曾强化过的行为。

固定间隔（强化程式）（fixed interval）一种间歇强化程式，对固定时间间隔后第一次出现的反应进行强化。

固定比率（强化程式）（fixed ratio）一种强化程式，需要做出固定次数的反应（从上一次强化后开始计数）后再给予强化。

痕迹条件作用（forward conditioning）一种动机型操作（motivating operation），将两个刺激配对时，让条件刺激出现在无条件刺激之前。

自由接触（free-contact）饲养员和动物共处同一个非限制性空间，对动物进行直接操作。

习惯化（habituation）一种学习形式，个体在反复或长时间面对一个刺激后，降低或停止了对该刺激的反应。

模仿（imitation）一种高级行为，个体观察并重复其他个体的行为。

印记（imprinting）任何快速且明显不受行为结果影响的阶段敏感型学习。

间歇强化（intermittent reinforcement）并非对每一次反应都给予强化。

干预训练（intervention training）在不单独测试每个变量效果的情况下，同时增加或更改几个独立变量以达到期望的结果。

位置强化（local enhancement）将个体的注意力吸引到特定的位置或情境下。

强化量级（magnitude of reinforcement）指反应后所给予的强化物的数量、强度或持续时间。

缺损印记（mal-imprinted）在印记形成的过程中遭遇的行为缺损。

样本匹配（match-to-sample）选择一个与样本刺激相匹配的刺激，随后给予强化。

动机操作（motivating operations）改变环境变量会改变某些刺激、物体或事件作为强化物的效果；改变被这些刺激、物体、事件强化后所有行为的现有发生频率。

负惩罚（negative punishment）移除刺激以减少目标行为。

负强化（negative reinforcement）一个行为反应可以导致一个事件被移除，该反应出现的几率因此增加。

观察学习（observational learning）通过观察其他个体的行为而发生的学习，是一类基于不同过程的社会学习，并拥有各种学习形式。

操作性条件作用（operant conditioning）对具有特定属性的反应进行强化，或更具体来说，是在特定反应发生后给予特定的强化物。

正惩罚（positive punishment）增加一个刺激，而行为的发生几率会随着时间的推移而降低。

正强化（positive reinforcement）在一个行为之后加入一个刺激物，以增加该行为发生的几率。

普雷马克原理（Premack principle）一项原理，可将高频行为（“偏好”活动）作为强化物，强化低频行为。

初级强化物（primary reinforcement）不依赖于与其他强化物相关联（就具有强化作用）的强化物。

保护性接触（protected-contact）当饲养员和动物不在同一非限制性空间时，对动物进行直接的操作。

近因（proximate cause）在时间上或顺序上与所引发事件相接近的原因。

强化频率（rate of reinforcement）单位时间内的强化次数。

比率张力（ratio strain）由于增加了行为发生与所获强化之间的比率，导致该目标行为发生频率降低，以及情绪化行为增加。

强化（reinforcement）任何出现在反应之后，可以维持或增加反应发生概率的事件。

强化物（reinforcers）伴随某一行为而发生的结果性刺激，可增加或保持该行为的强度（频率、持续时间等）。

强化程式（schedules of reinforcement）如何给予强化物的规则。

次级强化物（secondary reinforcers）依赖于与其他强化物关联（才具有强化作用）的强化物。

语义能力（semantic ability）理解和合理运用单词、短语、句子等意义的语言技能。

敏感期（sensitive periods）个体发育中的一定时间或阶段，此时个体对某些刺激反应更敏感并且可以更快地学习特定技能。

塑行（shaping）对一个目标行为连续渐进地强化。

定位（stationing）教导动物前往或保持在生活区域中的某个位点。

刻板行为（stereotypies）有规律的、重复、固定、可预测、有主观意图但无目的性的动作。

刺激（stimuli）对个体行为有影响的物理对象或事件。

刺激控制（stimulus control）人为控制环境中的刺激，使得当这些刺激出现时个体表现出特定行为。

句法能力（syntactical ability）一种元语言能力，涉及考虑句法结构而非语句含义的能力。

心智理论（theory of mind）将心智状态（信念、意图、欲求、情绪、知识等）归因于自己或其他个体的能力，并能理解与自己不同的、其他个体的信念、欲求、意图和观点。

最终原因（ultimate cause）可以追溯回最开始的原因，一连串原因中的第一个事件。

无条件刺激（unconditional stimuli）一种刺激，它引发一个反应的能力并不取决于是否与另一个具有这种能力的刺激配对。

可变间隔（强化程式）（variable interval）一种强化程式，在与上一次强化的不同时间间隔后，对（再次出现的）第一个反应进行强化。

可变比率（强化程式）（variable ratio）一种强化程式，在出现不同次数的反应后给予一次强化。

工作记忆（working memory）短时记忆中与即时的意识知觉（conscious perceptual）和语言处理有关的部分。

索引

注：术语表页码加粗

著作权合同登记图字：01–2022–4899 号
图书在版编目（CIP）数据

动物园动物的学习与训练 /（英）维基・A. 梅尔菲（Vicky A. Melfi），（美）妮科尔・R. 多雷（Nicole R. Dorey），（英）萨曼莎・J. 沃德（Samantha J. Ward）编；崔媛媛主译 . — 北京：中国城市出版社，2022.11（2023.12重印）
书名原文：Zoo Animal Learning and Training
ISBN 978-7-5074-3550-4

Ⅰ.①动… Ⅱ.①维… ②妮… ③萨… ④崔… Ⅲ.①动物—训养—研究 Ⅳ.① Q95

中国版本图书馆 CIP 数据核字（2022）第 207640 号

责任编辑：毋婷娴　率　琦　郑淮兵
责任校对：董　楠

动物园动物的学习与训练
Zoo Animal Learning and Training
［英］维基・A. 梅尔菲（Vicky A. Melfi）　［美］妮科尔・R. 多雷（Nicole R. Dorey）　［英］萨曼莎・J. 沃德（Samantha J. Ward）　编
崔媛媛　主译
张恩权　李晓阳　审译
*
中国城市出版社出版、发行（北京海淀三里河路 9 号）
各地新华书店、建筑书店经销
北京方舟正佳图文设计有限公司制版
北京中科印刷有限公司印刷
*
开本：787 毫米 × 1092 毫米　1/16　印张：23½　字数：590 千字
2022 年 11 月第一版　2023 年 12 月第二次印刷
定价：**99.00** 元
ISBN 978-7-5074-3550-4
（904521）